미용관계법규

Beauty-related laws and regulations

　이 책은 미용인 등의 자격시험을 준비하는 수험생들을 위해 만들었습니다. 자격시험은 수험 전략을 어떻게 짜느냐가 등락을 좌우합니다. 짧은 기간 내에 승부를 걸어야 하는 수험생들은 방대한 분량을 자신의 것으로 정리하고 이해해 나가는 과정에서 시간과 노력을 낭비하지 않도록 주의를 기울여야 합니다.

　수험생들이 법령을 공부하는 데 조금이나마 시간을 줄이고 좀 더 학습에 집중할 수 있도록 본서는 다음과 같이 구성하였습니다.

　첫째, 법률과 그 시행령 및 시행규칙, 그리고 부칙과 별표까지 자세하게 실었습니다.

　둘째, 법 조항은 물론 그와 관련된 시행령과 시행규칙을 한눈에 알아볼 수 있도록 체계적으로 정리하였습니다.

　셋째, 최근 법령까지 완벽하게 반영하여 별도로 찾거나 보완하는 번거로움을 줄였습니다.

　모쪼록 이 책이 수업생 여러분에게 많은 도움이 되기를 바랍니다. 쉽지 않은 여건에서 시간을 쪼개어 책과 씨름하며 자기개발에 분두하는 수험생 여러분의 건승을 기원합니다.

2023년 2월

법(法)의 개념

1. 법 정의

① 국가의 강제력을 수반하는 사회 규범.

② 국가 및 공공 기관이 제정한 법률, 명령, 조례, 규칙 따위이다.

③ 다 같이 자유롭고 올바르게 잘 살 것을 목적으로 하는 규범이며,

④ 서로가 자제하고 존중함으로써 더불어 사는 공동체를 형성해 가는 평화의 질서.

2. 법 시행

① 발안

② 심의

③ 공포

④ 시행

3. 법의 위계구조

① 헌법(최고의 법)

② 법률 : 국회의 의결 후 대통령이 서명·공포

③ 명령 : 행정기관에 의하여 제정되는 국가의 법령(대통령령, 총리령, 부령)

④ 조례 : 지방자치단체가 지방자치법에 의거하여 그 의회의 의결로 제정

⑤ 규칙 : 지방자치단체의 장(시장, 군수)이 조례의 범위 안에서 사무에 관하여 제정

4. 법 분류

① 공법 : 공익보호 목적(헌법, 형법)

② 사법 : 개인의 이익보호 목적(민법, 상법)

③ 사회법 : 인간다운 생활보장(근로기준법, 국민건강보험법)

5. 형벌의 종류

① 사형

② 징역 : 교도소에 구치(유기, 무기징역, 노역 부과)

③ 금고 : 명예 존중(노역 비부과)

④ 구류 : 30일 미만 교도소에서 구치(노역 비부과)

⑤ 벌금 : 금액을 강제 부담

⑥ 과태료 : 공법에서, 의무 이행을 태만히 한 사람에게 벌로 물게 하는 돈(경범죄처벌법, 교통범칙금)

⑦ 몰수 : 강제로 국가 소유로 권리를 넘김

⑧ 자격정지 : 명예형(名譽刑), 일정 기간 동안 자격을 정지시킴(유기징역 이하)

⑨ 자격상실 : 명예형(名譽刑), 일정한 자격을 갖지 못하게 하는 일(무기금고이상). 공법상 공무원이 될 자격, 피선거권, 법인 임원 등

차례

제1부

공중위생관리법

제1조 목적

이 법은 공중이 이용하는 영업의 위생관리등에 관한 사항을 규정함으로써 위생수준을 향상시켜 국민의 건강증진에 기여함을 목적으로 한다.　　　　　　　　〈개정 2016. 2. 3.〉

제2조(정의)

① 이 법에서 사용하는 용어의 정의는 다음과 같다.　　〈개정 2005. 3. 31., 2016. 2. 3., 2019. 12. 3.〉

1. "공중위생영업"이라 함은 다수인을 대상으로 위생관리서비스를 제공하는 영업으로서 숙박업·목욕장업·이용업·미용업·세탁업·건물위생관리업을 말한다.

2. "숙박업"이라 함은 손님이 잠을 자고 머물 수 있도록 시설 및 설비등의 서비스를 제공하는 영업을 말한다. 다만, 농어촌에 소재하는 민박등 대통령령이 정하는 경우를 제외한다.

3. "목욕장업"이라 함은 다음 각목의 어느 하나에 해당하는 서비스를 손님에게 제공하는 영업을 말한다. 다만, 숙박업 영업소에 부설된 욕실 등 대통령령이 정하는 경우를 제외한다.

　가. 물로 목욕을 할 수 있는 시설 및 설비 등의 서비스

　나. 맥반석·황토·옥 등을 직접 또는 간접 가열하여 발생되는 열기 또는 원적외선 등을 이용하여 땀을 낼 수 있는 시설 및 설비 등의 서비스

4. "이용업"이라 함은 손님의 머리카락 또는 수염을 깎거나 다듬는 등의 방법으로 손님의 용모를 단정하게 하는 영업을 말한다.

5. "미용업"이라 함은 손님의 얼굴, 머리, 피부 및 손톱·발톱 등을 손질하여 손님의 외모를 아름답게 꾸미는 다음 각 목의 영업을 말한다.

　가. 일반미용업: 파마·머리카락자르기·머리카락모양내기·머리피부손질·머리카락염색·머리감기, 의료기기나 의약품을 사용하지 아니하는 눈썹손질을 하는 영업

　나. 피부미용업: 의료기기나 의약품을 사용하지 아니하는 피부상태분석·피부관리·제모(除毛)·눈썹손질을 하는 영업

　다. 네일미용업: 손톱과 발톱을 손질·화장(化粧)하는 영업

　라. 화장·분장 미용업: 얼굴 등 신체의 화장, 분장 및 의료기기나 의약품을 사용하지 아니하는 눈썹손질을 하는 영업

　마. 그 밖에 대통령령으로 정하는 세부 영업

　바. 종합미용업 : 가목부터 마목까지의 업무를 모두 하는 영업

6. "세탁업"이라 함은 의류 기타 섬유제품이나 피혁제품등을 세탁하는 영업을 말한다.

7. "건물위생관리업"이라 함은 공중이 이용하는 건축물·시설물등의 청결유지와 실내공기정화를 위한 청소등을 대행하는 영업을 말한다.

8. 삭제 〈2015. 12. 22.〉

② 제1항제2호부터 제4호까지, 제6호 및 제7호의 영업은 대통령령이 정하는 바에 의하여 이를 세분할 수 있다. 〈개정 2005. 3. 31., 2019. 12. 3.〉

제3조(공중위생영업의 신고 및 폐업신고)

① 공중위생영업을 하고자 하는 자는 공중위생영업의 종류별로 보건복지부령이 정하는 시설 및 설비를 갖추고 시장·군수·구청장(자치구의 구청장에 한한다. 이하 같다)에게 신고하여야 한다. 보건복지부령이 정하는 중요사항을 변경하고자 하는 때에도 또한 같다.
〈개정 2008. 2. 29., 2010. 1. 18.〉

② 제1항의 규정에 의하여 공중위생영업의 신고를 한 자(이하 "공중위생영업자"라 한다)는 공중위생영업을 폐업한 날부터 20일 이내에 시장·군수·구청장에게 신고하여야 한다. 다만, 제11조에 따른 영업정지 등의 기간 중에는 폐업신고를 할 수 없다. 〈신설 2005. 3. 31., 2016. 2. 3.〉

③ 시장·군수·구청장은 공중위생영업자가 「부가가치세법」 제8조에 따라 관할 세무서장에게 폐업신고를 하거나 관할 세무서장이 사업자등록을 말소한 경우에는 보건복지부령으로 정하는 바에 따라 신고 사항을 직권으로 말소할 수 있다. 〈신설 2016. 2. 3., 2021. 12. 21.〉

④ 시장·군수·구청장은 제3항의 직권말소를 위하여 필요한 경우 관할 세무서장에게 공중위생영업자의 폐업여부에 대한 정보 제공을 요청할 수 있다. 이 경우 요청을 받은 관할 세무서장은 「전자정부법」 제36조제1항에 따라 공중위생영업자의 폐업여부에 대한 정보를 제공하여야 한다. 〈신설 2017. 12. 12.〉

⑤ 제1항 및 제2항의 규정에 의한 신고의 방법 및 절차 등에 관하여 필요한 사항은 보건복지부령으로 정한다. 〈개정 2005. 3. 31., 2008. 2. 29., 2010. 1. 18., 2016. 2. 3., 2017. 12. 12.〉

[전문개정 2002. 8. 26.]

[제목개정 2005. 3. 31.]

제3조의2(공중위생영업의 승계)

① 공중위생영업자가 그 공중위생영업을 양도하거나 사망한 때 또는 법인의 합병이 있는 때에는 그 양수인·상속인 또는 합병후 존속하는 법인이나 합병에 의하여 설립되는 법인은 그 공중위생영업자의 지위를 승계한다. 〈개정 2005. 3. 31.〉

② 민사집행법에 의한 경매, 「채무자 회생 및 파산에 관한 법률」에 의한 환가나 국세징수법·관세법 또는 「지방세징수법」에 의한 압류재산의 매각 그 밖에 이에 준하는 절차에 따라 공중위생영업 관련시설 및 설비의 전부를 인수한 자는 이 법에 의한 그 공중위생영업자의 지위를 승계

한다. 〈개정 2005. 3. 31., 2010. 3. 31., 2016. 12. 27.〉

③ 제1항 또는 제2항의 규정에 불구하고 이용업 또는 미용업의 경우에는 제6조의 규정에 의한 면허를 소지한 자에 한하여 공중위생영업자의 지위를 승계할 수 있다.

④ 제1항 또는 제2항의 규정에 의하여 공중위생영업자의 지위를 승계한 자는 1월 이내에 보건복지부령이 정하는 바에 따라 시장·군수 또는 구청장에게 신고하여야 한다.

〈개정 2008. 2. 29., 2010. 1. 18.〉

[본조신설 2002. 8. 26.]

제4조(공중위생영업자의 위생관리의무등)

① 공중위생영업자는 그 이용자에게 건강상 위해요인이 발생하지 아니하도록 영업관련 시설 및 설비를 위생적이고 안전하게 관리하여야 한다.

② 목욕장업을 하는 자는 다음 각호의 사항을 지켜야 한다. 이 경우 세부기준은 보건복지부령으로 정한다. 〈개정 2005. 3. 31., 2008. 2. 29., 2010. 1. 18.〉

  1. 제2조제1항제3호 가목의 서비스를 제공하는 경우 : 목욕장의 수질기준 및 수질검사방법 등 수질 관리에 관한 사항

  2. 제2조제1항제3호 나목의 서비스를 제공하는 경우 : 위생기준 등에 관한 사항

③ 이용업을 하는 자는 다음 각호의 사항을 지켜야 한다.

〈개정 2008. 2. 29., 2008. 3. 28., 2010. 1. 18.〉

  1. 이용기구는 소독을 한 기구와 소독을 하지 아니한 기구로 분리하여 보관하고, 면도기는 1회용 면도날만을 손님 1인에 한하여 사용할 것. 이 경우 이용기구의 소독기준 및 방법은 보건복지부령으로 정한다.

  2. 이용사면허증을 영업소안에 게시할 것

  3. 이용업소표시등을 영업소 외부에 설치할 것

④ 미용업을 하는 자는 다음 각호의 사항을 지켜야 한다. 〈개정 2008. 2. 29., 2010. 1. 18.〉

  1. 의료기구와 의약품을 사용하지 아니하는 순수한 화장 또는 피부미용을 할 것

  2. 미용기구는 소독을 한 기구와 소독을 하지 아니한 기구로 분리하여 보관하고, 면도기는 1회용 면도날만을 손님 1인에 한하여 사용할 것. 이 경우 미용기구의 소독기준 및 방법은 보건복지부령으로 정한다.

  3. 미용사면허증을 영업소안에 게시할 것

⑤ 세탁업을 하는 자는 세제를 사용함에 있어서 국민건강에 유해한 물질이 발생되지 아니하도록 기계 및 설비를 안전하게 관리하여야 한다. 이 경우 유해한 물질이 발생되는 세제의 종류와 기

계 및 설비의 안전관리에 관하여 필요한 사항은 보건복지부령으로 정한다.

〈개정 2008. 2. 29., 2010. 1. 18.〉

⑥ 건물위생관리업을 하는 자는 사용장비 또는 약제의 취급시 인체의 건강에 해를 끼치지 아니하도록 위생적이고 안전하게 관리하여야 한다. 〈개정 2016. 2. 3.〉

⑦ 제1항 내지 제6항의 규정에 의하여 공중위생영업자가 준수하여야 할 위생관리기준 기타 위생관리서비스의 제공에 관하여 필요한 사항으로서 그 각항에 규정된 사항외의 사항 및 감염병환자 기타 함께 출입시켜서는 아니되는 자의 범위와 목욕장내에 둘 수 있는 종사자의 범위등 건전한 영업질서유지를 위하여 영업자가 준수하여야 할 사항은 보건복지부령으로 정한다.

〈개정 2005. 3. 31., 2008. 2. 29., 2009. 12. 29., 2010. 1. 18.〉

제5조(공중위생영업자의 불법카메라 설치 금지)

공중위생영업자는 영업소에 「성폭력범죄의 처벌 등에 관한 특례법」 제14조제1항에 위반되는 행위에 이용되는 카메라나 그 밖에 이와 유사한 기능을 갖춘 기계장치를 설치해서는 아니 된다.

[본조신설 2018. 12. 11.]

제6조(이용사 및 미용사의 면허등)

① 이용사 또는 미용사가 되고자 하는 자는 다음 각호의 1에 해당하는 자로서 보건복지부령이 정하는 바에 의하여 시장·군수·구청장의 면허를 받아야 한다. 〈개정 2001. 1. 29., 2002. 1. 19., 2005. 3. 31., 2007. 12. 14., 2008. 2. 29., 2010. 1. 18., 2013. 3. 23., 2018. 12. 11., 2019. 12. 3.〉

1. 전문대학 또는 이와 같은 수준 이상의 학력이 있다고 교육부장관이 인정하는 학교에서 이용 또는 미용에 관한 학과를 졸업한 자

1의2. 「학점인정 등에 관한 법률」 제8조에 따라 대학 또는 전문대학을 졸업한 자와 같은 수준 이상의 학력이 있는 것으로 인정되어 같은 법 제9조에 따라 이용 또는 미용에 관한 학위를 취득한 자

2. 고등학교 또는 이와 같은 수준의 학력이 있다고 교육부장관이 인정하는 학교에서 이용 또는 미용에 관한 학과를 졸업한 자

3. 초·중등교육법령에 따른 특성화고등학교, 고등기술학교나 고등학교 또는 고등기술학교에 준하는 각종학교에서 1년 이상 이용 또는 미용에 관한 소정의 과정을 이수한 자

4. 국가기술자격법에 의한 이용사 또는 미용사의 자격을 취득한 자

② 다음 각호의 1에 해당하는 자는 이용사 또는 미용사의 면허를 받을 수 없다.

〈개정 2007. 12. 14., 2008. 2. 29., 2009. 12. 29., 2010. 1. 18., 2015. 12. 22., 2016. 2. 3., 2018. 12. 11.〉

1. 피성년후견인

2. 「정신건강증진 및 정신질환자 복지서비스 지원에 관한 법률」 제3조제1호에 따른 정신질환자. 다만, 전문의가 이용사 또는 미용사로서 적합하다고 인정하는 사람은 그러하지 아니하다.

3. 공중의 위생에 영향을 미칠 수 있는 감염병환자로서 보건복지부령이 정하는 자

4. 마약 기타 대통령령으로 정하는 약물 중독자

5. 제7조제1항제2호, 제4호, 제6호 또는 제7호의 사유로 면허가 취소된 후 1년이 경과되지 아니한 자

③ 제1항에 따라 면허증을 발급받은 사람은 다른 사람에게 그 면허증을 빌려주어서는 아니 되고, 누구든지 그 면허증을 빌려서는 아니 된다. 〈신설 2020. 4. 7.〉

④ 누구든지 제3항에 따라 금지된 행위를 알선하여서는 아니 된다. 〈신설 2020. 4. 7.〉

제6조의2(위생사의 면허 등)

① 위생사가 되려는 사람은 다음 각 호의 어느 하나에 해당하는 사람으로서 위생사 국가시험에 합격한 후 보건복지부장관의 면허를 받아야 한다. 〈개정 2018. 12. 11.〉

1. 전문대학이나 이와 같은 수준 이상에 해당된다고 교육부장관이 인정하는 학교(보건복지부장관이 정하여 고시하는 인정기준에 해당하는 외국의 학교를 포함한다. 이하 같다)에서 보건 또는 위생에 관한 교육과정을 이수한 사람

2. 「학점인정 등에 관한 법률」 제8조에 따라 전문대학을 졸업한 사람과 같은 수준 이상의 학력이 있는 것으로 인정되어 같은 법 제9조에 따라 보건 또는 위생에 관한 학위를 취득한 사람

3. 외국의 위생사 면허 또는 자격(보건복지부장관이 정하여 고시하는 인정기준에 해당하는 면허 또는 자격을 말한다)을 가진 사람

② 제1항에 따른 위생사 국가시험은 매년 1회 이상 보건복지부장관이 실시하며, 시험과목 · 시험방법 · 합격기준과 그 밖에 시험에 필요한 사항은 대통령령으로 정한다.

③ 보건복지부장관은 위생사 국가시험의 실시에 관한 업무를 「한국보건의료인국가시험원법」에 따른 한국보건의료인국가시험원에 위탁할 수 있다.

④ 위생사 국가시험에서 대통령령으로 정하는 부정행위를 한 사람에 대하여는 그 시험을 정지시키거나 합격을 무효로 한다.

⑤ 제4항에 따라 시험이 정지되거나 합격이 무효가 된 사람은 해당 위생사 국가시험 후에 치러지는 위생사 국가시험에 2회 응시할 수 없다.

⑥ 보건복지부장관은 위생사 면허를 부여하는 경우에는 보건복지부령으로 정하는 바에 따라 면허 대장에 등록하고 면허증을 발급하여야 한다. 다만, 면허 발급 신청일 기준으로 제7항에 따른 결격사유에 해당하는 사람에게는 면허 등록 및 면허증 발급을 하여서는 아니 된다.

〈개정 2019. 12. 3.〉

⑦ 다음 각 호의 어느 하나에 해당하는 사람은 위생사 면허를 받을 수 없다.   〈개정 2018. 12. 11.〉

1. 「정신건강증진 및 정신질환자 복지서비스 지원에 관한 법률」 제3조제1호에 따른 정신질환자. 다만, 전문의가 위생사로서 적합하다고 인정하는 사람은 그러하지 아니하다.

2. 「마약류 관리에 관한 법률」에 따른 마약류 중독자

3. 이 법, 「감염병의 예방 및 관리에 관한 법률」, 「검역법」, 「식품위생법」, 「의료법」, 「약사법」, 「마약류 관리에 관한 법률」 또는 「보건범죄 단속에 관한 특별조치법」을 위반하여 금고 이상의 실형을 선고받고 그 집행이 끝나지 아니하거나 그 집행을 받지 아니하기로 확정되지 아니한 사람

⑧ 제6항에 따른 면허의 등록, 수수료 및 면허증에 필요한 사항은 보건복지부령으로 정한다.

⑨ 제6항에 따라 면허증을 발급받은 사람은 다른 사람에게 그 면허증을 빌려주어서는 아니 되고, 누구든지 그 면허증을 빌려서는 아니 된다.   〈신설 2020. 4. 7.〉

⑩ 누구든지 제9항에 따라 금지된 행위를 알선하여서는 아니 된다.   〈신설 2020. 4. 7.〉

[본조신설 2016. 2. 3.]

제7조(이용사 및 미용사의 면허취소등)

① 시장·군수·구청장은 이용사 또는 미용사가 다음 각호의 1에 해당하는 때에는 그 면허를 취소하거나 6월 이내의 기간을 정하여 그 면허의 정지를 명할 수 있다. 다만, 제1호, 제2호, 제4호, 제6호 또는 제7호에 해당하는 경우에는 그 면허를 취소하여야 한다.   〈개정 2005. 3. 31., 2016. 2. 3., 2018. 12. 11.〉

1. 제6조제2항제1호

2. 제6조제2항제2호 내지 제4호에 해당하게 된 때

3. 면허증을 다른 사람에게 대여한 때

4. 「국가기술자격법」에 따라 자격이 취소된 때

5. 「국가기술자격법」에 따라 자격정지처분을 받은 때(「국가기술자격법」에 따른 자격정지처분 기간에 한정한다)

6. 이중으로 면허를 취득한 때(나중에 발급받은 면허를 말한다)

7. 면허정지처분을 받고도 그 정지 기간 중에 업무를 한 때

8. 「성매매알선 등 행위의 처벌에 관한 법률」이나 「풍속영업의 규제에 관한 법률」을 위반하여 관계 행정기관의 장으로부터 그 사실을 통보받은 때

② 제1항의 규정에 의한 면허취소·정지처분의 세부적인 기준은 그 처분의 사유와 위반의 정도등을 감안하여 보건복지부령으로 정한다. 〈개정 2008. 2. 29., 2010. 1. 18.〉

제7조의2(위생사 면허의 취소 등)

① 보건복지부장관은 위생사가 다음 각 호의 어느 하나에 해당하는 경우에는 그 면허를 취소한다.

1. 제6조의2제7항 각 호의 어느 하나에 해당하게 된 경우

2. 면허증을 대여한 경우

② 위생사가 제1항제1호에 따라 면허가 취소된 후 그 처분의 원인이 된 사유가 소멸된 때에는 보건복지부장관은 그 사람에 대하여 다시 면허를 부여할 수 있다.

[본조신설 2016. 2. 3.]

제8조(이용사 및 미용사의 업무범위등)

① 제6조제1항의 규정에 의한 이용사 또는 미용사의 면허를 받은 자가 아니면 이용업 또는 미용업을 개설하거나 그 업무에 종사할 수 없다. 다만, 이용사 또는 미용사의 감독을 받아 이용 또는 미용 업무의 보조를 행하는 경우에는 그러하지 아니하다.

② 이용 및 미용의 업무는 영업소외의 장소에서 행할 수 없다. 다만, 보건복지부령이 정하는 특별한 사유가 있는 경우에는 그러하지 아니하다. 〈개정 2008. 2. 29., 2010. 1. 18.〉

③ 제1항의 규정에 의한 이용사 및 미용사의 업무범위와 이용·미용의 업무보조 범위에 관하여 필요한 사항은 보건복지부령으로 정한다. 〈개정 2008. 2. 29., 2010. 1. 18., 2016. 2. 3.〉

제8조의2(위생사의 업무범위)

위생사의 업무범위는 다음 각 호와 같다.

1. 공중위생영업소, 공중이용시설 및 위생용품의 위생관리

2. 음료수의 처리 및 위생관리

3. 쓰레기, 분뇨, 하수, 그 밖의 폐기물의 처리

4. 식품·식품첨가물과 이에 관련된 기구·용기 및 포장의 제조와 가공에 관한 위생관리

5. 유해 곤충·설치류 및 매개체 관리

6. 그 밖에 보건위생에 영향을 미치는 것으로서 대통령령으로 정하는 업무

[본조신설 2016. 2. 3.]

제9조(보고 및 출입 · 검사)

① 특별시장 · 광역시장 · 도지사(이하 "시 · 도지사"라 한다)

또는 시장 · 군수 · 구청장은 공중위생관리상 필요하다고 인정하는 때에는 공중위생영업자에 대하여 필요한 보고를 하게 하거나 소속공무원으로 하여금 영업소 · 사무소 등에 출입하여 공중위생영업자의 위생관리의무이행 등에 대하여 검사하게 하거나 필요에 따라 공중위생영업장부나 서류를 열람하게 할 수 있다. 〈개정 2002. 8. 26., 2005. 3. 31., 2015. 12. 22.〉

② 시 · 도지사 또는 시장 · 군수 · 구청장은 공중위생영업자의 영업소에 제5조에 따라 설치가 금지되는 카메라나 기계장치가 설치되었는지를 검사할 수 있다. 이 경우 공중위생영업자는 특별한 사정이 없으면 검사에 따라야 한다. 〈신설 2018. 12. 11.〉

③ 제2항의 경우에 시 · 도지사 또는 시장 · 군수 · 구청장은 관할 경찰관서의 장에게 협조를 요청할 수 있다. 〈신설 2018. 12. 11.〉

④ 제2항의 경우에 시 · 도지사 또는 시장 · 군수 · 구청장은 영업소에 대하여 검사 결과에 대한 확인증을 발부할 수 있다. 〈신설 2018. 12. 11.〉

⑤ 제1항 및 제2항의 경우에 관계공무원은 그 권한을 표시하는 증표를 지녀야 하며, 관계인에게 이를 내보여야 한다. 〈개정 2018. 12. 11.〉

⑥ 제1항 및 제2항의 규정을 적용함에 있어서 「관광진흥법」 제4조에 따라 등록한 관광숙박업(이하 "관광숙박업"이라 한다)의 경우에는 해당 관광숙박업의 관할행정기관의 장과 사전에 협의하여야 한다. 다만, 보건위생관리상 위해요인을 방지하기 위하여 긴급한 사유가 있는 경우에는 그러하지 아니하다. 〈개정 2018. 12. 11., 2019. 12. 3., 2021. 12. 21.〉

제9조의2(영업의 제한)

시 · 도지사는 공익상 또는 선량한 풍속을 유지하기 위하여 필요하다고 인정하는 때에는 공중위생영업자 및 종사원에 대하여 영업시간 및 영업행위에 관한 필요한 제한을 할 수 있다.

[본조신설 2004. 1. 29.]

제10조(위생지도 및 개선명령)

시 · 도지사 또는 시장 · 군수 · 구청장은 다음 각 호의 어느 하나에 해당하는 자에 대하여 보건복지부령으로 정하는 바에 따라 기간을 정하여 그 개선을 명할 수 있다. 〈개정 2005. 3. 31., 2016. 2. 3.〉

1. 제3조제1항의 규정에 의한 공중위생영업의 종류별 시설 및 설비기준을 위반한 공중위생영업자

2. 제4조의 규정에 의한 위생관리의무 등을 위반한 공중위생영업자

3. 삭제 〈2015. 12. 22.〉

[전문개정 2002. 8. 26.]

제11조(공중위생영업소의 폐쇄등)

① 시장·군수·구청장은 공중위생영업자가 다음 각 호의 어느 하나에 해당하면 6월 이내의 기간을 정하여 영업의 정지 또는 일부 시설의 사용중지를 명하거나 영업소폐쇄등을 명할 수 있다. 다만, 관광숙박업의 경우에는 해당 관광숙박업의 관할행정기관의 장과 미리 협의하여야 한다.〈개정 2002. 8. 26., 2007. 5. 25., 2011. 9. 15., 2016. 2. 3., 2017. 12. 12., 2018. 12. 11., 2019. 12. 3.〉

1. 제3조제1항 전단에 따른 영업신고를 하지 아니하거나 시설과 설비기준을 위반한 경우

2. 제3조제1항 후단에 따른 변경신고를 하지 아니한 경우

3. 제3조의2제4항에 따른 지위승계신고를 하지 아니한 경우

4. 제4조에 따른 공중위생영업자의 위생관리의무등을 지키지 아니한 경우

4의2. 제5조를 위반하여 카메라나 기계장치를 설치한 경우

5. 제8조제2항을 위반하여 영업소 외의 장소에서 이용 또는 미용 업무를 한 경우

6. 제9조에 따른 보고를 하지 아니하거나 거짓으로 보고한 경우 또는 관계 공무원의 출입, 검사 또는 공중위생영업 장부 또는 서류의 열람을 거부·방해하거나 기피한 경우

7. 제10조에 따른 개선명령을 이행하지 아니한 경우

8. 「성매매알선 등 행위의 처벌에 관한 법률」, 「풍속영업의 규제에 관한 법률」, 「청소년 보호법」, 「아동·청소년의 성보호에 관한 법률」 또는 「의료법」을 위반하여 관계 행정기관의 장으로부터 그 사실을 통보받은 경우

② 시장·군수·구청장은 제1항에 따른 영업정지처분을 받고도 그 영업정지 기간에 영업을 한 경우에는 영업소 폐쇄를 명할 수 있다.　　　　　　　　　　　　　　　　〈신설 2016. 2. 3.〉

③ 시장·군수·구청장은 다음 각 호의 어느 하나에 해당하는 경우에는 영업소 폐쇄를 명할 수 있다.　　　　　　　　　　　　　　　　　　　　　　　　　　　〈신설 2016. 2. 3.〉

1. 공중위생영업자가 정당한 사유 없이 6개월 이상 계속 휴업하는 경우

2. 공중위생영업자가 「부가가치세법」 제8조에 따라 관할 세무서장에게 폐업신고를 하거나 관할 세무서장이 사업자 등록을 말소한 경우

④ 제1항에 따른 행정처분의 세부기준은 그 위반행위의 유형과 위반 정도 등을 고려하여 보건복지부령으로 정한다.　　　　　　　　　　　　　　　　　　　　　　〈개정 2016. 2. 3.〉

⑤ 시장·군수·구청장은 공중위생영업자가 제1항의 규정에 의한 영업소폐쇄명령을 받고도 계속하여 영업을 하는 때에는 관계공무원으로 하여금 해당 영업소를 폐쇄하기 위하여 다음 각호의

조치를 하게 할 수 있다. 제3조제1항 전단을 위반하여 신고를 하지 아니하고 공중위생영업을 하는 경우에도 또한 같다. 〈개정 2016. 2. 3., 2019. 12. 3.〉

1. 해당 영업소의 간판 기타 영업표지물의 제거

2. 해당 영업소가 위법한 영업소임을 알리는 게시물등의 부착

3. 영업을 위하여 필수불가결한 기구 또는 시설물을 사용할 수 없게 하는 봉인

⑥ 시장 · 군수 · 구청장은 제5항제3호에 따른 봉인을 한 후 봉인을 계속할 필요가 없다고 인정되는 때와 영업자등이나 그 대리인이 해당 영업소를 폐쇄할 것을 약속하는 때 및 정당한 사유를 들어 봉인의 해제를 요청하는 때에는 그 봉인을 해제할 수 있다. 제5항제2호에 따른 게시물등의 제거를 요청하는 경우에도 또한 같다. 〈개정 2016. 2. 3., 2019. 12. 3.〉

제11조의2(과징금처분)

① 시장 · 군수 · 구청장은 제11조제1항의 규정에 의한 영업정지가 이용자에게 심한 불편을 주거나 그 밖에 공익을 해할 우려가 있는 경우에는 영업정지 처분에 갈음하여 1억원 이하의 과징금을 부과할 수 있다. 다만, 제5조, 「성매매알선 등 행위의 처벌에 관한 법률」, 「아동 · 청소년의 성보호에 관한 법률」, 「풍속영업의 규제에 관한 법률」 제3조 각호의 1 또는 이에 상응하는 위반행위로 인하여 처분을 받게 되는 경우를 제외한다.

〈개정 2016. 2. 3., 2017. 12. 12., 2018. 12. 11., 2019. 1. 15.〉

② 제1항의 규정에 의한 과징금을 부과하는 위반행위의 종별 · 정도 등에 따른 과징금의 금액 등에 관하여 필요한 사항은 대통령령으로 정한다.

③ 시장 · 군수 · 구청장은 제1항의 규정에 의한 과징금을 납부하여야 할 자가 납부기한까지 이를 납부하지 아니한 경우에는 대통령령으로 정하는 바에 따라 제1항에 따른 과징금 부과처분을 취소하고, 제11조제1항에 따른 영업정지 처분을 하거나 「지방행정제재 · 부과금의 징수 등에 관한 법률」에 따라 이를 징수한다. 〈개정 2013. 8. 6., 2016. 2. 3., 2020. 3. 24.〉

④ 제1항 및 제3항의 규정에 의하여 시장 · 군수 · 구청장이 부과 · 징수한 과징금은 해당 시 · 군 · 구에 귀속된다. 〈개정 2019. 12. 3.〉

⑤ 시장 · 군수 · 구청장은 과징금의 징수를 위하여 필요한 경우에는 다음 각 호의 사항을 기재한 문서로 관할 세무관서의 장에게 과세정보의 제공을 요청할 수 있다. 〈신설 2016. 2. 3.〉

1. 납세자의 인적사항

2. 사용목적

3. 과징금 부과기준이 되는 매출금액

[본조신설 2002. 8. 26.]

제11조의3(행정제재처분효과의 승계)

① 공중위생영업자가 그 영업을 양도하거나 사망한 때 또는 법인의 합병이 있는 때에는 종전의 영업자에 대하여 제11조제1항의 위반을 사유로 행한 행정제재처분의 효과는 그 처분기간이 만료된 날부터 1년간 양수인·상속인 또는 합병후 존속하는 법인에 승계된다.

② 공중위생영업자가 그 영업을 양도하거나 사망한 때 또는 법인의 합병이 있는 때에는 제11조제1항의 위반을 사유로 하여 종전의 영업자에 대하여 진행중인 행정제재처분 절차를 양수인·상속인 또는 합병 후 존속하는 법인에 대하여 속행할 수 있다.

③ 제1항 및 제2항에도 불구하고 양수인이나 합병 후 존속하는 법인이 양수하거나 합병할 때에 그 처분 또는 위반사실을 알지 못한 경우에는 그러하지 아니하다.　　　　〈신설 2019. 12. 3.〉

[본조신설 2002. 8. 26.]

제11조의4(같은 종류의 영업 금지)

① 제5조, 「성매매알선 등 행위의 처벌에 관한 법률」·「아동·청소년의 성보호에 관한 법률」·「풍속영업의 규제에 관한 법률」 또는 「청소년 보호법」(이하 이 조에서 "「성매매알선 등 행위의 처벌에 관한 법률」 등"이라 한다)을 위반하여 제11조제1항의 폐쇄명령을 받은 자(법인인 경우에는 그 대표자를 포함한다. 이하 제2항에서 같다)는 그 폐쇄명령을 받은 후 2년이 경과하지 아니한 때에는 같은 종류의 영업을 할 수 없다.

〈개정 2011. 9. 15., 2017. 12. 12., 2018. 12. 11.〉

② 「성매매알선 등 행위의 처벌에 관한 법률」 등 외의 법률을 위반하여 제11조제1항의 폐쇄명령을 받은 자는 그 폐쇄명령을 받은 후 1년이 경과하지 아니한 때에는 같은 종류의 영업을 할 수 없다.

③ 「성매매알선 등 행위의 처벌에 관한 법률」 등의 위반으로 제11조제1항에 따른 폐쇄명령이 있은 후 1년이 경과하지 아니한 때에는 누구든지 그 폐쇄명령이 이루어진 영업장소에서 같은 종류의 영업을 할 수 없다.

④ 「성매매알선 등 행위의 처벌에 관한 법률」 등 외의 법률의 위반으로 제11조제1항에 따른 폐쇄명령이 있은 후 6개월이 경과하지 아니한 때에는 누구든지 그 폐쇄명령이 이루어진 영업장소에서 같은 종류의 영업을 할 수 없다.

[본조신설 2007. 5. 25.]

제11조의5(이용업소표시등의 사용제한)

누구든지 시·군·구에 이용업 신고를 하지 아니하고 이용업소표시등을 설치할 수 없다.

[본조신설 2008. 3. 28.]

제11조의6(위반사실 공표)

시장·군수·구청장은 제7조, 제11조 또는 제11조의2에 따라 행정처분이 확정된 공중위생영업자에 대한 처분 내용, 해당 영업소의 명칭 등 처분과 관련한 영업 정보를 대통령령으로 정하는 바에 따라 공표하여야 한다.

[본조신설 2016. 2. 3.]

제12조(청문)

보건복지부장관 또는 시장·군수·구청장은 다음 각 호의 어느 하나에 해당하는 처분을 하려면 청문을 하여야 한다.

1. 삭제 〈2021. 12. 21.〉
2. 제7조에 따른 이용사와 미용사의 면허취소 또는 면허정지
3. 제7조의2에 따른 위생사의 면허취소
4. 제11조에 따른 영업정지명령, 일부 시설의 사용중지명령 또는 영업소 폐쇄명령

[전문개정 2016. 2. 3.]

제13조(위생서비스수준의 평가)

① 시·도지사는 공중위생영업소(관광숙박업의 경우를 제외한다. 이하 이 조에서 같다)의 위생관리수준을 향상시키기 위하여 위생서비스평가계획(이하 "평가계획"이라 한다)을 수립하여 시장·군수·구청장에게 통보하여야 한다. 〈개정 2005. 3. 31.〉

② 시장·군수·구청장은 평가계획에 따라 관할지역별 세부평가계획을 수립한 후 공중위생영업소의 위생서비스수준을 평가(이하 "위생서비스평가"라 한다)하여야 한다. 〈개정 2005. 3. 31.〉

③ 시장·군수·구청장은 위생서비스평가의 전문성을 높이기 위하여 필요하다고 인정하는 경우에는 관련 전문기관 및 단체로 하여금 위생서비스평가를 실시하게 할 수 있다.〈개정 2005. 3. 31.〉

④ 제1항 내지 제3항의 규정에 의한 위생서비스평가의 주기·방법, 위생관리등급의 기준 기타 평가에 관하여 필요한 사항은 보건복지부령으로 정한다. 〈개정 2008. 2. 29., 2010. 1. 18.〉

제14조(위생관리등급 공표등)

① 시장·군수·구청장은 보건복지부령이 정하는 바에 의하여 위생서비스평가의 결과에 따른 위생관리등급을 해당공중위생영업자에게 통보하고 이를 공표하여야 한다.

② 공중위생영업자는 제1항의 규정에 의하여 시장·군수·구청장으로부터 통보받은 위생관리등급의 표지를 영업소의 명칭과 함께 영업소의 출입구에 부착할 수 있다.　　〈개정 2005. 3. 31.〉

③ 시·도지사 또는 시장·군수·구청장은 위생서비스평가의 결과 위생서비스의 수준이 우수하다고 인정되는 영업소에 대하여 포상을 실시할 수 있다.　　〈개정 2005. 3. 31.〉

④ 시·도지사 또는 시장·군수·구청장은 위생서비스평가의 결과에 따른 위생관리등급별로 영업소에 대한 위생감시를 실시하여야 한다. 이 경우 영업소에 대한 출입·검사와 위생감시의 실시주기 및 횟수등 위생관리등급별 위생감시기준은 보건복지부령으로 정한다.

〈개정 2005. 3. 31., 2008. 2. 29., 2010. 1. 18.〉

제15조(공중위생감시원)

① 제3조, 제3조의2, 제4조 또는 제8조 내지 제11조의 규정에 의한 관계공무원의 업무를 행하게 하기 위하여 특별시·광역시·도 및 시·군·구(자치구에 한한다)에 공중위생감시원을 둔다.

〈개정 2005. 3. 31., 2015. 12. 22.〉

② 제1항의 규정에 의한 공중위생감시원의 자격·임명·업무범위 기타 필요한 사항은 대통령령으로 정한다.

제15조의2(명예공중위생감시원)

① 시·도지사는 공중위생의 관리를 위한 지도·계몽 등을 행하게 하기 위하여 명예공중위생감시원을 둘 수 있다.　　〈개정 2005. 3. 31.〉

② 제1항의 규정에 의한 명예공중위생감시원의 자격 및 위촉방법, 업무범위 등에 관하여 필요한 사항은 대통령령으로 정한다.

[본조신설 2002. 8. 26.]

제16조(공중위생 영업자단체의 설립)

공중위생영업자는 공중위생과 국민보건의 향상을 기하고 그 영업의 건전한 발전을 도모하기 위하여 영업의 종류별로 전국적인 조직을 가지는 영업자단체를 설립할 수 있다.

제17조(위생교육)

① 공중위생영업자는 매년 위생교육을 받아야 한다.　　〈개정 2002. 8. 26., 2004. 1. 29.〉

② 제3조제1항 전단의 규정에 의하여 신고를 하고자 하는 자는 미리 위생교육을 받아야 한다. 다만, 보건복지부령으로 정하는 부득이한 사유로 미리 교육을 받을 수 없는 경우에는 영업개시 후

6개월 이내에 위생교육을 받을 수 있다.　　〈개정 2002. 8. 26., 2008. 2. 29., 2010. 1. 18., 2016. 2. 3.〉

③ 제1항 및 제2항의 규정에 따른 위생교육을 받아야 하는 자 중 영업에 직접 종사하지 아니하거나 2 이상의 장소에서 영업을 하는 자는 종업원 중 영업장별로 공중위생에 관한 책임자를 지정하고 그 책임자로 하여금 위생교육을 받게 하여야 한다.　　〈신설 2006. 9. 27., 2008. 3. 28.〉

④ 제1항부터 제3항까지의 규정에 따른 위생교육은 보건복지부장관이 허가한 단체 또는 제16조에 따른 단체가 실시할 수 있다.　　〈개정 2008. 3. 28., 2010. 1. 18.〉

⑤ 제1항부터 제4항까지의 규정에 따른 위생교육의 방법·절차 등에 관하여 필요한 사항은 보건복지부령으로 정한다.　　〈신설 2008. 3. 28., 2010. 1. 18.〉

제18조(위임 및 위탁)

① 보건복지부장관은 이 법에 의한 권한의 일부를 대통령령이 정하는 바에 의하여 시·도지사 또는 시장·군수·구청장에게 위임할 수 있다.　　〈개정 2008. 2. 29., 2010. 1. 18.〉

② 보건복지부장관은 대통령령이 정하는 바에 의하여 관계 전문기관에 그 업무의 일부를 위탁할 수 있다.　　〈신설 2000. 1. 12., 2008. 2. 29., 2010. 1. 18., 2018. 12. 11.〉

[제목개정 2000. 1. 12.]

제19조(국고보조)

국가 또는 지방자치단체는 제13조제3항의 규정에 의하여 위생서비스평가를 실시하는 자에 대하여 예산의 범위안에서 위생서비스평가에 소요되는 경비의 전부 또는 일부를 보조할 수 있다.

제19조의2(수수료)

제6조의 규정에 의하여 이용사 또는 미용사 면허를 받고자 하는 자는 대통령령이 정하는 바에 따라 수수료를 납부하여야 한다.

[본조신설 2005. 3. 31.]

제19조의3(같은 명칭의 사용금지)

위생사가 아니면 위생사라는 명칭을 사용하지 못한다.

[본조신설 2016. 2. 3.]

제19조의4(벌칙 적용에서 공무원 의제)

제18조제2항에 따라 위탁받은 업무에 종사하는 관계 전문기관의 임직원은 「형법」 제129조부터

제132조까지의 규정을 적용할 때에는 공무원으로 본다.

[본조신설 2018. 12. 11.]

제20조(벌칙)

① 제3조제1항 전단에 따른 신고를 하지 아니하고 숙박업 영업을 한 자는 2년 이하의 징역 또는 2천만원 이하의 벌금에 처한다. 〈신설 2021. 12. 21.〉

② 다음 각호의 1에 해당하는 자는 1년 이하의 징역 또는 1천만원 이하의 벌금에 처한다.
〈개정 2002. 8. 26., 2021. 12. 21.〉

1. 제3조제1항 전단에 따른 신고를 하지 아니하고 공중위생영업(숙박업은 제외한다)을 한 자
2. 제11조제1항의 규정에 의한 영업정지명령 또는 일부 시설의 사용중지명령을 받고도 그 기간중에 영업을 하거나 그 시설을 사용한 자 또는 영업소 폐쇄명령을 받고도 계속하여 영업을 한 자

③ 다음 각호의 1에 해당하는 자는 6월 이하의 징역 또는 500만원 이하의 벌금에 처한다.
〈개정 2002. 8. 26., 2021. 12. 21.〉

1. 제3조제1항 후단의 규정에 의한 변경신고를 하지 아니한 자
2. 제3조의2제1항의 규정에 의하여 공중위생영업자의 지위를 승계한 자로서 동조제4항의 규정에 의한 신고를 하지 아니한 자
3. 제4조제7항의 규정에 위반하여 건전한 영업질서를 위하여 공중위생영업자가 준수하여야 할 사항을 준수하지 아니한 자

④ 다음 각 호의 어느 하나에 해당하는 사람은 300만원 이하의 벌금에 처한다.
〈개정 2015. 12. 22., 2020. 4. 7., 2021. 12. 21.〉

1. 제6조제3항을 위반하여 다른 사람에게 이용사 또는 미용사의 면허증을 빌려주거나 빌린 사람
2. 제6조제4항을 위반하여 이용사 또는 미용사의 면허증을 빌려주거나 빌리는 것을 알선한 사람
3. 제6조의2제9항을 위반하여 다른 사람에게 위생사의 면허증을 빌려주거나 빌린 사람
4. 제6조의2제10항을 위반하여 위생사의 면허증을 빌려주거나 빌리는 것을 알선한 사람
5. 제7조제1항에 따른 면허의 취소 또는 정지 중에 이용업 또는 미용업을 한 사람
6. 제8조제1항을 위반하여 면허를 받지 아니하고 이용업 또는 미용업을 개설하거나 그 업무에 종사한 사람

제21조(양벌규정)

법인의 대표자나 법인 또는 개인의 대리인, 사용인, 그 밖의 종업원이 그 법인 또는 개인의 업무에 관하여 제20조의 위반행위를 하면 그 행위자를 벌하는 외에 그 법인 또는 개인에게도 해당 조문의 벌금형을 과(科)한다. 다만, 법인 또는 개인이 그 위반행위를 방지하기 위하여 해당 업무에 관하여 상당한 주의와 감독을 게을리하지 아니한 경우에는 그러하지 아니하다.

[전문개정 2011. 3. 30.]

제22조(과태료)

① 다음 각호의 1에 해당하는 자는 300만원 이하의 과태료에 처한다.

〈개정 2002. 8. 26., 2005. 3. 31., 2008. 3. 28.〉

1. 삭제 〈2016. 2. 3.〉
1의2. 제4조제2항의 규정을 위반하여 목욕장의 수질기준 또는 위생기준을 준수하지 아니한 자로서 제10조의 규정에 의한 개선명령에 따르지 아니한 자
2. 제4조제7항의 규정에 위반하여 숙박업소의 시설 및 설비를 위생적이고 안전하게 관리하지 아니한 자
3. 제4조제7항의 규정에 위반하여 목욕장업소의 시설 및 설비를 위생적이고 안전하게 관리하지 아니한 자
4. 제9조의 규정에 의한 보고를 하지 아니하거나 관계공무원의 출입 · 검사 기타 조치를 거부 · 방해 또는 기피한 자
5. 제10조의 규정에 의한 개선명령에 위반한 자
6. 제11조의5를 위반하여 이용업소표시등을 설치한 자

② 다음 각호의 1에 해당하는 자는 200만원 이하의 과태료에 처한다. 〈개정 2002. 8. 26., 2016. 2. 3.〉

1. 제4조제3항 각호 및 제7항의 규정에 위반하여 이용업소의 위생관리 의무를 지키지 아니한 자
2. 제4조제4항 각호 및 제7항의 규정에 위반하여 미용업소의 위생관리 의무를 지키지 아니한 자
3. 제4조제5항 및 제7항의 규정에 위반하여 세탁업소의 위생관리 의무를 지키지 아니한 자
4. 제4조제6항 및 제7항의 규정에 위반하여 건물위생관리업소의 위생관리 의무를 지키지 아니한 자
5. 제8조제2항의 규정에 위반하여 영업소외의 장소에서 이용 또는 미용업무를 행한 자
6. 제17조제1항의 규정에 위반하여 위생교육을 받지 아니한 자

③ 제19조의3을 위반하여 위생사의 명칭을 사용한 자에게는 100만원 이하의 과태료를 부과한다.

〈신설 2016. 2. 3.〉

④ 제1항부터 제3항까지의 규정에 따른 과태료는 대통령령으로 정하는 바에 따라 보건복지부장관 또는 시장·군수·구청장이 부과·징수한다.

〈신설 2016. 2. 3.〉

제23조삭제 〈2016. 2. 3.〉

부칙 〈제18605호, 2021. 12. 21.〉

이 법은 공포 후 6개월이 경과한 날부터 시행한다.

공중위생관리법
시행령

[시행 2020. 6. 4.]
[대통령령 제30744호, 2020. 6. 2., 일부개정]

제1조(목적)

이 영은 「공중위생관리법」에서 위임된 사항과 그 시행에 관하여 필요한 사항을 규정함을 목적으로 한다. 〈개정 2005. 11. 1.〉

제2조(적용제외 대상)

① 「공중위생관리법」(이하 "법"이라 한다)

제2조제1항제2호 단서에 따라 숙박업에서 제외되는 시설은 다음 각 호와 같다. 〈개정 2005. 3. 18., 2005. 11. 1., 2006. 8. 4., 2009. 12. 15., 2011. 12. 30., 2016. 3. 22., 2019. 4. 9., 2020. 4. 28.〉

　　1. 「농어촌정비법」에 따른 농어촌민박사업용 시설

　　2. 「산림문화·휴양에 관한 법률」에 따라 자연휴양림 안에 설치된 시설

　　3. 「청소년활동 진흥법」 제10조제1호에 따른 청소년수련시설

　　4. 「관광진흥법」 제4조에 따라 등록한 외국인관광 도시민박업용 시설 및 한옥체험업용 시설

② 법 제2조제1항제3호 단서에 따라 목욕장업에서 제외되는 시설은 다음 각 호와 같다.

〈개정 2005. 11. 1., 2019. 4. 9.〉

　　1. 숙박업 영업소에 부설된 욕실

　　2. 「체육시설의 설치·이용에 관한 법률」에 따른 종합체육시설업의 체온 관리실

　　3. 제1항 각 호의 어느 하나에 해당하는 시설에 부설된 욕실

제3조삭제 〈2016. 8. 2.〉

제4조(숙박업의 세분)

법 제2조제2항에 따라 숙박업을 다음과 같이 세분한다.

　　1. 숙박업(일반): 손님이 잠을 자고 머물 수 있도록 시설(취사시설은 제외한다)
　　　및 설비 등의 서비스를 제공하는 영업

　　2. 숙박업(생활): 손님이 잠을 자고 머물 수 있도록 시설(취사시설을 포함한다)
　　　및 설비 등의 서비스를 제공하는 영업

　　[전문개정 2020. 6. 2.]

제5조삭제 〈2003. 4. 4.〉

제6조(마약외의 약물 중독자)

법 제6조제2항제4호에서 "기타 대통령령으로 정하는 약물중독자"라 함은 대마 또는 향정신성의 약품의 중독자를 말한다.

제6조의2(위생사 국가시험의 시험방법 등)

① 보건복지부장관은 법 제6조의2제1항에 따른 위생사 국가시험(이하 "위생사 국가시험"이라 한다)을 실시하려는 경우에는 시험일시, 시험장소 및 시험과목 등 위생사 국가시험 시행계획을 시험실시 90일 전까지 공고하여야 한다. 다만, 시험장소의 경우에는 시험실시 30일 전까지 공고할 수 있다.

② 위생사 국가시험은 다음 각 호의 구분에 따라 필기시험과 실기시험으로 실시한다.

1. 필기시험: 다음 각 목의 시험과목에 대한 검정(檢定)

　가. 공중보건학

　나. 환경위생학

　다. 식품위생학

　라. 위생곤충학

　마. 위생 관계 법령(「공중위생관리법」, 「식품위생법」, 「감염병의 예방 및 관리에 관한 법률」, 「먹는물관리법」, 「폐기물관리법」 및 「하수도법」과 그 하위법령)

2. 실기시험: 위생사 업무 수행에 필요한 지식 및 기술 등의 실기 방법에 따른 검정

③ 위생사 국가시험의 합격자 결정기준은 다음 각 호의 구분에 따른다.

1. 필기시험: 각 과목 총점의 40퍼센트 이상, 전 과목 총점의 60퍼센트 이상 득점한 사람

2. 실기시험: 실기시험 총점의 60퍼센트 이상 득점한 사람

④ 보건복지부장관은 위생사 국가시험을 실시할 때마다 시험과목에 대한 전문지식 또는 위생사 업무에 대한 풍부한 경험을 갖춘 사람 중에서 시험위원을 임명하거나 위촉한다. 이 경우 해당 시험위원에 대해서는 예산의 범위에서 수당과 여비를 지급할 수 있다.

⑤ 보건복지부장관은 법 제6조의2제3항에 따라 위생사 국가시험의 실시에 관한 업무를 「한국보건의료인국가시험원법」에 따른 한국보건의료인국가시험원에 위탁한다.

⑥ 법 제6조의2제4항에서 "대통령령으로 정하는 부정행위"란 다음 각 호의 어느 하나에 해당하는 행위를 말한다.

1. 대리시험을 의뢰하거나 대리로 시험에 응시하는 행위

2. 다른 수험생의 답안지를 보거나 본인의 답안지를 보여 주는 행위

3. 정보통신기기나 그 밖의 신호 등을 이용하여 해당 시험내용에 관하여 다른 사람과 의사소

통하는 행위

4. 부정한 자료를 가지고 있거나 이용하는 행위

5. 그 밖의 부정한 수단으로 본인 또는 다른 사람의 시험 결과에 영향을 미치는 행위로서 보건복지부령으로 정하는 행위

⑦ 제1항부터 제6항까지에서 규정한 사항 외에 위생사 국가시험의 실시절차, 실시방법, 실시비용 및 업무위탁 등에 필요한 사항은 보건복지부장관이 정하여 고시한다.

[본조신설 2016. 8. 2.]

제6조의3(위생사의 업무)

법 제8조의2제6호에서 "대통령령으로 정하는 업무"란 다음 각 호의 업무를 말한다.

1. 소독업무

2. 보건관리업무

[본조신설 2016. 8. 2.]

제7조삭제 〈2003. 4. 4.〉

제7조의2(과징금을 부과할 위반행위의 종별과 과징금의 금액)

① 법 제11조의2제2항의 규정에 따라 부과하는 과징금의 금액은 위반행위의 종별ㆍ정도 등을 감안하여 보건복지부령이 정하는 영업정지기간에 별표 1의 과징금 산정기준을 적용하여 산정한다. 〈개정 2008. 2. 29., 2010. 3. 15.〉

② 시장ㆍ군수ㆍ구청장(자치구의 구청장을 말한다. 이하 같다)은 공중위생영업자의 사업규모ㆍ위반행위의 정도 및 횟수 등을 고려하여 제1항에 따른 과징금의 2분의 1 범위에서 과징금을 늘리거나 줄일 수 있다. 이 경우 과징금을 늘리는 때에도 그 총액은 1억원을 초과할 수 없다. 〈개정 2019. 4. 9.〉

[본조신설 2003. 4. 4.]

제7조의3(과징금의 부과 및 납부)

① 시장ㆍ군수ㆍ구청장은 법 제11조의2의 규정에 따라 과징금을 부과하고자 할 때에는 그 위반행위의 종별과 해당 과징금의 금액 등을 명시하여 이를 납부할 것을 서면으로 통지하여야 한다.

② 제1항의 규정에 따라 통지를 받은 자는 통지를 받은 날부터 20일 이내에 과징금을 시장ㆍ군

수·구청장이 정하는 수납기관에 납부하여야 한다. 다만, 천재·지변 그 밖에 부득이한 사유로 인하여 그 기간내에 과징금을 납부할 수 없는 때에는 그 사유가 없어진 날부터 7일 이내에 납부하여야 한다.

③ 제2항의 규정에 따라 과징금의 납부를 받은 수납기관은 영수증을 납부자에게 교부하여야 한다.

④ 과징금의 수납기관은 제2항의 규정에 따라 과징금을 수납한 때에는 지체없이 그 사실을 시장·군수·구청장에게 통보하여야 한다.

⑤ 시장·군수·구청장은 법 제11조의2에 따라 과징금을 부과받은 자(이하 "과징금납부의무자"라 한다)가 납부해야 할 과징금의 금액이 100만원 이상인 경우로서 다음 각 호의 어느 하나에 해당하는 사유로 과징금의 전액을 한꺼번에 납부하기 어렵다고 인정될 때에는 과징금 납부의무자의 신청을 받아 12개월의 범위에서 분할 납부의 횟수를 3회 이내로 정하여 분할 납부하게 할 수 있다. 〈개정 2020. 6. 2.〉

1. 재해 등으로 재산에 현저한 손실을 입은 경우

2. 사업 여건의 악화로 사업이 중대한 위기에 있는 경우

3. 과징금을 한꺼번에 납부하면 자금사정에 현저한 어려움이 예상되는 경우

4. 그 밖에 제1호부터 제3호까지의 규정에 준하는 사유가 있다고 인정되는 경우

⑥ 과징금납부의무자는 제5항에 따라 과징금을 분할 납부하려는 경우에는 그 납부기한의 10일 전까지 같은 항 각 호의 사유를 증명하는 서류를 첨부하여 시장·군수·구청장에게 과징금의 분할 납부를 신청해야 한다. 〈신설 2020. 6. 2.〉

⑦ 시장·군수·구청장은 과징금납부의무자가 다음 각 호의 어느 하나에 해당하는 경우에는 분할 납부 결정을 취소하고 과징금을 한꺼번에 징수할 수 있다. 〈신설 2020. 6. 2.〉

1. 분할 납부하기로 결정된 과징금을 납부기한까지 내지 않은 경우

2. 강제집행, 경매의 개시, 파산선고, 법인의 해산, 국세 또는 지방세의 체납처분을 받은 경우 등 과징금의 전부 또는 잔여분을 징수할 수 없다고 인정되는 경우

⑧ 과징금의 징수절차는 보건복지부령으로 정한다. 〈개정 2008. 2. 29., 2010. 3. 15., 2020. 6. 2.〉

[본조신설 2003. 4. 4.]

제7조의4(과징금 부과처분 취소 대상자)

법 제11조의2제3항에 따라 과징금 부과처분을 취소하고 영업정지 처분을 하거나 「지방행정제재·부과금의 징수 등에 관한 법률」에 따라 과징금을 징수하여야 하는 대상자는 과징금을 기한 내에 납부하지 아니한 자로서 1회의 독촉을 받고 그 독촉을 받은 날부터 15일 이내에 과징금을 납

부하지 아니한 자로 한다.   〈개정 2020. 3. 24.〉

[본조신설 2016. 8. 2.]

제7조의5(위반사실의 공표)

① 법 제11조의6에 따른 공표 사항은 다음 각 호와 같다.

    1. 「공중위생관리법」 위반사실의 공표라는 내용의 표제

    2. 공중위생영업의 종류

    3. 영업소의 명칭 및 소재지와 대표자 성명

    4. 위반 내용(위반행위의 구체적 내용과 근거 법령을 포함한다)

    5. 행정처분의 내용, 처분일 및 처분기간

    6. 그 밖에 보건복지부장관이 특히 공표할 필요가 있다고 인정하는 사항

② 시장·군수·구청장은 법 제11조의6에 따라 공표하는 경우에는 해당 시·군·구(자치구를 말한다)의 인터넷 홈페이지와 공중위생영업자의 인터넷 홈페이지(인터넷 홈페이지가 있는 경우만 해당한다)에 각각 게시하여야 한다.

③ 제2항에 따른 공표의 절차 및 방법 등에 필요한 세부사항은 보건복지부장관이 정하여 고시한다.

[본조신설 2016. 8. 2.]

제8조(공중위생감시원의 자격 및 임명)

① 법 제15조에 따라 특별시장·광역시장·도지사(이하 "시·도지사"라 한다)

또는 시장·군수·구청장은 다음 각 호의 어느 하나에 해당하는 소속 공무원 중에서 공중위생감시원을 임명한다.   〈개정 2003. 4. 4., 2005. 11. 1., 2018. 9. 28.〉

    1. 위생사 또는 환경기사 2급 이상의 자격증이 있는 사람

    2. 「고등교육법」에 따른 대학에서 화학·화공학·환경공학 또는 위생학 분야를 전공하고 졸업한 사람 또는 법령에 따라 이와 같은 수준 이상의 학력이 있다고 인정되는 사람

    3. 외국에서 위생사 또는 환경기사의 면허를 받은 사람

    4. 1년 이상 공중위생 행정에 종사한 경력이 있는 사람

② 시·도지사 또는 시장·군수·구청장은 제1항 각 호의 어느 하나에 해당하는 사람만으로는 공중위생감시원의 인력확보가 곤란하다고 인정되는 때에는 공중위생 행정에 종사하는 사람 중 공중위생 감시에 관한 교육훈련을 2주 이상 받은 사람을 공중위생 행정에 종사하는 기간 동안 공중위생감시원으로 임명할 수 있다.   〈개정 2005. 11. 1., 2018. 9. 28.〉

제9조(공중위생감시원의 업무범위)

법 제15조에 따른 공중위생감시원의 업무는 다음 각호와 같다. 〈개정 2016. 8. 2.〉

1. 법 제3조제1항의 규정에 의한 시설 및 설비의 확인

2. 법 제4조의 규정에 의한 공중위생영업 관련 시설 및 설비의 위생상태 확인·검사, 공중위생영업자의 위생관리의무 및 영업자준수사항 이행여부의 확인

3. 삭제 〈2016. 8. 2.〉

4. 법 제10조의 규정에 의한 위생지도 및 개선명령 이행여부의 확인

5. 법 제11조의 규정에 의한 공중위생영업소의 영업의 정지, 일부 시설의 사용중지 또는 영업소 폐쇄명령 이행여부의 확인

6. 법 제17조의 규정에 의한 위생교육 이행여부의 확인

[전문개정 2003. 4. 4.]

제9조의2(명예공중위생감시원의 자격 등)

① 법 제15조의2제1항의 규정에 의한 명예공중위생감시원(이하 "명예감시원"이라 한다)은 시·도지사가 다음 각호의 1에 해당하는 자중에서 위촉한다. 〈개정 2005. 11. 1.〉

1. 공중위생에 대한 지식과 관심이 있는 자

2. 소비자단체, 공중위생관련 협회 또는 단체의 소속직원중에서 당해 단체 등의 장이 추천하는 자

② 명예감시원의 업무는 다음 각호와 같다. 〈개정 2005. 11. 1.〉

1. 공중위생감시원이 행하는 검사대상물의 수거 지원

2. 법령 위반행위에 대한 신고 및 자료 제공

3. 그 밖에 공중위생에 관한 홍보·계몽 등 공중위생관리업무와 관련하여 시·도지사가 따로 정하여 부여하는 업무

③ 시·도지사는 명예감시원의 활동지원을 위하여 예산의 범위안에서 시·도지사가 정하는 바에 따라 수당 등을 지급할 수 있다. 〈개정 2005. 11. 1.〉

④ 명예감시원의 운영에 관하여 필요한 사항은 시·도지사가 정한다. 〈개정 2005. 11. 1.〉

[본조신설 2003. 4. 4.]

제10조(세탁물관리 사고로 인한 분쟁의 조정)

법 제16조의 규정에 의하여 설립된 세탁업자단체는 그 정관이 정하는 바에 의하여 세탁업자와 소비자간의 분쟁 조정을 위하여 노력하여야 한다.

제10조의2(수수료)

법 제19조의2의 규정에 따른 수수료는 지방자치단체의 수입증지 또는 정보통신망을 이용한 전자화폐·전자결제 등의 방법으로 시장·군수·구청장에게 납부하여야 하며, 그 금액은 다음 각 호와 같다. 〈개정 2011. 4. 22.〉

　　1. 이용사 또는 미용사 면허를 신규로 신청하는 경우 : 5천500원

　　2. 이용사 또는 미용사 면허증을 재교부 받고자 하는 경우 : 3천원

[본조신설 2005. 11. 1.]

제10조의3(민감정보 및 고유식별정보의 처리)

① 보건복지부장관(법 제6조의2제3항에 따라 보건복지부장관의 업무를 위탁받은 자를 포함한다)은 다음 각 호의 사무를 수행하기 위하여 불가피한 경우 「개인정보 보호법」 제23조에 따른 건강에 관한 정보, 같은 법 시행령 제19조제1호 또는 제4호에 따른 주민등록번호 또는 외국인등록번호가 포함된 자료를 처리할 수 있다. 〈신설 2016. 8. 2.〉

　　1. 법 제6조의2에 따른 위생사 면허 및 위생사 국가시험에 관한 사무

　　2. 법 제7조의2에 따른 위생사 면허의 취소 및 면허 재부여에 관한 사무

　　3. 법 제12조제3호에 따른 청문에 관한 사무

② 시·도지사 또는 시장·군수·구청장(시·도지사는 제5호의 사무만 해당하며, 해당 권한이 위임·위탁된 경우에는 그 권한을 위임·위탁받은 자를 포함한다)은 다음 각 호의 사무를 수행하기 위하여 불가피한 경우 「개인정보 보호법」 제23조에 따른 건강에 관한 정보, 같은 법 시행령 제19조제1호 또는 제4호에 따른 주민등록번호 또는 외국인등록번호가 포함된 자료를 처리할 수 있다. 〈개정 2016. 8. 2.〉

　　1. 법 제3조에 따른 공중위생영업의 신고·변경신고 및 폐업신고에 관한 사무

　　2. 법 제3조의2에 따른 공중위생영업자의 지위승계 신고에 관한 사무

　　3. 법 제6조에 따른 이용사 및 미용사 면허신청 및 면허증 발급에 관한 사무

　　4. 법 제7조에 따른 이용사 및 미용사의 면허취소 등에 관한 사무

　　5. 법 제10조에 따른 위생지도 및 개선명령에 관한 사무

　　6. 법 제11조에 따른 공중위생업소의 폐쇄 등에 관한 사무

　　7. 법 제11조의2에 따른 과징금의 부과·징수에 관한 사무

　　8. 법 제12조제1호·제2호 및 제4호에 따른 청문에 관한 사무

[본조신설 2012. 1. 6.]

제10조의4삭제 〈2018. 12. 24.〉

제11조(과태료의 부과)

법 제22조에 따른 과태료의 부과기준은 별표 2와 같다.

[전문개정 2008. 6. 30.]

부칙 〈제30744호, 2020. 6. 2.〉

제1조(시행일)

이 영은 2020년 6월 4일부터 시행한다.

제2조(과징금의 분할 납부에 관한 적용례)

제7조의3의 개정규정은 이 영 시행 전에 법 제11조의2에 따라 과징금을 부과한 경우에도 적용한다.

공중위생관리법 시행규칙

[시행 2021. 12. 31.]
[보건복지부령 제851호, 2021. 12. 31., 타법개정]

제1조(목적)

이 규칙은 「공중위생관리법」 및 같은 법 시행령에서 위임된 사항과 그 시행에 관하여 필요한 사항을 규정함을 목적으로 한다. 〈개정 2005. 11. 1., 2015. 1. 30.〉

제2조(시설 및 설비기준)

「공중위생관리법」 (이하 "법"이라 한다)

제3조제1항에 따른 공중위생영업의 종류별 시설 및 설비기준은 별표 1과 같다.

〈개정 2005. 11. 1., 2015. 7. 2.〉

제3조(공중위생영업의 신고)

① 법 제3조제1항에 따라 공중위생영업의 신고를 하려는 자는 제2조에 따른 공중위생영업의 종류별 시설 및 설비기준에 적합한 시설을 갖춘 후 별지 제1호서식의 신고서(전자문서로 된 신고서를 포함한다)에 다음 각 호의 서류를 첨부하여 시장·군수·구청장(자치구의 구청장을 말한다. 이하 같다)에게 제출해야 한다. 〈개정 2005. 6. 8., 2007. 1. 26., 2008. 6. 13., 2008. 6. 30., 2011. 2. 10., 2014. 9. 1., 2015. 7. 2., 2019. 9. 27., 2020. 8. 28.〉

1. 영업시설 및 설비개요서

1의2. 영업시설 및 설비의 사용에 관한 권리를 확보하였음을 증명하는 서류, 「집합건물의 소유 및 관리에 관한 법률」 제3조에 따른 공용부분에서 사건·사고 등 발생 시 영업자의 배상책임을 담보하는 보험증서 또는 영업자의 배상책임 부담에 관한 공증서류[건물의 일부를 대상으로 숙박업 영업신고를 하는 경우(「집합건물의 소유 및 관리에 관한 법률」 의 적용을 받는 경우를 말하며, 이하 같다)에만 해당한다]

2. 교육수료증(법 제17조제2항에 따라 미리 교육을 받은 경우에만 해당한다)

3. 삭제 〈2012. 6. 29.〉

4. 「국유재산법 시행규칙」 제14조제3항에 따른 국유재산 사용허가서(국유철도 정거장 시설 또는 군사시설에서 영업하려는 경우에만 해당한다)

5. 철도사업자(도시철도사업자를 포함한다)와 체결한 철도시설 사용계약에 관한 서류(국유철도외의 철도 정거장 시설에서 영업하려고 하는 경우에만 해당한다)

6. 삭제 〈2020. 6. 4.〉

② 제1항에 따라 신고서를 제출받은 시장·군수·구청장은 「전자정부법」 제36조제1항에 따른 행정정보의 공동이용을 통하여 다음 각 호의 서류를 확인해야 한다. 다만, 제3호·제3호의2·제3호의3 및 제4호의 경우 신고인이 확인에 동의하지 않는 경우에는 그 서류를 첨부하도록 해야 한다. 〈신설 2007. 1. 26., 2008. 6. 13., 2009. 5. 15., 2010. 9. 1., 2012. 6. 29., 2016. 8. 4., 2019.

12. 31., 2020. 6. 4., 2020. 8. 28.〉

1. 건축물대장(제1항제4호에 따른 국유재산 사용허가서를 제출한 경우에는 제외한다)

1의2. 토지 등기사항증명서 및 건물 등기사항증명서(건물의 일부를 대상으로 숙박업 영업신고를 하는 경우에만 해당한다)

2. 토지이용계획확인서(제1항제4호에 따른 국유재산 사용허가서를 제출한 경우에는 제외한다)

3. 전기안전점검확인서(「전기사업법」 제66조의2제1항에 따른 전기안전점검을 받아야 하는 경우에만 해당한다)

3의2. 액화석유가스 사용시설 완성검사증명서(「액화석유가스의 안전관리 및 사업법」 제44조제2항에 따라 액화석유가스 사용시설의 완성검사를 받아야 하는 경우만 해당한다)

3의3. 「다중이용업소의 안전관리에 관한 특별법」 제9조제5항에 따라 소방본부장 또는 소방서장이 발급하는 안전시설등 완비증명서(「다중이용업소의 안전관리에 관한 특별법 시행령」 제2조제4호에 따른 목욕장업을 하려는 경우에만 해당한다)

4. 면허증(이용업 · 미용업의 경우에만 해당한다)

③ 제1항에 따른 신고를 받은 시장 · 군수 · 구청장은 즉시 별지 제2호서식의 영업신고증을 교부하고, 별지 제3호서식의 신고관리대장(전자문서를 포함한다)을 작성 · 관리하여야 한다. 〈개정 2007. 1. 26., 2008. 6. 13., 2008. 6. 30.〉

④ 제1항에 따른 신고를 받은 시장 · 군수 · 구청장은 해당 영업소의 시설 및 설비에 대한 확인이 필요한 경우에는 영업신고증을 교부한 후 30일 이내에 확인하여야 한다.

〈신설 2008. 6. 30., 2018. 10. 5.〉

⑤ 법 제3조제1항에 따라 공중위생영업의 신고를 한 자가 제3항에 따라 교부받은 영업신고증을 잃어버렸거나 헐어 못 쓰게 되어 재교부 받으려는 경우에는 별지 제4호서식의 영업신고증 재교부신청서를 시장 · 군수 · 구청장에게 제출하여야 한다. 이 경우 영업신고증이 헐어 못 쓰게 된 경우에는 못 쓰게 된 영업신고증을 첨부하여야 한다. 〈개정 2015. 7. 2.〉

[전문개정 2003. 6. 7.]

제3조의2(변경신고)

① 법 제3조제1항 후단에서 "보건복지부령이 정하는 중요사항"이란 다음 각 호의 사항을 말한다.

〈개정 2005. 11. 1., 2008. 3. 3., 2008. 6. 13., 2010. 3. 19., 2012. 12. 11., 2015. 7. 2., 2020. 6. 4., 2020. 8. 28.〉

1. 영업소의 명칭 또는 상호

2. 영업소의 주소

3. 신고한 영업장 면적의 3분의 1 이상의 증감. 다만, 건물의 일부를 대상으로 숙박업 영업신고를 한 경우에는 3분의 1 미만의 증감도 포함한다.

4. 대표자의 성명 또는 생년월일

5. 「공중위생관리법 시행령」 (이하 "영"이라 한다)

제4조제1호 각 목에 따른 숙박업 업종 간 변경

6. 법 제2조제1항제5호 각 목에 따른 미용업 업종 간 변경

② 법 제3조제1항 후단에 따라 변경신고를 하려는 자는 별지 제5호서식의 영업신고사항 변경신고서(전자문서로 된 신고서를 포함한다)에 다음 각 호의 서류를 첨부하여 시장·군수·구청장에게 제출하여야 한다. 〈개정 2005. 6. 8., 2007. 1. 26., 2008. 6. 13., 2012. 6. 29.〉

1. 영업신고증(신고증을 분실하여 영업신고사항 변경신고서에 분실 사유를 기재하는 경우에는 첨부하지 아니한다)

2. 변경사항을 증명하는 서류

③ 제2항에 따라 변경신고서를 제출받은 시장·군수·구청장은 「전자정부법」 제36조제1항에 따른 행정정보의 공동이용을 통하여 다음 각 호의 서류를 확인해야 한다. 다만, 제3호·제3호의2·제3호의3 및 제4호의 경우 신고인이 확인에 동의하지 않는 경우에는 그 서류를 첨부하도록 해야 한다. 〈신설 2007. 1. 26., 2008. 6. 13., 2009. 5. 15., 2010. 9. 1., 2012. 6. 29., 2012. 12. 11., 2015. 7. 2., 2016. 8. 4., 2019. 12. 31., 2020. 6. 4., 2020. 8. 28.〉

1. 건축물대장(제3조제1항제4호에 따른 국유재산 사용허가서를 제출한 경우에는 제외한다)

1의2. 토지 등기사항증명서 및 건물 등기사항증명서(건물의 일부를 대상으로 숙박업 영업신고를 하는 경우에만 해당한다)

2. 토지이용계획확인서(제3조제1항제4호에 따른 국유재산 사용허가서를 제출한 경우에는 제외한다)

3. 전기안전점검확인서(「전기사업법」 제66조의2제1항에 따른 전기안전점검을 받아야 하는 경우에만 해당한다)

3의2. 액화석유가스 사용시설 완성검사증명서(「액화석유가스의 안전관리 및 사업법」 제44조제2항에 따라 액화석유가스 사용시설의 완성검사를 받아야 하는 경우만 해당한다)

3의3. 「다중이용업소의 안전관리에 관한 특별법」 제9조제5항에 따라 소방본부장 또는 소방서장이 발급하는 안전시설등 완비증명서(「다중이용업소의 안전관리에 관한 특별

법 시행령」 제2조제4호에 따른 목욕장업을 하려는 경우에만 해당한다)

4. 면허증(이용업 및 미용업의 경우에만 해당한다)

④ 제2항에 따른 신고를 받은 시장·군수·구청장은 영업신고증을 고쳐 쓰거나 재교부해야 한다. 다만, 변경신고사항이 제1항제2호, 제5호 또는 제6호에 해당하는 경우에는 변경신고한 영업소의 시설 및 설비 등을 변경신고를 받은 날부터 30일 이내에 확인해야 한다. 〈개정 2007. 1. 26., 2008. 6. 13., 2012. 12. 11., 2019. 12. 31.〉

[본조신설 2003. 6. 7.]

제3조의3(공중위생영업의 폐업신고)

① 법 제3조제2항 본문에 따라 폐업신고를 하려는 자는 별지 제5호의2서식의 신고서(전자문서로 된 신고서를 포함한다)를 시장·군수·구청장에게 제출하여야 한다. 〈개정 2015. 1. 5., 2016. 8. 4.〉

② 제1항에 따른 폐업신고를 하려는 자가 「부가가치세법」 제8조제7항에 따른 폐업신고를 같이 하려는 경우에는 제1항에 따른 폐업신고서에 「부가가치세법 시행규칙」 별지 제9호서식의 폐업신고서를 함께 제출하여야 한다. 이 경우 시장·군수·구청장은 함께 제출받은 폐업신고서를 지체 없이 관할 세무서장에게 송부(정보통신망을 이용한 송부를 포함한다. 이하 이 조에서 같다)하여야 한다. 〈신설 2015. 1. 5., 2020. 6. 4.〉

③ 관할 세무서장이 「부가가치세법 시행령」 제13조제5항에 따라 같은 조 제1항에 따른 폐업신고를 받아 이를 해당 시장·군수·구청장에게 송부한 경우에는 제1항에 따른 폐업신고서가 제출된 것으로 본다. 〈신설 2015. 1. 5.〉

[전문개정 2008. 6. 13.]

제3조의4(영업자의 지위승계신고)

① 법 제3조의2제4항에 따라 영업자의 지위승계신고를 하려는 자는 별지 제6호서식의 영업자 지위승계신고서에 다음 각 호의 구분에 따른 서류를 첨부하여 시장·군수·구청장에게 제출해야 한다. 〈개정 2005. 6. 8., 2006. 7. 3., 2008. 6. 13., 2017. 7. 28., 2020. 6. 4.〉

1. 영업양도의 경우 : 양도·양수를 증명할 수 있는 서류 사본

2. 상속의 경우: 상속인임을 증명할 수 있는 서류(가족관계등록전산정보만으로 상속인임을 확인할 수 있는 경우는 제외한다)

3. 제1호 및 제2호외의 경우 : 해당 사유별로 영업자의 지위를 승계하였음을 증명할 수 있는 서류

② 제1항에 따라 신고서(상속의 경우로 한정한다)를 제출받은 시장·군수·구청장은 「전자정

부법」 제36조제1항에 따른 행정정보의 공동이용을 통하여 신고인의 가족관계등록전산정보를 확인해야 한다. 다만, 신고인이 확인에 동의하지 않는 경우에는 가족관계증명서를 첨부하도록 해야 한다. 〈신설 2020. 6. 4.〉

③ 제1항에 따른 지위승계신고를 하려는 자가 「부가가치세법」 제8조제7항에 따른 폐업신고를 같이 하려는 때에는 제1항에 따른 지위승계신고서에 「부가가치세법 시행규칙」 별지 제9호서식의 폐업신고서를 함께 제출해야 한다. 이 경우 시장·군수·구청장은 함께 제출받은 폐업신고서를 지체 없이 관할 세무서장에게 송부(정보통신망을 이용한 송부를 포함한다)해야 한다. 〈신설 2020. 6. 4.〉

[본조신설 2003. 6. 7.]

[제3조의3에서 이동 〈2005. 11. 1.〉]

제4조(목욕장 목욕물의 수질기준 등)

법 제4조제2항의 규정에 의한 목욕장 목욕물의 수질기준과 수질검사방법 등은 별표 2와 같다. 〈개정 2019. 9. 27.〉

[제목개정 2019. 9. 27.]

제5조(이·미용기구의 소독기준 및 방법)

법 제4조제3항제1호 및 제4항제2호의 규정에 의한 이용기구 및 미용기구의 소독기준 및 방법은 별표 3과 같다.

제6조(세제의 종류 등)

① 법 제4조제5항에 따른 세제의 종류는 다음 각 호와 같다.

1. 퍼클로로에칠렌(Perchloroethylene)
2. 트리클로로에탄(Thrichloroethan)
3. 불소계용제
4. 석유계 용제

② 세탁업자가 제1항에 따른 세제를 사용하는 경우 국민건강에 유해한 물질이 발생되지 아니하도록 세탁물의 건조 시 용제를 회수할 수 있는 세탁용 기계를 설치·사용하거나 세탁물의 건조 시 용제를 회수할 수 있는 기계 또는 설비를 세탁용 기계와 별도로 설치·사용하여야 한다. 다만, 세탁업자가 제1항제4호에 따른 석유계 용제를 사용하는 경우에는 처리용량의 합계가 30㎏ 이상의 세탁용 기계를 설치한 경우만 해당한다.

[전문개정 2012. 10. 31.]

제7조(공중위생영업자가 준수하여야 하는 위생관리기준 등)

법 제4조제7항의 규정에 의하여 공중위생영업자가 건전한 영업질서유지를 위하여 준수하여야 하는 위생관리기준 등은 별표 4와 같다.

제8조삭제 〈2016. 8. 4.〉

제9조(이용사 및 미용사의 면허)

① 법 제6조제1항에 따라 이용사 또는 미용사의 면허를 받으려는 자는 별지 제7호서식의 면허신청서(전자문서로 된 신청서를 포함한다)에 다음 각 호의 서류를 첨부하여 시장·군수·구청장에게 제출해야 한다.

〈개정 2008. 6. 13., 2011. 2. 10., 2012. 6. 29., 2017. 7. 28., 2019. 9. 27., 2019. 12. 31., 2020. 6. 4.〉

1. 법 제6조제1항제1호 및 제2호에 해당하는 자 : 졸업증명서 또는 학위증명서 1부

2. 법 제6조제1항제3호에 해당하는 자 : 이수를 증명할 수 있는 서류 1부

3. 법 제6조제2항제2호 본문에 해당되지 아니함을 증명하는 최근 6개월 이내의 의사의 진단서 또는 같은 호 단서에 해당하는 경우에는 이를 증명할 수 있는 전문의의 진단서 1부

4. 법 제6조제2항제3호 및 제4호에 해당되지 아니함을 증명하는 최근 6개월 이내의 의사의 진단서 1부

5. 사진(신청 전 6개월 이내에 모자 등을 쓰지 않고 촬영한 천연색 상반신 정면사진으로 가로 3.5센티미터, 세로 4.5센티미터의 사진을 말한다. 이하 같다)

1장 또는 전자적 파일 형태의 사진

② 제1항에 따라 신청을 받은 시장·군수·구청장은 「전자정부법」 제36조제1항에 따른 행정정보의 공동이용을 통하여 다음 각 호의 서류를 확인하여야 한다. 다만, 신청인이 확인에 동의하지 아니하는 경우에는 해당 서류를 첨부하도록 하여야 한다. 〈개정 2012. 6. 29.〉

1. 학점은행제학위증명(신청인이 법 제6조제1항제1호의2에 해당하는 사람인 경우에만 해당한다)

2. 국가기술자격취득사항확인서(신청인이 법 제6조제1항제4호에 해당하는 사람인 경우에만 해당한다)

③ 법 제6조제2항제3호에서 "보건복지부령이 정하는 자"란 「감염병의 예방 및 관리에 관한 법률」 제2조제3호가목에 따른 결핵(비감염성인 경우는 제외한다)환자를 말한다.

〈개정 2007. 1. 26., 2007. 11. 30., 2008. 3. 3., 2008. 6. 13., 2010. 3. 19., 2010. 12. 30., 2020. 6. 4.〉

④ 시장·군수·구청장은 제1항에 따라 이용사 또는 미용사 면허증발급신청을 받은 경우에는 그 신청내용이 법 제6조에 따른 요건에 적합하다고 인정되는 경우에는 별지 제8호서식의 면허증을 교부하고, 별지 제9호서식의 면허등록관리대장(전자문서를 포함한다)을 작성·관리하여야 한다. 〈개정 2005. 11. 1., 2007. 1. 26., 2007. 11. 30., 2008. 6. 13.〉

[전문개정 2003. 6. 7.]

제10조(면허증의 재발급 등)

① 이용사 또는 미용사는 면허증의 기재사항에 변경이 있는 때, 면허증을 잃어버린 때 또는 면허증이 헐어 못쓰게 된 때에는 면허증의 재발급을 신청할 수 있다.

〈개정 2012. 6. 29., 2019. 9. 27.〉

② 제1항에 따른 면허증의 재발급신청을 하려는 자는 별지 제10호서식의 신청서(전자문서로 된 신청서를 포함한다)에 다음 각 호의 서류(전자문서를 포함한다)를 첨부하여 시장·군수·구청장에게 제출해야 한다. 〈개정 2003. 6. 7., 2005. 10. 17., 2005. 11. 1., 2011. 2. 10., 2015. 1. 30., 2016. 8. 4., 2017. 7. 28., 2019. 9. 27., 2019. 12. 31.〉

1. 면허증 원본(기재사항이 변경되거나 헐어 못쓰게 된 경우에 한정한다)

2. 삭제 〈2007. 1. 26.〉

3. 삭제 〈2003. 6. 7.〉

4. 삭제 〈2003. 6. 7.〉

5. 사진 1장 또는 전자적 파일 형태의 사진

③ 삭제 〈2019. 12. 31.〉

[제목개정 2019. 9. 27.]

제11조(위생사 국가시험의 부정행위)

영 제6조의2제6항제5호에서 "보건복지부령으로 정하는 행위"란 다음 각 호의 어느 하나에 해당하는 행위를 말한다.

1. 시험 중 다른 수험자와 시험과 관련된 대화를 하는 행위

2. 답안지(실기작품을 포함한다)를 교환하는 행위

3. 시험 중 시험문제 내용과 관련된 물건을 휴대하여 사용하거나 이를 주고받는 행위

4. 시험장 내외의 자로부터 도움을 받고 답안지(실기작품을 포함한다)를 작성하는 행위

5. 미리 시험문제를 알고 시험을 치른 행위

6. 다른 수험자와 성명 또는 수험번호를 바꾸어 제출하는 행위

[본조신설 2016. 8. 4.]

제11조의2(위생사 면허증의 발급)

① 법 제6조의2제6항에 따라 위생사 면허를 받으려는 사람은 별지 제10호의2서식의 위생사 면허증 발급신청서(전자문서로 된 신청서를 포함한다)에 다음 각 호의 서류(전자문서를 포함한다)를 첨부하여 보건복지부장관에게 제출하여야 한다. 〈개정 2017. 7. 28., 2019. 9. 27.〉

1. 다음 각 목의 구분에 따른 서류

가. 법 제6조의2제1항제1호에 해당하는 사람: 보건 또는 위생에 관한 이수증명서

나. 법 제6조의2제1항제2호에 해당하는 사람: 보건 또는 위생에 관한 학위증명서 또는 졸업증명서

다. 법 제6조의2제1항제3호에 해당하는 사람: 외국의 위생사 면허증 또는 자격증 사본

라. 법률 제13983호 공중위생관리법 일부개정법률 부칙 제5조에 따라 위생사 국가시험에 응시하여 합격한 사람: 위생업무에 종사한 경력증명서

2. 법 제6조의2제7항제1호 본문에 해당하지 아니함을 증명하는 의사의 진단서 또는 같은 호 단서에 해당한다는 사실을 증명할 수 있는 전문의의 진단서

3. 법 제6조의2제7항제2호에 해당하지 아니함을 증명하는 의사의 진단서

4. 사진 2장

② 보건복지부장관은 제1항에 따른 면허증의 발급 신청이 적합하다고 인정하는 경우에는 다음 각 호의 사항이 포함된 면허대장에 해당 사항을 등록하고, 별지 제10호의3서식의 위생사 면허증을 신청인에게 발급하여야 한다.

1. 면허번호 및 면허연월일

2. 성명 · 주소 및 주민등록번호

3. 위생사 국가시험 합격연월일

4. 면허취소 사유 및 취소연월일

5. 면허증 재교부 사유 및 재교부연월일

6. 그 밖에 보건복지부장관이 면허의 관리에 특히 필요하다고 인정하는 사항

[본조신설 2016. 8. 4.]

제11조의3(위생사 면허증 재발급)

① 위생사는 면허증을 잃어버리거나 못쓰게 된 경우에는 별지 제10호의4서식의 위생사 면허증

재발급 신청서(전자문서로 된 신청서를 포함한다)에 다음 각 호의 서류(전자문서를 포함한다)를 첨부하여 보건복지부장관에게 제출하여야 한다. 〈개정 2017. 7. 28., 2019. 9. 27.〉

1. 면허증 원본(면허증을 못쓰게 된 경우만 해당한다)

2. 분실사유서(면허증을 잃어버린 경우만 해당한다)

3. 사진 2장

② 위생사 면허증을 잃어버린 후 재발급 받은 사람이 잃어버린 면허증을 찾은 때에는 지체없이 보건복지부장관에게 그 면허증을 반납하여야 한다.

[본조신설 2016. 8. 4.]

제11조의4(위생사 면허 등에 관한 수수료)

법 제6조의2제6항에 따른 위생사 면허에 대한 수수료는 다음 각 호의 구분에 따른다. 이 경우 해당 수수료는 수입인지 또는 정보통신망을 이용하여 전자화폐 및 전자결제 등의 방법으로 납부한다.

1. 제11조의2에 따른 위생사 면허증 발급: 면제

2. 제11조의3 및 제12조의2에 따른 위생사 면허증 재발급·재부여: 2천원

3. 위생사 면허에 관한 증명: 500원. 다만, 정보통신망을 이용하여 신청하는 경우에는 해당 수수료를 면제한다.

[본조신설 2016. 8. 4.]

제12조(면허증의 반납 등)

① 법 제7조제1항의 규정에 의하여 면허가 취소되거나 면허의 정지명령을 받은 자는 지체없이 관할 시장·군수·구청장에게 면허증을 반납하여야 한다. 〈개정 2005. 11. 1.〉

② 면허의 정지명령을 받은 자가 제1항의 규정에 의하여 반납한 면허증은 그 면허정지기간 동안 관할 시장·군수·구청장이 이를 보관하여야 한다. 〈개정 2005. 11. 1.〉

제12조의2(위생사 면허의 재부여)

법 제7조의2제1항제1호에 따라 위생사 면허가 취소된 사람이 같은 조 제2항에 따라 다시 면허를 받으려는 경우에는 별지 제10호의4호서식의 위생사 면허증 재부여 신청서(전자문서로 된 신청서를 포함한다)에 다음 각 호의 서류(전자문서를 포함한다)를 첨부하여 보건복지부장관에게 제출하여야 한다. 〈개정 2017. 7. 28., 2019. 9. 27.〉

1. 면허취소의 원인이 된 사유가 소멸한 것을 증명하는 서류

2. 사진 2장

[본조신설 2016. 8. 4.]

제13조(영업소 외에서의 이용 및 미용 업무)

법 제8조제2항 단서에서 "보건복지부령이 정하는 특별한 사유"란 다음 각 호의 사유를 말한다.

〈개정 2010. 3. 19., 2012. 6. 29., 2015. 1. 5., 2020. 8. 28.〉

1. 질병·고령·장애나 그 밖의 사유로 영업소에 나올 수 없는 자에 대하여 이용 또는 미용을 하는 경우

2. 혼례나 그 밖의 의식에 참여하는 자에 대하여 그 의식 직전에 이용 또는 미용을 하는 경우

3. 「사회복지사업법」 제2조제4호에 따른 사회복지시설에서 봉사활동으로 이용 또는 미용을 하는 경우

4. 방송 등의 촬영에 참여하는 사람에 대하여 그 촬영 직전에 이용 또는 미용을 하는 경우

5. 제1호부터 제4호까지의 경우 외에 특별한 사정이 있다고 시장·군수·구청장이 인정하는 경우

[전문개정 2009. 9. 4.]

제14조(업무범위)

① 법 제8조제3항에 따른 이용사의 업무범위는 이발·아이론·면도·머리피부손질·머리카락염색 및 머리감기로 한다.

② 법 제8조제3항에 따른 미용사의 업무범위는 다음 각 호와 같다. 〈개정 2008. 6. 30., 2012. 1. 27., 2012. 12. 11., 2015. 1. 30., 2015. 11. 3., 2016. 8. 4., 2019. 12. 31., 2020. 6. 4.〉

1. 법 제6조제1항제1호부터 제3호까지에 해당하는 자와 2007년 12월 31일 이전에 같은 항 제4호에 따라 미용사자격을 취득한 자로서 미용사면허를 받은 자: 법 제2조제1항제5호 각 목에 따른 영업에 해당하는 모든 업무

2. 2008년 1월 1일부터 2015년 4월 16일까지 법 제6조제1항제4호에 따라 미용사(일반)자격을 취득한 자로서 미용사 면허를 받은 자: 파마·머리카락자르기·머리카락모양내기·머리피부손질·머리카락염색·머리감기, 의료기기나 의약품을 사용하지 아니하는 눈썹손질, 얼굴의 손질 및 화장, 손톱과 발톱의 손질 및 화장

3. 2015년 4월 17일부터 2016년 5월 31일까지 법 제6조제1항제4호에 따라 미용사(일반)자격을 취득한 자로서 미용사 면허를 받은 자: 파마·머리카락자르기·머리카락모양내기·머리피부손질·머리카락염색·머리감기, 의료기기나 의약품을 사용하지 않는 눈썹손질, 얼

굴의 손질 및 화장

3의2. 2016년 6월 1일 이후 법 제6조제1항제4호에 따라 미용사(일반)자격을 취득한 자로
서 미용사 면허를 받은 자: 파마 · 머리카락자르기 · 머리카락모양내기 · 머리피부손
질 · 머리카락염색 · 머리감기, 의료기기나 의약품을 사용하지 아니하는 눈썹손질

4. 법 제6조제1항제4호에 따라 미용사(피부)자격을 취득한 자로서 미용사 면허를 받은 자: 의
료기기나 의약품을 사용하지 아니하는 피부상태분석 · 피부관리 · 제모 · 눈썹손질

5. 법 제6조제1항제4호에 따라 미용사(네일)자격을 취득한 자로서 미용사 면허를 받은 자: 손
톱과 발톱의 손질 및 화장

6. 법 제6조제1항제4호에 따라 미용사(메이크업)자격을 취득한 자로서 미용사 면허를 받은
자: 얼굴 등 신체의 화장 · 분장 및 의료기기나 의약품을 사용하지 아니하는 눈썹손질

③ 법 제8조제3항에 따른 이용 · 미용의 업무보조 범위는 다음 각 호와 같다.

〈신설 2016. 8. 4., 2018. 10. 5., 2019. 9. 27.〉

1. 이용 · 미용 업무를 위한 사전 준비에 관한 사항

2. 이용 · 미용 업무를 위한 기구 · 제품 등의 관리에 관한 사항

3. 영업소의 청결 유지 등 위생관리에 관한 사항

4. 그 밖에 머리감기 등 이용 · 미용 업무의 보조에 관한 사항

[전문개정 2007. 4. 5.]

제15조(검사의뢰)

특별시장 · 광역시장 · 도지사(이하 "시 · 도지사"라 한다)

또는 시장 · 군수 · 구청장은 법 제9조제1항에 따라 소속 공무원이 공중위생영업소 의 위생관리
실태를 검사하기 위하여 검사대상물을 수거한 경우에는 별지 제11호서식의 수거증을 공중위생영
업자에게 교부하고, 다음 각호의 어느 하나에 해당하는 기관에 검사를 의뢰하여야 한다.

〈개정 2005. 11. 1., 2016. 8. 4.〉

1. 특별시 · 광역시 · 도의 보건환경연구원

1의2. 「국가표준기본법」 제23조의 규정에 의하여 인정을 받은 시험 · 검사기관

2. 시 · 도지사 또는 시장 · 군수 · 구청장이 검사능력이 있다고 인정하는 검사기관

[전문개정 2003. 6. 7.]

제16조(공중위생영업소 출입 · 검사 등)

① 삭제 〈2011. 2. 10.〉

② 법 제9조제2항의 규정에 의한 관계공무원의 권한을 표시하는 증표는 별지 제13호서식에 의한다. 〈개정 2003. 6. 7.〉

[제목개정 2011. 2. 10.]

제17조(개선기간)

① 법 제10조에 따라 시·도지사 또는 시장·군수·구청장은 공중위생영업자에게 법 제3조제1항·법 제4조 및 법 제5조의 위반사항에 대한 개선을 명하고자 하는 때에는 위반사항의 개선에 소요되는 기간 등을 고려하여 즉시 그 개선을 명하거나 6개월의 범위에서 기간을 정하여 개선을 명하여야 한다. 〈개정 2005. 11. 1., 2015. 1. 30., 2016. 8. 4.〉

② 법 제10조에 따라 시·도지사 또는 시장·군수·구청장으로부터 개선명령을 받은 공중위생영업자는 천재·지변 기타 부득이한 사유로 인하여 제1항의 규정에 의한 개선기간 이내에 개선을 완료할 수 없는 경우에는 그 기간이 종료되기 전에 개선기간의 연장을 신청할 수 있다. 이 경우 시·도지사 또는 시장·군수·구청장은 6개월의 범위에서 개선기간을 연장할 수 있다. 〈개정 2005. 11. 1., 2015. 1. 30., 2016. 8. 4.〉

제18조삭제 〈2016. 8. 4.〉

제19조(행정처분기준)

법 제7조제1항 및 제11조제1항부터 제3항까지의 규정에 따른 행정처분의 기준은 별표 7과 같다. 〈개정 2017. 7. 28.〉

제20조(위생서비스수준의 평가)

법 제13조제4항에 따른 공중위생영업소의 위생서비스수준 평가(이하 "위생서비스평가"라 한다. 이하 같다)는 2년마다 실시하되, 공중위생영업소의 보건·위생관리를 위하여 특히 필요한 경우에는 보건복지부장관이 정하여 고시하는 바에 따라 공중위생영업의 종류 또는 제21조에 따른 위생관리등급별로 평가주기를 달리할 수 있다. 다만, 공중위생영업자가 「부가가치세법」 제8조제7항에 따른 휴업신고를 한 경우 해당 공중위생영업소에 대해서는 위생서비스평가를 실시하지 않을 수 있다. 〈개정 2005. 11. 1., 2010. 3. 19., 2019. 12. 31.〉

[제목개정 2019. 12. 31.]

제21조(위생관리등급의 구분 등)

① 법 제13조제4항의 규정에 의한 위생관리등급의 구분은 다음 각호와 같다.

    1. 최우수업소 : 녹색등급

    2. 우수업소 : 황색등급

    3. 일반관리대상 업소 : 백색등급

② 제1항의 규정에 의한 위생관리등급의 판정을 위한 세부항목, 등급결정 절차와 기타 위생서비스평가에 필요한 구체적인 사항은 보건복지부장관이 정하여 고시한다.

〈개정 2008. 3. 3., 2010. 3. 19.〉

제22조(위생관리등급의 통보 및 공표절차 등)

① 삭제 〈2005. 11. 1.〉

② 법 제14조제1항의 규정에 의하여 시장·군수·구청장은 별지 제14호서식의 위생관리등급표를 해당 공중위생영업자에게 송부하여야 한다. 〈개정 2003. 6. 7., 2005. 11. 1., 2012. 6. 29.〉

③ 법 제14조제1항의 규정에 의하여 시장·군수·구청장은 공중위생영업소별 위생관리등급을 당해 기관의 게시판에 게시하는 등의 방법으로 공표하여야 한다. 〈개정 2005. 11. 1.〉

제23조(위생교육)

① 법 제17조에 따른 위생교육은 3시간으로 한다. 〈개정 2011. 2. 10.〉

② 위생교육의 내용은 「공중위생관리법」 및 관련 법규, 소양교육(친절 및 청결에 관한 사항을 포함한다), 기술교육, 그 밖에 공중위생에 관하여 필요한 내용으로 한다.

③ 동일한 공중위생영업자가 법 제2조제1항제5호 각 목 중 둘 이상의 미용업을 같은 장소에서 하는 경우에는 그 중 하나의 미용업에 대한 위생교육을 받으면 나머지 미용업에 대한 위생교육도 받은 것으로 본다. 〈신설 2020. 6. 4.〉

④ 법 제17조제1항 및 제2항에 따른 위생교육 대상자 중 보건복지부장관이 고시하는 섬·벽지 지역에서 영업을 하고 있거나 하려는 자에 대하여는 제7항에 따른 교육교재를 배부하여 이를 익히고 활용하도록 함으로써 교육에 갈음할 수 있다.

〈개정 2010. 3. 19., 2019. 9. 27., 2020. 6. 4.〉

⑤ 법 제17조제1항 및 제2항에 따른 위생교육 대상자 중 「부가가치세법」 제8조제7항에 따른 휴업신고를 한 자에 대해서는 휴업신고를 한 다음 해부터 영업을 재개하기 전까지 위생교육을 유예할 수 있다. 〈신설 2019. 12. 31., 2020. 6. 4.〉

⑥ 법 제17조제2항 단서에 따라 영업신고 전에 위생교육을 받아야 하는 자 중 다음 각 호의 어느

하나에 해당하는 자는 영업신고를 한 후 6개월 이내에 위생교육을 받을 수 있다.

〈개정 2019. 12. 31., 2020. 6. 4.〉

1. 천재지변, 본인의 질병·사고, 업무상 국외출장 등의 사유로 교육을 받을 수 없는 경우

2. 교육을 실시하는 단체의 사정 등으로 미리 교육을 받기 불가능한 경우

⑦ 법 제17조제2항에 따른 위생교육을 받은 자가 위생교육을 받은 날부터 2년 이내에 위생교육을 받은 업종과 같은 업종의 영업을 하려는 경우에는 해당 영업에 대한 위생교육을 받은 것으로 본다.　　　　　　　　　　　　　　　　〈개정 2019. 12. 31., 2020. 6. 4.〉

⑧ 법 제17조제4항에 따른 위생교육을 실시하는 단체(이하 "위생교육 실시단체"라 한다)는 보건복지부장관이 고시한다.　　　　　　〈개정 2010. 3. 19., 2019. 12. 31., 2020. 6. 4.〉

⑨ 위생교육 실시단체는 교육교재를 편찬하여 교육대상자에게 제공하여야 한다.

〈개정 2019. 12. 31., 2020. 6. 4.〉

⑩ 위생교육 실시단체의 장은 위생교육을 수료한 자에게 수료증을 교부하고, 교육실시 결과를 교육 후 1개월 이내에 시장·군수·구청장에게 통보하여야 하며, 수료증 교부대장 등 교육에 관한 기록을 2년 이상 보관·관리하여야 한다.　　〈개정 2019. 12. 31., 2020. 6. 4.〉

⑪ 제1항부터 제8항까지의 규정 외에 위생교육에 관하여 필요한 세부사항은 보건복지부장관이 정한다.　　　　　　　　　　　　　〈개정 2010. 3. 19., 2019. 12. 31., 2020. 6. 4.〉

[전문개정 2008. 6. 30.]

제23조의2(행정지원)

① 시장·군수·구청장은 위생교육 실시단체의 장의 요청이 있으면 공중위생영업의 신고 및 폐업신고 또는 영업자의 지위승계신고 수리에 따른 위생교육대상자의 명단(업종, 업소명, 대표자 성명, 업소 소재지 및 전화번호를 포함한다)을 통보하여야 한다.　　〈개정 2015. 11. 3.〉

② 시·도지사 또는 시장·군수·구청장은 위생교육 실시단체의 장의 지원요청이 있으면 교육대상자의 소집, 교육장소의 확보 등과 관련하여 협조하여야 한다.

[본조신설 2008. 6. 30.]

제24조(과징금의 징수 절차)

영 제7조의3조에 따른 과징금의 징수절차에 관하여는 「국고금관리법 시행규칙」을 준용한다. 이 경우 납입고지서에는 이의신청의 방법 및 기간 등을 함께 적어야 한다.

[전문개정 2015. 7. 2.]

제25조(규제의 재검토)

① 보건복지부장관은 다음 각 호의 사항에 대하여 다음 각 호의 기준일을 기준으로 3년마다(매 3년이 되는 해의 기준일과 같은 날 전까지를 말한다)

그 타당성을 검토하여 개선 등의 조치를 해야 한다. 〈개정 2014. 7. 1., 2015. 1. 5., 2016. 1. 5., 2018. 12. 28., 2019. 9. 27., 2019. 12. 20., 2021. 12. 31.〉

  1. 제2조 및 별표 1에 따른 공중위생영업의 종류별 시설 및 설비기준: 2014년 1월 1일

  2. 제4조 및 별표 2에 따른 목욕장 목욕물의 수질기준과 수질검사방법 등: 2022년 1월 1일

  3. 제7조 및 별표 4에 따른 공중위생영업자가 준수하여야 하는 위생관리기준 등: 2014년 1월 1일

  4. 제14조에 따른 업무범위: 2016년 1월 1일

  5. 제19조 및 별표 7에 따른 행정처분기준: 2014년 1월 1일

② 보건복지부장관은 제23조에 따른 위생교육 시간 및 내용에 대하여 2019년 1월 1일을 기준으로 2년마다(매 2년이 되는 해의 1월 1일 전까지를 말한다)

그 타당성을 검토하여 개선 등의 조치를 해야 한다. 〈개정 2018. 12. 28.〉

[본조신설 2013. 12. 31.]

부칙 〈제851호, 2021. 12. 31.〉

(행정규제기본법에 따른 일몰규제 정비를 위한 14개 법령의 일부개정에 관한 보건복지부령)

이 규칙은 2021년 12월 31일부터 시행한다.

제2부

감염병의 예방 및 관리에 관한 법률

제1장 총칙

제1조(목적)

이 법은 국민 건강에 위해(危害)가 되는 감염병의 발생과 유행을 방지하고, 그 예방 및 관리를 위하여 필요한 사항을 규정함으로써 국민 건강의 증진 및 유지에 이바지함을 목적으로 한다.

제2조(정의)

이 법에서 사용하는 용어의 뜻은 다음과 같다. 〈개정 2010. 1. 18., 2013. 3. 22., 2014. 3. 18., 2015. 7. 6., 2016. 12. 2., 2018. 3. 27., 2019. 12. 3., 2020. 3. 4., 2020. 8. 11., 2020. 12. 15.〉

1. "감염병"이란 제1급감염병, 제2급감염병, 제3급감염병, 제4급감염병, 기생충감염병, 세계보건기구 감시대상 감염병, 생물테러감염병, 성매개감염병, 인수(人獸)공통감염병 및 의료관련감염병을 말한다.

2. "제1급감염병"이란 생물테러감염병 또는 치명률이 높거나 집단 발생의 우려가 커서 발생 또는 유행 즉시 신고하여야 하고, 음압격리와 같은 높은 수준의 격리가 필요한 감염병으로서 다음 각 목의 감염병을 말한다. 다만, 갑작스러운 국내 유입 또는 유행이 예견되어 긴급한 예방·관리가 필요하여 질병관리청장이 보건복지부장관과 협의하여 지정하는 감염병을 포함한다.

   가. 에볼라바이러스병

   나. 마버그열

   다. 라싸열

   라. 크리미안콩고출혈열

   마. 남아메리카출혈열

   바. 리프트밸리열

   사. 두창

   아. 페스트

   자. 탄저

   차. 보툴리눔독소증

   카. 야토병

   타. 신종감염병증후군

파. 중증급성호흡기증후군(SARS)

하. 중동호흡기증후군(MERS)

거. 동물인플루엔자 인체감염증

너. 신종인플루엔자

더. 디프테리아

3. "제2급감염병"이란 전파가능성을 고려하여 발생 또는 유행 시 24시간 이내에 신고하여야 하고, 격리가 필요한 다음 각 목의 감염병을 말한다. 다만, 갑작스러운 국내 유입 또는 유행이 예견되어 긴급한 예방·관리가 필요하여 질병관리청장이 보건복지부장관과 협의하여 지정하는 감염병을 포함한다.

가. 결핵(結核)

나. 수두(水痘)

다. 홍역(紅疫)

라. 콜레라

마. 장티푸스

바. 파라티푸스

사. 세균성이질

아. 장출혈성대장균감염증

자. A형간염

차. 백일해(百日咳)

카. 유행성이하선염(流行性耳下腺炎)

타. 풍진(風疹)

파. 폴리오

하. 수막구균 감염증

거. b형헤모필루스인플루엔자

너. 폐렴구균 감염증

더. 한센병

러. 성홍열

머. 반코마이신내성황색포도알균(VRSA) 감염증

버. 카바페넴내성장내세균속균종(CRE) 감염증

서. E형간염

4. "제3급감염병"이란 그 발생을 계속 감시할 필요가 있어 발생 또는 유행 시 24시간 이내에 신고하여야 하는 다음 각 목의 감염병을 말한다. 다만, 갑작스러운 국내 유입 또는 유행이 예견되어 긴급한 예방·관리가 필요하여 질병관리청장이 보건복지부장관과 협의하여 지정하는 감염병을 포함한다.

가. 파상풍(破傷風)

나. B형간염

다. 일본뇌염

라. C형간염

마. 말라리아

바. 레지오넬라증

사. 비브리오패혈증

아. 발진티푸스

자. 발진열(發疹熱)

차. 쯔쯔가무시증

카. 렙토스피라증

타. 브루셀라증

파. 공수병(恐水病)

하. 신증후군출혈열(腎症侯群出血熱)

거. 후천성면역결핍증(AIDS)

너. 크로이츠펠트-야콥병(CJD)
및 변종크로이츠펠트-야콥병(vCJD)

더. 황열

러. 뎅기열

머. 큐열(Q熱)

버. 웨스트나일열

서. 라임병

어. 진드기매개뇌염

저. 유비저(類鼻疽)

처. 치쿤구니야열

커. 중증열성혈소판감소증후군(SFTS)

터. 지카바이러스 감염증

5. "제4급감염병"이란 제1급감염병부터 제3급감염병까지의 감염병 외에 유행 여부를 조사하기 위하여 표본감시 활동이 필요한 다음 각 목의 감염병을 말한다.

　　가. 인플루엔자

　　나. 매독(梅毒)

　　다. 회충증

　　라. 편충증

　　마. 요충증

　　바. 간흡충증

　　사. 폐흡충증

　　아. 장흡충증

　　자. 수족구병

　　차. 임질

　　카. 클라미디아감염증

　　타. 연성하감

　　파. 성기단순포진

　　하. 첨규콘딜롬

　　거. 반코마이신내성장알균(VRE)
　　감염증

　　너. 메티실린내성황색포도알균(MRSA)
　　감염증

　　더. 다제내성녹농균(MRPA)
　　감염증

　　러. 다제내성아시네토박터바우마니균(MRAB)
　　감염증

　　머. 장관감염증

　　버. 급성호흡기감염증

　　서. 해외유입기생충감염증

　　어. 엔테로바이러스감염증

　　저. 사람유두종바이러스 감염증

6. "기생충감염병"이란 기생충에 감염되어 발생하는 감염병 중 질병관리청장이 고시하는 감

염병을 말한다.

7. 삭제 〈2018. 3. 27.〉

8. "세계보건기구 감시대상 감염병"이란 세계보건기구가 국제공중보건의 비상사태에 대비하기 위하여 감시대상으로 정한 질환으로서 질병관리청장이 고시하는 감염병을 말한다.

9. "생물테러감염병"이란 고의 또는 테러 등을 목적으로 이용된 병원체에 의하여 발생된 감염병 중 질병관리청장이 고시하는 감염병을 말한다.

10. "성매개감염병"이란 성 접촉을 통하여 전파되는 감염병 중 질병관리청장이 고시하는 감염병을 말한다.

11. "인수공통감염병"이란 동물과 사람 간에 서로 전파되는 병원체에 의하여 발생되는 감염병 중 질병관리청장이 고시하는 감염병을 말한다.

12. "의료관련감염병"이란 환자나 임산부 등이 의료행위를 적용받는 과정에서 발생한 감염병으로서 감시활동이 필요하여 질병관리청장이 고시하는 감염병을 말한다.

13. "감염병환자"란 감염병의 병원체가 인체에 침입하여 증상을 나타내는 사람으로서 제11조제6항의 진단 기준에 따른 의사, 치과의사 또는 한의사의 진단이나 제16조의2에 따른 감염병병원체 확인기관의 실험실 검사를 통하여 확인된 사람을 말한다.

14. "감염병의사환자"란 감염병병원체가 인체에 침입한 것으로 의심이 되나 감염병환자로 확인되기 전 단계에 있는 사람을 말한다.

15. "병원체보유자"란 임상적인 증상은 없으나 감염병병원체를 보유하고 있는 사람을 말한다.

15의2. "감염병의심자"란 다음 각 목의 어느 하나에 해당하는 사람을 말한다.

   가. 감염병환자, 감염병의사환자 및 병원체보유자(이하 "감염병환자등"이라 한다)와 접촉하거나 접촉이 의심되는 사람(이하 "접촉자"라 한다)

   나. 「검역법」 제2조제7호 및 제8호에 따른 검역관리지역 또는 중점검역관리지역에 체류하거나 그 지역을 경유한 사람으로서 감염이 우려되는 사람

   다. 감염병병원체 등 위험요인에 노출되어 감염이 우려되는 사람

16. "감시"란 감염병 발생과 관련된 자료, 감염병병원체·매개체에 대한 자료를 체계적이고 지속적으로 수집, 분석 및 해석하고 그 결과를 제때에 필요한 사람에게 배포하여 감염병 예방 및 관리에 사용하도록 하는 일체의 과정을 말한다.

16의2. "표본감시"란 감염병 중 감염병환자의 발생빈도가 높아 전수조사가 어렵고 중증도가 비교적 낮은 감염병의 발생에 대하여 감시기관을 지정하여 정기적이고 지속적인 의과학적 감시를 실시하는 것을 말한다.

17. "역학조사"란 감염병환자등이 발생한 경우 감염병의 차단과 확산 방지 등을 위하여 감염병환자등의 발생 규모를 파악하고 감염원을 추적하는 등의 활동과 감염병 예방접종 후 이상반응 사례가 발생한 경우나 감염병 여부가 불분명하나 그 발병원인을 조사할 필요가 있는 사례가 발생한 경우 그 원인을 규명하기 위하여 하는 활동을 말한다.

18. "예방접종 후 이상반응"이란 예방접종 후 그 접종으로 인하여 발생할 수 있는 모든 증상 또는 질병으로서 해당 예방접종과 시간적 관련성이 있는 것을 말한다.

19. "고위험병원체"란 생물테러의 목적으로 이용되거나 사고 등에 의하여 외부에 유출될 경우 국민 건강에 심각한 위험을 초래할 수 있는 감염병병원체로서 보건복지부령으로 정하는 것을 말한다.

20. "관리대상 해외 신종감염병"이란 기존 감염병의 변이 및 변종 또는 기존에 알려지지 아니한 새로운 병원체에 의해 발생하여 국제적으로 보건문제를 야기하고 국내 유입에 대비하여야 하는 감염병으로서 질병관리청장이 보건복지부장관과 협의하여 지정하는 것을 말한다.

21. "의료·방역 물품"이란 「약사법」 제2조에 따른 의약품·의약외품, 「의료기기법」 제2조에 따른 의료기기 등 의료 및 방역에 필요한 물품 및 장비로서 질병관리청장이 지정하는 것을 말한다.

제3조(다른 법률과의 관계)

감염병의 예방 및 관리에 관하여는 다른 법률에 특별한 규정이 있는 경우를 제외하고는 이 법에 따른다.

제4조(국가 및 지방자치단체의 책무)

① 국가 및 지방자치단체는 감염병환자등의 인간으로서의 존엄과 가치를 존중하고 그 기본적 권리를 보호하며, 법률에 따르지 아니하고는 취업 제한 등의 불이익을 주어서는 아니 된다.

② 국가 및 지방자치단체는 감염병의 예방 및 관리를 위하여 다음 각 호의 사업을 수행하여야 한다. 〈개정 2014. 3. 18., 2015. 7. 6., 2020. 3. 4., 2020. 12. 15.〉

1. 감염병의 예방 및 방역대책
2. 감염병환자등의 진료 및 보호
3. 감염병 예방을 위한 예방접종계획의 수립 및 시행
4. 감염병에 관한 교육 및 홍보
5. 감염병에 관한 정보의 수집·분석 및 제공

6. 감염병에 관한 조사 · 연구

7. 감염병병원체(감염병병원체 확인을 위한 혈액, 체액 및 조직 등 검체를 포함한다)
수집 · 검사 · 보존 · 관리 및 약제내성 감시(藥劑耐性 監視)

8. 감염병 예방 및 관리 등을 위한 전문인력의 양성

8의2. 감염병 예방 및 관리 등의 업무를 수행한 전문인력의 보호

9. 감염병 관리정보 교류 등을 위한 국제협력

10. 감염병의 치료 및 예방을 위한 의료 · 방역 물품의 비축

11. 감염병 예방 및 관리사업의 평가

12. 기후변화, 저출산 · 고령화 등 인구변동 요인에 따른 감염병 발생조사 · 연구 및 예방대책
수립

13. 한센병의 예방 및 진료 업무를 수행하는 법인 또는 단체에 대한 지원

14. 감염병 예방 및 관리를 위한 정보시스템의 구축 및 운영

15. 해외 신종감염병의 국내 유입에 대비한 계획 준비, 교육 및 훈련

16. 해외 신종감염병 발생 동향의 지속적 파악, 위험성 평가 및 관리대상 해외 신종감염병의
지정

17. 관리대상 해외 신종감염병에 대한 병원체 등 정보 수집, 특성 분석, 연구를 통한 예방과
대응체계 마련, 보고서 발간 및 지침(매뉴얼을 포함한다)
고시

③ 국가 · 지방자치단체(교육감을 포함한다)는 감염병의 효율적 치료 및 확산방지를 위하여 질
병의 정보, 발생 및 전파 상황을 공유하고 상호 협력하여야 한다. 〈신설 2015. 7. 6.〉

④ 국가 및 지방자치단체는 「의료법」에 따른 의료기관 및 의료인단체와 감염병의 발생 감
시 · 예방을 위하여 관련 정보를 공유하여야 한다. 〈신설 2015. 7. 6.〉

제5조(의료인 등의 책무와 권리)

① 「의료법」에 따른 의료인 및 의료기관의 장 등은 감염병 환자의 진료에 관한 정보를 제공받
을 권리가 있고, 감염병 환자의 진단 및 치료 등으로 인하여 발생한 피해에 대하여 보상받을
수 있다.

② 「의료법」에 따른 의료인 및 의료기관의 장 등은 감염병 환자의 진단 · 관리 · 치료 등에 최
선을 다하여야 하며, 보건복지부장관, 질병관리청장 또는 지방자치단체의 장의 행정명령에
적극 협조하여야 한다. 〈개정 2020. 8. 11.〉

③ 「의료법」에 따른 의료인 및 의료기관의 장 등은 국가와 지방자치단체가 수행하는 감염병

의 발생 감시와 예방·관리 및 역학조사 업무에 적극 협조하여야 한다.

[전문개정 2015. 7. 6.]

제6조(국민의 권리와 의무)

① 국민은 감염병으로 격리 및 치료 등을 받은 경우 이로 인한 피해를 보상받을 수 있다.

〈개정 2015. 7. 6.〉

② 국민은 감염병 발생 상황, 감염병 예방 및 관리 등에 관한 정보와 대응방법을 알 권리가 있고, 국가와 지방자치단체는 신속하게 정보를 공개하여야 한다. 〈개정 2015. 7. 6.〉

③ 국민은 의료기관에서 이 법에 따른 감염병에 대한 진단 및 치료를 받을 권리가 있고, 국가와 지방자치단체는 이에 소요되는 비용을 부담하여야 한다. 〈신설 2015. 7. 6.〉

④ 국민은 치료 및 격리조치 등 국가와 지방자치단체의 감염병 예방 및 관리를 위한 활동에 적극 협조하여야 한다. 〈신설 2015. 7. 6.〉

[제목개정 2015. 7. 6.]

제2장 기본계획 및 사업

제7조(감염병 예방 및 관리 계획의 수립 등)

① 질병관리청장은 보건복지부장관과 협의하여 감염병의 예방 및 관리에 관한 기본계획(이하 "기본계획"이라 한다)을 5년마다 수립·시행하여야 한다. 〈개정 2010. 1. 18., 2020. 8. 11.〉

② 기본계획에는 다음 각 호의 사항이 포함되어야 한다.

〈개정 2015. 7. 6., 2020. 3. 4., 2020. 12. 15., 2021. 3. 9.〉

1. 감염병 예방·관리의 기본목표 및 추진방향

2. 주요 감염병의 예방·관리에 관한 사업계획 및 추진방법

2의2. 감염병 대비 의료·방역 물품의 비축 및 관리에 관한 사항

3. 감염병 전문인력의 양성 방안

3의2. 「의료법」 제3조제2항 각 호에 따른 의료기관 종별 감염병 위기대응역량의 강화 방안

4. 감염병 통계 및 정보통신기술 등을 활용한 감염병 정보의 관리 방안

5. 감염병 관련 정보의 의료기관 간 공유 방안

6. 그 밖에 감염병의 예방 및 관리에 필요한 사항

③ 특별시장·광역시장·도지사·특별자치도지사(이하 "시·도지사"라 한다)와 시장·군수·구청장(자치구의 구청장을 말한다. 이하 같다)은 기본계획에 따라 시행계획을 수립·시행하여야 한다.

④ 질병관리청장, 시·도지사 또는 시장·군수·구청장은 기본계획이나 제3항에 따른 시행계획의 수립·시행에 필요한 자료의 제공 등을 관계 행정기관 또는 단체에 요청할 수 있다.

〈개정 2010. 1. 18., 2020. 8. 11.〉

⑤ 제4항에 따라 요청받은 관계 행정기관 또는 단체는 특별한 사유가 없으면 이에 따라야 한다.

제8조(감염병관리사업지원기구의 운영)

① 질병관리청장 및 시·도지사는 제7조에 따른 기본계획 및 시행계획의 시행과 국제협력 등의 업무를 지원하기 위하여 민간전문가로 구성된 감염병관리사업지원기구를 둘 수 있다.

〈개정 2010. 1. 18., 2020. 8. 11.〉

② 국가 및 지방자치단체는 감염병관리사업지원기구의 운영 등에 필요한 예산을 지원할 수 있다.

③ 제1항 및 제2항에 따른 감염병관리사업지원기구의 설치·운영 및 지원 등에 필요한 사항은 대통령령으로 정한다.

제8조의2(감염병병원)

① 국가는 감염병의 연구·예방, 전문가 양성 및 교육, 환자의 진료 및 치료 등을 위한 시설, 인력 및 연구능력을 갖춘 감염병전문병원 또는 감염병연구병원을 설립하거나 지정하여 운영한다.

② 국가는 감염병환자의 진료 및 치료 등을 위하여 권역별로 보건복지부령으로 정하는 일정규모 이상의 병상(음압병상 및 격리병상을 포함한다)을 갖춘 감염병전문병원을 설립하거나 지정하여 운영한다. 이 경우 인구 규모, 지리적 접근성 등을 고려하여 권역을 설정하여야 한다.

〈개정 2021. 10. 19.〉

③ 국가는 예산의 범위에서 제1항 및 제2항에 따른 감염병전문병원 또는 감염병연구병원을 설립하거나 지정하여 운영하는 데 필요한 예산을 지원할 수 있다.

④ 제1항 및 제2항에 따른 감염병전문병원 또는 감염병연구병원을 설립하거나 지정하여 운영하는 데 필요한 절차, 방법, 지원내용 등의 사항은 대통령령으로 정한다.

[본조신설 2015. 12. 29.]

제8조의3(내성균 관리대책)

① 보건복지부장관은 내성균 발생 예방 및 확산 방지 등을 위하여 제9조에 따른 감염병관리위
원회의 심의를 거쳐 내성균 관리대책을 5년마다 수립·추진하여야 한다.

② 내성균 관리대책에는 정책목표 및 방향, 진료환경 개선 등 내성균 확산 방지를 위한 사항 및
감시체계 강화에 관한 사항, 그 밖에 내성균 관리대책에 필요하다고 인정되는 사항이 포함되
어야 한다.

③ 내성균 관리대책의 수립 절차 등에 관하여 필요한 사항은 대통령령으로 정한다.

[본조신설 2016. 12. 2.]

제8조의4(업무의 협조)

① 보건복지부장관은 내성균 관리대책의 수립·시행을 위하여 관계 공무원 또는 관계 전문가
의 의견을 듣거나 관계 기관 및 단체 등에 필요한 자료제출 등 협조를 요청할 수 있다.

② 보건복지부장관은 내성균 관리대책의 작성을 위하여 관계 중앙행정기관의 장에게 내성균
관리대책의 정책목표 및 방향과 관련한 자료 또는 의견의 제출 등 필요한 협조를 요청할 수
있다.

③ 제1항 및 제2항에 따른 협조 요청을 받은 자는 정당한 사유가 없으면 이에 따라야 한다.

[본조신설 2016. 12. 2.]

제8조의5(긴급상황실)

① 질병관리청장은 감염병 정보의 수집·전파, 상황관리, 감염병이 유입되거나 유행하는 긴급
한 경우의 초동조치 및 지휘 등의 업무를 수행하기 위하여 상시 긴급상황실을 설치·운영하
여야 한다. 〈개정 2020. 8. 11.〉

② 제1항에 따른 긴급상황실의 설치·운영에 필요한 사항은 대통령령으로 정한다.

[본조신설 2018. 3. 27.]

제8조의6(감염병 연구개발 지원 등)

① 질병관리청장은 감염병에 관한 조사·연구를 위하여 감염병 연구개발 기획 및 치료제·백
신 등의 연구개발에 관한 사업을 추진할 수 있다. 이 경우 질병관리청장은 연구개발사업을
추진하기 위하여 예산의 범위에서 연구개발사업을 하는 기관이나 단체에 출연금을 지급할

수 있다.

② 질병관리청장은 제1항에 따른 조사ㆍ연구를 위하여 「국가연구개발혁신법」 제2조제4호에 따른 전문기관을 지정 또는 해제할 수 있다. 이 경우 전문기관의 지정ㆍ운영ㆍ해제 등에 관하여 필요한 사항은 대통령령으로 정한다.

③ 제1항에 따른 출연금의 지급ㆍ사용ㆍ관리에 관하여 필요한 사항은 「보건의료기술 진흥법」 제5조를 준용한다.

④ 질병관리청장은 감염병 치료제ㆍ백신 개발 관련 연구기관ㆍ대학 및 기업 등의 의뢰를 받아 보건복지부령으로 정하는 바에 따라 감염병 치료제ㆍ백신 개발에 관한 시험ㆍ분석을 할 수 있다.

⑤ 제4항에 따라 시험ㆍ분석을 의뢰하는 자는 보건복지부령으로 정하는 바에 따라 수수료를 내야 한다.

[본조신설 2021. 12. 21.]

제9조(감염병관리위원회)

① 감염병의 예방 및 관리에 관한 주요 시책을 심의하기 위하여 질병관리청에 감염병관리위원회(이하 "위원회"라 한다)를 둔다. 〈개정 2010. 1. 18., 2020. 8. 11.〉

② 위원회는 다음 각 호의 사항을 심의한다.

〈개정 2014. 3. 18., 2016. 12. 2., 2019. 12. 3., 2020. 12. 15., 2021. 3. 9.〉

1. 기본계획의 수립

2. 감염병 관련 의료 제공

3. 감염병에 관한 조사 및 연구

4. 감염병의 예방ㆍ관리 등에 관한 지식 보급 및 감염병환자등의 인권 증진

5. 제20조에 따른 해부명령에 관한 사항

6. 제32조제3항에 따른 예방접종의 실시기준과 방법에 관한 사항

6의2. 제33조의2제1항에 따라 제24조의 필수예방접종 및 제25조의 임시예방접종에 사용되는 의약품(이하 "필수예방접종약품등"이라 한다)의 사전 비축 및 장기 구매에 관한 사항

6의3. 제33조의2제2항에 따른 필수예방접종약품등의 공급의 우선순위 등 분배기준, 그 밖에 필요한 사항의 결정

7. 제34조에 따른 감염병 위기관리대책의 수립 및 시행

8. 제40조제1항 및 제2항에 따른 예방ㆍ치료 의료ㆍ방역 물품의 사전 비축, 장기 구매 및 생산에 관한 사항

8의2. 제40조의2에 따른 의료·방역 물품(「약사법」에 따른 의약품으로 한정한다)
공급의 우선순위 등 분배기준, 그 밖에 필요한 사항의 결정

8의3. 제40조의6에 따른 개발 중인 백신 또는 의약품의 구매 및 공급에 필요한 계약에 관한 사항

9. 제71조에 따른 예방접종 등으로 인한 피해에 대한 국가보상에 관한 사항

10. 내성균 관리대책에 관한 사항

11. 그 밖에 감염병의 예방 및 관리에 관한 사항으로서 위원장이 위원회의 회의에 부치는 사항

제10조(위원회의 구성)

① 위원회는 위원장 1명과 부위원장 1명을 포함하여 30명 이내의 위원으로 구성한다.

〈개정 2018. 3. 27.〉

② 위원장은 질병관리청장이 되고, 부위원장은 위원 중에서 위원장이 지명하며, 위원은 다음 각 호의 어느 하나에 해당하는 사람 중에서 위원장이 임명하거나 위촉하는 사람으로 한다. 이 경우 공무원이 아닌 위원이 전체 위원의 과반수가 되도록 하여야 한다.

〈개정 2010. 1. 18., 2015. 12. 29., 2018. 3. 27., 2019. 12. 3., 2020. 8. 11., 2021. 1. 12.〉

1. 감염병의 예방 또는 관리 업무를 담당하는 공무원

2. 감염병 또는 감염관리를 전공한 의료인

3. 감염병과 관련된 전문지식을 소유한 사람

4. 「지방자치법」 제182조에 따른 시·도지사협의체가 추천하는 사람

5. 「비영리민간단체 지원법」 제2조에 따른 비영리민간단체가 추천하는 사람

6. 그 밖에 감염병에 관한 지식과 경험이 풍부한 사람

③ 위원회의 업무를 효율적으로 수행하기 위하여 위원회의 위원과 외부 전문가로 구성되는 분야별 전문위원회를 둘 수 있다.

④ 제1항부터 제3항까지에서 규정한 사항 외에 위원회 및 전문위원회의 구성·운영 등에 관하여 필요한 사항은 대통령령으로 정한다.

제3장 신고 및 보고

제11조(의사 등의 신고)

① 의사, 치과의사 또는 한의사는 다음 각 호의 어느 하나에 해당하는 사실(제16조제6항에 따라 표본감시 대상이 되는 제4급감염병으로 인한 경우는 제외한다)이 있으면 소속 의료기관의 장에게 보고하여야 하고, 해당 환자와 그 동거인에게 질병관리청장이 정하는 감염 방지 방법 등을 지도하여야 한다. 다만, 의료기관에 소속되지 아니한 의사, 치과의사 또는 한의사는 그 사실을 관할 보건소장에게 신고하여야 한다.

〈개정 2010. 1. 18., 2015. 12. 29., 2018. 3. 27., 2020. 3. 4., 2020. 8. 11.〉

1. 감염병환자등을 진단하거나 그 사체를 검안(檢案)한 경우
2. 예방접종 후 이상반응자를 진단하거나 그 사체를 검안한 경우
3. 감염병환자등이 제1급감염병부터 제3급감염병까지에 해당하는 감염병으로 사망한 경우
4. 감염병환자로 의심되는 사람이 감염병병원체 검사를 거부하는 경우

② 제16조의2에 따른 감염병병원체 확인기관의 소속 직원은 실험실 검사 등을 통하여 보건복지부령으로 정하는 감염병환자등을 발견한 경우 그 사실을 그 기관의 장에게 보고하여야 한다.

〈개정 2015. 7. 6., 2018. 3. 27., 2020. 3. 4.〉

③ 제1항 및 제2항에 따라 보고를 받은 의료기관의 장 및 제16조의2에 따른 감염병병원체 확인기관의 장은 제1급감염병의 경우에는 즉시, 제2급감염병 및 제3급감염병의 경우에는 24시간 이내에, 제4급감염병의 경우에는 7일 이내에 질병관리청장 또는 관할 보건소장에게 신고하여야 한다. 〈신설 2015. 7. 6., 2018. 3. 27., 2020. 3. 4., 2020. 8. 11.〉

④ 육군, 해군, 공군 또는 국방부 직할 부대에 소속된 군의관은 제1항 각 호의 어느 하나에 해당하는 사실(제16조제6항에 따라 표본감시 대상이 되는 제4급감염병으로 인한 경우는 제외한다)이 있으면 소속 부대장에게 보고하여야 하고, 보고를 받은 소속 부대장은 제1급감염병의 경우에는 즉시, 제2급감염병 및 제3급감염병의 경우에는 24시간 이내에 관할 보건소장에게 신고하여야 한다. 〈개정 2015. 7. 6., 2015. 12. 29., 2018. 3. 27.〉

⑤ 제16조제1항에 따른 감염병 표본감시기관은 제16조제6항에 따라 표본감시 대상이 되는 제4급감염병으로 인하여 제1항제1호 또는 제3호에 해당하는 사실이 있으면 보건복지부령으로 정하는 바에 따라 질병관리청장 또는 관할 보건소장에게 신고하여야 한다.

〈개정 2010. 1. 18., 2015. 7. 6., 2015. 12. 29., 2018. 3. 27., 2020. 8. 11.〉

⑥ 제1항부터 제5항까지의 규정에 따른 감염병환자등의 진단 기준, 신고의 방법 및 절차 등에 관하여 필요한 사항은 보건복지부령으로 정한다. 〈개정 2010. 1. 18., 2015. 7. 6.〉

제12조(그 밖의 신고의무자)

① 다음 각 호의 어느 하나에 해당하는 사람은 제1급감염병부터 제3급감염병까지에 해당하는 감염병 중 보건복지부령으로 정하는 감염병이 발생한 경우에는 의사, 치과의사 또는 한의사의 진단이나 검안을 요구하거나 해당 주소지를 관할하는 보건소장에게 신고하여야 한다.

〈개정 2010. 1. 18., 2015. 7. 6., 2018. 3. 27., 2020. 12. 15.〉

1. 일반가정에서는 세대를 같이하는 세대주. 다만, 세대주가 부재 중인 경우에는 그 세대원

2. 학교, 사회복지시설, 병원, 관공서, 회사, 공연장, 예배장소, 선박·항공기·열차 등 운송수단, 각종 사무소·사업소, 음식점, 숙박업소 또는 그 밖에 여러 사람이 모이는 장소로서 보건복지부령으로 정하는 장소의 관리인, 경영자 또는 대표자

3. 「약사법」에 따른 약사·한약사 및 약국개설자

② 제1항에 따른 신고의무자가 아니더라도 감염병환자등 또는 감염병으로 인한 사망자로 의심되는 사람을 발견하면 보건소장에게 알려야 한다.

③ 제1항에 따른 신고의 방법과 기간 및 제2항에 따른 통보의 방법과 절차 등에 관하여 필요한 사항은 보건복지부령으로 정한다. 〈개정 2010. 1. 18., 2015. 7. 6.〉

제13조(보건소장 등의 보고 등)

① 제11조 및 제12조에 따라 신고를 받은 보건소장은 그 내용을 관할 특별자치도지사 또는 시장·군수·구청장에게 보고하여야 하며, 보고를 받은 특별자치도지사 또는 시장·군수·구청장은 이를 질병관리청장 및 시·도지사에게 각각 보고하여야 한다.

〈개정 2010. 1. 18., 2020. 8. 11.〉

② 제1항에 따라 보고를 받은 질병관리청장, 시·도지사 또는 시장·군수·구청장은 제11조제1항제4호에 해당하는 사람(제1급감염병 환자로 의심되는 경우에 한정한다)에 대하여 감염병병원체 검사를 하게 할 수 있다. 〈신설 2020. 3. 4., 2020. 8. 11.〉

③ 제1항에 따른 보고의 방법 및 절차 등에 관하여 필요한 사항은 보건복지부령으로 정한다.

〈개정 2010. 1. 18., 2020. 3. 4.〉

[제목개정 2020. 3. 4.]

제14조(인수공통감염병의 통보)

① 「가축전염병예방법」 제11조제1항제2호에 따라 신고를 받은 국립가축방역기관장, 신고대상 가축의 소재지를 관할하는 시장·군수·구청장 또는 시·도 가축방역기관의 장은 같은 법에 따른 가축전염병 중 다음 각 호의 어느 하나에 해당하는 감염병의 경우에는 즉시 질병관리청장에게 통보하여야 한다. 〈개정 2019. 12. 3., 2020. 8. 11.〉

1. 탄저
2. 고병원성조류인플루엔자
3. 광견병
4. 그 밖에 대통령령으로 정하는 인수공통감염병

② 제1항에 따른 통보를 받은 질병관리청장은 감염병의 예방 및 확산 방지를 위하여 이 법에 따른 적절한 조치를 취하여야 한다. 〈신설 2015. 7. 6., 2020. 8. 11.〉

③ 제1항에 따른 신고 또는 통보를 받은 행정기관의 장은 신고자의 요청이 있는 때에는 신고자의 신원을 외부에 공개하여서는 아니 된다. 〈개정 2015. 7. 6.〉

④ 제1항에 따른 통보의 방법 및 절차 등에 관하여 필요한 사항은 보건복지부령으로 정한다. 〈개정 2010. 1. 18., 2015. 7. 6.〉

제15조(감염병환자등의 파악 및 관리)

보건소장은 관할구역에 거주하는 감염병환자등에 관하여 제11조 및 제12조에 따른 신고를 받았을 때에는 보건복지부령으로 정하는 바에 따라 기록하고 그 명부(전자문서를 포함한다)를 관리하여야 한다. 〈개정 2010. 1. 18.〉

제4장 감염병감시 및 역학조사 등

제16조(감염병 표본감시 등)

① 질병관리청장은 감염병의 표본감시를 위하여 질병의 특성과 지역을 고려하여 「보건의료기본법」에 따른 보건의료기관이나 그 밖의 기관 또는 단체를 감염병 표본감시기관으로 지정할 수 있다. 〈개정 2010. 1. 18., 2019. 12. 3., 2020. 8. 11.〉

② 질병관리청장, 시·도지사 또는 시장·군수·구청장은 제1항에 따라 지정받은 감염병 표본감시기관(이하 "표본감시기관"이라 한다)의 장에게 감염병의 표본감시와 관련하여 필요한 자료의 제출을 요구하거나 감염병의 예방·관리에 필요한 협조를 요청할 수 있다. 이 경우 표본감시기관은 특별한 사유가 없으면 이에 따라야 한다. 〈개정 2010. 1. 18., 2020. 8. 11.〉

③ 질병관리청장, 시·도지사 또는 시장·군수·구청장은 제2항에 따라 수집한 정보 중 국민 건강에 관한 중요한 정보를 관련 기관·단체·시설 또는 국민들에게 제공하여야 한다.
〈개정 2010. 1. 18., 2020. 8. 11.〉

④ 질병관리청장, 시·도지사 또는 시장·군수·구청장은 표본감시활동에 필요한 경비를 표본감시기관에 지원할 수 있다. 〈개정 2010. 1. 18., 2020. 8. 11.〉

⑤ 질병관리청장은 표본감시기관이 다음 각 호의 어느 하나에 해당하는 경우에는 그 지정을 취소할 수 있다. 〈개정 2015. 7. 6., 2019. 12. 3., 2020. 8. 11.〉

　1. 제2항에 따른 자료 제출 요구 또는 협조 요청에 따르지 아니하는 경우

　2. 폐업 등으로 감염병 표본감시 업무를 수행할 수 없는 경우

　3. 그 밖에 감염병 표본감시 업무를 게을리하는 등 보건복지부령으로 정하는 경우

⑥ 제1항에 따른 표본감시의 대상이 되는 감염병은 제4급감염병으로 하고, 표본감시기관의 지정 및 지정취소의 사유 등에 관하여 필요한 사항은 보건복지부령으로 정한다.
〈신설 2015. 7. 6., 2018. 3. 27.〉

⑦ 질병관리청장은 감염병이 발생하거나 유행할 가능성이 있어 관련 정보를 확보할 긴급한 필요가 있다고 인정하는 경우 「공공기관의 운영에 관한 법률」에 따른 공공기관 중 대통령령으로 정하는 공공기관의 장에게 정보 제공을 요구할 수 있다. 이 경우 정보 제공을 요구받은 기관의 장은 정당한 사유가 없는 한 이에 따라야 한다. 〈개정 2015. 7. 6., 2020. 8. 11.〉

⑧ 제7항에 따라 제공되는 정보의 내용, 절차 및 정보의 취급에 필요한 사항은 대통령령으로 정한다. 〈개정 2015. 7. 6.〉

제16조의2(감염병병원체 확인기관)

① 다음 각 호의 기관(이하 "감염병병원체 확인기관"이라 한다)은 실험실 검사 등을 통하여 감염병병원체를 확인할 수 있다. 〈개정 2020. 8. 11.〉

　1. 질병관리청

　2. 국립검역소

　3. 「보건환경연구원법」 제2조에 따른 보건환경연구원

　4. 「지역보건법」 제10조에 따른 보건소

5. 「의료법」 제3조에 따른 의료기관 중 진단검사의학과 전문의가 상근(常勤)하는 기관

6. 「고등교육법」 제4조에 따라 설립된 의과대학 중 진단검사의학과가 개설된 의과대학

7. 「결핵예방법」 제21조에 따라 설립된 대한결핵협회(결핵환자의 병원체를 확인하는 경우만 해당한다)

8. 「민법」 제32조에 따라 한센병환자 등의 치료ㆍ재활을 지원할 목적으로 설립된 기관(한센병환자의 병원체를 확인하는 경우만 해당한다)

9. 인체에서 채취한 검사물에 대한 검사를 국가, 지방자치단체, 의료기관 등으로부터 위탁받아 처리하는 기관 중 진단검사의학과 전문의가 상근하는 기관

② 질병관리청장은 감염병병원체 확인의 정확성ㆍ신뢰성을 확보하기 위하여 감염병병원체 확인기관의 실험실 검사능력을 평가하고 관리할 수 있다. 〈개정 2020. 8. 11.〉

③ 제2항에 따른 감염병병원체 확인기관의 실험실 검사능력 평가 및 관리에 관한 방법, 절차 등에 관하여 필요한 사항은 보건복지부령으로 정한다.

[본조신설 2020. 3. 4.]

제17조(실태조사)

① 질병관리청장 및 시ㆍ도지사는 감염병의 관리 및 감염 실태와 내성균 실태를 파악하기 위하여 실태조사를 실시하고, 그 결과를 공표하여야 한다.

〈개정 2010. 1. 18., 2015. 7. 6., 2016. 12. 2., 2020. 3. 4., 2020. 8. 11.〉

② 질병관리청장 및 시ㆍ도지사는 제1항에 따른 조사를 위하여 의료기관 등 관계 기관ㆍ법인 및 단체의 장에게 필요한 자료의 제출 또는 의견의 진술을 요청할 수 있다. 이 경우 요청을 받은 자는 정당한 사유가 없으면 이에 협조하여야 한다. 〈신설 2020. 3. 4., 2020. 8. 11.〉

③ 제1항에 따른 실태조사에 포함되어야 할 사항과 실태조사의 시기, 방법, 절차 및 공표 등에 관하여 필요한 사항은 보건복지부령으로 정한다. 〈개정 2010. 1. 18., 2020. 3. 4.〉

제18조(역학조사)

① 질병관리청장, 시ㆍ도지사 또는 시장ㆍ군수ㆍ구청장은 감염병이 발생하여 유행할 우려가 있거나, 감염병 여부가 불분명하나 발병원인을 조사할 필요가 있다고 인정하면 지체 없이 역학조사를 하여야 하고, 그 결과에 관한 정보를 필요한 범위에서 해당 의료기관에 제공하여야 한다. 다만, 지역확산 방지 등을 위하여 필요한 경우 다른 의료기관에 제공하여야 한다.

〈개정 2015. 7. 6., 2019. 12. 3., 2020. 8. 11.〉

② 질병관리청장, 시ㆍ도지사 또는 시장ㆍ군수ㆍ구청장은 역학조사를 하기 위하여 역학조사반

을 각각 설치하여야 한다. 〈개정 2020. 8. 11.〉

③ 누구든지 질병관리청장, 시·도지사 또는 시장·군수·구청장이 실시하는 역학조사에서 다음 각 호의 행위를 하여서는 아니 된다. 〈개정 2015. 7. 6., 2020. 8. 11.〉

1. 정당한 사유 없이 역학조사를 거부·방해 또는 회피하는 행위

2. 거짓으로 진술하거나 거짓 자료를 제출하는 행위

3. 고의적으로 사실을 누락·은폐하는 행위

④ 제1항에 따른 역학조사의 내용과 시기·방법 및 제2항에 따른 역학조사반의 구성·임무 등에 관하여 필요한 사항은 대통령령으로 정한다.

제18조의2(역학조사의 요청)

① 「의료법」에 따른 의료인 또는 의료기관의 장은 감염병 또는 알 수 없는 원인으로 인한 질병이 발생하였거나 발생할 것이 우려되는 경우 질병관리청장 또는 시·도지사에게 제18조에 따른 역학조사를 실시할 것을 요청할 수 있다. 〈개정 2020. 8. 11.〉

② 제1항에 따른 요청을 받은 질병관리청장 또는 시·도지사는 역학조사의 실시 여부 및 그 사유 등을 지체 없이 해당 의료인 또는 의료기관 개설자에게 통지하여야 한다.〈개정 2020. 8. 11.〉

③ 제1항에 따른 역학조사 실시 요청 및 제2항에 따른 통지의 방법·절차 등 필요한 사항은 보건복지부령으로 정한다.

[본조신설 2015. 7. 6.]

제18조의3(역학조사인력의 양성)

① 질병관리청장은 제60조의2제3항 각 호에 해당하는 사람에 대하여 정기적으로 역학조사에 관한 교육·훈련을 실시할 수 있다. 〈개정 2020. 3. 4., 2020. 8. 11.〉

② 제1항에 따른 교육·훈련 과정 및 그 밖에 필요한 사항은 보건복지부령으로 정한다.

[본조신설 2015. 7. 6.]

제18조의4(자료제출 요구 등)

① 질병관리청장은 제18조에 따른 역학조사 등을 효율적으로 시행하기 위하여 관계 중앙행정기관의 장, 대통령령으로 정하는 기관·단체 등에 대하여 역학조사에 필요한 자료제출을 요구할 수 있다. 〈개정 2020. 8. 11.〉

② 질병관리청장은 제18조에 따른 역학조사를 실시하는 경우 필요에 따라 관계 중앙행정기관의 장에게 인력 파견 등 필요한 지원을 요청할 수 있다. 〈개정 2020. 8. 11.〉

③ 제1항에 따른 자료제출 요구 및 제2항에 따른 지원 요청 등을 받은 자는 특별한 사정이 없으면 이에 따라야 한다.

④ 제1항에 따른 자료제출 요구 및 제2항에 따른 지원 요청 등의 범위와 방법 등에 관하여 필요한 사항은 대통령령으로 정한다.

[본조신설 2015. 7. 6.]

제19조(건강진단)

성매개감염병의 예방을 위하여 종사자의 건강진단이 필요한 직업으로 보건복지부령으로 정하는 직업에 종사하는 자와 성매개감염병에 감염되어 그 전염을 매개할 상당한 우려가 있다고 시장·군수·구청장이 인정한 자는 보건복지부령으로 정하는 바에 따라 성매개감염병에 관한 건강진단을 받아야 한다.〈개정 2010. 1. 18.〉

제20조(해부명령)

① 질병관리청장은 국민 건강에 중대한 위협을 미칠 우려가 있는 감염병으로 사망한 것으로 의심이 되어 시체를 해부(解剖)하지 아니하고는 감염병 여부의 진단과 사망의 원인규명을 할 수 없다고 인정하면 그 시체의 해부를 명할 수 있다.〈개정 2020. 8. 11.〉

② 제1항에 따라 해부를 하려면 미리 「장사 등에 관한 법률」 제2조제16호에 따른 연고자(같은 호 각 목에 규정된 선순위자가 없는 경우에는 그 다음 순위자를 말한다. 이하 "연고자"라 한다)의 동의를 받아야 한다. 다만, 소재불명 및 연락두절 등 미리 연고자의 동의를 받기 어려운 특별한 사정이 있고 해부가 늦어질 경우 감염병 예방과 국민 건강의 보호라는 목적을 달성하기 어렵다고 판단되는 경우에는 연고자의 동의를 받지 아니하고 해부를 명할 수 있다.

③ 질병관리청장은 감염병 전문의, 해부학, 병리학 또는 법의학을 전공한 사람을 해부를 담당하는 의사로 지정하여 해부를 하여야 한다.〈개정 2020. 8. 11.〉

④ 제3항에 따른 해부는 사망자가 걸린 것으로 의심되는 감염병의 종류별로 질병관리청장이 정하여 고시한 생물학적 안전 등급을 갖춘 시설에서 실시하여야 한다.

〈개정 2010. 1. 18., 2020. 8. 11.〉

⑤ 제3항에 따른 해부를 담당하는 의사의 지정, 감염병 종류별로 갖추어야 할 시설의 기준, 해당 시체의 관리 등에 관하여 필요한 사항은 보건복지부령으로 정한다.〈개정 2010. 1. 18.〉

제20조의2(시신의 장사방법 등)

① 질병관리청장은 감염병환자등이 사망한 경우(사망 후 감염병병원체를 보유하였던 것으로

확인된 사람을 포함한다)

감염병의 차단과 확산 방지 등을 위하여 필요한 범위에서 그 시신의 장사방법 등을 제한할 수 있다. 〈개정 2020. 8. 11.〉

② 질병관리청장은 제1항에 따른 제한을 하려는 경우 연고자에게 해당 조치의 필요성 및 구체적인 방법·절차 등을 미리 설명하여야 한다. 〈개정 2020. 8. 11.〉

③ 질병관리청장은 화장시설의 설치·관리자에게 제1항에 따른 조치에 협조하여 줄 것을 요청할 수 있으며, 요청을 받은 화장시설의 설치·관리자는 이에 적극 협조하여야 한다.

〈개정 2020. 8. 11.〉

④ 제1항에 따른 제한의 대상·방법·절차 등 필요한 사항은 보건복지부령으로 정한다.

[본조신설 2015. 12. 29.]

제5장 고위험병원체

제21조(고위험병원체의 분리, 분양·이동 및 이동신고)

① 감염병환자, 식품, 동식물, 그 밖의 환경 등으로부터 고위험병원체를 분리한 자는 지체 없이 고위험병원체의 명칭, 분리된 검체명, 분리 일자 등을 질병관리청장에게 신고하여야 한다.

〈개정 2010. 1. 18., 2019. 12. 3., 2020. 8. 11.〉

② 고위험병원체를 분양·이동받으려는 자는 사전에 고위험병원체의 명칭, 분양 및 이동계획 등을 질병관리청장에게 신고하여야 한다. 〈신설 2019. 12. 3., 2020. 8. 11.〉

③ 고위험병원체를 이동하려는 자는 사전에 고위험병원체의 명칭과 이동계획 등을 질병관리청장에게 신고하여야 한다. 〈신설 2019. 12. 3., 2020. 8. 11.〉

④ 질병관리청장은 제1항부터 제3항까지의 신고를 받은 경우 그 내용을 검토하여 이 법에 적합하면 신고를 수리하여야 한다. 〈신설 2020. 3. 4., 2020. 8. 11.〉

⑤ 질병관리청장은 제1항에 따라 고위험병원체의 분리신고를 받은 경우 현장조사를 실시할 수 있다. 〈신설 2019. 12. 3., 2020. 3. 4., 2020. 8. 11.〉

⑥ 고위험병원체를 보유·관리하는 자는 매년 고위험병원체 보유현황에 대한 기록을 작성하여 질병관리청장에게 제출하여야 한다. 〈신설 2018. 3. 27., 2019. 12. 3., 2020. 3. 4., 2020. 8. 11.〉

⑦ 제1항부터 제3항까지에 따른 신고 및 제6항에 따른 기록 작성 · 제출의 방법 및 절차 등에 관하여 필요한 사항은 보건복지부령으로 정한다. 〈개정 2010. 1. 18., 2018. 3. 27., 2019. 12. 3., 2020. 3. 4.〉

[제목개정 2018. 3. 27., 2019. 12. 3.]

제22조(고위험병원체의 반입 허가 등)

① 감염병의 진단 및 학술 연구 등을 목적으로 고위험병원체를 국내로 반입하려는 자는 다음 각 호의 요건을 갖추어 질병관리청장의 허가를 받아야 한다.

〈개정 2010. 1. 18., 2019. 12. 3., 2020. 8. 11., 2021. 10. 19.〉

1. 제23조제1항에 따른 고위험병원체 취급시설을 설치 · 운영하거나 고위험병원체 취급시설을 설치 · 운영하고 있는 자와 고위험병원체 취급시설을 사용하는 계약을 체결할 것
2. 고위험병원체의 안전한 수송 및 비상조치 계획을 수립할 것
3. 보건복지부령으로 정하는 요건을 갖춘 고위험병원체 전담관리자를 둘 것

② 제1항에 따라 허가받은 사항을 변경하려는 자는 질병관리청장의 허가를 받아야 한다. 다만, 대통령령으로 정하는 경미한 사항을 변경하려는 경우에는 질병관리청장에게 신고하여야 한다. 〈개정 2010. 1. 18., 2020. 8. 11.〉

③ 제1항에 따라 고위험병원체의 반입 허가를 받은 자가 해당 고위험병원체를 인수하여 이동하려면 대통령령으로 정하는 바에 따라 그 인수 장소를 지정하고 제21조제1항에 따라 이동계획을 질병관리청장에게 미리 신고하여야 한다. 이 경우 질병관리청장은 그 내용을 검토하여 이 법에 적합하면 신고를 수리하여야 한다. 〈개정 2010. 1. 18., 2020. 3. 4., 2020. 8. 11.〉

④ 질병관리청장은 제1항에 따라 허가를 받은 자가 다음 각 호의 어느 하나에 해당하는 경우에는 그 허가를 취소할 수 있다. 다만, 제1호 또는 제2호에 해당하는 경우에는 그 허가를 취소하여야 한다. 〈신설 2021. 10. 19.〉

1. 속임수나 그 밖의 부정한 방법으로 허가를 받은 경우
2. 허가를 받은 날부터 1년 이내에 제3항에 따른 인수 신고를 하지 않은 경우
3. 제1항의 요건을 충족하지 못하는 경우

⑤ 제1항부터 제4항까지의 규정에 따른 허가, 신고 또는 허가 취소의 방법과 절차 등에 관하여 필요한 사항은 보건복지부령으로 정한다. 〈개정 2010. 1. 18., 2021. 10. 19.〉

제23조(고위험병원체의 안전관리 등)

① 고위험병원체를 검사, 보유, 관리 및 이동하려는 자는 그 검사, 보유, 관리 및 이동에 필요한 시설(이하 "고위험병원체 취급시설"이라 한다)을 설치 · 운영하거나 고위험병원체 취급시설

을 설치 · 운영하고 있는 자와 고위험병원체 취급시설을 사용하는 계약을 체결하여야 한다.

〈개정 2021. 10. 19.〉

② 고위험병원체 취급시설을 설치 · 운영하려는 자는 고위험병원체 취급시설의 안전관리 등급 별로 질병관리청장의 허가를 받거나 질병관리청장에게 신고하여야 한다. 이 경우 고위험병 원체 취급시설을 설치 · 운영하려는 자가 둘 이상인 경우에는 공동으로 허가를 받거나 신고 하여야 한다. 〈개정 2020. 8. 11., 2021. 10. 19.〉

③ 제2항에 따라 허가를 받은 자는 허가받은 사항을 변경하려면 변경허가를 받아야 한다. 다만, 대통령령으로 정하는 경미한 사항을 변경하려면 변경신고를 하여야 한다.

④ 제2항에 따라 신고한 자는 신고한 사항을 변경하려면 변경신고를 하여야 한다.

⑤ 제2항에 따라 허가를 받거나 신고한 자는 고위험병원체 취급시설을 폐쇄하는 경우 그 내용 을 질병관리청장에게 신고하여야 한다. 〈개정 2020. 8. 11.〉

⑥ 질병관리청장은 제2항, 제4항 및 제5항에 따른 신고를 받은 경우 그 내용을 검토하여 이 법에 적합하면 신고를 수리하여야 한다. 〈개정 2020. 8. 11.〉

⑦ 제2항에 따라 허가를 받거나 신고한 자는 고위험병원체 취급시설의 안전관리 등급에 따라 대통령령으로 정하는 안전관리 준수사항을 지켜야 한다.

⑧ 질병관리청장은 고위험병원체를 검사, 보유, 관리 및 이동하는 자가 제7항에 따른 안전관리 준수사항 및 제9항에 따른 허가 및 신고 기준을 지키고 있는지 여부 등을 점검할 수 있다.

〈개정 2020. 8. 11.〉

⑨ 제1항부터 제5항까지의 규정에 따른 고위험병원체 취급시설의 안전관리 등급, 설치 · 운영 허가 및 신고의 기준과 절차, 폐쇄 신고의 기준과 절차 등에 필요한 사항은 대통령령으로 정 한다.

[전문개정 2020. 3. 4.]

제23조의2(고위험병원체 취급시설의 허가취소 등)

① 질병관리청장은 제23조제2항에 따라 고위험병원체 취급시설 설치 · 운영의 허가를 받거나 신고를 한 자가 다음 각 호의 어느 하나에 해당하는 경우에는 그 허가를 취소하거나 고위험 병원체 취급시설의 폐쇄를 명하거나 1년 이내의 기간을 정하여 그 시설의 운영을 정지하도 록 명할 수 있다. 다만, 제1호에 해당하는 경우에는 허가를 취소하거나 고위험병원체 취급시 설의 폐쇄를 명하여야 한다. 〈개정 2020. 3. 4., 2020. 8. 11., 2021. 10. 19.〉

1. 속임수나 그 밖의 부정한 방법으로 허가를 받거나 신고한 경우

2. 제23조제3항 또는 제4항에 따른 변경허가를 받지 아니하거나 변경신고를 하지 아니하고

허가 내용 또는 신고 내용을 변경한 경우

3. 제23조제7항에 따른 안전관리 준수사항을 지키지 아니한 경우

4. 제23조제9항에 따른 허가 또는 신고의 기준에 미달한 경우

② 제1항에 따라 허가가 취소되거나 고위험병원체 취급시설의 폐쇄명령을 받은 자는 보유하고 있는 고위험병원체를 90일 이내에 폐기하고 그 결과를 질병관리청장에게 보고하여야 한다. 다만, 질병관리청장은 본문에 따라 고위험병원체를 폐기 및 보고하여야 하는 자가 천재지변 등 부득이한 사유로 기한 내에 처리할 수 없어 기한의 연장을 요청하는 경우에는 90일의 범위에서 그 기한을 연장할 수 있다. 〈신설 2021. 10. 19.〉

③ 제1항에 따라 허가가 취소되거나 고위험병원체 취급시설의 폐쇄명령을 받은 자가 보유하고 있는 고위험병원체를 제2항의 기한 이내에 폐기 및 보고하지 아니하는 경우에는 질병관리청장은 해당 고위험병원체를 폐기할 수 있다. 〈신설 2021. 10. 19.〉

④ 제2항 및 제3항에 따른 고위험병원체의 폐기 방법 및 절차 등에 필요한 사항은 보건복지부령으로 정한다. 〈신설 2021. 10. 19.〉

[본조신설 2017. 12. 12.]

제23조의3(생물테러감염병병원체의 보유허가 등)

① 감염병의 진단 및 학술연구 등을 목적으로 생물테러감염병을 일으키는 병원체 중 보건복지부령으로 정하는 병원체(이하 "생물테러감염병병원체"라 한다)를 보유하고자 하는 자는 사전에 질병관리청장의 허가를 받아야 한다. 다만, 감염병의사환자로부터 생물테러감염병병원체를 분리한 후 보유하는 경우 등 대통령령으로 정하는 부득이한 사정으로 사전에 허가를 받을 수 없는 경우에는 보유 즉시 허가를 받아야 한다. 〈개정 2020. 8. 11.〉

② 제22조제1항에 따라 국내반입허가를 받은 경우에는 제1항에 따른 허가를 받은 것으로 본다.

③ 제1항에 따라 허가받은 사항을 변경하고자 하는 경우에는 질병관리청장의 변경허가를 받아야 한다. 다만, 고위험병원체를 취급하는 사람의 변경 등 대통령령으로 정하는 경미한 사항을 변경하려는 경우에는 질병관리청장에게 변경신고를 하여야 한다. 〈개정 2020. 8. 11.〉

④ 질병관리청장은 제1항에 따라 생물테러감염병병원체의 보유허가를 받은 자가 속임수나 그 밖의 부정한 방법으로 허가를 받은 경우에는 그 허가를 취소하여야 한다. 〈신설 2021. 10. 19.〉

⑤ 제1항부터 제4항까지의 규정에 따른 허가, 변경허가, 변경신고 또는 허가취소의 방법 및 절차 등에 관하여 필요한 사항은 보건복지부령으로 정한다. 〈개정 2021. 10. 19.〉

[본조신설 2019. 12. 3.]

제23조의4(고위험병원체의 취급 기준)

① 고위험병원체는 다음 각 호의 어느 하나에 해당하는 사람만 취급할 수 있다.

1. 「고등교육법」 제2조제4호에 따른 전문대학 이상의 대학에서 보건의료 또는 생물 관련 분야를 전공하고 졸업한 사람 또는 이와 동등한 학력을 가진 사람

2. 「고등교육법」 제2조제4호에 따른 전문대학 이상의 대학을 졸업한 사람 또는 이와 동등 이상의 학력을 가진 사람으로서 보건의료 또는 생물 관련 분야 외의 분야를 전공하고 2년 이상의 보건의료 또는 생물 관련 분야의 경력이 있는 사람

3. 「초·중등교육법」 제2조제3호에 따른 고등학교·고등기술학교를 졸업한 사람 또는 이와 동등 이상의 학력을 가진 사람으로서 4년 이상의 보건의료 또는 생물 관련 분야의 경력이 있는 사람

② 누구든지 제1항 각 호의 어느 하나에 해당하지 아니하는 사람에게 고위험병원체를 취급하도록 하여서는 아니 된다.

③ 제1항 각 호의 학력 및 경력에 관한 구체적인 사항은 보건복지부령으로 정한다.

[본조신설 2019. 12. 3.]

제23조의5(고위험병원체 취급 교육)

① 고위험병원체를 취급하는 사람은 고위험병원체의 안전한 취급을 위하여 매년 필요한 교육을 받아야 한다.

② 질병관리청장은 제1항에 따른 교육을 보건복지부령으로 정하는 전문 기관 또는 단체에 위탁할 수 있다. 〈개정 2020. 8. 11.〉

③ 제1항 및 제2항에 따른 교육 및 교육의 위탁 등에 필요한 사항은 보건복지부령으로 정한다.

[본조신설 2019. 12. 3.]

제6장 예방접종

제24조(필수예방접종)

① 특별자치도지사 또는 시장·군수·구청장은 다음 각 호의 질병에 대하여 관할 보건소를 통

하여 필수예방접종(이하 "필수예방접종"이라 한다)을 실시하여야 한다.

〈개정 2010. 1. 18., 2013. 3. 22., 2014. 3. 18., 2016. 12. 2., 2018. 3. 27., 2020. 8. 11.〉

1. 디프테리아

2. 폴리오

3. 백일해

4. 홍역

5. 파상풍

6. 결핵

7. B형간염

8. 유행성이하선염

9. 풍진

10. 수두

11. 일본뇌염

12. b형헤모필루스인플루엔자

13. 폐렴구균

14. 인플루엔자

15. A형간염

16. 사람유두종바이러스 감염증

17. 그 밖에 질병관리청장이 감염병의 예방을 위하여 필요하다고 인정하여 지정하는 감염병

② 특별자치도지사 또는 시장·군수·구청장은 제1항에 따른 필수예방접종업무를 대통령령으로 정하는 바에 따라 관할구역 안에 있는 「의료법」에 따른 의료기관에 위탁할 수 있다.

〈개정 2018. 3. 27.〉

③ 특별자치도지사 또는 시장·군수·구청장은 필수예방접종 대상 아동 부모에게 보건복지부령으로 정하는 바에 따라 필수예방접종을 사전에 알려야 한다. 이 경우 「개인정보 보호법」 제24조에 따른 고유식별정보를 처리할 수 있다. 〈신설 2012. 5. 23., 2018. 3. 27.〉

[제목개정 2018. 3. 27.]

제25조(임시예방접종)

① 특별자치도지사 또는 시장·군수·구청장은 다음 각 호의 어느 하나에 해당하면 관할 보건소를 통하여 임시예방접종(이하 "임시예방접종"이라 한다)을 하여야 한다.

〈개정 2010. 1. 18., 2020. 8. 11.〉

1. 질병관리청장이 감염병 예방을 위하여 특별자치도지사 또는 시장·군수·구청장에게 예방접종을 실시할 것을 요청한 경우
2. 특별자치도지사 또는 시장·군수·구청장이 감염병 예방을 위하여 예방접종이 필요하다고 인정하는 경우

② 제1항에 따른 임시예방접종업무의 위탁에 관하여는 제24조제2항을 준용한다.

제26조(예방접종의 공고)

특별자치도지사 또는 시장·군수·구청장은 임시예방접종을 할 경우에는 예방접종의 일시 및 장소, 예방접종의 종류, 예방접종을 받을 사람의 범위를 정하여 미리 공고하여야 한다. 다만, 제32조제3항에 따른 예방접종의 실시기준 등이 변경될 경우에는 그 변경 사항을 미리 공고하여야 한다.   〈개정 2021. 3. 9.〉

제26조의2(예방접종 내역의 사전확인)

① 보건소장 및 제24조제2항(제25조제2항에서 준용하는 경우를 포함한다)에 따라 예방접종업무를 위탁받은 의료기관의 장은 예방접종을 하기 전에 대통령령으로 정하는 바에 따라 예방접종을 받으려는 사람 본인 또는 법정대리인의 동의를 받아 해당 예방접종을 받으려는 사람의 예방접종 내역을 확인하여야 한다. 다만, 예방접종을 받으려는 사람 또는 법정대리인의 동의를 받지 못한 경우에는 그러하지 아니하다.

② 제1항 본문에 따라 예방접종을 확인하는 경우 제33조의4에 따른 예방접종통합관리시스템을 활용하여 그 내역을 확인할 수 있다.   〈개정 2019. 12. 3.〉

[본조신설 2015. 12. 29.]

제27조(예방접종증명서)

① 질병관리청장, 특별자치도지사 또는 시장·군수·구청장은 필수예방접종 또는 임시예방접종을 받은 사람 본인 또는 법정대리인에게 보건복지부령으로 정하는 바에 따라 예방접종증명서를 발급하여야 한다.   〈개정 2010. 1. 18., 2015. 12. 29., 2018. 3. 27., 2020. 8. 11.〉

② 특별자치도지사나 시장·군수·구청장이 아닌 자가 이 법에 따른 예방접종을 한 때에는 질병관리청장, 특별자치도지사 또는 시장·군수·구청장은 보건복지부령으로 정하는 바에 따라 해당 예방접종을 한 자로 하여금 예방접종증명서를 발급하게 할 수 있다.
〈개정 2010. 1. 18., 2015. 12. 29., 2020. 8. 11.〉

③ 제1항 및 제2항에 따른 예방접종증명서는 전자문서를 이용하여 발급할 수 있다.

제28조(예방접종 기록의 보존 및 보고 등)

① 특별자치도지사 또는 시장·군수·구청장은 필수예방접종 및 임시예방접종을 하거나, 제2항에 따라 보고를 받은 경우에는 보건복지부령으로 정하는 바에 따라 예방접종에 관한 기록을 작성·보관하여야 하고, 그 내용을 시·도지사 및 질병관리청장에게 각각 보고하여야 한다. 〈개정 2010. 1. 18., 2018. 3. 27., 2020. 8. 11.〉

② 특별자치도지사나 시장·군수·구청장이 아닌 자가 이 법에 따른 예방접종을 하면 보건복지부령으로 정하는 바에 따라 특별자치도지사 또는 시장·군수·구청장에게 보고하여야 한다. 〈개정 2010. 1. 18.〉

제29조(예방접종에 관한 역학조사)

질병관리청장, 시·도지사 또는 시장·군수·구청장은 다음 각 호의 구분에 따라 조사를 실시하고, 예방접종 후 이상반응 사례가 발생하면 그 원인을 밝히기 위하여 제18조에 따라 역학조사를 하여야 한다. 〈개정 2020. 8. 11.〉

1. 질병관리청장: 예방접종의 효과 및 예방접종 후 이상반응에 관한 조사
2. 시·도지사 또는 시장·군수·구청장: 예방접종 후 이상반응에 관한 조사

제30조(예방접종피해조사반)

① 제71조제1항 및 제2항에 규정된 예방접종으로 인한 질병·장애·사망의 원인 규명 및 피해보상 등을 조사하고 제72조제1항에 따른 제3자의 고의 또는 과실 유무를 조사하기 위하여 질병관리청에 예방접종피해조사반을 둔다. 〈개정 2020. 8. 11.〉

② 제1항에 따른 예방접종피해조사반의 설치 및 운영 등에 관하여 필요한 사항은 대통령령으로 정한다.

제31조(예방접종 완료 여부의 확인)

① 특별자치도지사 또는 시장·군수·구청장은 초등학교와 중학교의 장에게 「학교보건법」 제10조에 따른 예방접종 완료 여부에 대한 검사 기록을 제출하도록 요청할 수 있다.

② 특별자치도지사 또는 시장·군수·구청장은 「유아교육법」에 따른 유치원의 장과 「영유아보육법」에 따른 어린이집의 원장에게 보건복지부령으로 정하는 바에 따라 영유아의 예방접종 여부를 확인하도록 요청할 수 있다. 〈개정 2010. 1. 18., 2011. 6. 7.〉

③ 특별자치도지사 또는 시장·군수·구청장은 제1항에 따른 제출 기록 및 제2항에 따른 확인 결과를 확인하여 예방접종을 끝내지 못한 영유아, 학생 등이 있으면 그 영유아 또는 학생 등

에게 예방접종을 하여야 한다.

제32조(예방접종의 실시주간 및 실시기준 등)

① 질병관리청장은 국민의 예방접종에 대한 관심을 높여 감염병에 대한 예방접종을 활성화하기 위하여 예방접종주간을 설정할 수 있다. 〈개정 2010. 1. 18., 2020. 8. 11.〉

② 누구든지 거짓이나 그 밖의 부정한 방법으로 예방접종을 받아서는 아니 된다.

〈신설 2021. 3. 9.〉

③ 예방접종의 실시기준과 방법 등에 관하여 필요한 사항은 보건복지부령으로 정한다.

〈개정 2010. 1. 18., 2021. 3. 9.〉

제33조(예방접종약품의 계획 생산)

① 질병관리청장은 예방접종약품의 국내 공급이 부족하다고 판단되는 경우 등 보건복지부령으로 정하는 경우에는 예산의 범위에서 감염병의 예방접종에 필요한 수량의 예방접종약품을 미리 계산하여 「약사법」 제31조에 따른 의약품 제조업자(이하 "의약품 제조업자"라 한다)에게 생산하게 할 수 있으며, 예방접종약품을 연구하는 자 등을 지원할 수 있다.

〈개정 2010. 1. 18., 2019. 12. 3., 2020. 8. 11.〉

② 질병관리청장은 보건복지부령으로 정하는 바에 따라 제1항에 따른 예방접종약품의 생산에 드는 비용의 전부 또는 일부를 해당 의약품 제조업자에게 미리 지급할 수 있다.

〈개정 2010. 1. 18., 2020. 8. 11.〉

제33조의2(필수예방접종약품등의 비축 등)

① 질병관리청장은 제24조에 따른 필수예방접종 및 제25조에 따른 임시예방접종이 원활하게 이루어질 수 있도록 하기 위하여 필요한 필수예방접종약품등을 위원회의 심의를 거쳐 미리 비축하거나 장기 구매를 위한 계약을 미리 할 수 있다. 〈개정 2020. 8. 11.〉

② 질병관리청장은 제1항에 따라 비축한 필수예방접종약품등의 공급의 우선순위 등 분배기준, 그 밖에 필요한 사항을 위원회의 심의를 거쳐 정할 수 있다. 〈개정 2020. 8. 11.〉

[본조신설 2019. 12. 3.]

[종전 제33조의2는 제33조의4로 이동 〈2019. 12. 3.〉]

제33조의3(필수예방접종약품등의 생산 계획 등의 보고)

「약사법」 제31조 및 같은 법 제42조에 따른 품목허가를 받거나 신고를 한 자 중 필수예방접종

의약품등을 생산·수입하거나 하려는 자는 보건복지부령으로 정하는 바에 따라 필수예방접종약
품등의 생산·수입 계획(계획의 변경을 포함한다)

및 실적을 질병관리청장에게 보고하여야 한다. 〈개정 2020. 8. 11.〉

[본조신설 2019. 12. 3.]

제33조의4(예방접종통합관리시스템의 구축·운영 등)

① 질병관리청장은 예방접종업무에 필요한 각종 자료 또는 정보의 효율적 처리와 기록·관리 업무의 전산화를 위하여 예방접종통합관리시스템(이하 "통합관리시스템"이라 한다)을 구축·운영하여야 한다. 〈개정 2020. 8. 11.〉

② 질병관리청장은 통합관리시스템을 구축·운영하기 위하여 다음 각 호의 자료를 수집·관리·보유할 수 있으며, 관련 기관 및 단체에 필요한 자료의 제공을 요청할 수 있다. 이 경우 자료의 제공을 요청받은 기관 및 단체는 정당한 사유가 없으면 이에 따라야 한다.

〈개정 2020. 8. 11.〉

1. 예방접종 대상자의 인적사항(「개인정보 보호법」 제24조에 따른 고유식별정보 등 대통령령으로 정하는 개인정보를 포함한다)

2. 예방접종을 받은 사람의 이름, 접종명, 접종일시 등 예방접종 실시 내역

3. 예방접종 위탁 의료기관 개설 정보, 예방접종 피해보상 신청 내용 등 그 밖에 예방접종업무를 하는 데에 필요한 자료로서 대통령령으로 정하는 자료

③ 보건소장 및 제24조제2항(제25조제2항에서 준용하는 경우를 포함한다)에 따라 예방접종업무를 위탁받은 의료기관의 장은 이 법에 따른 예방접종을 하면 제2항제2호의 정보를 대통령령으로 정하는 바에 따라 통합관리시스템에 입력하여야 한다.

④ 질병관리청장은 대통령령으로 정하는 바에 따라 통합관리시스템을 활용하여 예방접종 대상 아동 부모에게 자녀의 예방접종 내역을 제공하거나 예방접종증명서 발급을 지원할 수 있다. 이 경우 예방접종 내역 제공 또는 예방접종증명서 발급의 적정성을 확인하기 위하여 법원행정처장에게 「가족관계의 등록 등에 관한 법률」 제11조에 따른 등록전산정보자료를 요청할 수 있으며, 법원행정처장은 정당한 사유가 없으면 이에 따라야 한다. 〈개정 2020. 8. 11.〉

⑤ 통합관리시스템은 예방접종업무와 관련된 다음 각 호의 정보시스템과 전자적으로 연계하여 활용할 수 있다.

1. 「초·중등교육법」 제30조의4에 따른 교육정보시스템

2. 「유아교육법」 제19조의2에 따른 유아교육정보시스템

3. 「전자정부법」 제9조에 따른 통합전자민원창구 등 그 밖에 보건복지부령으로 정하는 정

보시스템

⑥ 제1항부터 제5항까지의 정보의 보호 및 관리에 관한 사항은 이 법에서 규정된 것을 제외하고
는 「개인정보 보호법」의 규정에 따른다.

[본조신설 2015. 12. 29.]

[제33조의2에서 이동 〈2019. 12. 3.〉]

제33조의4(예방접종통합관리시스템의 구축·운영 등)

① 질병관리청장은 예방접종업무에 필요한 각종 자료 또는 정보의 효율적 처리와 기록·관리
업무의 전산화를 위하여 예방접종통합관리시스템(이하 "통합관리시스템"이라 한다)을 구
축·운영하여야 한다.　　　　　　　　　　　　　　　　　　　　　　　　　〈개정 2020. 8. 11.〉

② 질병관리청장은 통합관리시스템을 구축·운영하기 위하여 다음 각 호의 자료를 수집·관
리·보유할 수 있으며, 관련 기관 및 단체에 필요한 자료의 제공을 요청할 수 있다. 이 경우
자료의 제공을 요청받은 기관 및 단체는 정당한 사유가 없으면 이에 따라야 한다.

〈개정 2020. 8. 11.〉

1. 예방접종 대상자의 인적사항(「개인정보 보호법」 제24조에 따른 고유식별정보 등 대통
령령으로 정하는 개인정보를 포함한다)

2. 예방접종을 받은 사람의 이름, 접종명, 접종일시 등 예방접종 실시 내역

3. 예방접종 위탁 의료기관 개설 정보, 예방접종 피해보상 신청 내용 등 그 밖에 예방접종업
무를 하는 데에 필요한 자료로서 대통령령으로 정하는 자료

③ 보건소장 및 제24조제2항(제25조제2항에서 준용하는 경우를 포함한다)에 따라 예방접종업
무를 위탁받은 의료기관의 장은 이 법에 따른 예방접종을 하면 제2항제2호의 정보를 대통령
령으로 정하는 바에 따라 통합관리시스템에 입력하여야 한다.

④ 질병관리청장은 대통령령으로 정하는 바에 따라 통합관리시스템을 활용하여 예방접종 대상
아동 부모에게 자녀의 예방접종 내역을 제공하거나 예방접종증명서 발급을 지원할 수 있다.
이 경우 예방접종 내역 제공 또는 예방접종증명서 발급의 적정성을 확인하기 위하여 법원행
정처장에게 「가족관계의 등록 등에 관한 법률」 제11조에 따른 등록전산정보자료를 요청
할 수 있으며, 법원행정처장은 정당한 사유가 없으면 이에 따라야 한다.　　〈개정 2020. 8. 11.〉

⑤ 통합관리시스템은 예방접종업무와 관련된 다음 각 호의 정보시스템과 전자적으로 연계하여
활용할 수 있다.　　　　　　　　　　　　　　　　　　　　　　　　　　　　〈개정 2022. 1. 11.〉

1. 「초·중등교육법」 제30조의4에 따른 교육정보시스템

2. 「유아교육법」 제19조의2에 따른 유아교육정보시스템

3. 「민원 처리에 관한 법률」 제12조의2제3항에 따른 통합전자민원창구 등 그 밖에 보건복지부령으로 정하는 정보시스템

⑥ 제1항부터 제5항까지의 정보의 보호 및 관리에 관한 사항은 이 법에서 규정된 것을 제외하고는 「개인정보 보호법」의 규정에 따른다.

[본조신설 2015. 12. 29.]

[제33조의2에서 이동 〈2019. 12. 3.〉]

[시행일: 2022. 7. 12.] 제33조의4

제7장 감염 전파의 차단 조치

제34조(감염병 위기관리대책의 수립·시행)

① 보건복지부장관 및 질병관리청장은 감염병의 확산 또는 해외 신종감염병의 국내 유입으로 인한 재난상황에 대처하기 위하여 위원회의 심의를 거쳐 감염병 위기관리대책(이하 "감염병 위기관리대책"이라 한다)을 수립·시행하여야 한다. 〈개정 2010. 1. 18., 2015. 7. 6., 2020. 8. 11.〉

② 감염병 위기관리대책에는 다음 각 호의 사항이 포함되어야 한다.

〈개정 2010. 1. 18., 2015. 7. 6., 2020. 8. 11., 2020. 9. 29., 2020. 12. 15., 2021. 3. 9.〉

1. 재난상황 발생 및 해외 신종감염병 유입에 대한 대응체계 및 기관별 역할

2. 재난 및 위기상황의 판단, 위기경보 결정 및 관리체계

3. 감염병위기 시 동원하여야 할 의료인 등 전문인력, 시설, 의료기관의 명부 작성

4. 의료·방역 물품의 비축방안 및 조달방안

5. 재난 및 위기상황별 국민행동요령, 동원 대상 인력, 시설, 기관에 대한 교육 및 도상연습 등 실제 상황대비 훈련

5의2. 감염취약계층에 대한 유형별 보호조치 방안 및 사회복지시설의 유형별·전파상황별 대응방안

6. 그 밖에 재난상황 및 위기상황 극복을 위하여 필요하다고 보건복지부장관 및 질병관리청장이 인정하는 사항

③ 보건복지부장관 및 질병관리청장은 감염병 위기관리대책에 따른 정기적인 훈련을 실시하여야 한다. 〈신설 2015. 7. 6., 2020. 8. 11.〉

④ 감염병 위기관리대책의 수립 및 시행 등에 필요한 사항은 대통령령으로 정한다.

〈개정 2015. 7. 6.〉

제34조의2(감염병위기 시 정보공개)

① 질병관리청장, 시·도지사 및 시장·군수·구청장은 국민의 건강에 위해가 되는 감염병 확산으로 인하여 「재난 및 안전관리 기본법」 제38조제2항에 따른 주의 이상의 위기경보가 발령되면 감염병 환자의 이동경로, 이동수단, 진료의료기관 및 접촉자 현황, 감염병의 지역별·연령대별 발생 및 검사 현황 등 국민들이 감염병 예방을 위하여 알아야 하는 정보를 정보통신망 게재 또는 보도자료 배포 등의 방법으로 신속히 공개하여야 한다. 다만, 성별, 나이, 그 밖에 감염병 예방과 관계없다고 판단되는 정보로서 대통령령으로 정하는 정보는 제외하여야 한다. 〈개정 2020. 3. 4., 2020. 8. 11., 2020. 9. 29., 2021. 3. 9.〉

② 질병관리청장, 시·도지사 및 시장·군수·구청장은 제1항에 따라 공개한 정보가 그 공개목적의 달성 등으로 공개될 필요가 없어진 때에는 지체 없이 그 공개된 정보를 삭제하여야 한다. 〈신설 2020. 9. 29.〉

③ 누구든지 제1항에 따라 공개된 사항이 다음 각 호의 어느 하나에 해당하는 경우에는 질병관리청장, 시·도지사 또는 시장·군수·구청장에게 서면이나 말로 또는 정보통신망을 이용하여 이의신청을 할 수 있다. 〈신설 2020. 3. 4., 2020. 8. 11., 2020. 9. 29.〉

1. 공개된 사항이 사실과 다른 경우

2. 공개된 사항에 관하여 의견이 있는 경우

④ 질병관리청장, 시·도지사 또는 시장·군수·구청장은 제3항에 따라 신청한 이의가 상당한 이유가 있다고 인정하는 경우에는 지체 없이 공개된 정보의 정정 등 필요한 조치를 하여야 한다.

〈신설 2020. 3. 4., 2020. 8. 11., 2020. 9. 29.〉

⑤ 제1항부터 제3항까지에 따른 정보공개 및 삭제와 이의신청의 범위, 절차 및 방법 등에 관하여 필요한 사항은 보건복지부령으로 정한다. 〈개정 2020. 3. 4., 2020. 9. 29.〉

[본조신설 2015. 7. 6.]

제35조(시·도별 감염병 위기관리대책의 수립 등)

① 질병관리청장은 제34조제1항에 따라 수립한 감염병 위기관리대책을 시·도지사에게 알려야 한다. 〈개정 2010. 1. 18., 2020. 8. 11.〉

② 시·도지사는 제1항에 따라 통보된 감염병 위기관리대책에 따라 특별시·광역시·도·특별

자치도(이하 "시 · 도"라 한다)별 감염병 위기관리대책을 수립 · 시행하여야 한다.

제35조의2(재난 시 의료인에 대한 거짓 진술 등의 금지)

누구든지 감염병에 관하여 「재난 및 안전관리 기본법」 제38조제2항에 따른 주의 이상의 예보 또는 경보가 발령된 후에는 의료인에 대하여 의료기관 내원(內院)이력 및 진료이력 등 감염 여부 확인에 필요한 사실에 관하여 거짓 진술, 거짓 자료를 제출하거나 고의적으로 사실을 누락 · 은폐 하여서는 아니 된다. 〈개정 2017. 12. 12.〉

[본조신설 2015. 7. 6.]

제36조(감염병관리기관의 지정 등)

① 보건복지부장관, 질병관리청장 또는 시 · 도지사는 보건복지부령으로 정하는 바에 따라 「의료법」 제3조에 따른 의료기관을 감염병관리기관으로 지정하여야 한다.

〈신설 2020. 3. 4., 2020. 8. 11.〉

② 시장 · 군수 · 구청장은 보건복지부령으로 정하는 바에 따라 「의료법」에 따른 의료기관을 감염병관리기관으로 지정할 수 있다. 〈개정 2010. 1. 18., 2020. 3. 4.〉

③ 제1항 및 제2항에 따라 지정받은 의료기관(이하 "감염병관리기관"이라 한다)의 장은 감염병 을 예방하고 감염병환자등을 진료하는 시설(이하 "감염병관리시설"이라 한다)을 설치하여야 한다. 이 경우 보건복지부령으로 정하는 일정규모 이상의 감염병관리기관에는 감염병의 전 파를 막기 위하여 전실(前室)및 음압시설(陰壓施設) 등을 갖춘 1인 병실을 보건복지부령으로 정하는 기준에 따라 설치하여야 한다.

〈개정 2010. 1. 18., 2015. 12. 29., 2020. 3. 4.〉

④ 보건복지부장관, 질병관리청장, 시 · 도지사 또는 시장 · 군수 · 구청장은 감염병관리시설의 설치 및 운영에 드는 비용을 감염병관리기관에 지원하여야 한다. 〈개정 2020. 3. 4., 2020. 8. 11.〉

⑤ 감염병관리기관이 아닌 의료기관이 감염병관리시설을 설치 · 운영하려면 보건복지부령으로 정하는 바에 따라 특별자치도지사 또는 시장 · 군수 · 구청장에게 신고하여야 한다. 이 경우 특별자치도지사 또는 시장 · 군수 · 구청장은 그 내용을 검토하여 이 법에 적합하면 신고를 수리하여야 한다. 〈개정 2010. 1. 18., 2020. 3. 4.〉

⑥ 보건복지부장관, 질병관리청장, 시 · 도지사 또는 시장 · 군수 · 구청장은 감염병 발생 등 긴 급상황 발생 시 감염병관리기관에 진료개시 등 필요한 사항을 지시할 수 있다.

〈신설 2015. 7. 6., 2020. 3. 4., 2020. 8. 11.〉

제37조(감염병위기 시 감염병관리기관의 설치 등)

① 보건복지부장관, 질병관리청장, 시·도지사 또는 시장·군수·구청장은 감염병환자가 대량으로 발생하거나 제36조에 따라 지정된 감염병관리기관만으로 감염병환자등을 모두 수용하기 어려운 경우에는 다음 각 호의 조치를 취할 수 있다. 〈개정 2010. 1. 18., 2020. 8. 11.〉

　1. 제36조에 따라 지정된 감염병관리기관이 아닌 의료기관을 일정 기간 동안 감염병관리기관으로 지정

　2. 격리소·요양소 또는 진료소의 설치·운영

② 제1항제1호에 따라 지정된 감염병관리기관의 장은 보건복지부령으로 정하는 바에 따라 감염병관리시설을 설치하여야 한다. 〈개정 2010. 1. 18.〉

③ 보건복지부장관, 질병관리청장, 시·도지사 또는 시장·군수·구청장은 제2항에 따른 시설의 설치 및 운영에 드는 비용을 감염병관리기관에 지원하여야 한다.

〈개정 2010. 1. 18., 2020. 8. 11.〉

④ 제1항제1호에 따라 지정된 감염병관리기관의 장은 정당한 사유없이 제2항의 명령을 거부할 수 없다.

⑤ 보건복지부장관, 질병관리청장, 시·도지사 또는 시장·군수·구청장은 감염병 발생 등 긴급상황 발생 시 감염병관리기관에 진료개시 등 필요한 사항을 지시할 수 있다.

〈신설 2015. 7. 6., 2018. 3. 27., 2020. 8. 11.〉

제38조(감염병환자등의 입소 거부 금지)

감염병관리기관은 정당한 사유 없이 감염병환자등의 입소(入所)를 거부할 수 없다.

제39조(감염병관리시설 등의 설치 및 관리방법)

감염병관리시설 및 제37조에 따른 격리소·요양소 또는 진료소의 설치 및 관리방법 등에 관하여 필요한 사항은 보건복지부령으로 정한다. 〈개정 2010. 1. 18.〉

제39조의2(감염병관리시설 평가)

질병관리청장, 시·도지사 및 시장·군수·구청장은 감염병관리시설을 정기적으로 평가하고 그 결과를 시설의 감독·지원 등에 반영할 수 있다. 이 경우 평가의 방법, 절차, 시기 및 감독·지원의 내용 등은 보건복지부령으로 정한다. 〈개정 2020. 8. 11.〉

[본조신설 2015. 12. 29.]

제39조의3(감염병의심자 격리시설 지정)

① 시·도지사는 감염병 발생 또는 유행 시 감염병의심자를 격리하기 위한 시설(이하 "감염병 의심자 격리시설"이라 한다)을 지정하여야 한다. 다만, 「의료법」 제3조에 따른 의료기관은 감염병의심자 격리시설로 지정할 수 없다. 〈개정 2020. 12. 15.〉

② 질병관리청장 또는 시·도지사는 감염병의심자가 대량으로 발생하거나 제1항에 따라 지정된 감염병의심자 격리시설만으로 감염병의심자를 모두 수용하기 어려운 경우에는 제1항에 따라 감염병의심자 격리시설로 지정되지 아니한 시설을 일정기간 동안 감염병의심자 격리시설로 지정할 수 있다. 〈개정 2020. 8. 11., 2020. 12. 15.〉

③ 제1항 및 제2항에 따른 감염병의심자 격리시설의 지정 및 관리 방법 등에 필요한 사항은 보건복지부령으로 정한다. 〈개정 2020. 12. 15.〉

[본조신설 2018. 3. 27.]

[제목개정 2020. 12. 15.]

제40조(생물테러감염병 등에 대비한 의료·방역 물품의 비축)

① 질병관리청장은 생물테러감염병 및 그 밖의 감염병의 대유행이 우려되면 위원회의 심의를 거쳐 예방·치료 의료·방역 물품의 품목을 정하여 미리 비축하거나 장기 구매를 위한 계약을 미리 할 수 있다. 〈개정 2010. 1. 18., 2020. 8. 11., 2020. 12. 15.〉

② 질병관리청장은 「약사법」 제31조제2항에도 불구하고 생물테러감염병이나 그 밖의 감염병의 대유행이 우려되면 예방·치료 의약품을 정하여 의약품 제조업자에게 생산하게 할 수 있다. 〈개정 2010. 1. 18., 2019. 12. 3., 2020. 8. 11.〉

③ 질병관리청장은 제2항에 따른 예방·치료 의약품의 효과와 이상반응에 관하여 조사하고, 이상반응 사례가 발생하면 제18조에 따라 역학조사를 하여야 한다. 〈개정 2010. 1. 18., 2020. 8. 11.〉

[제목개정 2020. 12. 15.]

제40조의2(감염병 대비 의약품 공급의 우선순위 등 분배기준)

질병관리청장은 생물테러감염병이나 그 밖의 감염병의 대유행에 대비하여 제40조제1항 및 제2항에 따라 비축하거나 생산한 의료·방역 물품(「약사법」에 따른 의약품으로 한정한다)

공급의 우선순위 등 분배기준, 그 밖에 필요한 사항을 위원회의 심의를 거쳐 정할 수 있다.

〈개정 2020. 8. 11., 2020. 12. 15.〉

[본조신설 2014. 3. 18.]

제40조의3(수출금지 등)

① 보건복지부장관은 제1급감염병의 유행으로 그 예방·방역 및 치료에 필요한 의료·방역 물품 중 보건복지부령으로 정하는 물품의 급격한 가격상승 또는 공급부족으로 국민건강을 현저하게 저해할 우려가 있을 때에는 그 물품의 수출이나 국외 반출을 금지할 수 있다.

〈개정 2020. 12. 15.〉

② 보건복지부장관은 제1항에 따른 금지를 하려면 미리 관계 중앙행정기관의 장과 협의하여야 하고, 금지 기간을 미리 정하여 공표하여야 한다.

[본조신설 2020. 3. 4.]

제40조의4(지방자치단체의 감염병 대비 의료·방역 물품의 비축)

시·도지사 또는 시장·군수·구청장은 감염병의 확산 또는 해외 신종감염병의 국내 유입으로 인한 재난상황에 대처하기 위하여 감염병 대비 의료·방역 물품을 비축·관리하고, 재난상황 발생 시 이를 지급하는 등 필요한 조치를 취할 수 있다. 〈개정 2020. 12. 15.〉

[본조신설 2020. 9. 29.]
[제목개정 2020. 12. 15.]

제40조의5(감염병관리통합정보시스템)

① 질병관리청장은 감염병의 예방·관리·치료 업무에 필요한 각종 자료 또는 정보의 효율적 처리와 기록·관리 업무의 전산화를 위하여 감염병환자등, 「의료법」에 따른 의료인, 의약품 및 장비 등을 관리하는 감염병관리통합정보시스템(이하 "감염병정보시스템"이라 한다)을 구축·운영할 수 있다.

② 질병관리청장은 감염병정보시스템을 구축·운영하기 위하여 다음 각 호의 자료를 수집·관리·보유 및 처리할 수 있으며, 관련 기관 및 단체에 필요한 자료의 입력 또는 제출을 요청할 수 있다. 이 경우 자료의 입력 또는 제출을 요청받은 기관 및 단체는 정당한 사유가 없으면 이에 따라야 한다.

1. 감염병환자등의 인적사항(「개인정보 보호법」 제24조에 따른 고유식별정보 등 대통령령으로 정하는 개인정보를 포함한다)

2. 감염병 치료내용, 그 밖에 감염병환자등에 대한 예방·관리·치료 업무에 필요한 자료로서 대통령령으로 정하는 자료

③ 감염병정보시스템은 다음 각 호의 정보시스템과 전자적으로 연계하여 활용할 수 있다. 이 경우 연계를 통하여 수집할 수 있는 자료 또는 정보는 감염병환자등에 대한 예방·관리·치료

업무를 위한 것으로 한정한다.

1. 「주민등록법」 제28조제1항에 따른 주민등록전산정보를 처리하는 정보시스템

2. 「지역보건법」 제5조제1항에 따른 지역보건의료정보시스템

3. 「식품안전기본법」 제24조의2에 따른 통합식품안전정보망

4. 「가축전염병 예방법」 제3조의3에 따른 국가가축방역통합정보시스템

5. 「재난 및 안전관리 기본법」 제34조에 따른 재난관리자원공동활용시스템

6. 그 밖에 대통령령으로 정하는 정보시스템

④ 제1항에서 제3항까지의 규정에 따른 정보의 보호 및 관리에 관한 사항은 이 법에서 규정된 것을 제외하고는 「개인정보 보호법」 및 「공공기관의 정보공개에 관한 법률」 을 따른다.

⑤ 감염병정보시스템의 구축·운영 및 감염병 관련 정보의 요청 방법 등에 관하여 필요한 사항은 보건복지부령으로 정한다.

[본조신설 2020. 9. 29.]

제40조의6(생물테러감염병 등에 대비한 개발 중인 백신 및 치료제 구매 특례)

① 질병관리청장은 생물테러감염병 및 그 밖의 감염병의 대유행에 대하여 기존의 백신이나 의약품으로 대처하기 어렵다고 판단되는 경우 「국가를 당사자로 하는 계약에 관한 법률」 에도 불구하고 위원회의 심의를 거쳐 개발 중인 백신이나 의약품의 구매 및 공급에 필요한 계약을 할 수 있다.

② 공무원이 제1항에 따른 계약 및 계약 이행과 관련된 업무를 적극적으로 처리한 결과에 대하여 그의 행위에 고의나 중대한 과실이 없는 경우에는 「국가공무원법」 등 관계법령에 따른 징계 또는 문책 등 책임을 묻지 아니한다.

③ 제1항에 따른 계약의 대상 및 절차, 그 밖에 필요한 사항은 질병관리청장이 기획재정부장관과 협의하여 정한다.

[본조신설 2021. 3. 9.]

제41조(감염병환자등의 관리)

① 감염병 중 특히 전파 위험이 높은 감염병으로서 제1급감염병 및 질병관리청장이 고시한 감염병에 걸린 감염병환자등은 감염병관리기관, 감염병전문병원 및 감염병관리시설을 갖춘 의료기관(이하 "감염병관리기관등"이라 한다)에서 입원치료를 받아야 한다.

〈개정 2010. 1. 18., 2018. 3. 27., 2020. 8. 11., 2020. 8. 12.〉

② 질병관리청장, 시·도지사 또는 시장·군수·구청장은 다음 각 호의 어느 하나에 해당하는

사람에게 자가(自家)치료, 제37조제1항제2호에 따라 설치·운영하는 시설에서의 치료(이하 "시설치료"라 한다)

또는 의료기관 입원치료를 하게 할 수 있다. 〈개정 2010. 1. 18., 2020. 8. 11., 2020. 8. 12.〉

　　1. 제1항에도 불구하고 의사가 자가치료 또는 시설치료가 가능하다고 판단하는 사람

　　2. 제1항에 따른 입원치료 대상자가 아닌 사람

　　3. 감염병의심자

③ 보건복지부장관, 질병관리청장, 시·도지사 또는 시장·군수·구청장은 다음 각 호의 어느 하나에 해당하는 경우 제1항 또는 제2항에 따라 치료 중인 사람을 다른 감염병관리기관등이나 감염병관리기관등이 아닌 의료기관으로 전원(轉院)하거나, 자가 또는 제37조제1항제2호에 따라 설치·운영하는 시설로 이송(이하 "전원등"이라 한다)하여 치료받게 할 수 있다.

〈신설 2020. 8. 12., 2020. 9. 29.〉

　　1. 중증도의 변경이 있는 경우

　　2. 의사가 입원치료의 필요성이 없다고 판단하는 경우

　　3. 격리병상이 부족한 경우 등 질병관리청장이 전원등의 조치가 필요하다고 인정하는 경우

④ 감염병환자등은 제3항에 따른 조치를 따라야 하며, 정당한 사유 없이 이를 거부할 경우 치료에 드는 비용은 본인이 부담한다. 〈신설 2020. 8. 12.〉

⑤ 제1항 및 제2항에 따른 입원치료, 자가치료, 시설치료의 방법 및 절차, 제3항에 따른 전원등의 방법 및 절차 등에 관하여 필요한 사항은 대통령령으로 정한다. 〈개정 2020. 8. 12.〉

제41조의2(사업주의 협조의무)

① 사업주는 근로자가 이 법에 따라 입원 또는 격리되는 경우 「근로기준법」 제60조 외에 그 입원 또는 격리기간 동안 유급휴가를 줄 수 있다. 이 경우 사업주가 국가로부터 유급휴가를 위한 비용을 지원 받을 때에는 유급휴가를 주어야 한다.

② 사업주는 제1항에 따른 유급휴가를 이유로 해고나 그 밖의 불리한 처우를 하여서는 아니 되며, 유급휴가 기간에는 그 근로자를 해고하지 못한다. 다만, 사업을 계속할 수 없는 경우에는 그러하지 아니하다.

③ 국가는 제1항에 따른 유급휴가를 위한 비용을 지원할 수 있다.

④ 제3항에 따른 비용의 지원 범위 및 신청·지원 절차 등 필요한 사항은 대통령령으로 정한다.

[본조신설 2015. 12. 29.]

제42조(감염병에 관한 강제처분)

① 질병관리청장, 시·도지사 또는 시장·군수·구청장은 해당 공무원으로 하여금 다음 각 호의 어느 하나에 해당하는 감염병환자등이 있다고 인정되는 주거시설, 선박·항공기·열차 등 운송수단 또는 그 밖의 장소에 들어가 필요한 조사나 진찰을 하게 할 수 있으며, 그 진찰 결과 감염병환자등으로 인정될 때에는 동행하여 치료받게 하거나 입원시킬 수 있다.

〈개정 2010. 1. 18., 2018. 3. 27., 2020. 8. 11.〉

1. 제1급감염병
2. 제2급감염병 중 결핵, 홍역, 콜레라, 장티푸스, 파라티푸스, 세균성이질, 장출혈성대장균감염증, A형간염, 수막구균 감염증, 폴리오, 성홍열 또는 질병관리청장이 정하는 감염병
3. 삭제 〈2018. 3. 27.〉
4. 제3급감염병 중 질병관리청장이 정하는 감염병
5. 세계보건기구 감시대상 감염병
6. 삭제 〈2018. 3. 27.〉

② 질병관리청장, 시·도지사 또는 시장·군수·구청장은 제1급감염병이 발생한 경우 해당 공무원으로 하여금 감염병의심자에게 다음 각 호의 조치를 하게 할 수 있다. 이 경우 해당 공무원은 감염병 증상 유무를 확인하기 위하여 필요한 조사나 진찰을 할 수 있다.

〈신설 2020. 3. 4., 2020. 8. 11., 2020. 9. 29.〉

1. 자가(自家) 또는 시설에 격리
1의2. 제1호에 따른 격리에 필요한 이동수단의 제한
2. 유선·무선 통신, 정보통신기술을 활용한 기기 등을 이용한 감염병의 증상 유무 확인이나 위치정보의 수집. 이 경우 위치정보의 수집은 제1호에 따라 격리된 사람으로 한정한다.
3. 감염 여부 검사

③ 질병관리청장, 시·도지사 또는 시장·군수·구청장은 제2항에 따른 조사나 진찰 결과 감염병환자등으로 인정된 사람에 대해서는 해당 공무원과 동행하여 치료받게 하거나 입원시킬 수 있다.

〈신설 2020. 3. 4., 2020. 8. 11.〉

④ 질병관리청장, 시·도지사 또는 시장·군수·구청장은 제1항·제2항에 따른 조사·진찰이나 제13조제2항에 따른 검사를 거부하는 사람(이하 이 조에서 "조사거부자"라 한다)에 대해서는 해당 공무원으로 하여금 감염병관리기관에 동행하여 필요한 조사나 진찰을 받게 하여야 한다.

〈개정 2015. 12. 29., 2020. 3. 4., 2020. 8. 11.〉

⑤ 제1항부터 제4항까지에 따라 조사·진찰·격리·치료 또는 입원 조치를 하거나 동행하는 공무원은 그 권한을 증명하는 증표를 지니고 이를 관계인에게 보여주어야 한다.

〈신설 2015. 12. 29., 2020. 3. 4.〉

⑥ 질병관리청장, 시 · 도지사 또는 시장 · 군수 · 구청장은 제2항부터 제4항까지 및 제7항에 따른 조사 · 진찰 · 격리 · 치료 또는 입원 조치를 위하여 필요한 경우에는 관할 경찰서장에게 협조를 요청할 수 있다. 이 경우 요청을 받은 관할 경찰서장은 정당한 사유가 없으면 이에 따라야 한다. 〈신설 2015. 12. 29., 2020. 3. 4., 2020. 8. 11.〉

⑦ 질병관리청장, 시 · 도지사 또는 시장 · 군수 · 구청장은 조사거부자를 자가 또는 감염병관리시설에 격리할 수 있으며, 제4항에 따른 조사 · 진찰 결과 감염병환자등으로 인정될 때에는 감염병관리시설에서 치료받게 하거나 입원시켜야 한다.

〈신설 2015. 12. 29., 2020. 3. 4., 2020. 8. 11.〉

⑧ 질병관리청장, 시 · 도지사 또는 시장 · 군수 · 구청장은 감염병의심자 또는 조사거부자가 감염병환자등이 아닌 것으로 인정되면 제2항 또는 제7항에 따른 격리 조치를 즉시 해제하여야 한다. 〈신설 2015. 12. 29., 2020. 3. 4., 2020. 8. 11.〉

⑨ 질병관리청장, 시 · 도지사 또는 시장 · 군수 · 구청장은 제7항에 따라 조사거부자를 치료 · 입원시킨 경우 그 사실을 조사거부자의 보호자에게 통지하여야 한다. 이 경우 통지의 방법 · 절차 등에 관하여 필요한 사항은 제43조를 준용한다.

〈신설 2015. 12. 29., 2020. 3. 4., 2020. 8. 11.〉

⑩ 제8항에도 불구하고 정당한 사유 없이 격리 조치가 해제되지 아니하는 경우 감염병의심자 및 조사거부자는 구제청구를 할 수 있으며, 그 절차 및 방법 등에 대해서는 「인신보호법」을 준용한다. 이 경우 "감염병의심자 및 조사거부자"는 "피수용자"로, 격리 조치를 명한 "질병관리청장, 시 · 도지사 또는 시장 · 군수 · 구청장"은 "수용자"로 본다(다만, 「인신보호법」 제6조제1항제3호는 적용을 제외한다). 〈신설 2015. 12. 29., 2020. 3. 4., 2020. 8. 11.〉

⑪ 제1항부터 제4항까지 및 제7항에 따라 조사 · 진찰 · 격리 · 치료를 하는 기관의 지정 기준, 제2항에 따른 감염병의심자에 대한 격리나 증상여부 확인 방법 등 필요한 사항은 대통령령으로 정한다. 〈신설 2015. 12. 29., 2020. 3. 4.〉

⑫ 제2항제2호에 따라 수집된 위치정보의 저장 · 보호 · 이용 및 파기 등에 관한 사항은 「위치정보의 보호 및 이용 등에 관한 법률」을 따른다. 〈신설 2020. 9. 29.〉

제43조(감염병환자등의 입원 통지)

① 질병관리청장, 시 · 도지사 또는 시장 · 군수 · 구청장은 감염병환자등이 제41조에 따른 입원치료가 필요한 경우에는 그 사실을 입원치료 대상자와 그 보호자에게 통지하여야 한다.

〈개정 2010. 1. 18., 2020. 8. 11.〉

② 제1항에 따른 통지의 방법·절차 등에 관하여 필요한 사항은 보건복지부령으로 정한다.

〈개정 2010. 1. 18.〉

제43조의2(격리자에 대한 격리 통지)

① 질병관리청장, 시·도지사 또는 시장·군수·구청장은 제42조제2항·제3항 및 제7항, 제47조제3호 또는 제49조제1항제14호에 따른 입원 또는 격리 조치를 할 때에는 그 사실을 입원 또는 격리 대상자와 그 보호자에게 통지하여야 한다. 〈개정 2020. 8. 11.〉

② 제1항에 따른 통지의 방법·절차 등에 관하여 필요한 사항은 보건복지부령으로 정한다.

[본조신설 2020. 3. 4.]

제44조(수감 중인 환자의 관리)

교도소장은 수감자로서 감염병에 감염된 자에게 감염병의 전파를 차단하기 위한 조치와 적절한 의료를 제공하여야 한다.

제45조(업무 종사의 일시 제한)

① 감염병환자등은 보건복지부령으로 정하는 바에 따라 업무의 성질상 일반인과 접촉하는 일이 많은 직업에 종사할 수 없고, 누구든지 감염병환자등을 그러한 직업에 고용할 수 없다.

〈개정 2010. 1. 18.〉

② 제19조에 따른 성매개감염병에 관한 건강진단을 받아야 할 자가 건강진단을 받지 아니한 때에는 같은 조에 따른 직업에 종사할 수 없으며 해당 영업을 영위하는 자는 건강진단을 받지 아니한 자를 그 영업에 종사하게 하여서는 아니 된다.

제46조(건강진단 및 예방접종 등의 조치)

질병관리청장, 시·도지사 또는 시장·군수·구청장은 보건복지부령으로 정하는 바에 따라 다음 각 호의 어느 하나에 해당하는 사람에게 건강진단을 받거나 감염병 예방에 필요한 예방접종을 받게 하는 등의 조치를 할 수 있다. 〈개정 2010. 1. 18., 2015. 7. 6., 2020. 8. 11.〉

1. 감염병환자등의 가족 또는 그 동거인
2. 감염병 발생지역에 거주하는 사람 또는 그 지역에 출입하는 사람으로서 감염병에 감염되었을 것으로 의심되는 사람
3. 감염병환자등과 접촉하여 감염병에 감염되었을 것으로 의심되는 사람

제47조(감염병 유행에 대한 방역 조치)

질병관리청장, 시·도지사 또는 시장·군수·구청장은 감염병이 유행하면 감염병 전파를 막기 위하여 다음 각 호에 해당하는 모든 조치를 하거나 그에 필요한 일부 조치를 하여야 한다. 〈개정 2015. 7. 6., 2020. 3. 4., 2020. 8. 11.〉

1. 감염병환자등이 있는 장소나 감염병병원체에 오염되었다고 인정되는 장소에 대한 다음 각 목의 조치
   가. 일시적 폐쇄
   나. 일반 공중의 출입금지
   다. 해당 장소 내 이동제한
   라. 그 밖에 통행차단을 위하여 필요한 조치
2. 의료기관에 대한 업무 정지
3. 감염병의심자를 적당한 장소에 일정한 기간 입원 또는 격리시키는 것
4. 감염병병원체에 오염되었거나 오염되었다고 의심되는 물건을 사용·접수·이동하거나 버리는 행위 또는 해당 물건의 세척을 금지하거나 태우거나 폐기처분하는 것
5. 감염병병원체에 오염된 장소에 대한 소독이나 그 밖에 필요한 조치를 명하는 것
6. 일정한 장소에서 세탁하는 것을 막거나 오물을 일정한 장소에서 처리하도록 명하는 것

제48조(오염장소 등의 소독 조치)

① 육군·해군·공군 소속 부대의 장, 국방부직할부대의 장 및 제12조제1항 각 호의 어느 하나에 해당하는 사람은 감염병환자등이 발생한 장소나 감염병병원체에 오염되었다고 의심되는 장소에 대하여 의사, 한의사 또는 관계 공무원의 지시에 따라 소독이나 그 밖에 필요한 조치를 하여야 한다.

② 제1항에 따른 소독 등의 조치에 관하여 필요한 사항은 보건복지부령으로 정한다.

〈개정 2010. 1. 18.〉

제8장 예방 조치

제49조(감염병의 예방 조치)

① 질병관리청장, 시 · 도지사 또는 시장 · 군수 · 구청장은 감염병을 예방하기 위하여 다음 각 호에 해당하는 모든 조치를 하거나 그에 필요한 일부 조치를 하여야 하며, 보건복지부장관은 감염병을 예방하기 위하여 제2호, 제2호의2부터 제2호의4까지, 제12호 및 제12호의2에 해당하는 조치를 할 수 있다.

〈개정 2015. 7. 6., 2015. 12. 29., 2020. 3. 4., 2020. 8. 11., 2020. 8. 12., 2020. 9. 29., 2021. 3. 9.〉

1. 관할 지역에 대한 교통의 전부 또는 일부를 차단하는 것
2. 흥행, 집회, 제례 또는 그 밖의 여러 사람의 집합을 제한하거나 금지하는 것
2의2. 감염병 전파의 위험성이 있는 장소 또는 시설의 관리자 · 운영자 및 이용자 등에 대하여 출입자 명단 작성, 마스크 착용 등 방역지침의 준수를 명하는 것
2의3. 버스 · 열차 · 선박 · 항공기 등 감염병 전파가 우려되는 운송수단의 이용자에 대하여 마스크 착용 등 방역지침의 준수를 명하는 것
2의4. 감염병 전파가 우려되어 지역 및 기간을 정하여 마스크 착용 등 방역지침 준수를 명하는 것
3. 건강진단, 시체 검안 또는 해부를 실시하는 것
4. 감염병 전파의 위험성이 있는 음식물의 판매 · 수령을 금지하거나 그 음식물의 폐기나 그 밖에 필요한 처분을 명하는 것
5. 인수공통감염병 예방을 위하여 살처분(殺處分)에 참여한 사람 또는 인수공통감염병에 드러난 사람 등에 대한 예방조치를 명하는 것
6. 감염병 전파의 매개가 되는 물건의 소지 · 이동을 제한 · 금지하거나 그 물건에 대하여 폐기, 소각 또는 그 밖에 필요한 처분을 명하는 것
7. 선박 · 항공기 · 열차 등 운송 수단, 사업장 또는 그 밖에 여러 사람이 모이는 장소에 의사를 배치하거나 감염병 예방에 필요한 시설의 설치를 명하는 것
8. 공중위생에 관계있는 시설 또는 장소에 대한 소독이나 그 밖에 필요한 조치를 명하거나 상수도 · 하수도 · 우물 · 쓰레기장 · 화장실의 신설 · 개조 · 변경 · 폐지 또는 사용을 금지하는 것
9. 쥐, 위생해충 또는 그 밖의 감염병 매개동물의 구제(驅除) 또는 구제시설의 설치를 명하는 것

10. 일정한 장소에서의 어로(漁撈)·수영 또는 일정한 우물의 사용을 제한하거나 금지하는 것

11. 감염병 매개의 중간 숙주가 되는 동물류의 포획 또는 생식을 금지하는 것

12. 감염병 유행기간 중 의료인·의료업자 및 그 밖에 필요한 의료관계요원을 동원하는 것

12의2. 감염병 유행기간 중 의료기관 병상, 연수원·숙박시설 등 시설을 동원하는 것

13. 감염병병원체에 오염되었거나 오염되었을 것으로 의심되는 시설 또는 장소에 대한 소독이나 그 밖에 필요한 조치를 명하는 것

14. 감염병의심자를 적당한 장소에 일정한 기간 입원 또는 격리시키는 것

② 시·도지사 또는 시장·군수·구청장은 제1항제8호 및 제10호에 따라 식수를 사용하지 못하게 하려면 그 사용금지기간 동안 별도로 식수를 공급하여야 하며, 제1항제1호·제2호·제6호·제8호·제10호 및 제11호에 따른 조치를 하려면 그 사실을 주민에게 미리 알려야 한다.

③ 시·도지사 또는 시장·군수·구청장은 제1항제2호의2의 조치를 따르지 아니한 관리자·운영자에게 해당 장소나 시설의 폐쇄를 명하거나 3개월 이내의 기간을 정하여 운영의 중단을 명할 수 있다. 다만, 운영중단 명령을 받은 자가 그 운영중단기간 중에 운영을 계속한 경우에는 해당 장소나 시설의 폐쇄를 명하여야 한다.　　　　　　　〈신설 2020. 9. 29., 2021. 3. 9.〉

④ 제3항에 따라 장소나 시설의 폐쇄 또는 운영 중단 명령을 받은 관리자·운영자는 정당한 사유가 없으면 이에 따라야 한다.　　　　　　　　　　　　　　　　〈신설 2021. 3. 9.〉

⑤ 시·도지사 또는 시장·군수·구청장은 제3항에 따른 폐쇄 명령에도 불구하고 관리자·운영자가 그 운영을 계속하는 경우에는 관계 공무원에게 해당 장소나 시설을 폐쇄하기 위한 다음 각 호의 조치를 하게 할 수 있다.　　　　　　　〈신설 2020. 9. 29., 2021. 3. 9.〉

　1. 해당 장소나 시설의 간판이나 그 밖의 표지판의 제거

　2. 해당 장소나 시설이 제3항에 따라 폐쇄된 장소나 시설임을 알리는 게시물 등의 부착

⑥ 제3항에 따른 장소나 시설의 폐쇄를 명한 시·도지사 또는 시장·군수·구청장은 위기경보 또는 방역지침의 변경으로 장소 또는 시설 폐쇄의 필요성이 없어진 경우, 「재난 및 안전관리 기본법」 제11조의 지역위원회 심의를 거쳐 폐쇄 중단 여부를 결정할 수 있다.

〈신설 2021. 3. 9.〉

⑦ 제3항에 따른 행정처분의 기준은 그 위반행위의 종류와 위반 정도 등을 고려하여 보건복지부령으로 정한다.　　　　　　　　　　　　　〈신설 2020. 9. 29., 2021. 3. 9.〉

제49조의2(감염취약계층의 보호 조치)

① 보건복지부장관, 시·도지사 또는 시장·군수·구청장은 호흡기와 관련된 감염병으로부터

저소득층과 사회복지시설을 이용하는 어린이, 노인, 장애인 및 기타 보건복지부령으로 정하는 대상(이하 "감염취약계층"이라 한다)을 보호하기 위하여 「재난 및 안전관리 기본법」 제38조제2항에 따른 주의 이상의 위기경보가 발령된 경우 감염취약계층에게 의료·방역 물품(「약사법」에 따른 의약외품으로 한정한다) 지급 등 필요한 조치를 취할 수 있다.

〈개정 2020. 12. 15.〉

② 질병관리청장, 시·도지사 또는 시장·군수·구청장은 「재난 및 안전관리 기본법」 제38조제2항에 따른 주의 이상의 위기경보가 발령된 경우 감염취약계층이 이용하는 「사회복지사업법」 제2조제4호의 사회복지시설에 대하여 소독이나 그 밖에 필요한 조치를 명할 수 있다.

〈신설 2021. 3. 9.〉

③ 제1항에 따른 감염병의 종류, 감염취약계층의 범위 및 지급절차 등에 관하여 필요한 사항은 보건복지부령으로 정한다.

〈개정 2021. 3. 9.〉

[본조신설 2020. 3. 4.]

제49조의3(의료인, 환자 및 의료기관 보호를 위한 한시적 비대면 진료)

① 의료업에 종사하는 의료인(「의료법」 제2조에 따른 의료인 중 의사·치과의사·한의사만 해당한다. 이하 이 조에서 같다)은 감염병과 관련하여 「재난 및 안전관리 기본법」 제38조제2항에 따른 심각 단계 이상의 위기경보가 발령된 때에는 환자, 의료인 및 의료기관 등을 감염의 위험에서 보호하기 위하여 필요하다고 인정하는 경우 「의료법」 제33조제1항에도 불구하고 보건복지부장관이 정하는 범위에서 유선·무선·화상통신, 컴퓨터 등 정보통신기술을 활용하여 의료기관 외부에 있는 환자에게 건강 또는 질병의 지속적 관찰, 진단, 상담 및 처방을 할 수 있다.

② 보건복지부장관은 위원회의 심의를 거쳐 제1항에 따른 한시적 비대면 진료의 지역, 기간 등 범위를 결정한다.

[본조신설 2020. 12. 15.]

제50조(그 밖의 감염병 예방 조치)

① 육군·해군·공군 소속 부대의 장,국방부직할부대의 장 및 제12조제1항제2호에 해당하는 사람은 감염병환자등이 발생하였거나 발생할 우려가 있으면 소독이나 그 밖에 필요한 조치를 하여야 하고, 특별자치도지사 또는 시장·군수·구청장과 협의하여 감염병 예방에 필요한 추가 조치를 하여야 한다.

〈개정 2015. 7. 6.〉

② 교육부장관 또는 교육감은 감염병 발생 등을 이유로 「학교보건법」 제2조제2호의 학교에

대하여 「초·중등교육법」 제64조에 따른 휴업 또는 휴교를 명령하거나 「유아교육법」 제31조에 따른 휴업 또는 휴원을 명령할 경우 질병관리청장과 협의하여야 한다.

〈신설 2015. 7. 6., 2020. 8. 11.〉

제51조(소독 의무)

① 특별자치도지사 또는 시장·군수·구청장은 감염병을 예방하기 위하여 청소나 소독을 실시하거나 쥐, 위생해충 등의 구제조치(이하 "소독"이라 한다)를 하여야 한다. 이 경우 소독은 사람의 건강과 자연에 유해한 영향을 최소화하여 안전하게 실시하여야 한다.

〈개정 2010. 1. 18., 2020. 3. 4.〉

② 제1항에 따른 소독의 기준과 방법은 보건복지부령으로 정한다. 〈신설 2020. 3. 4.〉

③ 공동주택, 숙박업소 등 여러 사람이 거주하거나 이용하는 시설 중 대통령령으로 정하는 시설을 관리·운영하는 자는 보건복지부령으로 정하는 바에 따라 감염병 예방에 필요한 소독을 하여야 한다.

〈개정 2010. 1. 18., 2020. 3. 4.〉

④ 제3항에 따라 소독을 하여야 하는 시설의 관리·운영자는 제52조제1항에 따라 소독업의 신고를 한 자에게 소독하게 하여야 한다. 다만, 「공동주택관리법」 제2조제1항제15호에 따른 주택관리업자가 제52조제1항에 따른 소독장비를 갖추었을 때에는 그가 관리하는 공동주택은 직접 소독할 수 있다.

〈개정 2015. 8. 11., 2020. 3. 4.〉

제52조(소독업의 신고 등)

① 소독을 업으로 하려는 자(제51조제4항 단서에 따른 주택관리업자는 제외한다)는 보건복지부령으로 정하는 시설·장비 및 인력을 갖추어 특별자치도지사 또는 시장·군수·구청장에게 신고하여야 한다. 신고한 사항을 변경하려는 경우에도 또한 같다. 〈개정 2010. 1. 18., 2020. 3. 4.〉

② 특별자치도지사 또는 시장·군수·구청장은 제1항에 따른 신고를 받은 경우 그 내용을 검토하여 이 법에 적합하면 신고를 수리하여야 한다.

〈신설 2020. 3. 4.〉

③ 특별자치도지사 또는 시장·군수·구청장은 제1항에 따라 소독업의 신고를 한 자(이하 "소독업자"라 한다)가 다음 각 호의 어느 하나에 해당하면 소독업 신고가 취소된 것으로 본다.

〈개정 2017. 12. 12., 2018. 12. 31., 2020. 3. 4., 2020. 12. 22.〉

1. 「부가가치세법」 제8조제8항에 따라 관할 세무서장에게 폐업 신고를 한 경우

2. 「부가가치세법」 제8조제9항에 따라 관할 세무서장이 사업자등록을 말소한 경우

3. 제53조제1항에 따른 휴업이나 폐업 신고를 하지 아니하고 소독업에 필요한 시설 등이 없어진 상태가 6개월 이상 계속된 경우

④ 특별자치도지사 또는 시장·군수·구청장은 제3항에 따른 소독업 신고가 취소된 것으로 보

기 위하여 필요한 경우 관할 세무서장에게 소독업자의 폐업여부에 대한 정보 제공을 요청할 수 있다. 이 경우 요청을 받은 관할 세무서장은 「전자정부법」 제36조제1항에 따라 소독업자의 폐업여부에 대한 정보를 제공하여야 한다. 〈신설 2017. 12. 12., 2020. 3. 4.〉

제53조(소독업의 휴업 등의 신고)

① 소독업자가 그 영업을 30일 이상 휴업하거나 폐업하려면 보건복지부령으로 정하는 바에 따라 특별자치도지사 또는 시장·군수·구청장에게 신고하여야 한다.
〈개정 2010. 1. 18., 2020. 3. 4.〉

② 소독업자가 휴업한 후 재개업을 하려면 보건복지부령으로 정하는 바에 따라 특별자치도지사 또는 시장·군수·구청장에게 신고하여야 한다. 이 경우 특별자치도지사 또는 시장·군수·구청장은 그 내용을 검토하여 이 법에 적합하면 신고를 수리하여야 한다.
〈신설 2020. 3. 4.〉

제54조(소독의 실시 등)

① 소독업자는 보건복지부령으로 정하는 기준과 방법에 따라 소독하여야 한다.
〈개정 2010. 1. 18.〉

② 소독업자가 소독하였을 때에는 보건복지부령으로 정하는 바에 따라 그 소독에 관한 사항을 기록·보존하여야 한다. 〈개정 2010. 1. 18.〉

제55조(소독업자 등에 대한 교육)

① 소독업자(법인인 경우에는 그 대표자를 말한다. 이하 이 조에서 같다)는 소독에 관한 교육을 받아야 한다.

② 소독업자는 소독업무 종사자에게 소독에 관한 교육을 받게 하여야 한다.

③ 제1항 및 제2항에 따른 교육의 내용과 방법, 교육시간, 교육비 부담 등에 관하여 필요한 사항은 보건복지부령으로 정한다. 〈개정 2010. 1. 18.〉

제56조(소독업무의 대행)

특별자치도지사 또는 시장·군수·구청장은 제47조제5호, 제48조제1항, 제49조제1항제8호·제9호·제13호, 제50조 및 제51조제1항·제3항에 따라 소독을 실시하여야 할 경우에는 그 소독업무를 소독업자가 대행하게 할 수 있다. 〈개정 2015. 7. 6., 2020. 3. 4.〉

제57조(서류제출 및 검사 등)

① 특별자치도지사 또는 시장 · 군수 · 구청장은 소속 공무원으로 하여금 소독업자에게 소독의 실시에 관한 관계 서류의 제출을 요구하게 하거나 검사 또는 질문을 하게 할 수 있다.

② 제1항에 따라 서류제출을 요구하거나 검사 또는 질문을 하려는 소속 공무원은 그 권한을 표시하는 증표를 지니고 이를 관계인에게 보여주어야 한다.

제58조(시정명령)

특별자치도지사 또는 시장 · 군수 · 구청장은 소독업자가 다음 각 호의 어느 하나에 해당하면 1개월 이상의 기간을 정하여 그 위반 사항을 시정하도록 명하여야 한다.

1. 제52조제1항에 따른 시설 · 장비 및 인력 기준을 갖추지 못한 경우
2. 제55조제1항에 따른 교육을 받지 아니하거나 소독업무 종사자에게 같은 조 제2항에 따른 교육을 받게 하지 아니한 경우

제59조(영업정지 등)

① 특별자치도지사 또는 시장 · 군수 · 구청장은 소독업자가 다음 각 호의 어느 하나에 해당하면 영업소의 폐쇄를 명하거나 6개월 이내의 기간을 정하여 영업의 정지를 명할 수 있다. 다만, 제5호에 해당하는 경우에는 영업소의 폐쇄를 명하여야 한다.　　　　　〈개정 2020. 3. 4.〉

1. 제52조제1항 후단에 따른 변경 신고를 하지 아니하거나 제53조제1항 및 제2항에 따른 휴업, 폐업 또는 재개업 신고를 하지 아니한 경우
2. 제54조제1항에 따른 소독의 기준과 방법에 따르지 아니하고 소독을 실시하거나 같은 조 제2항을 위반하여 소독실시 사항을 기록 · 보존하지 아니한 경우
3. 제57조에 따른 관계 서류의 제출 요구에 따르지 아니하거나 소속 공무원의 검사 및 질문을 거부 · 방해 또는 기피한 경우
4. 제58조에 따른 시정명령에 따르지 아니한 경우
5. 영업정지기간 중에 소독업을 한 경우

② 특별자치도지사 · 시장 · 군수 · 구청장은 제1항에 따른 영업소의 폐쇄명령을 받고도 계속하여 영업을 하거나 제52조제1항에 따른 신고를 하지 아니하고 소독업을 하는 경우에는 관계 공무원에게 해당 영업소를 폐쇄하기 위한 다음 각 호의 조치를 하게 할 수 있다.

1. 해당 영업소의 간판이나 그 밖의 영업표지 등의 제거 · 삭제
2. 해당 영업소가 적법한 영업소가 아님을 알리는 게시물 등의 부착

③ 제1항에 따른 행정처분의 기준은 그 위반행위의 종류와 위반 정도 등을 고려하여 보건복지

부령으로 정한다. 〈개정 2010. 1. 18.〉

제9장 방역관, 역학조사관, 검역위원 및 예방위원 등

제60조(방역관)

① 질병관리청장 및 시·도지사는 감염병 예방 및 방역에 관한 업무를 담당하는 방역관을 소속 공무원 중에서 임명한다. 다만, 감염병 예방 및 방역에 관한 업무를 처리하기 위하여 필요한 경우에는 시장·군수·구청장이 방역관을 소속 공무원 중에서 임명할 수 있다.

〈개정 2020. 3. 4., 2020. 8. 11.〉

② 방역관은 제4조제2항제1호부터 제7호까지의 업무를 담당한다. 다만, 질병관리청 소속 방역관은 같은 항 제8호의 업무도 담당한다. 〈개정 2020. 8. 11.〉

③ 방역관은 감염병의 국내 유입 또는 유행이 예견되어 긴급한 대처가 필요한 경우 제4조제2항 제1호 및 제2호에 따른 업무를 수행하기 위하여 통행의 제한 및 주민의 대피, 감염병의 매개가 되는 음식물·물건 등의 폐기·소각, 의료인 등 감염병 관리인력에 대한 임무부여 및 방역물자의 배치 등 감염병 발생지역의 현장에 대한 조치권한을 가진다.

④ 감염병 발생지역을 관할하는 「국가경찰과 자치경찰의 조직 및 운영에 관한 법률」 제12조 및 제13조에 따른 경찰관서 및 「소방기본법」 제3조에 따른 소방관서의 장, 「지역보건법」 제10조에 따른 보건소의 장 등 관계 공무원 및 그 지역 내의 법인·단체·개인은 정당한 사유가 없으면 제3항에 따른 방역관의 조치에 협조하여야 한다. 〈개정 2020. 12. 22.〉

⑤ 제1항부터 제4항까지 규정한 사항 외에 방역관의 자격·직무·조치권한의 범위 등에 관하여 필요한 사항은 대통령령으로 정한다.

[전문개정 2015. 7. 6.]

제60조의2(역학조사관)

① 감염병 역학조사에 관한 사무를 처리하기 위하여 질병관리청 소속 공무원으로 100명 이상, 시·도 소속 공무원으로 각각 2명 이상의 역학조사관을 두어야 한다. 이 경우 시·도 역학조사관 중 1명 이상은 「의료법」 제2조제1항에 따른 의료인 중 의사로 임명하여야 한다.

② 시장·군수·구청장은 역학조사에 관한 사무를 처리하기 위하여 필요한 경우 소속 공무원으로 역학조사관을 둘 수 있다. 다만, 인구수 등을 고려하여 보건복지부령으로 정하는 기준을 충족하는 시·군·구의 장은 소속 공무원으로 1명 이상의 역학조사관을 두어야 한다.

〈신설 2020. 3. 4.〉

③ 역학조사관은 다음 각 호의 어느 하나에 해당하는 사람으로서 제18조의3에 따른 역학조사 교육·훈련 과정을 이수한 사람 중에서 임명한다. 〈개정 2020. 3. 4.〉

　1. 방역, 역학조사 또는 예방접종 업무를 담당하는 공무원

　2. 「의료법」 제2조제1항에 따른 의료인

　3. 그 밖에 「약사법」 제2조제2호에 따른 약사, 「수의사법」 제2조제1호에 따른 수의사 등 감염병·역학 관련 분야의 전문가

④ 역학조사관은 감염병의 확산이 예견되는 긴급한 상황으로서 즉시 조치를 취하지 아니하면 감염병이 확산되어 공중위생에 심각한 위해를 가할 것으로 우려되는 경우 일시적으로 제47조제1호 각 목의 조치를 할 수 있다. 〈개정 2020. 3. 4.〉

⑤ 「국가경찰과 자치경찰의 조직 및 운영에 관한 법률」 제12조 및 제13조에 따른 경찰관서 및 「소방기본법」 제3조에 따른 소방관서의 장, 「지역보건법」 제10조에 따른 보건소의 장 등 관계 공무원은 정당한 사유가 없으면 제4항에 따른 역학조사관의 조치에 협조하여야 한다. 〈개정 2020. 3. 4., 2020. 12. 22.〉

⑥ 역학조사관은 제4항에 따른 조치를 한 경우 즉시 질병관리청장, 시·도지사 또는 시장·군수·구청장에게 보고하여야 한다. 〈개정 2020. 3. 4., 2020. 8. 11.〉

⑦ 질병관리청장, 시·도지사 또는 시장·군수·구청장은 제3항에 따라 임명된 역학조사관에게 예산의 범위에서 직무 수행에 필요한 비용 등을 지원할 수 있다.

〈개정 2020. 3. 4., 2020. 8. 11.〉

⑧ 제1항부터 제7항까지 규정한 사항 외에 역학조사관의 자격·직무·권한·비용지원 등에 관하여 필요한 사항은 대통령령으로 정한다. 〈개정 2020. 3. 4.〉

[본조신설 2015. 7. 6.]

제60조의3(한시적 종사명령)

① 질병관리청장 또는 시·도지사는 감염병의 유입 또는 유행이 우려되거나 이미 발생한 경우 기간을 정하여 「의료법」 제2조제1항의 의료인에게 제36조 및 제37조에 따라 감염병관리기관으로 지정된 의료기관 또는 제8조의2에 따라 설립되거나 지정된 감염병전문병원 또는

감염병연구병원에서 방역업무에 종사하도록 명할 수 있다. 〈개정 2020. 8. 11.〉

② 질병관리청장, 시·도지사 또는 시장·군수·구청장은 감염병이 유입되거나 유행하는 긴급한 경우 제60조의2제3항제2호 또는 제3호에 해당하는 자를 기간을 정하여 방역관으로 임명하여 방역업무를 수행하게 할 수 있다. 〈개정 2020. 3. 4., 2020. 8. 11., 2020. 9. 29.〉

③ 질병관리청장, 시·도지사 또는 시장·군수·구청장은 감염병의 유입 또는 유행으로 역학조사인력이 부족한 경우 제60조의2제3항제2호 또는 제3호에 해당하는 자를 기간을 정하여 역학조사관으로 임명하여 역학조사에 관한 직무를 수행하게 할 수 있다.

〈개정 2020. 3. 4., 2020. 8. 11.〉

④ 제2항 또는 제3항에 따라 질병관리청장, 시·도지사 또는 시장·군수·구청장이 임명한 방역관 또는 역학조사관은 「국가공무원법」 제26조의5에 따른 임기제공무원으로 임용된 것으로 본다. 〈개정 2020. 3. 4., 2020. 8. 11.〉

⑤ 제1항에 따른 종사명령 및 제2항·제3항에 따른 임명의 기간·절차 등 필요한 사항은 대통령령으로 정한다.

[본조신설 2015. 12. 29.]

제61조(검역위원)

① 시·도지사는 감염병을 예방하기 위하여 필요하면 검역위원을 두고 검역에 관한 사무를 담당하게 하며, 특별히 필요하면 운송수단 등을 검역하게 할 수 있다.

② 검역위원은 제1항에 따른 사무나 검역을 수행하기 위하여 운송수단 등에 무상으로 승선하거나 승차할 수 있다.

③ 제1항에 따른 검역위원의 임명 및 직무 등에 관하여 필요한 사항은 보건복지부령으로 정한다. 〈개정 2010. 1. 18.〉

제62조(예방위원)

① 특별자치도지사 또는 시장·군수·구청장은 감염병이 유행하거나 유행할 우려가 있으면 특별자치도 또는 시·군·구(자치구를 말한다. 이하 같다)에 감염병 예방 사무를 담당하는 예방위원을 둘 수 있다.

② 제1항에 따른 예방위원은 무보수로 한다. 다만, 특별자치도 또는 시·군·구의 인구 2만명당 1명의 비율로 유급위원을 둘 수 있다.

③ 제1항에 따른 예방위원의 임명 및 직무 등에 관하여 필요한 사항은 보건복지부령으로 정한다. 〈개정 2010. 1. 18.〉

제63조(한국건강관리협회)

① 제2조제6호에 따른 기생충감염병에 관한 조사·연구 등 예방사업을 수행하기 위하여 한국건강관리협회(이하 "협회"라 한다)를 둔다. 〈개정 2018. 3. 27.〉

② 협회는 법인으로 한다.

③ 협회에 관하여는 이 법에서 정한 사항 외에는 「민법」 중 사단법인에 관한 규정을 준용한다.

제10장 경비

제64조(특별자치도·시·군·구가 부담할 경비)

다음 각 호의 경비는 특별자치도와 시·군·구가 부담한다.

〈개정 2015. 7. 6., 2015. 12. 29., 2020. 8. 12., 2020. 9. 29.〉

1. 제4조제2항제13호에 따른 한센병의 예방 및 진료 업무를 수행하는 법인 또는 단체에 대한 지원 경비의 일부

2. 제24조제1항 및 제25조제1항에 따른 예방접종에 드는 경비

3. 제24조제2항 및 제25조제2항에 따라 의료기관이 예방접종을 하는 데 드는 경비의 전부 또는 일부

4. 제36조에 따라 특별자치도지사 또는 시장·군수·구청장이 지정한 감염병관리기관의 감염병관리시설의 설치·운영에 드는 경비

5. 제37조에 따라 특별자치도지사 또는 시장·군수·구청장이 설치한 격리소·요양소 또는 진료소 및 같은 조에 따라 지정된 감염병관리기관의 감염병관리시설 설치·운영에 드는 경비

6. 제47조제1호 및 제3호에 따른 교통 차단 또는 입원으로 인하여 생업이 어려운 사람에 대한 「국민기초생활 보장법」 제2조제6호에 따른 최저보장수준 지원

7. 제47조, 제48조, 제49조제1항제8호·제9호·제13호 및 제51조제1항에 따라 특별자치도·시·군·구에서 실시하는 소독이나 그 밖의 조치에 드는 경비

8. 제49조제1항제7호 및 제12호에 따라 특별자치도지사 또는 시장·군수·구청장이 의사를

배치하거나 의료인 · 의료업자 · 의료관계요원 등을 동원하는 데 드는 수당 · 치료비 또는 조제료

8의2. 제49조제1항제12호의2에 따라 특별자치도지사 또는 시장 · 군수 · 구청장이 동원한 의료기관 병상, 연수원 · 숙박시설 등 시설의 운영비 등 경비

9. 제49조제2항에 따른 식수 공급에 드는 경비

10. 제62조에 따른 예방위원의 배치에 드는 경비

10의2. 제70조의6제1항에 따라 특별자치도지사 또는 시장 · 군수 · 구청장이 실시하는 심리지원에 드는 경비

10의3. 제70조의6제2항에 따라 특별자치도지사 또는 시장 · 군수 · 구청장이 위탁하여 관계 전문기관이 심리지원을 실시하는 데 드는 경비

11. 그 밖에 이 법에 따라 특별자치도 · 시 · 군 · 구가 실시하는 감염병 예방 사무에 필요한 경비

제65조(시 · 도가 부담할 경비)

다음 각 호의 경비는 시 · 도가 부담한다.

〈개정 2015. 12. 29., 2018. 3. 27., 2020. 8. 12., 2020. 9. 29., 2020. 12. 15.〉

1. 제4조제2항제13호에 따른 한센병의 예방 및 진료 업무를 수행하는 법인 또는 단체에 대한 지원 경비의 일부

2. 제36조에 따라 시 · 도지사가 지정한 감염병관리기관의 감염병관리시설의 설치 · 운영에 드는 경비

3. 제37조에 따른 시 · 도지사가 설치한 격리소 · 요양소 또는 진료소 및 같은 조에 따라 지정된 감염병관리기관의감염병관리시설 설치 · 운영에 드는 경비

3의2. 제39조의3에 따라 시 · 도지사가 지정한 감염병의심자 격리시설의 설치 · 운영에 드는 경비

4. 제41조 및 제42조에 따라 내국인 감염병환자등의 입원치료, 조사, 진찰 등에 드는 경비

5. 제46조에 따른 건강진단, 예방접종 등에 드는 경비

6. 제49조제1항제1호에 따른 교통 차단으로 생업이 어려운 자에 대한 「국민기초생활 보장법」 제2조제6호에 따른 최저보장수준 지원

6의2. 제49조제1항제12호에 따라 시 · 도지사가 의료인 · 의료업자 · 의료관계요원 등을 동원하는 데 드는 수당 · 치료비 또는 조제료

6의3. 제49조제1항제12호의2에 따라 시 · 도지사가 동원한 의료기관 병상, 연수원 · 숙박시

설 등 시설의 운영비 등 경비

7. 제49조제2항에 따른 식수 공급에 드는 경비

7의2. 제60조의3제1항 및 제3항에 따라 시·도지사가 의료인 등을 방역업무에 종사하게 하는 데 드는 수당 등 경비

8. 제61조에 따른 검역위원의 배치에 드는 경비

8의2. 제70조의6제1항에 따라 시·도지사가 실시하는 심리지원에 드는 경비

8의3. 제70조의6제2항에 따라 시·도지사가 위탁하여 관계 전문기관이 심리지원을 실시하는 데 드는 경비

9. 그 밖에 이 법에 따라 시·도가 실시하는 감염병 예방 사무에 필요한 경비

제66조(시·도가 보조할 경비)

시·도(특별자치도는 제외한다)는 제64조에 따라 시·군·구가 부담할 경비에 관하여 대통령령으로 정하는 바에 따라 보조하여야 한다.

제67조(국고 부담 경비)

다음 각 호의 경비는 국가가 부담한다. 〈개정 2010. 1. 18., 2015. 7. 6., 2015. 12. 29., 2018. 3. 27., 2019. 12. 3., 2020. 3. 4., 2020. 8. 11., 2020. 8. 12., 2020. 9. 29., 2020. 12. 15.〉

1. 제4조제2항제2호에 따른 감염병환자등의 진료 및 보호에 드는 경비

2. 제4조제2항제4호에 따른 감염병 교육 및 홍보를 위한 경비

3. 제4조제2항제8호에 따른 감염병 예방을 위한 전문인력의 양성에 드는 경비

4. 제16조제4항에 따른 표본감시활동에 드는 경비

4의2. 제18조의3에 따른 교육·훈련에 드는 경비

5. 제20조에 따른 해부에 필요한 시체의 운송과 해부 후 처리에 드는 경비

5의2. 제20조의2에 따라 시신의 장사를 치르는 데 드는 경비

6. 제33조에 따른 예방접종약품의 생산 및 연구 등에 드는 경비

6의2. 제33조의2제1항에 따른 필수예방접종약품등의 비축에 드는 경비

6의3. 제36조제1항에 따라 보건복지부장관 또는 질병관리청장이 지정한 감염병관리기관의 감염병관리시설의 설치·운영에 드는 경비

7. 제37조에 따라 보건복지부장관 및 질병관리청장이 설치한 격리소·요양소 또는 진료소 및 같은 조에 따라 지정된 감염병관리기관의감염병관리시설 설치·운영에 드는 경비

7의2. 제39조의3에 따라 질병관리청장이 지정한 감염병의심자 격리시설의 설치·운영에 드

는 경비

8. 제40조제1항에 따라 위원회의 심의를 거친 품목의 비축 또는 장기구매를 위한 계약에 드는 경비

9. 삭제 〈2020. 8. 12.〉

9의2. 제49조제1항제12호에 따라 국가가 의료인·의료업자·의료관계요원 등을 동원하는 데 드는 수당·치료비 또는 조제료

9의3. 제49조제1항제12호의2에 따라 국가가 동원한 의료기관 병상, 연수원·숙박시설 등 시설의 운영비 등 경비

9의4. 제60조의3제1항부터 제3항까지에 따라 국가가 의료인 등을 방역업무에 종사하게 하는 데 드는 수당 등 경비

9의5. 제70조의6제1항에 따라 국가가 실시하는 심리지원에 드는 경비

9의6. 제70조의6제2항에 따라 국가가 위탁하여 관계 전문기관이 심리지원을 실시하는 데 드는 경비

10. 제71조에 따른 예방접종 등으로 인한 피해보상을 위한 경비

제68조(국가가 보조할 경비)

국가는 다음 각 호의 경비를 보조하여야 한다.

1. 제4조제2항제13호에 따른 한센병의 예방 및 진료 업무를 수행하는 법인 또는 단체에 대한 지원 경비의 일부

2. 제65조 및 제66조에 따라 시·도가 부담할 경비의 2분의 1 이상

제69조(본인으로부터 징수할 수 있는 경비)

특별자치도지사 또는 시장·군수·구청장은 보건복지부령으로 정하는 바에 따라 제41조 및 제42조에 따른 입원치료비 외에 본인의 지병이나 본인에게 새로 발병한 질환 등으로 입원, 진찰, 검사 및 치료 등에 드는 경비를 본인이나 그 보호자로부터 징수할 수 있다.   〈개정 2010. 1. 18.〉

제69조의2(외국인의 비용 부담)

질병관리청장은 국제관례 또는 상호주의 원칙 등을 고려하여 외국인인 감염병환자등 및 감염병의심자에 대한 다음 각 호의 경비를 본인에게 전부 또는 일부 부담하게 할 수 있다. 다만, 국내에서 감염병에 감염된 것으로 확인된 외국인에 대해서는 그러하지 아니하다.

1. 제41조에 따른 치료비

2. 제42조에 따른 조사 · 진찰 · 치료 · 입원 및 격리에 드는 경비

[본조신설 2020. 8. 12.]

제70조(손실보상)

① 보건복지부장관, 시 · 도지사 및 시장 · 군수 · 구청장은 다음 각 호의 어느 하나에 해당하는 손실을 입은 자에게 제70조의2의 손실보상심의위원회의 심의 · 의결에 따라 그 손실을 보상하여야 한다. 〈개정 2015. 12. 29., 2018. 3. 27., 2020. 8. 11., 2020. 8. 12., 2020. 12. 15.〉

1. 제36조 및 제37조에 따른 감염병관리기관의 지정 또는 격리소 등의 설치 · 운영으로 발생한 손실

1의2. 제39조의3에 따른 감염병의심자 격리시설의 설치 · 운영으로 발생한 손실

2. 이 법에 따른 조치에 따라 감염병환자, 감염병의사환자 등을 진료한 의료기관의 손실

3. 이 법에 따른 의료기관의 폐쇄 또는 업무 정지 등으로 의료기관에 발생한 손실

4. 제47조제1호, 제4호 및 제5호, 제48조제1항, 제49조제1항제4호, 제6호부터 제10호까지, 제12호, 제12호의2 및 제13호에 따른 조치로 인하여 발생한 손실

5. 감염병환자등이 발생 · 경유하거나 질병관리청장, 시 · 도지사 또는 시장 · 군수 · 구청장이 그 사실을 공개하여 발생한 「국민건강보험법」 제42조에 따른 요양기관의 손실로서 제1호부터 제4호까지의 손실에 준하고, 제70조의2에 따른 손실보상심의위원회가 심의 · 의결하는 손실

② 제1항에 따른 손실보상금을 받으려는 자는 보건복지부령으로 정하는 바에 따라 손실보상 청구서에 관련 서류를 첨부하여 보건복지부장관, 시 · 도지사 또는 시장 · 군수 · 구청장에게 청구하여야 한다. 〈개정 2015. 12. 29.〉

③ 제1항에 따른 보상액을 산정함에 있어 손실을 입은 자가 이 법 또는 관련 법령에 따른 조치의무를 위반하여 그 손실을 발생시켰거나 확대시킨 경우에는 보상금을 지급하지 아니하거나 보상금을 감액하여 지급할 수 있다. 〈신설 2015. 12. 29.〉

④ 제1항에 따른 보상의 대상 · 범위와 보상액의 산정, 제3항에 따른 지급 제외 및 감액의 기준 등에 관하여 필요한 사항은 대통령령으로 정한다. 〈신설 2015. 12. 29.〉

제70조의2(손실보상심의위원회)

① 제70조에 따른 손실보상에 관한 사항을 심의 · 의결하기 위하여 보건복지부 및 시 · 도에 손실보상심의위원회(이하 "심의위원회"라 한다)를 둔다.

② 위원회는 위원장 2인을 포함한 20인 이내의 위원으로 구성하되, 보건복지부에 설치된 심의

위원회의 위원장은 보건복지부차관과 민간위원이 공동으로 되며, 시·도에 설치된 심의위원회의 위원장은 부시장 또는 부지사와 민간위원이 공동으로 된다.

③ 심의위원회 위원은 관련 분야에 대한 학식과 경험이 풍부한 사람과 관계 공무원 중에서 대통령령으로 정하는 바에 따라 보건복지부장관 또는 시·도지사가 임명하거나 위촉한다.

④ 심의위원회는 제1항에 따른 심의·의결을 위하여 필요한 경우 관계자에게 출석 또는 자료의 제출 등을 요구할 수 있다.

⑤ 그 밖의 심의위원회의 구성과 운영 등에 관하여 필요한 사항은 대통령령으로 정한다.

[본조신설 2015. 12. 29.]

제70조의3(보건의료인력 등에 대한 재정적 지원)

① 질병관리청장, 시·도지사 및 시장·군수·구청장은 이 법에 따른 감염병의 발생 감시, 예방·관리 및 역학조사업무에 조력한 의료인, 의료기관 개설자 또는 약사에 대하여 예산의 범위에서 재정적 지원을 할 수 있다. 〈개정 2020. 8. 11., 2020. 12. 15.〉

② 질병관리청장, 시·도지사 및 시장·군수·구청장은 감염병 확산으로 인하여 「재난 및 안전관리 기본법」 제38조제2항에 따른 심각 단계 이상의 위기경보가 발령되는 경우 이 법에 따른 감염병의 발생 감시, 예방·방역·검사·치료·관리 및 역학조사 업무에 조력한 보건의료인력 및 보건의료기관 종사자(「보건의료인력지원법」 제2조제3호에 따른 보건의료인력 및 같은 조 제4호에 따른 보건의료기관 종사자를 말한다)에 대하여 예산의 범위에서 재정적 지원을 할 수 있다. 〈신설 2021. 12. 21.〉

③ 제1항 및 제2항에 따른 지원 내용, 절차, 방법 등 지원에 필요한 사항은 대통령령으로 정한다. 〈개정 2021. 12. 21.〉

[본조신설 2015. 12. 29.]

[제목개정 2020. 12. 15., 2021. 12. 21.]

제70조의4(감염병환자등에 대한 생활지원)

① 질병관리청장, 시·도지사 및 시장·군수·구청장은 이 법에 따라 입원 또는 격리된 사람에 대하여 예산의 범위에서 치료비, 생활지원 및 그 밖의 재정적 지원을 할 수 있다.

〈개정 2020. 8. 11.〉

② 시·도지사 및 시장·군수·구청장은 제1항에 따른 사람 및 제70조의3제1항에 따른 의료인이 입원 또는 격리조치, 감염병의 발생 감시, 예방·관리 및 역학조사업무에 조력 등으로 자녀에 대한 돌봄 공백이 발생한 경우 「아이돌봄 지원법」에 따른 아이돌봄서비스를 제공하

는 등 필요한 조치를 하여야 한다.

③ 제1항 및 제2항에 따른 지원·제공을 위하여 필요한 사항은 대통령령으로 정한다.

[본조신설 2015. 12. 29.]

제70조의5(손실보상금의 긴급지원)

보건복지부장관, 시·도지사 및 시장·군수·구청장은 심의위원회의 심의·의결에 따라 제70조제1항 각 호의 어느 하나에 해당하는 손실을 입은 자로서 경제적 어려움으로 자금의 긴급한 지원이 필요한 자에게 제70조제1항에 따른 손실보상금의 일부를 우선 지급할 수 있다.

[본조신설 2020. 9. 29.]

제70조의6(심리지원)

① 보건복지부장관, 시·도지사 또는 시장·군수·구청장은 감염병환자등과 그 가족, 감염병의심자, 감염병 대응 의료인, 그 밖의 현장대응인력에 대하여 「정신건강증진 및 정신질환자 복지서비스 지원에 관한 법률」 제15조의2에 따른 심리지원(이하 "심리지원"이라 한다)을 할 수 있다.

② 보건복지부장관, 시·도지사 또는 시장·군수·구청장은 심리지원을 「정신건강증진 및 정신질환자 복지서비스 지원에 관한 법률」 제15조의2에 따른 국가트라우마센터 또는 대통령령으로 정하는 관계 전문기관에 위임 또는 위탁할 수 있다.

③ 제1항에 따른 현장대응인력의 범위와 제1항 및 제2항에 따른 심리지원에 관하여 필요한 사항은 대통령령으로 정한다.

[본조신설 2020. 9. 29.]

제71조(예방접종 등에 따른 피해의 국가보상)

① 국가는 제24조 및 제25조에 따라 예방접종을 받은 사람 또는 제40조제2항에 따라 생산된 예방·치료 의약품을 투여받은 사람이 그 예방접종 또는 예방·치료 의약품으로 인하여 질병에 걸리거나 장애인이 되거나 사망하였을 때에는 대통령령으로 정하는 기준과 절차에 따라 다음 각 호의 구분에 따른 보상을 하여야 한다.

1. 질병으로 진료를 받은 사람: 진료비 전액 및 정액 간병비

2. 장애인이 된 사람: 일시보상금

3. 사망한 사람: 대통령령으로 정하는 유족에 대한 일시보상금 및 장제비

② 제1항에 따라 보상받을 수 있는 질병, 장애 또는 사망은 예방접종약품의 이상이나 예방접

종 행위자 및 예방·치료 의약품 투여자 등의 과실 유무에 관계없이 해당 예방접종 또는 예방·치료 의약품을 투여받은 것으로 인하여 발생한 피해로서 질병관리청장이 인정하는 경우로 한다. 〈개정 2010. 1. 18., 2020. 8. 11.〉

③ 질병관리청장은 제1항에 따른 보상청구가 있은 날부터 120일 이내에 제2항에 따른 질병, 장애 또는 사망에 해당하는지를 결정하여야 한다. 이 경우 미리 위원회의 의견을 들어야 한다. 〈개정 2010. 1. 18., 2020. 8. 11.〉

④ 제1항에 따른 보상의 청구, 제3항에 따른 결정의 방법과 절차 등에 관하여 필요한 사항은 대통령령으로 정한다.

제72조(손해배상청구권과의 관계 등)

① 국가는 예방접종약품의 이상이나 예방접종 행위자, 예방·치료 의약품의 투여자 등 제3자의 고의 또는 과실로 인하여 제71조에 따른 피해보상을 하였을 때에는 보상액의 범위에서 보상을 받은 사람이 제3자에 대하여 가지는 손해배상청구권을 대위한다.

② 예방접종을 받은 자, 예방·치료 의약품을 투여받은 자 또는 제71조제1항제3호에 따른 유족이 제3자로부터 손해배상을 받았을 때에는 국가는 그 배상액의 범위에서 제71조에 따른 보상금을 지급하지 아니하며, 보상금을 잘못 지급하였을 때에는 해당 금액을 국세 징수의 예에 따라 징수할 수 있다.

제72조의2(손해배상청구권)

보건복지부장관, 질병관리청장, 시·도지사 및 시장·군수·구청장은 이 법을 위반하여 감염병을 확산시키거나 확산 위험성을 증대시킨 자에 대하여 입원치료비, 격리비, 진단검사비, 손실보상금 등 이 법에 따른 예방 및 관리 등을 위하여 지출된 비용에 대해 손해배상을 청구할 권리를 갖는다.

[본조신설 2021. 3. 9.]

제73조(국가보상을 받을 권리의 양도 등 금지)

제70조 및 제71조에 따라 보상받을 권리는 양도하거나 압류할 수 없다.

제11장 보칙

제74조(비밀누설의 금지)

이 법에 따라 건강진단, 입원치료, 진단 등 감염병 관련 업무에 종사하는 자 또는 종사하였던 자는 그 업무상 알게 된 비밀을 다른 사람에게 누설하거나 업무목적 외의 용도로 사용하여서는 아니된다. 〈개정 2020. 9. 29.〉

제74조의2(자료의 제공 요청 및 검사)

① 질병관리청장, 시 · 도지사 또는 시장 · 군수 · 구청장은 감염병관리기관의 장 등에게 감염병관리시설, 제37조에 따른 격리소 · 요양소 또는 진료소, 제39조의3에 따른 감염병의심자 격리시설의 설치 및 운영에 관한 자료의 제공을 요청할 수 있으며, 소속 공무원으로 하여금 해당 시설에 출입하여 관계 서류나 시설 · 장비 등을 검사하게 하거나 관계인에게 질문을 하게 할 수 있다. 〈개정 2018. 3. 27., 2020. 8. 11., 2020. 12. 15.〉

② 제1항에 따라 출입 · 검사를 행하는 공무원은 그 권한을 표시하는 증표를 지니고 이를 관계인에게 제시하여야 한다.

[본조신설 2015. 7. 6.]

제75조(청문)

시 · 도지사 또는 시장 · 군수 · 구청장은 다음 각 호의 어느 하나에 해당하는 처분을 하려면 청문을 실시하여야 한다.

    1. 제49조제3항에 따른 장소나 시설의 폐쇄 명령

    2. 제59조제1항에 따른 영업소의 폐쇄 명령

[전문개정 2021. 3. 9.]

제76조(위임 및 위탁)

① 이 법에 따른 보건복지부장관의 권한 또는 업무는 대통령령으로 정하는 바에 따라 그 일부를 질병관리청장 또는 시 · 도지사에게 위임하거나 관련 기관 또는 관련 단체에 위탁할 수 있다.

② 이 법에 따른 질병관리청장의 권한 또는 업무는 대통령령으로 정하는 바에 따라 그 일부를 시 · 도지사에게 위임하거나 관련 기관 또는 관련 단체에 위탁할 수 있다.

[전문개정 2020. 8. 11.]

제76조의2(정보 제공 요청 및 정보 확인 등)

① 질병관리청장 또는 시·도지사는 감염병 예방 및 감염 전파의 차단을 위하여 필요한 경우 관계 중앙행정기관(그 소속기관 및 책임운영기관을 포함한다)의 장, 지방자치단체의 장(「지방교육자치에 관한 법률」 제18조에 따른 교육감을 포함한다), 「공공기관의 운영에 관한 법률」 제4조에 따른 공공기관, 의료기관 및 약국, 법인·단체·개인에 대하여 감염병환자등 및 감염병의심자에 관한 다음 각 호의 정보 제공을 요청할 수 있으며, 요청을 받은 자는 이에 따라야 한다. 〈개정 2016. 12. 2., 2020. 3. 4., 2020. 8. 11., 2020. 9. 29.〉

1. 성명, 「주민등록법」 제7조의2제1항에 따른 주민등록번호, 주소 및 전화번호(휴대전화번호를 포함한다)

등 인적사항

2. 「의료법」 제17조에 따른 처방전 및 같은 법 제22조에 따른 진료기록부등

3. 질병관리청장이 정하는 기간의 출입국관리기록

4. 그 밖에 이동경로를 파악하기 위하여 대통령령으로 정하는 정보

② 질병관리청장, 시·도지사 또는 시장·군수·구청장은 감염병 예방 및 감염 전파의 차단을 위하여 필요한 경우 감염병환자등 및 감염병의심자의 위치정보를 「국가경찰과 자치경찰의 조직 및 운영에 관한 법률」에 따른 경찰청, 시·도경찰청 및 경찰서(이하 이 조에서 "경찰관서"라 한다)의 장에게 요청할 수 있다. 이 경우 질병관리청장, 시·도지사 또는 시장·군수·구청장의 요청을 받은 경찰관서의 장은 「위치정보의 보호 및 이용 등에 관한 법률」 제15조 및 「통신비밀보호법」 제3조에도 불구하고 「위치정보의 보호 및 이용 등에 관한 법률」 제5조제7항에 따른 개인위치정보사업자, 「전기통신사업법」 제2조제8호에 따른 전기통신사업자에게 감염병환자등 및 감염병의심자의 위치정보를 요청할 수 있고, 요청을 받은 위치정보사업자와 전기통신사업자는 정당한 사유가 없으면 이에 따라야 한다.

〈개정 2015. 12. 29., 2018. 4. 17., 2020. 3. 4., 2020. 8. 11., 2020. 12. 22.〉

③ 질병관리청장은 제1항 및 제2항에 따라 수집한 정보를 관련 중앙행정기관의 장, 지방자치단체의 장, 국민건강보험공단 이사장, 건강보험심사평가원 원장, 「보건의료기본법」 제3조제4호의 보건의료기관(이하 "보건의료기관"이라 한다) 및 그 밖의 단체 등에게 제공할 수 있다. 이 경우 보건의료기관 등에 제공하는 정보는 감염병 예방 및 감염 전파의 차단을 위하여 해당 기관의 업무에 관련된 정보로 한정한다. 〈개정 2020. 3. 4., 2020. 8. 11.〉

④ 질병관리청장은 감염병 예방 및 감염 전파의 차단을 위하여 필요한 경우 제3항 전단에도 불구하고 다음 각 호의 정보시스템을 활용하여 보건의료기관에 제1항제3호에 따른 정보 및 같은 항 제4호에 따른 이동경로 정보를 제공하여야 한다. 이 경우 보건의료기관에 제공하는 정

보는 해당 기관의 업무에 관련된 정보로 한정한다. 〈신설 2020. 3. 4., 2020. 8. 11.〉

1. 국민건강보험공단의 정보시스템

2. 건강보험심사평가원의 정보시스템

3. 감염병의 국내 유입 및 확산 방지를 위하여 질병관리청장이 필요하다고 인정하여 지정하는 기관의 정보시스템

⑤ 의료인, 약사 및 보건의료기관의 장은 의료행위를 하거나 의약품을 처방·조제하는 경우 제4항 각 호의 어느 하나에 해당하는 정보시스템을 통하여 같은 항에 따라 제공된 정보를 확인하여야 한다. 〈신설 2020. 3. 4.〉

⑥ 제3항 및 제4항에 따라 정보를 제공받은 자는 이 법에 따른 감염병 관련 업무 이외의 목적으로 정보를 사용할 수 없으며, 업무 종료 시 지체 없이 파기하고 질병관리청장에게 통보하여야 한다. 〈개정 2020. 3. 4., 2020. 8. 11.〉

⑦ 질병관리청장, 시·도지사 또는 시장·군수·구청장은 제1항 및 제2항에 따라 수집된 정보의 주체에게 다음 각 호의 사실을 통지하여야 한다. 〈개정 2020. 3. 4., 2020. 8. 11.〉

1. 감염병 예방 및 감염 전파의 차단을 위하여 필요한 정보가 수집되었다는 사실

2. 제1호의 정보가 다른 기관에 제공되었을 경우 그 사실

3. 제2호의 경우에도 이 법에 따른 감염병 관련 업무 이외의 목적으로 정보를 사용할 수 없으며, 업무 종료 시 지체 없이 파기된다는 사실

⑧ 제3항 및 제4항에 따라 정보를 제공받은 자가 이 법의 규정을 위반하여 해당 정보를 처리한 경우에는 「개인정보 보호법」에 따른다. 〈개정 2020. 3. 4.〉

⑨ 제3항에 따른 정보 제공의 대상·범위 및 제7항에 따른 통지의 방법 등에 관하여 필요한 사항은 보건복지부령으로 정한다. 〈개정 2020. 3. 4.〉

[본조신설 2015. 7. 6.]

[제목개정 2020. 3. 4.]

제76조의3(준용규정)

제42조제6항은 제41조제1항, 제47조제3호, 제49조제1항제14호에 따른 입원 또는 격리에 관하여도 준용한다. 〈개정 2020. 8. 12.〉

[본조신설 2020. 3. 4.]

제76조의4(벌칙 적용에서 공무원 의제)

심의위원회 위원 중 공무원이 아닌 사람은 「형법」 제127조 및 제129조부터 제132조까지의 규

정을 적용할 때에는 공무원으로 본다.

　[본조신설 2020. 3. 4.]

제12장 벌칙

제77조(벌칙)

　다음 각 호의 어느 하나에 해당하는 자는 5년 이하의 징역 또는 5천만원 이하의 벌금에 처한다.

〈개정 2020. 12. 15.〉

　　1. 제22조제1항 또는 제2항을 위반하여 고위험병원체의 반입 허가를 받지 아니하고 반입한 자

　　2. 제23조의3제1항을 위반하여 보유허가를 받지 아니하고 생물테러감염병병원체를 보유한 자

　　3. 제40조의3제1항을 위반하여 의료 · 방역 물품을 수출하거나 국외로 반출한 자

　[전문개정 2020. 3. 4.]

제78조(벌칙)

　다음 각 호의 어느 하나에 해당하는 자는 3년 이하의 징역 또는 3천만원 이하의 벌금에 처한다.

〈개정 2017. 12. 12., 2019. 12. 3., 2020. 9. 29.〉

　　1. 제23조제2항에 따른 허가를 받지 아니하거나 같은 조 제3항 본문에 따른 변경허가를 받지 아니하고 고위험병원체 취급시설을 설치 · 운영한 자

　　2. 제23조의3제3항에 따른 변경허가를 받지 아니한 자

　　3. 제74조를 위반하여 업무상 알게 된 비밀을 누설하거나 업무목적 외의 용도로 사용한 자

제79조(벌칙)

　다음 각 호의 어느 하나에 해당하는 자는 2년 이하의 징역 또는 2천만원 이하의 벌금에 처한다.

〈개정 2015. 7. 6., 2017. 12. 12., 2019. 12. 3., 2020. 3. 4., 2021. 3. 9.〉

　　1. 제18조제3항을 위반한 자

　　2. 제21조제1항부터 제3항까지 또는 제22조제3항에 따른 신고를 하지 아니하거나 거짓으로 신고한 자

2의2. 제21조제5항에 따른 현장조사를 정당한 사유 없이 거부·방해 또는 기피한 자

2의3. 제23조제2항에 따른 신고를 하지 아니하고 고위험병원체 취급시설을 설치·운영한 자

3. 제23조제8항에 따른 안전관리 점검을 거부·방해 또는 기피한 자

3의2. 제23조의2에 따른 고위험병원체 취급시설의 폐쇄명령 또는 운영정지명령을 위반한 자

3의3. 제49조제4항을 위반하여 정당한 사유 없이 폐쇄 명령에 따르지 아니한 자

4. 제60조제4항을 위반한 자(다만, 공무원은 제외한다)

5. 제76조의2제6항을 위반한 자

제79조의2(벌칙)

다음 각 호의 어느 하나에 해당하는 자는 1년 이하의 징역 또는 2천만원 이하의 벌금에 처한다.

〈개정 2019. 12. 3., 2020. 9. 29.〉

1. 제23조의4제1항을 위반하여 고위험병원체를 취급한 자

2. 제23조의4제2항을 위반하여 고위험병원체를 취급하게 한 자

3. 제76조의2제1항을 위반하여 질병관리청장 또는 시·도지사의 요청을 거부하거나 거짓자료를 제공한 의료기관 및 약국, 법인·단체·개인

4. 제76조의2제2항 후단을 위반하여 경찰관서의 장의 요청을 거부하거나 거짓자료를 제공한 자

[본조신설 2015. 12. 29.]

제79조의3(벌칙)

다음 각 호의 어느 하나에 해당하는 자는 1년 이하의 징역 또는 1천만원 이하의 벌금에 처한다. 〈개정 2020. 8. 12.〉

1. 제41조제1항을 위반하여 입원치료를 받지 아니한 자

2. 삭제 〈2020. 8. 12.〉

3. 제41조제2항을 위반하여 자가치료 또는 시설치료 및 의료기관 입원치료를 거부한 자

4. 제42조제1항·제2항제1호·제3항 또는 제7항에 따른 입원 또는 격리 조치를 거부한 자

5. 제47조제3호 또는 제49조제1항제14호에 따른 입원 또는 격리 조치를 위반한 자

[본조신설 2020. 3. 4.]

[종전 제79조의3은 제79조의4로 이동 〈2020. 3. 4.〉]

제79조의4(벌칙)

다음 각 호의 어느 하나에 해당하는 자는 500만원 이하의 벌금에 처한다.

1. 제1급감염병 및 제2급감염병에 대하여 제11조에 따른 보고 또는 신고 의무를 위반하거나 거짓으로 보고 또는 신고한 의사, 치과의사, 한의사, 군의관, 의료기관의 장 또는 감염병병원체 확인기관의 장

2. 제1급감염병 및 제2급감염병에 대하여 제11조에 따른 의사, 치과의사, 한의사, 군의관, 의료기관의 장 또는 감염병병원체 확인기관의 장의 보고 또는 신고를 방해한 자

[본조신설 2018. 3. 27.]

[제79조의3에서 이동 〈2020. 3. 4.〉]

제80조(벌칙)

다음 각 호의 어느 하나에 해당하는 자는 300만원 이하의 벌금에 처한다.

〈개정 2018. 3. 27., 2020. 3. 4., 2020. 8. 12.〉

1. 제3급감염병 및 제4급감염병에 대하여 제11조에 따른 보고 또는 신고 의무를 위반하거나 거짓으로 보고 또는 신고한 의사, 치과의사, 한의사, 군의관, 의료기관의 장, 감염병병원체 확인기관의 장 또는 감염병 표본감시기관

2. 제3급감염병 및 제4급감염병에 대하여 제11조에 따른 의사, 치과의사, 한의사, 군의관, 의료기관의 장, 감염병병원체 확인기관의 장 또는 감염병 표본감시기관의 보고 또는 신고를 방해한 자

2의2. 제13조제2항에 따른 감염병병원체 검사를 거부한 자

3. 제37조제4항을 위반하여 감염병관리시설을 설치하지 아니한 자

4. 삭제 〈2020. 3. 4.〉

5. 제42조에 따른 강제처분에 따르지 아니한 자(제42조제1항·제2항제1호·제3항 및 제7항에 따른 입원 또는 격리 조치를 거부한 자는 제외한다)

6. 제45조를 위반하여 일반인과 접촉하는 일이 많은 직업에 종사한 자 또는 감염병환자등을 그러한 직업에 고용한 자

7. 제47조(같은 조 제3호는 제외한다) 또는 제49조제1항(같은 항 제2호의2부터 제2호의4까지 및 제3호 중 건강진단에 관한 사항과 같은 항 제14호는 제외한다)에 따른 조치에 위반한 자

8. 제52조제1항에 따른 소독업 신고를 하지 아니하거나 거짓이나 그 밖의 부정한 방법으로 신고하고 소독업을 영위한 자

9. 제54조제1항에 따른 기준과 방법에 따라 소독하지 아니한 자

제81조(벌칙)

다음 각 호의 어느 하나에 해당하는 자는 200만원 이하의 벌금에 처한다.

〈개정 2015. 7. 6., 2019. 12. 3., 2021. 3. 9.〉

1. 삭제 〈2018. 3. 27.〉
2. 삭제 〈2018. 3. 27.〉
3. 제12조제1항에 따른 신고를 게을리한 자
4. 세대주, 관리인 등으로 하여금 제12조제1항에 따른 신고를 하지 아니하도록 한 자
5. 삭제 〈2015. 7. 6.〉
6. 제20조에 따른 해부명령을 거부한 자
7. 제27조에 따른 예방접종증명서를 거짓으로 발급한 자
8. 제29조를 위반하여 역학조사를 거부·방해 또는 기피한 자
8의2. 제32조제2항을 위반하여 거짓이나 그 밖의 부정한 방법으로 예방접종을 받은 사람
9. 제45조제2항을 위반하여 성매개감염병에 관한 건강진단을 받지 아니한 자를 영업에 종사하게 한 자
10. 제46조 또는 제49조제1항제3호에 따른 건강진단을 거부하거나 기피한 자
11. 정당한 사유 없이 제74조의2제1항에 따른 자료 제공 요청에 따르지 아니하거나 거짓 자료를 제공한 자, 검사나 질문을 거부·방해 또는 기피한 자

제81조의2(형의 가중처벌)

① 단체나 다중(多衆)의 위력(威力)을 통하여 조직적·계획적으로 제79조제1호의 죄를 범한 경우 그 죄에서 정한 형의 2분의 1까지 가중한다.
② 제79조의3 각 호의 죄를 범하여 고의 또는 중과실로 타인에게 감염병을 전파시킨 경우 그 죄에서 정한 형의 2분의 1까지 가중한다.

[본조신설 2021. 3. 9.]

제82조(양벌규정)

법인의 대표자나 법인 또는 개인의 대리인, 사용인, 그 밖의 종업원이 그 법인 또는 개인의 업무에 관하여 제77조부터 제81조까지의 어느 하나에 해당하는 위반행위를 하면 그 행위자를 벌하는 외에 그 법인 또는 개인에게도 해당 조문의 벌금형을 과(科)한다. 다만, 법인 또는 개인이 그 위반

행위를 방지하기 위하여 해당 업무에 관하여 상당한 주의와 감독을 게을리하지 아니한 경우에는 그러하지 아니하다.

제83조(과태료)

① 다음 각 호의 어느 하나에 해당하는 자에게는 1천만원 이하의 과태료를 부과한다.

〈신설 2015. 7. 6., 2017. 12. 12., 2019. 12. 3.〉

1. 제23조제3항 단서 또는 같은 조 제4항에 따른 변경신고를 하지 아니한 자

2. 제23조제5항에 따른 신고를 하지 아니한 자

3. 제23조의3제3항 단서에 따른 변경신고를 하지 아니한 자

4. 제35조의2를 위반하여 거짓 진술, 거짓 자료를 제출하거나 고의적으로 사실을 누락 · 은폐한 자

② 제49조제1항제2호의2의 조치를 따르지 아니한 관리자 · 운영자에게는 300만원 이하의 과태료를 부과한다.

〈신설 2020. 8. 12.〉

③ 다음 각 호의 어느 하나에 해당하는 자에게는 100만원 이하의 과태료를 부과한다.

〈개정 2015. 7. 6., 2019. 12. 3., 2020. 3. 4., 2020. 8. 12.〉

1. 제28조제2항에 따른 보고를 하지 아니하거나 거짓으로 보고한 자

2. 제33조의3에 따른 보고를 하지 아니하거나 거짓으로 보고한 자

2의2. 제41조제3항에 따른 전원등의 조치를 거부한 자

3. 제51조제3항에 따른 소독을 하지 아니한 자

4. 제53조제1항 및 제2항에 따른 휴업 · 폐업 또는 재개업 신고를 하지 아니한 자

5. 제54조제2항에 따른 소독에 관한 사항을 기록 · 보존하지 아니하거나 거짓으로 기록한 자

④ 다음 각 호의 어느 하나에 해당하는 자에게는 10만원 이하의 과태료를 부과한다.

〈신설 2020. 8. 12.〉

1. 제49조제1항제2호의2 또는 제2호의3의 조치를 따르지 아니한 이용자

2. 제49조제1항제2호의4의 조치를 따르지 아니한 자

⑤ 제1항부터 제4항까지에 따른 과태료는 대통령령으로 정하는 바에 따라 질병관리청장, 관할 시 · 도지사 또는 시장 · 군수 · 구청장이 부과 · 징수한다.

〈개정 2015. 7. 6., 2020. 8. 11., 2020. 8. 12.〉

제13장 부칙

이 법은 공포 후 3개월이 경과한 날부터 시행한다.

감염병의 예방 및 관리에 관한 법률 시행령

[시행 2022. 3. 22.]
[대통령령 제32553호, 2022. 3. 22., 일부개정]

제1조(목적)

이 영은 「감염병의 예방 및 관리에 관한 법률」에서 위임된 사항과 그 시행에 필요한 사항을 규정함을 목적으로 한다.

제1조의2(감염병관리사업지원기구의 설치 · 운영 등)

① 「감염병의 예방 및 관리에 관한 법률」(이하 "법"이라 한다) 제8조제1항에 따라 질병관리청에 중앙감염병사업지원기구를, 특별시 · 광역시 · 도 · 특별자치도(이하 "시 · 도"라 한다)에 질병관리청장이 정하는 바에 따라 시 · 도감염병사업지원기구를 둔다. 〈개정 2020. 9. 11.〉

② 중앙감염병사업지원기구의 구성원은 다음 각 호의 어느 하나에 해당하는 사람 중에서 질병관리청장이 위촉한다. 〈개정 2020. 9. 11.〉

1. 「의료법」 제2조제1호에 따른 의료인으로서 감염병 관련 분야에서 근무한 사람
2. 「고등교육법」에 따른 대학 또는 「공공기관의 운영에 관한 법률」에 따른 공공기관의 감염병 관련 분야에서 근무한 사람
3. 감염병 예방 및 관리에 관한 전문지식과 경험이 풍부한 사람
4. 역학조사 및 방역 분야 등에 관한 전문지식과 경험이 풍부한 사람
5. 그 밖에 질병관리청장이 감염병관리사업의 지원에 필요하다고 인정하는 사람

③ 중앙감염병사업지원기구는 그 업무수행에 필요한 경우에는 관계 기관 · 단체 및 전문가 등에게 자료 또는 의견의 제출 등을 요청할 수 있다.

④ 중앙감염병사업지원기구는 매 반기별로 질병관리청장이 정하는 바에 따라 그 활동현황 등을 질병관리청장에게 보고하여야 한다. 〈개정 2020. 9. 11.〉

⑤ 질병관리청장은 중앙감염병사업지원기구에 예산의 범위에서 다음 각 호의 비용을 지원을 할 수 있다. 〈개정 2020. 9. 11.〉

1. 자료수집, 조사, 분석 및 자문 등에 소요되는 비용
2. 국내외 협력사업의 추진에 따른 여비 및 수당 등의 경비
3. 그 밖에 질병관리청장이 업무수행을 위하여 특히 필요하다고 인정하는 경비

⑥ 제2항부터 제5항까지에서 규정한 사항 외에 중앙감염병사업지원기구의 설치 · 운영 및 지원 등에 필요한 세부사항은 질병관리청장이 정한다. 〈개정 2020. 9. 11.〉

⑦ 시 · 도감염병사업지원기구의 구성원 위촉, 자료제출 요청, 활동현황 보고 및 비용지원 등에 관하여는 제2항부터 제6항까지의 규정을 준용한다. 이 경우 "질병관리청장"은 "특별시장 · 광역시장 · 도지사 · 특별자치도지사(이하 "시 · 도지사"라 한다)"로, "중앙감염병사업지

원기구"는 "시 · 도감염병사업지원기구"로 본다. 〈개정 2020. 9. 11.〉

[본조신설 2016. 6. 28.]

제1조의3(감염병전문병원의 지정 등)

① 법 제8조의2제1항에 따른 감염병전문병원(이하 "중앙감염병병원"이라 한다)으로 지정받을 수 있는 의료기관(「의료법」 제3조에 따른 의료기관을 말한다. 이하 "의료기관"이라 한다)은 「의료법」 제3조의3 또는 제3조의4에 따른 종합병원 또는 상급종합병원으로서 보건복지부장관이 정하여 고시하는 의료기관으로 한다.

② 중앙감염병병원의 지정기준은 별표 1과 같다.

③ 보건복지부장관은 중앙감염병병원을 지정하는 경우에는 그 지정기준 또는 업무수행 등에 필요한 조건을 붙일 수 있다.

④ 보건복지부장관은 중앙감염병병원을 지정한 경우에는 지정서를 교부하고, 보건복지부 인터넷 홈페이지에 그 지정내용을 게시하여야 한다.

⑤ 중앙감염병병원은 매 분기별로 보건복지부장관이 정하는 바에 따라 그 업무추진 현황 등을 보건복지부장관에게 보고하여야 한다.

⑥ 보건복지부장관은 법 제8조의2제3항에 따라 중앙감염병병원에 대해서는 기획재정부장관과 협의하여 건축비용, 운영비용 및 설비비용 등을 지원할 수 있다.

⑦ 제3항부터 제6항까지에서 규정한 사항 외에 중앙감염병병원의 지정절차 및 경비지원 등에 필요한 세부사항은 보건복지부장관이 정하여 고시한다.

[본조신설 2016. 6. 28.]

제1조의4(권역별 감염병전문병원의 지정)

① 법 제8조의2제2항에 따른 권역별 감염병전문병원(이하 "권역별 감염병병원"이라 한다)으로 지정받을 수 있는 의료기관은 「의료법」 제3조의3 또는 제3조의4에 따른 종합병원 또는 상급종합병원으로서 질병관리청장이 정하여 고시하는 의료기관으로 한다. 〈개정 2020. 9. 11.〉

② 권역별 감염병병원의 지정기준은 별표 1의2와 같다.

③ 질병관리청장은 법 제8조의2제2항에 따라 권역별 감염병병원을 지정하는 경우에는 다음 각 호의 사항을 종합적으로 고려하여야 한다. 〈개정 2020. 9. 11.〉

1. 해당 권역에서의 의료자원의 분포 수준

2. 해당 권역에서의 주민의 인구와 생활권의 범위

3. 해당 권역에서의 감염병의 발생 빈도 및 관리 수준

4. 해당 권역에서의 항만 및 공항 등의 인접도

5. 그 밖에 질병관리청장이 권역별 감염병 관리와 관련하여 특히 필요하다고 인정하는 사항

④ 질병관리청장은 권역별 감염병병원을 지정하기 위하여 필요한 경우에는 지방자치단체의 장, 관계 공공기관 또는 관계 단체 등의 의견을 듣거나 자료의 제출을 요청할 수 있다.

〈개정 2020. 9. 11.〉

⑤ 권역별 감염병병원에 대한 지정조건의 부과, 지정서의 교부, 지정사실의 공표, 업무추진 현황 보고, 경비 지원, 지정절차 등에 필요한 세부사항의 고시 등에 관하여는 제1조의3제3항부터 제7항까지의 규정을 준용한다. 이 경우 "보건복지부장관"은 "질병관리청장"으로, "중앙감염병병원"은 "권역별 감염병병원"으로, "보건복지부"는 "질병관리청"으로 본다.

〈개정 2020. 9. 11.〉

[본조신설 2016. 6. 28.]

제1조의5(내성균 관리대책의 수립)

① 보건복지부장관은 법 제8조의3제1항에 따른 내성균 관리대책(이하 "내성균 관리대책"이라 한다)에 포함된 사항 중 보건복지부장관이 정하는 중요 사항을 변경하려는 경우에는 법 제9조제1항에 따른 감염병관리위원회의 심의를 거쳐야 한다.

② 보건복지부장관은 내성균 관리대책을 수립하거나 변경한 경우에는 보건복지부의 인터넷 홈페이지에 게재하고, 관계 중앙행정기관의 장, 「국민건강보험법」에 따른 건강보험심사평가원의 원장, 그 밖에 내성균 관련 기관·법인·단체의 장에게 그 내용을 알려야 한다.

③ 제1항 및 제2항에서 규정한 사항 외에 내성균 관리대책의 수립 및 변경에 필요한 세부 사항은 보건복지부장관이 정한다.

[본조신설 2017. 5. 29.]

제1조의6(긴급상황실의 설치·운영)

① 법 제8조의5에 따라 설치하는 긴급상황실(이하 "긴급상황실"이라 한다)은 다음 각 호의 설치·운영 요건을 모두 갖추어야 한다.

1. 신속한 감염병 정보의 수집·전파와 감염병 위기상황의 종합관리 등을 위한 정보통신체계를 갖출 것

2. 감염병 위기상황의 효율적 대처를 위한 시설·장비 및 그 운영·관리체계를 갖출 것

3. 긴급상황실의 24시간 운영에 필요한 전담인력을 확보할 것

4. 긴급상황실의 업무를 원활하게 수행하기 위한 운영규정 및 업무매뉴얼을 마련할 것

② 긴급상황실의 설치·운영에 관한 세부사항은 질병관리청장이 정한다. 〈개정 2020. 9. 11.〉

[본조신설 2018. 6. 12.]

제1조의7(감염병 연구개발사업 전문기관의 지정 등)

① 질병관리청장은 법 제8조의6제2항에 따라 「국가연구개발혁신법」 제22조제2항 각 호의 기관 중 감염병 관련 분야의 업무를 전문적으로 수행하는 기관을 감염병 연구개발사업 전문기관으로 지정할 수 있다.

② 질병관리청장은 제1항에 따라 지정된 전문기관(이하 "감염병연구전문기관"이라 한다)이 수행하는 감염병 연구개발 업무에 관하여 그 감염병연구전문기관을 지휘·감독한다.

③ 질병관리청장은 감염병연구전문기관의 감염병 연구개발 업무 수행에 관하여 평가를 실시할 수 있으며, 평가 결과 그 업무가 종료되거나 중대한 협약 위반 등으로 감염병연구전문기관의 업무 수행이 불가능한 것으로 인정되는 경우에는 감염병연구전문기관 지정을 해제할 수 있다.

④ 질병관리청장은 제1항에 따라 감염병연구전문기관을 지정하거나 제3항에 따라 감염병연구전문기관 지정을 해제한 때에는 과학기술정보통신부장관에게 그 사실을 통보해야 한다.

⑤ 제1항부터 제4항까지에서 규정한 사항 외에 감염병연구전문기관의 지정·운영·해제 등에 관하여 필요한 사항은 질병관리청장이 정하여 고시한다.

[본조신설 2022. 3. 22.]

제2조(감염병관리위원회 위원의 임무 및 임기)

① 법 제9조제1항에 따른 감염병관리위원회(이하 "위원회"라 한다) 위원장은 위원회를 대표하고 위원회의 사무를 총괄한다. 〈개정 2016. 6. 28.〉

② 위원회 부위원장은 위원장을 보좌하며 위원장이 부득이한 사유로 직무를 수행할 수 없을 때에는 그 직무를 대행한다.

③ 위원회 위원 중 위촉위원의 임기는 2년으로 한다.

④ 위원회 위원의 자리가 빈 경우 그 보궐위원의 임기는 전임위원 임기의 남은 기간으로 한다.

제3조(회의)

① 위원회의 회의는 질병관리청장 또는 위원 과반수가 요구하거나 위원장이 필요하다고 인정할 때에 소집한다. 〈개정 2020. 9. 11.〉

② 위원회의 회의는 재적위원 과반수의 출석으로 개의(開議)하고 출석위원 과반수의 찬성으로

의결한다.

③ 삭제 〈2020. 9. 11.〉

④ 위원회는 그 업무 수행에 필요하다고 인정할 때에는 관계 공무원 또는 관계 전문가를 위원회에 출석하게 하여 그 의견을 들을 수 있다.

제4조(간사)

위원회의 사무 처리를 위하여 위원회에 간사 1명을 두며, 간사는 질병관리청 소속 공무원 중에서 위원장이 임명한다. 〈개정 2020. 9. 11.〉

제5조(수당의 지급 등)

위원회의 회의에 출석한 위원에게 예산의 범위에서 수당과 여비를 지급할 수 있다. 다만, 공무원인 위원이 그 소관 업무와 직접 관련하여 출석하는 경우에는 그러하지 아니하다.

제6조(운영세칙)

이 영에서 규정한 사항 외에 위원회의 운영에 필요한 사항은 위원회의 의결을 거쳐 위원장이 정한다.

제7조(전문위원회의 구성)

① 법 제10조제3항에 따라 위원회에 다음 각 호의 분야별 전문위원회를 둔다.

〈개정 2015. 1. 6., 2017. 5. 29., 2020. 4. 2., 2021. 6. 8.〉

1. 예방접종 전문위원회
2. 예방접종피해보상 전문위원회
3. 후천성면역결핍증 전문위원회
4. 결핵 전문위원회
5. 역학조사 전문위원회
6. 인수(人獸)공통감염 전문위원회
6의2. 의료관련감염 전문위원회
7. 감염병 위기관리 전문위원회
8. 감염병 연구기획 전문위원회
9. 항생제 내성(耐性) 전문위원회
10. 검역 전문위원회

② 전문위원회는 각각 위원장 1명을 포함한 25명 이내의 위원으로 구성한다. 〈개정 2020. 4. 2.〉

③ 전문위원회 위원장은 위원회 위원 중에서 위원회의 위원장이 임명한다.

④ 전문위원회 위원은 위원회 위원 중에서 위원회 위원장이 임명하거나 관련 학회와 단체 또는 위원회 위원의 추천을 받아 위원회의 위원장이 위촉한다.

제8조(전문위원회의 회의 및 운영)

① 전문위원회의 회의는 위원회 위원장 또는 전문위원회 위원 과반수가 요구하거나 전문위원회 위원장이 필요하다고 인정할 때에 소집한다.

② 전문위원회의 회의는 재적위원 과반수의 출석으로 개의하고 출석위원 과반수의 찬성으로 의결한다.

③ 전문위원회 위원장은 전문위원회에서 심의 · 의결한 사항을 위원회 위원장에게 보고하여야 한다. 〈개정 2015. 1. 6.〉

④ 이 영에서 규정한 사항 외에 전문위원회의 운영에 필요한 사항은 전문위원회의 의결을 거쳐 전문위원회 위원장이 정한다.

제9조(그 밖의 인수공통감염병)

법 제14조제1항제4호에서 "대통령령으로 정하는 인수공통감염병"이란 동물인플루엔자를 말한다. 〈개정 2016. 1. 6.〉

제10조(공공기관)

법 제16조제7항 전단에서 "대통령령으로 정하는 공공기관"이란 「국민건강보험법」에 따른 건강보험심사평가원 및 국민건강보험공단을 말한다. 〈개정 2016. 1. 6.〉

제11조(제공 정보의 내용)

법 제16조제7항에 따라 요구할 수 있는 정보의 내용에는 다음 각 호의 사항이 포함될 수 있다. 〈개정 2016. 1. 6.〉

1. 감염병환자, 감염병의사환자 또는 병원체보유자(이하 "감염병환자등"이라 한다)의 성명 · 주민등록번호 · 성별 · 주소 · 전화번호 · 직업 · 감염병명 · 발병일 및 진단일

2. 감염병환자등을 진단한 의료기관의 명칭 · 주소지 · 전화번호 및 의사 이름

제12조(역학조사의 내용)

① 법 제18조제1항에 따른 역학조사에 포함되어야 하는 내용은 다음 각 호와 같다.

〈개정 2021. 12. 14.〉

　　1. 감염병환자등 및 감염병의심자의 인적 사항

　　2. 감염병환자등의 발병일 및 발병 장소

　　3. 감염병의 감염원인 및 감염경로

　　4. 감염병환자등 및 감염병의심자에 관한 진료기록

　　5. 그 밖에 감염병의 원인 규명과 관련된 사항

② 법 제29조에 따른 역학조사에 포함되어야 하는 내용은 다음 각 호와 같다.

　　1. 예방접종 후 이상반응자의 인적 사항

　　2. 예방접종기관, 접종일시 및 접종내용

　　3. 예방접종 후 이상반응에 관한 진료기록

　　4. 예방접종약에 관한 사항

　　5. 그 밖에 예방접종 후 이상반응의 원인 규명과 관련된 사항

제13조(역학조사의 시기)

법 제18조제1항 및 제29조에 따른 역학조사는 다음 각 호의 구분에 따라 해당 사유가 발생하면 실시한다.　　〈개정 2016. 6. 28., 2020. 9. 11.〉

　　1. 질병관리청장이 역학조사를 하여야 하는 경우

　　　가. 둘 이상의 시 · 도에서 역학조사가 동시에 필요한 경우

　　　나. 감염병 발생 및 유행 여부 또는 예방접종 후 이상반응에 관한 조사가 긴급히 필요한 경우

　　　다. 시 · 도지사의 역학조사가 불충분하였거나 불가능하다고 판단되는 경우

　　2. 시 · 도지사 또는 시장 · 군수 · 구청장(자치구의 구청장을 말한다. 이하 같다)이 역학조사를 하여야 하는 경우

　　　가. 관할 지역에서 감염병이 발생하여 유행할 우려가 있는 경우

　　　나. 관할 지역 밖에서 감염병이 발생하여 유행할 우려가 있는 경우로서 그 감염병이 관할 구역과 역학적 연관성이 있다고 의심되는 경우

　　　다. 관할 지역에서 예방접종 후 이상반응 사례가 발생하여 그 원인 규명을 위한 조사가 필요한 경우

제14조(역학조사의 방법)

법 제18조제1항 및 제29조에 따른 역학조사의 방법은 별표 1의3과 같다. 〈개정 2016. 6. 28.〉

제15조(역학조사반의 구성)

① 법 제18조제1항 및 제29조에 따른 역학조사를 하기 위하여 질병관리청에 중앙역학조사반을 두고, 시·도에 시·도역학조사반을 두며, 시·군·구(자치구를 말한다. 이하 같다)에 시·군·구역학조사반을 둔다. 〈개정 2020. 9. 11.〉

② 중앙역학조사반은 30명 이상, 시·도역학조사반 및 시·군·구역학조사반은 각각 10명 이상의 반원으로 구성한다. 〈개정 2016. 1. 6., 2021. 12. 14.〉

③ 역학조사반의 반장은 법 제60조에 따른 방역관 또는 법 제60조의2에 따른 역학조사관으로 한다. 〈신설 2021. 12. 14.〉

④ 역학조사반원은 다음 각 호의 어느 하나에 해당하는 사람 중에서 질병관리청장, 시·도지사 및 시장·군수·구청장이 각각 임명하거나 위촉한다. 〈개정 2016. 1. 6., 2020. 9. 11., 2021. 12. 14.〉

1. 방역, 역학조사 또는 예방접종 업무를 담당하는 공무원

2. 법 제60조의2에 따른 역학조사관

3. 「농어촌 등 보건의료를 위한 특별조치법」에 따라 채용된 공중보건의사

4. 「의료법」 제2조제1항에 따른 의료인

5. 그 밖에 감염병 등과 관련된 분야의 전문가 등으로서 질병관리청장, 시·도지사 및 시장·군수·구청장이 역학조사를 위해 필요하다고 인정하는 사람

⑤ 역학조사반은 감염병 분야와 예방접종 후 이상반응 분야로 구분하여 운영하되, 분야별 운영에 필요한 사항은 질병관리청장이 정한다. 〈개정 2020. 9. 11., 2021. 12. 14.〉

제16조(역학조사반의 임무 등)

① 역학조사반의 임무는 다음 각 호와 같다.

1. 중앙역학조사반

가. 역학조사 계획의 수립, 시행 및 평가

나. 역학조사의 실시 기준 및 방법의 개발

다. 시·도역학조사반 및 시·군·구역학조사반에 대한 교육·훈련

라. 감염병에 대한 역학적인 연구

마. 감염병의 발생·유행 사례 및 예방접종 후 이상반응의 발생 사례 수집, 분석 및 제공

바. 시·도역학조사반에 대한 기술지도 및 평가

2. 시·도 역학조사반

가. 관할 지역 역학조사 계획의 수립, 시행 및 평가

나. 관할 지역 역학조사의 세부 실시 기준 및 방법의 개발

다. 중앙역학조사반에 관할 지역 역학조사 결과 보고

라. 관할 지역 감염병의 발생·유행 사례 및 예방접종 후 이상반응의 발생 사례 수집, 분석 및 제공

마. 시·군·구역학조사반에 대한 기술지도 및 평가

3. 시·군·구 역학조사반

가. 관할 지역 역학조사 계획의 수립 및 시행

나. 시·도역학조사반에 관할 지역 역학조사 결과 보고

다. 관할 지역 감염병의 발생·유행 사례 및 예방접종 후 이상반응의 발생 사례 수집, 분석 및 제공

② 역학조사를 하는 역학조사반원은 보건복지부령으로 정하는 역학조사반원증을 지니고 관계인에게 보여 주어야 한다.

③ 질병관리청장, 시·도지사 또는 시장·군수·구청장은 역학조사반원에게 예산의 범위에서 역학조사 활동에 필요한 수당과 여비를 지급할 수 있다. 〈개정 2020. 9. 11.〉

제16조의2(자료제출 요구 대상 기관·단체)

법 제18조의4제1항에서 "대통령령으로 정하는 기관·단체"란 다음 각 호의 기관·단체를 말한다. 〈개정 2016. 6. 28.〉

1. 의료기관

2. 「국민건강보험법」 제13조에 따른 국민건강보험공단

3. 「국민건강보험법」 제62조에 따른 건강보험심사평가원

[본조신설 2016. 1. 6.]

제16조의3(지원 요청 등의 범위)

법 제18조의4제2항에 따라 질병관리청장은 관계 중앙행정기관의 장에게 역학조사를 실시하는 데 필요한 인력 파견 및 물자 지원, 역학조사 대상자 및 대상 기관에 대한 관리, 감염원 및 감염경로 조사를 위한 검사·정보 분석 등의 지원을 요청할 수 있다. 〈개정 2020. 9. 11.〉

[본조신설 2016. 1. 6.]

제17조삭제 〈2020. 6. 2.〉

제18조(고위험병원체의 반입 허가 변경신고 사항)

법 제22조제2항 단서에서 "대통령령으로 정하는 경미한 사항"이란 다음 각 호의 사항을 말한다.

〈개정 2020. 6. 2.〉

1. 고위험병원체의 반입 허가를 받은 자(자연인인 경우로 한정한다)의 성명·주소 및 연락처

2. 고위험병원체의 반입 허가를 받은 자(법인인 경우로 한정한다)의 명칭·주소 및 연락처와 그 대표자의 성명 및 연락처

3. 고위험병원체 전담관리자의 성명·직위 및 연락처

제19조(고위험병원체 인수 장소 지정)

법 제22조제3항에 따라 고위험병원체를 인수하여 이동하려는 자는 질병관리청장이 정하는 장소 중에서 인수 장소를 지정하여야 한다. 〈개정 2020. 9. 11.〉

제19조의2(고위험병원체 취급시설의 설치·운영 허가 및 신고)

① 법 제23조제1항에 따른 고위험병원체 취급시설(이하 "고위험병원체 취급시설"이라 한다)의 안전관리 등급의 분류와 허가 또는 신고의 대상이 되는 고위험병원체 취급시설은 별표 1의4 와 같다. 〈개정 2020. 6. 2.〉

② 질병관리청장은 고위험병원체 취급시설의 안전관리 등급별로 다음 각 호의 사항에 대한 설치·운영의 허가 및 신고수리 기준을 정하여 고시하여야 한다. 〈개정 2020. 6. 2., 2020. 9. 11.〉

1. 고위험병원체 취급시설의 종류

2. 고위험병원체의 검사·보유·관리 및 이동에 필요한 설비·인력 및 안전관리

3. 고위험병원체의 검사·보유·관리 및 이동의 과정에서 인체에 대한 위해(危害)가 발생하는 것을 방지할 수 있는 시설(이하 "인체 위해방지시설"이라 한다)의 설비·인력 및 안전관리

③ 법 제23조제2항 및 별표 1의4에 따라 허가대상이 되는 고위험병원체 취급시설을 설치·운영하려는 자는 보건복지부령으로 정하는 허가신청서에 다음 각 호의 서류를 첨부하여 질병관리청장에게 제출하여야 한다. 〈개정 2020. 9. 11.〉

1. 고위험병원체 취급시설의 설계도서 또는 그 사본

2. 고위험병원체 취급시설의 범위와 그 소유 또는 사용에 관한 권리를 증명하는 서류

3. 인체 위해방지시설의 기본설계도서 또는 그 사본

4. 제2항에 따른 허가기준을 갖추었음을 증명하는 서류

④ 질병관리청장은 제3항에 따른 허가신청서를 제출받은 날부터 60일 이내에 허가 여부를 신청

인에게 통지하여야 한다. 이 경우 허가를 하는 때에는 보건복지부령으로 정하는 고위험병원체 취급시설 설치·운영허가서를 발급하여야 한다. 〈개정 2020. 9. 11.〉

⑤ 법 제23조제2항 및 별표 1의4에 따라 신고대상이 되는 고위험병원체 취급시설을 설치·운영하려는 자는 보건복지부령으로 정하는 신고서에 다음 각 호의 서류를 첨부하여 질병관리청장에게 제출하여야 한다. 〈개정 2020. 9. 11.〉

1. 제2항에 따른 신고수리 기준을 갖추었음을 증명하는 서류

2. 제3항제1호부터 제3호까지의 서류

⑥ 질병관리청장은 제5항에 따른 신고서를 제출받은 날부터 60일 이내에 신고수리 여부를 신고인에게 통지하여야 한다. 이 경우 신고수리를 하는 때에는 보건복지부령으로 정하는 고위험병원체 취급시설 설치·운영 신고확인서를 발급하여야 한다. 〈개정 2020. 9. 11.〉

[본조신설 2018. 6. 12.]

제19조의3(고위험병원체 취급시설 변경허가 등)

① 법 제23조제3항 본문에 따라 변경허가를 받으려는 자는 보건복지부령으로 정하는 변경허가 신청서에 허가사항의 변경사유와 변경내용을 증명하는 서류를 첨부하여 질병관리청장에게 제출하여야 한다. 〈개정 2020. 9. 11.〉

② 질병관리청장은 제1항에 따른 변경허가신청서를 제출받은 날부터 60일 이내에 변경허가 여부를 신청인에게 통지하여야 한다. 이 경우 변경허가를 하는 때에는 보건복지부령으로 정하는 변경허가서를 발급하여야 한다. 〈개정 2020. 9. 11.〉

③ 법 제23조제3항 단서에서 "대통령령으로 정하는 경미한 사항"이란 다음 각 호의 어느 하나에 해당하는 사항을 말한다.

1. 고위험병원체 취급시설을 설치·운영하는 자(자연인인 경우로 한정한다)의 성명·주소 및 연락처

2. 고위험병원체 취급시설을 설치·운영하는 자(법인인 경우로 한정한다)의 명칭·주소 및 연락처와 그 대표자의 성명·연락처

3. 제19조의6제1항제1호에 따른 고위험병원체 취급시설의 설치·운영 책임자, 고위험병원체의 전담관리자 및 생물안전관리책임자의 성명·연락처

④ 법 제23조제3항 단서에 따라 변경신고를 하려는 자는 보건복지부령으로 정하는 허가사항 변경신고서를 질병관리청장에게 제출하여야 한다. 〈개정 2020. 9. 11.〉

⑤ 질병관리청장은 제4항에 따른 허가사항 변경신고서를 제출받은 때에는 보건복지부령으로 정하는 변경신고확인서를 발급하여야 한다. 〈개정 2020. 9. 11.〉

[본조신설 2018. 6. 12.]

제19조의4(고위험병원체 취급시설 변경신고)

① 법 제23조제4항에 따라 변경신고를 하려는 자는 보건복지부령으로 정하는 변경신고서를 질병관리청장에게 제출하여야 한다.　　　　　　　　　　　　　　〈개정 2020. 9. 11.〉

② 질병관리청장은 제1항에 따른 변경신고서를 제출받은 날부터 60일 이내에 신고수리 여부를 신고인에게 통지해야 한다. 이 경우 신고를 수리하는 때에는 보건복지부령으로 정하는 변경신고확인서를 발급해야 한다.　　　　　　　　　〈개정 2020. 6. 2., 2020. 9. 11.〉

[본조신설 2018. 6. 12.]

제19조의5(고위험병원체 취급시설의 폐쇄신고 등)

① 법 제23조제5항에 따라 고위험병원체 취급시설의 폐쇄신고를 하려는 자는 보건복지부령으로 정하는 폐쇄신고서에 고위험병원체의 폐기처리를 증명하는 서류를 첨부하여 질병관리청장에게 제출하여야 한다.　　　　　　　　　　　　　〈개정 2020. 9. 11.〉

② 질병관리청장은 제1항에 따른 폐쇄신고서를 제출받은 날부터 10일 이내에 신고수리 여부를 신고인에게 통지하여야 한다. 이 경우 신고를 수리하는 때에는 보건복지부령으로 정하는 폐쇄신고확인서를 발급하여야 한다.　　　　　　　　　　　　〈개정 2020. 9. 11.〉

③ 법 제23조제5항에 따라 고위험병원체 취급시설을 폐쇄하는 경우 고위험병원체 취급시설의 소독과 고위험병원체에 대한 폐기처리 등 고위험병원체 취급시설의 폐쇄방법과 절차 등은 질병관리청장이 정하여 고시한다.　　　　　　　　　　　　　　〈개정 2020. 9. 11.〉

[본조신설 2018. 6. 12.]

제19조의6(고위험병원체 취급시설 설치·운영의 안전관리 준수사항)

① 법 제23조제7항에서 "대통령령으로 정하는 안전관리 준수사항"이란 다음 각 호의 사항을 말한다.　　　　　　　　　　　　　　　　　　　〈개정 2020. 4. 2., 2020. 6. 2.〉

1. 고위험병원체 취급시설의 설치·운영 책임자, 고위험병원체의 전담관리자 및 생물안전관리책임자를 둘 것

2. 고위험병원체의 검사·보유·관리 및 이동과 관련된 안전관리에 대한 사항을 심의하기 위하여 고위험병원체 취급시설에 외부전문가, 생물안전관리책임자 등으로 구성되는 심의기구를 설치·운영할 것

3. 고위험병원체는 보존 단위용기에 고위험병원체의 이름, 관리번호 등 식별번호, 제조일 등

관련 정보를 표기하여 보안 잠금장치가 있는 별도의 보존상자 또는 보존장비에 보존할 것

4. 고위험병원체의 취급구역 및 보존구역에 대한 출입제한 및 고위험병원체의 취급을 확인할 수 있는 보안시스템을 운영할 것

5. 고위험병원체를 불활성화(폐기하지 아니하면서 영구적으로 생존하지 못하게 하는 처리를 말한다)하여 이용하려는 경우에는 제2호에 따른 심의기구의 심의를 거칠 것

6. 제19조의2제2항에 따른 허가 및 신고수리 기준을 준수할 것

② 제1항에서 규정한 사항 외에 안전관리 세부사항 및 제1항제2호에 따른 심의기구의 구성·운영 등의 사항은 질병관리청장이 정하여 고시한다. 〈개정 2020. 9. 11.〉

[본조신설 2018. 6. 12.]

제19조의7(고위험병원체 취급시설 허가 및 신고사항의 자료보완)

질병관리청장은 제19조의2에 따른 고위험병원체 취급시설 설치·운영 허가 또는 신고, 제19조의3에 따른 고위험병원체 취급시설 설치·운영 허가사항의 변경허가 및 변경신고, 제19조의4에 따른 고위험병원체 취급시설의 변경신고 및 제19조의5에 따른 고위험병원체 취급시설의 폐쇄신고를 위하여 제출된 자료의 보완이 필요하다고 판단하는 경우 30일 이내의 기간을 정하여 필요한 자료를 제출하게 할 수 있다. 이 경우 보완에 걸리는 기간은 제19조의2제4항·제6항, 제19조의3제2항 및 제19조의5제2항에 따른 결정기간에 산입하지 아니한다. 〈개정 2020. 9. 11.〉

[본조신설 2018. 6. 12.]

제19조의8(생물테러감염병병원체의 보유에 대한 사후 허가 사항)

법 제23조의3제1항 단서에서 "대통령령으로 정하는 부득이한 사정"이란 같은 항 본문에 따른 생물테러감염병병원체(이하 "생물테러감염병병원체"라 한다)를 분리할 의도가 없는 경우로서 다음 각 호의 어느 하나에 해당하는 경우를 말한다.

1. 감염병환자등의 질병진단과정에서 생물테러감염병병원체가 분리되어 보유하는 경우

2. 동물 또는 식물의 질병진단과정에서 생물테러감염병병원체가 분리되어 보유하는 경우

3. 식품 또는 토양 등 환경검체로부터 생물테러감염병병원체가 분리되어 보유하는 경우

[본조신설 2020. 6. 2.]

제19조의9(생물테러감염병병원체 보유허가의 변경신고 사항)

법 제23조의3제3항 단서에서 "대통령령으로 정하는 경미한 사항"이란 다음 각 호의 사항을 말한다.

1. 생물테러감염병병원체의 보유허가를 받은 자(자연인인 경우로 한정한다)의 성명·주소 및 연락처
2. 생물테러감염병병원체의 보유허가를 받은 자(법인인 경우로 한정한다)의 명칭·주소 및 연락처와 그 대표자의 성명 및 연락처
3. 고위험병원체 전담관리자의 성명·직위 및 연락처

[본조신설 2020. 6. 2.]

제20조(예방접종업무의 위탁)

① 특별자치도지사 또는 시장·군수·구청장은 법 제24조제2항 및 제25조제2항에 따라 보건소에서 시행하기 어렵거나 보건소를 이용하기 불편한 주민 등에 대한 예방접종업무를 다음 각 호에 해당하는 의료기관 중에서 특별자치도지사 또는 시장·군수·구청장이 지정하는 의료기관에 위탁할 수 있다. 이 경우 특별자치도지사 또는 시장·군수·구청장은 위탁한 기관을 공고해야 한다.　　　　　　　　　　　　　　　　　　　　　　〈개정 2021. 8. 3.〉

1. 「의료법」 제3조제2항제1호가목에 따른 의원
2. 「의료법」 제3조제2항제3호에 따른 병원급 의료기관(치과병원 및 한방병원은 같은 법 제43조제2항에 따라 의사를 두어 의과 진료과목을 추가로 설치·운영하는 경우로 한정한다)

② 특별자치도지사 또는 시장·군수·구청장은 제1항에 따라 예방접종업무를 위탁할 때에는 다음 각 호의 사항이 포함된 위탁계약서를 작성하여야 한다.　　　　　　〈신설 2015. 1. 6.〉

1. 예방접종업무의 위탁범위에 관한 사항
2. 위탁계약 기간에 관한 사항
3. 위탁계약 조건에 관한 사항
4. 위탁계약 해지에 관한 사항

③ 제1항에 따라 예방접종업무를 위탁한 경우의 예방접종 비용 산정 및 비용 상환 절차 등에 관하여 필요한 사항은 질병관리청장이 정하여 고시한다.　　　〈개정 2015. 1. 6., 2020. 9. 11.〉

제20조의2(예방접종 내역의 사전확인)

법 제24조제1항 및 제25조제1항에 따라 예방접종을 하는 보건소장과 법 제24조제2항(법 제25조제2항에서 준용하는 경우를 포함한다)에 따라 예방접종을 위탁받은 의료기관의 장(이하 "보건소장등"이라 한다)은 법 제26조의2제1항 본문에 따라 예방접종을 받으려는 사람 또는 법정대리인에게 다음 각 호의 사항에 대하여 서면으로 동의를 받아야 한다.

1. 예방접종 내역을 확인한다는 사실

2. 예방접종 내역에 대한 확인 방법

[본조신설 2016. 6. 28.]

제21조(예방접종피해조사반의 구성 등)

① 법 제30조제1항에 따른 예방접종피해조사반(이하 이 조에서 "피해조사반"이라 한다)은 감염병 예방접종 후 이상반응의 발생 건수 등을 고려하여 필요한 경우 복수로 설치할 수 있다. 〈신설 2021. 8. 3.〉

② 피해조사반은 10명 이내의 반원으로 구성한다. 〈개정 2021. 8. 3.〉

③ 피해조사반원은 질병관리청장이 소속 공무원이나 다음 각 호의 어느 하나에 해당하는 사람 중에서 임명하거나 위촉한다. 〈개정 2020. 9. 11., 2021. 8. 3.〉

1. 예방접종 및 예방접종 후 이상반응 분야의 전문가

2. 「의료법」 제2조제1항에 따른 의료인

④ 피해조사반은 다음 각 호의 사항을 조사하고, 그 결과를 예방접종피해보상 전문위원회에 보고하여야 한다. 〈개정 2021. 8. 3.〉

1. 제31조제2항에 따라 시·도지사가 제출한 기초조사 결과에 대한 평가 및 보완

2. 법 제72조제1항에서 규정하는 제3자의 고의 또는 과실 유무

3. 그 밖에 예방접종으로 인한 피해보상과 관련하여 예방접종피해보상 전문위원회가 결정하는 사항

⑤ 피해조사반원은 제4항에 따라 피해조사를 하는 경우 보건복지부령으로 정하는 예방접종피해조사반원증을 지니고 관계인에게 보여 주어야 한다. 〈개정 2021. 8. 3.〉

⑥ 질병관리청장은 피해조사반원에게 예산의 범위에서 피해조사 활동에 필요한 수당과 여비를 지급할 수 있다. 〈개정 2020. 9. 11., 2021. 8. 3.〉

⑦ 피해조사반의 운영에 관한 세부사항은 예방접종피해보상 전문위원회의 의결을 거쳐 질병관리청장이 정한다. 〈개정 2020. 9. 11., 2021. 8. 3.〉

제21조의2(예방접종 대상자의 개인정보 등)

① 법 제33조의4제2항제1호에 따라 질병관리청장이 관련 기관 및 단체에 요청할 수 있는 예방접종 대상자의 인적사항에 관한 자료는 다음 각 호의 구분에 따른다. 〈개정 2018. 6. 12., 2020. 6. 2., 2020. 9. 11., 2021. 8. 3.〉

1. 예방접종 대상자가 국민인 경우: 다음 각 목의 자료

　　가. 예방접종 대상자의 성명, 주민등록번호, 주소 및 전화번호(휴대전화번호를 포함한다)

　　나. 예방접종 대상자의 소속에 관한 다음의 자료

　　　1) 「초 · 중등교육법」 제2조에 따른 소속 학교에 관한 자료

　　　2) 「유아교육법」 제2조제2호에 따른 소속 유치원에 관한 자료

　　　3) 「영유아보육법」 제2조제3호에 따른 소속 어린이집에 관한 자료

　　　4) 「아동복지법」 제3조제10호에 따른 소속 아동복지시설에 관한 자료

　　다. 그 밖에 예방접종 대상자에 대한 다음의 자료

　　　1) 「장애인복지법」 제32조에 따라 등록된 장애인인지 여부

　　　2) 「다문화가족지원법」 제2조제1호에 따른 다문화가족의 구성원인지 여부

　　　3) 「국민기초생활 보장법」 제2조제2호에 따른 수급자(같은 조 제10호에 따른 차상위 계층을 포함한다) 또는 수급자의 자녀인지 여부

2. 예방접종 대상자가 외국인 또는 외국국적동포인 경우: 다음 각 목의 자료

　　가. 「출입국관리법」 제31조에 따른 외국인등록에 관한 정보

　　나. 「재외동포의 출입국과 법적 지위에 관한 법률」 제6조에 따른 외국국적동포의 국내 거소신고에 관한 정보

3. 그 밖에 예방접종 대상자의 인적사항에 관한 정보로서 예방접종업무의 수행과 관련하여 질병관리청장이 특히 필요하다고 인정하여 고시하는 정보

② 법 제33조의4제2항제3호에 따라 질병관리청장이 예방접종업무를 하는 데 필요한 자료로서 관련 기관 및 단체에 요청할 수 있는 자료는 다음 각 호와 같다.

〈개정 2020. 6. 2., 2020. 9. 11.〉

1. 법 제24조제2항(법 제25조제2항에서 준용하는 경우를 포함한다)에 따라 예방접종업무를 위탁받은 의료기관의 개설정보

2. 예방접종 피해보상 신청내용에 관한 자료

3. 예방접종을 하는 데에 현저히 곤란한 질병이나 질환 또는 감염병의 관리 등에 관한 정보

[본조신설 2016. 6. 28.]

제21조의3(예방접종 정보의 입력)

　보건소장등이 예방접종을 실시한 경우에는 법 제33조의4제3항에 따라 같은 조 제1항에 따른 예방접종통합관리시스템(이하 "통합관리시스템"이라 한다)에 다음 각 호의 정보를 지체 없이 입력해야 한다. 〈개정 2020. 6. 2.〉

　1. 예방접종을 받은 사람에 대한 다음 각 목의 정보

가. 성명

나. 주민등록번호. 다만, 예방접종을 받은 사람이 외국인이거나 외국국적동포인 경우에는 외국인등록번호 또는 국내거소신고번호를 말한다.

2. 예방접종의 내용에 대한 다음 각 목의 정보

가. 예방접종 명칭

나. 예방접종 차수

다. 예방접종 연월일

라. 예방접종에 사용된 백신의 이름

마. 예진(豫診)의사 및 접종의사의 성명

[본조신설 2016. 6. 28.]

제21조의4(예방접종 내역의 제공 등)

① 질병관리청장은 법 제33조의4제4항 전단에 따라 예방접종 대상 아동 부모에게 자녀의 예방접종 내역을 제공하는 경우에는 통합관리시스템을 활용한 열람의 방법으로 제공한다. 다만, 질병관리청장이 필요하다고 인정하는 경우에는 통합관리시스템을 활용하여 문자전송, 전자메일, 전화, 우편 또는 이에 상응하는 방법으로 제공할 수 있다. 〈개정 2020. 6. 2., 2020. 9. 11.〉

② 질병관리청장은 법 제33조의4제4항 전단에 따라 예방접종증명서를 발급하는 경우에는 질병관리청장이 정하는 바에 따라 통합관리시스템에서 직접 발급하거나 「전자정부법」 제9조제3항에 따른 전자민원창구와 연계하여 발급할 수 있다. 〈개정 2020. 6. 2., 2020. 9. 11.〉

[본조신설 2016. 6. 28.]

제22조(감염병 위기관리대책 수립 절차 등)

① 보건복지부장관 및 질병관리청장은 법 제34조제1항에 따라 감염병 위기관리대책을 수립하기 위하여 관계 행정기관, 지방자치단체 및 「공공기관의 운영에 관한 법률」 제4조에 따른 공공기관 등에 자료의 제출을 요청할 수 있다. 〈개정 2020. 9. 11.〉

② 보건복지부장관 및 질병관리청장은 법 제34조제1항에 따라 수립한 감염병 위기관리대책을 관계 중앙행정기관의 장에게 통보하여야 한다. 〈개정 2020. 9. 11.〉

제22조의2(감염병위기 시 공개 제외 정보)

① 법 제34조의2제1항에서 "대통령령으로 정하는 정보"란 다음 각 호의 정보를 말한다.

1. 성명

2. 읍 · 면 · 동 단위 이하의 거주지 주소

3. 그 밖에 질병관리청장이 감염병별 특성을 고려하여 감염병의 예방과 관계없다고 정하는 정보

② 질병관리청장은 제1항제3호에 따라 감염병의 예방과 관계없는 정보를 정한 경우에는 그 내용을 질병관리청의 인터넷 홈페이지에 게재하고, 시 · 도지사 및 시장 · 군수 · 구청장에게 알려야 한다.

[본조신설 2020. 12. 29.]

제22조의3(감염병관리통합정보시스템)

① 법 제40조의5제2항제1호에서 "「개인정보 보호법」 제24조에 따른 고유식별정보 등 대통령령으로 정하는 개인정보"란 다음 각 호의 구분에 따른 정보를 말한다.

1. 감염병환자등이 대한민국 국민인 경우: 성명, 주민등록번호, 주소, 직업 및 연락처

2. 감염병환자등이 외국인인 경우: 「출입국관리법」 제32조 각 호에 따른 외국인등록사항 및 연락처

3. 감염병환자등이 외국국적동포인 경우: 「재외동포의 출입국과 법적 지위에 관한 법률 시행령」 제7조제1항 각 호에 따른 국내거소 신고사항 및 연락처

② 법 제40조의5제2항제2호에서 "대통령령으로 정하는 자료"란 다음 각 호의 자료를 말한다.

1. 법 제11조부터 제14조까지의 규정에 따른 신고, 보고 및 통보를 통하여 수집된 자료

2. 법 제16조제2항 전단에 따른 감염병의 표본감시 관련 자료

3. 법 제18조제1항 본문에 따른 역학조사의 결과에 관한 정보

4. 법 제76조의2제1항 및 제2항에 따라 수집된 감염병환자등 및 감염병의심자에 관한 정보

5. 의료기관별 다음 각 목의 의료자원 현황에 관한 자료

가. 「의료법」 제2조제1항에 따른 의료인

나. 「약사법」 제2조제4호에 따른 의약품

다. 의료 시설 · 장비 및 물품

6. 그 밖에 감염병환자등에 대한 예방 · 관리 · 치료 업무에 필요한 자료로서 질병관리청장이 정하여 고시하는 자료

③ 법 제40조의5제3항제6호에서 "대통령령으로 정하는 정보시스템"이란 다음 각 호의 정보시스템을 말한다.

1. 「119구조 · 구급에 관한 법률」 제10조의2제2항제4호에 따른 119구급이송 관련 정보망

2. 「국민건강보험법」 제13조에 따른 국민건강보험공단의 정보시스템

3. 「국민건강보험법」 제62조에 따른 건강보험심사평가원의 정보시스템

4. 「야생생물 보호 및 관리에 관한 법률」 제34조의7제1항에 따른 야생동물의 질병진단 관련 정보를 처리하는 정보시스템

5. 「여권법」 제8조제2항에 따른 여권정보통합관리시스템

6. 「응급의료에 관한 법률」 제15조제1항에 따른 응급의료정보통신망

7. 「초 · 중등교육법」 제30조의4제1항에 따른 교육정보시스템

8. 「출입국관리법」에 따른 출입국관리정보를 처리하는 정보시스템

9. 그 밖에 질병관리청장이 감염병환자등에 대한 예방 · 관리 · 치료 업무를 위해 필요하다고 인정하는 정보시스템

[본조신설 2020. 12. 29.]

제23조(치료 및 격리의 방법 및 절차 등)

법 제41조제1항 및 제2항에 따른 입원치료, 자가(自家)치료 및 시설치료, 법 제42조제2항에 따른 자가격리 및 시설격리의 방법 및 절차 등은 별표 2와 같다. 〈개정 2020. 6. 2., 2020. 10. 13.〉

[제목개정 2020. 6. 2.]

제23조의2(전원등의 방법 및 절차)

① 법 제41조제1항에 따른 감염병관리기관등(이하 "감염병관리기관등"이라 한다)의 장, 감염병관리기관등이 아닌 의료기관의 장 또는 법 제37조제1항제2호에 따라 설치 · 운영하는 시설(이하 이 조에서 "시설"이라 한다)의 장은 법 제41조제3항 각 호의 어느 하나에 해당하는 경우 관할 특별자치도지사 · 시장 · 군수 · 구청장에게 같은 조 제1항 또는 제2항에 따라 해당 기관에서 치료 중인 사람에 대한 같은 조 제3항에 따른 전원(轉院) 또는 이송(이하 "전원등"이라 한다)의 조치를 요청할 수 있다.

② 특별자치도지사 · 시장 · 군수 · 구청장은 다음 각 호의 어느 하나에 해당하는 경우 관할구역 내에서 전원등의 조치를 할 수 있다.

1. 제1항에 따라 전원등의 조치를 요청받은 경우

2. 법 제41조제3항 각 호의 어느 하나에 해당하는 경우로서 관할구역 내에서 자가치료 중인 사람에 대해 전원등의 조치가 필요하다고 인정되는 경우

③ 시장 · 군수 · 구청장은 관할구역 내의 격리병상 및 시설이 부족하여 제2항에 따른 전원등의 조치를 하기 어려울 때에는 해당 시 · 군 · 구를 관할하는 시 · 도지사에게 전원등의 조치를 요청할 수 있다.

④ 시·도지사는 제3항에 따라 전원등의 조치를 요청받은 경우 관할구역 내에서 시·군·구 간 전원등의 조치를 할 수 있다.

⑤ 감염병관리기관등의 장, 감염병관리기관등이 아닌 의료기관의 장, 시설의 장 또는 시·도지사는 다음 각 호의 구분에 따라 보건복지부장관 또는 질병관리청장에게 전원등의 조치를 요청할 수 있다. 〈개정 2020. 12. 29.〉

1. 감염병관리기관등의 장, 감염병관리기관등이 아닌 의료기관의 장 또는 시설의 장: 제1항에도 불구하고 시·도 간 전원등의 조치가 긴급히 필요한 경우

2. 시·도지사: 관할구역 내의 격리병상 및 시설이 부족하여 제4항에 따른 전원등의 조치를 하기 어려운 경우

⑥ 보건복지부장관 또는 질병관리청장은 제5항에 따라 전원등의 조치를 요청받은 경우 시·도 간 전원등의 조치를 할 수 있다. 〈개정 2020. 12. 29.〉

⑦ 특별자치도지사·시장·군수·구청장은 관할구역에 주소를 둔 사람에 대해 제2항, 제4항 또는 제6항에 따라 전원등의 조치가 결정된 때에는 전원등 대상자와 그 보호자에게 입원·격리 장소의 변경 사항을 명시한 입원·격리통지서를 보내야 한다.

⑧ 감염병관리기관등의 장, 감염병관리기관등이 아닌 의료기관의 장 또는 시설의 장은 해당 기관에서 치료 중인 사람이 다른 의료기관 또는 시설로 전원되거나 이송되는 경우에는 해당 의료기관 또는 시설에 의무기록 등 치료에 필요한 정보를 제공해야 한다.

⑨ 제1항부터 제8항까지에서 규정한 사항 외에 전원등에 필요한 사항은 질병관리청장이 정하여 고시한다.

[본조신설 2020. 10. 13.]

[종전 제23조의2는 제23조의3으로 이동 〈2020. 10. 13.〉]

제23조의3(유급휴가 비용 지원 등)

① 법 제41조의2제3항에 따라 사업주에게 주는 유급휴가 지원비용은 질병관리청장이 기획재정부장관과 협의하여 고시하는 금액에 근로자가 법에 따라 입원 또는 격리된 기간을 곱한 금액으로 한다. 〈개정 2020. 9. 11.〉

② 법 제41조의2제3항에 따라 비용을 지원받으려는 사업주는 보건복지부령으로 정하는 신청서(전자문서로 된 신청서를 포함한다)에 다음 각 호의 서류(전자문서로 된 서류를 포함한다)를 첨부하여 질병관리청장에게 제출하여야 한다. 〈개정 2020. 9. 11.〉

1. 근로자가 입원 또는 격리된 사실과 기간을 확인할 수 있는 서류

2. 재직증명서 등 근로자가 계속 재직하고 있는 사실을 증명하는 서류

3. 보수명세서 등 근로자에게 유급휴가를 준 사실을 증명하는 서류

4. 그 밖에 질병관리청장이 유급휴가 비용지원을 위하여 특히 필요하다고 인정하는 서류

③ 질병관리청장은 제2항에 따른 신청서를 제출받은 경우에는 「전자정부법」 제36조제1항에 따라 행정정보의 공동이용을 통하여 사업자등록증을 확인하여야 한다. 다만, 사업주가 확인에 동의하지 아니하는 경우에는 그 서류를 첨부하도록 하여야 한다. 〈개정 2020. 9. 11.〉

④ 질병관리청장은 제2항에 따른 신청서를 제출받은 경우에는 유급휴가 비용지원 여부와 지원금액을 결정한 후 해당 사업주에게 서면으로 알려야 한다. 〈개정 2020. 9. 11.〉

⑤ 제2항부터 제4항까지에서 규정한 사항 외에 유급휴가 비용지원의 신청절차 및 결과통보 등에 필요한 사항은 보건복지부령으로 정한다.

[본조신설 2016. 6. 28.]

[제23조의2에서 이동, 종전 제23조의3은 제23조의4로 이동 〈2020. 10. 13.〉]

제23조의4(감염병환자등의 격리 등을 위한 감염병관리기관의 지정)

① 법 제42조제4항 및 제7항에 따라 감염병환자등에 대한 조사·진찰을 하거나 격리·치료 등을 하는 감염병관리기관으로 지정받을 수 있는 기관은 법 제36조제1항 및 제2항에 따라 지정받은 감염병관리기관(이하 "감염병관리기관"이라 한다)으로서 감염병환자등을 위한 1인 병실[전실(前室) 및 음압시설(陰壓施設)을 갖춘 병실을 말한다]을 설치한 감염병관리기관으로 한다. 〈개정 2020. 4. 2., 2020. 6. 2.〉

② 질병관리청장, 시·도지사 또는 시장·군수·구청장은 법 제42조제11항에 따라 조사·진찰·격리·치료를 하는 감염병관리기관을 지정하는 경우에는 법 제39조의2에 따른 감염병관리시설에 대한 평가 결과를 고려하여야 한다. 〈개정 2020. 4. 2., 2020. 9. 11.〉

③ 질병관리청장, 시·도지사 또는 시장·군수·구청장은 법 제42조제11항에 따라 조사·진찰·격리·치료를 하는 감염병관리기관을 지정한 경우에는 질병관리청장이 정하는 바에 따라 지정서를 발급하여야 한다. 〈개정 2020. 4. 2., 2020. 9. 11.〉

[본조신설 2016. 6. 28.]

[제23조의3에서 이동 〈2020. 10. 13.〉]

제24조(소독을 해야 하는 시설)

법 제51조제3항에 따라 감염병 예방에 필요한 소독을 해야 하는 시설은 다음 각 호와 같다. 〈개정 2011. 12. 8., 2014. 7. 7., 2015. 1. 6., 2016. 1. 19., 2016. 6. 28., 2016. 8. 11., 2017. 3. 29., 2020. 6. 2., 2021. 6. 8.〉

1. 「공중위생관리법」에 따른 숙박업소(객실 수 20실 이상인 경우만 해당한다), 「관광진흥

법」에 따른 관광숙박업소

2. 「식품위생법 시행령」 제21조제8호(마목은 제외한다)에 따른 식품접객업 업소(이하 "식품접객업소"라 한다)

중 연면적 300제곱미터 이상의 업소

3. 「여객자동차 운수사업법」에 따른 시내버스·농어촌버스·마을버스·시외버스·전세버스·장의자동차, 「항공안전법」에 따른 항공기 및 「공항시설법」에 따른 공항시설, 「해운법」에 따른 여객선, 「항만법」에 따른 연면적 300제곱미터 이상의 대합실, 「철도사업법」 및 「도시철도법」에 따른 여객운송 철도차량과 역사(驛舍)

및 역 시설

4. 「유통산업발전법」에 따른 대형마트, 전문점, 백화점, 쇼핑센터, 복합쇼핑몰, 그 밖의 대규모 점포와 「전통시장 및 상점가 육성을 위한 특별법」에 따른 전통시장

5. 「의료법」 제3조제2항제3호에 따른 병원급 의료기관

6. 「식품위생법」 제2조제12호에 따른 집단급식소(한 번에 100명 이상에게 계속적으로 식사를 공급하는 경우만 해당한다)

6의2. 「식품위생법 시행령」 제21조제8호마목에 따른 위탁급식영업을 하는 식품접객업소 중 연면적 300제곱미터 이상의 업소

7. 「건축법 시행령」 별표 1 제2호라목에 따른 기숙사

7의2. 「화재예방, 소방시설 설치·유지 및 안전관리에 관한 법률 시행령」 별표 2 제8호가목에 따른 합숙소(50명 이상을 수용할 수 있는 경우만 해당한다)

8. 「공연법」에 따른 공연장(객석 수 300석 이상인 경우만 해당한다)

9. 「초·중등교육법」 제2조 및 「고등교육법」 제2조에 따른 학교

10. 「학원의 설립·운영 및 과외교습에 관한 법률」에 따른 연면적 1천제곱미터 이상의 학원

11. 연면적 2천제곱미터 이상의 사무실용 건축물 및 복합용도의 건축물

12. 「영유아보육법」에 따른 어린이집 및 「유아교육법」에 따른 유치원(50명 이상을 수용하는 어린이집 및 유치원만 해당한다)

13. 「공동주택관리법」에 따른 공동주택(300세대 이상인 경우만 해당한다)

[제목개정 2020. 6. 2.]

제25조(방역관의 자격 및 직무 등)

① 법 제60조제1항에 따른 방역관은 감염병 관련 분야의 경험이 풍부한 4급 이상 공무원 중에서 임명한다. 다만, 시·군·구 소속 방역관은 감염병 관련 분야의 경험이 풍부한 5급 이상 공

무원 중에서 임명할 수 있다. 〈개정 2016. 1. 6.〉

② 법 제60조제3항에 따른 조치권한 외에 방역관이 가지는 감염병 발생지역의 현장에 대한 조치권한은 다음 각 호와 같다. 〈개정 2016. 1. 6., 2020. 6. 2.〉

1. 감염병의심자를 적당한 장소에 일정한 기간 입원조치 또는 격리조치

2. 감염병병원체에 오염된 장소 또는 건물에 대한 소독이나 그 밖에 필요한 조치

3. 일정한 장소에서 세탁하는 것을 막거나 오물을 일정한 장소에서 처리하도록 명하는 조치

4. 인수공통감염병 예방을 위하여 살처분에 참여한 사람 또는 인수공통감염병에 노출된 사람 등에 대한 예방조치

③ 삭제 〈2016. 1. 6.〉

제26조(역학조사관의 자격 및 직무 등)

① 삭제 〈2016. 1. 6.〉

② 역학조사관은 다음 각 호의 업무를 담당한다.

1. 역학조사 계획 수립

2. 역학조사 수행 및 결과 분석

3. 역학조사 실시 기준 및 방법의 개발

4. 역학조사 기술지도

5. 역학조사 교육훈련

6. 감염병에 대한 역학적인 연구

③ 삭제 〈2016. 1. 6.〉

④ 질병관리청장, 시·도지사 및 시장·군수·구청장은 역학조사관에게 예산의 범위에서 연구비와 여비를 지급할 수 있다. 〈개정 2020. 9. 11., 2020. 10. 13.〉

제26조의2(의료인에 대한 방역업무 종사명령)

① 질병관리청장 또는 시·도지사는 법 제60조의3제1항에 따라 방역업무 종사명령을 하는 경우에는 방역업무 종사명령서를 발급하여야 한다. 이 경우 해당 명령서에는 방역업무 종사기관, 종사기간 및 종사업무 등이 포함되어야 한다. 〈개정 2020. 9. 11.〉

② 법 제60조의3제1항에 따른 방역업무 종사기간은 30일 이내로 한다. 다만, 본인이 사전에 서면으로 동의하는 경우에는 그 기간을 달리 정할 수 있다.

③ 질병관리청장 또는 시·도지사는 제2항에 따른 방역업무 종사기간을 연장하는 경우에는 해당 종사기간이 만료되기 전에 본인의 동의를 받아야 한다. 이 경우 그 연장기간은 30일을 초

과할 수 없되, 본인이 동의하는 경우에는 그 연장기간을 달리 정할 수 있다. 〈개정 2020. 9. 11.〉

④ 질병관리청장 또는 시 · 도지사는 제3항에 따라 방역업무 종사기간을 연장하는 경우에는 방역업무 종사명령서를 새로 발급하여야 한다. 〈개정 2020. 9. 11.〉

[본조신설 2016. 6. 28.]

제26조의3(방역관 등의 임명)

① 질병관리청장, 시 · 도지사 또는 시장 · 군수 · 구청장은 법 제60조의3제2항에 따라 방역관을 임명하는 경우에는 임명장을 발급해야 한다. 이 경우 해당 임명장에는 직무수행기간이 포함되어야 한다. 〈개정 2020. 6. 2., 2020. 9. 11., 2020. 12. 29.〉

② 질병관리청장, 시 · 도지사 또는 시장 · 군수 · 구청장은 법 제60조의3제3항에 따라 역학조사관을 임명하는 때에는 임명장을 발급해야 한다. 이 경우 해당 임명장에는 직무수행기간이 포함되어야 한다. 〈신설 2020. 6. 2., 2020. 9. 11.〉

③ 방역관 또는 역학조사관의 직무수행기간, 직무수행기간 연장 및 직무수행기간 연장에 따른 임명장의 발급 등에 관하여는 제26조의2제2항부터 제4항까지의 규정을 준용한다.

〈개정 2020. 6. 2.〉

[본조신설 2016. 6. 28.]

제27조(시 · 도의 보조 비율)

법 제66조에 따른 시 · 도(특별자치도는 제외한다)의 경비 보조액은 시 · 군 · 구가 부담하는 금액의 3분의 2로 한다.

제28조(손실보상의 대상 및 범위 등)

① 법 제70조제1항에 따른 손실보상의 대상 및 범위는 별표 2의2와 같다.

② 법 제70조의2제1항에 따른 손실보상심의위원회(이하 "심의위원회"라 한다)는 법 제70조제1항에 따라 손실보상액을 산정하기 위하여 필요한 경우에는 관계 분야의 전문기관이나 전문가로 하여금 손실 항목에 대한 감정, 평가 또는 조사 등을 하게 할 수 있다.

③ 심의위원회는 법 제70조제1항제1호부터 제3호까지의 손실에 대하여 보상금을 산정하는 경우에는 해당 의료기관의 연평균수입 및 영업이익 등을 고려하여야 한다.

[전문개정 2016. 6. 28.]

제28조의2(손실보상금의 지급제외 및 감액기준)

① 법 제70조제3항에 따라 법 또는 관련 법령에 따른 조치의무를 위반하여 손실보상금을 지급하지 않거나 손실보상금을 감액하여 지급할 수 있는 위반행위의 종류는 다음 각 호와 같다.

〈개정 2020. 12. 29.〉

1. 법 제11조에 따른 보고 · 신고를 게을리하거나 방해한 경우 또는 거짓으로 보고 · 신고한 경우

2. 법 제12조에 따른 신고의무를 게을리하거나 같은 조 제1항 각 호에 따른 신고의무자의 신고를 방해한 경우

3. 법 제18조제3항에 따른 역학조사 시 금지행위를 한 경우

4. 법 제36조제3항 또는 제37조제2항에 따른 감염병관리시설을 설치하지 않은 경우

5. 법 제60조제4항에 따른 협조의무를 위반한 경우

6. 「의료법」 제59조제1항에 따른 지도와 명령을 위반한 경우

7. 그 밖에 법령상의 조치의무로서 보건복지부장관이 특히 중요하다고 인정하여 고시하는 조치의무를 위반한 경우

② 법 제70조제3항에 따라 손실보상금을 지급하지 아니하거나 감액을 하는 경우에는 제1항 각 호의 위반행위가 그 손실의 발생 또는 확대에 직접적으로 관련되는지 여부와 중대한 원인인지의 여부를 기준으로 한다.

③ 심의위원회는 제2항에 따라 제1항 각 호의 위반행위와 손실 발생 또는 손실 확대와의 인과관계를 인정하는 경우에는 해당 위반행위의 동기, 경위, 성격 및 유형 등을 종합적으로 고려하여야 한다.

④ 제2항 및 제3항에 따른 손실보상금 지급제외 및 감액기준 등에 필요한 세부사항은 보건복지부장관이 정하여 고시한다.

[본조신설 2016. 6. 28.]

제28조의3(손실보상심의위원회의 구성 및 운영)

① 보건복지부에 두는 심의위원회의 위원은 보건복지부장관이 성별을 고려하여 다음 각 호의 사람 중에서 임명하거나 위촉한다.

1. 「의료법」에 따라 설립된 의료인 단체 및 의료기관 단체와 「약사법」에 따라 설립된 대한약사회 및 대한한약사회에서 추천하는 사람

2. 「비영리민간단체 지원법」에 따른 비영리민간단체로서 보건의료분야와 밀접한 관련이 있다고 보건복지부장관이 인정하는 단체에서 추천하는 사람

    3. 「국민건강보험법」에 따른 국민건강보험공단의 이사장 또는 건강보험심사평가원의 원장이 추천하는 사람

    4. 「고등교육법」에 따른 대학의 보건의료 관련 학과에서 부교수 이상 또는 이에 상당하는 직위에 재직 중이거나 재직하였던 사람

    5. 감염병 예방 및 관리에 관한 전문지식과 경험이 풍부한 사람

    6. 손실보상에 관한 전문지식과 경험이 풍부한 사람

    7. 보건의료 정책을 담당하는 고위공무원단에 속하는 공무원

② 제1항제1호부터 제6호까지의 규정에 따른 위촉위원의 임기는 3년으로 한다. 다만, 위원의 해촉(解囑) 등으로 인하여 새로 위촉된 위원의 임기는 전임 위원 임기의 남은 기간으로 한다.

③ 보건복지부장관은 제1항에 따른 심의위원회의 위촉위원이 다음 각 호의 어느 하나에 해당하는 경우에는 해당 위촉위원을 해촉할 수 있다.

    1. 심신장애로 인하여 직무를 수행할 수 없게 된 경우

    2. 직무와 관련된 비위사실이 있는 경우

    3. 직무태만, 품위손상이나 그 밖의 사유로 인하여 위원으로 적합하지 아니하다고 인정되는 경우

    4. 위원 스스로 직무를 수행하는 것이 곤란하다고 의사를 밝히는 경우

④ 제1항에 따른 심의위원회의 위원장은 심의위원회를 대표하고, 심의위원회의 업무를 총괄한다.

⑤ 제1항에 따른 심의위원회의 회의는 재적위원 과반수의 요구가 있거나 심의위원회의 위원장이 필요하다고 인정할 때에 소집하고, 심의위원회의 위원장이 그 의장이 된다.

⑥ 제1항에 따른 심의위원회의 회의는 재적위원 과반수의 출석으로 개의(開議)하고, 출석위원 과반수의 찬성으로 의결한다.

⑦ 제1항에 따른 심의위원회는 업무를 효율적으로 수행하기 위하여 심의위원회에 관계 분야의 전문가로 구성되는 전문위원회를 둘 수 있다.

⑧ 제1항부터 제7항까지에서 규정한 사항 외에 제1항에 따른 심의위원회 및 전문위원회의 구성·운영 등에 필요한 사항은 심의위원회의 의결을 거쳐 심의위원회의 위원장이 정한다.

⑨ 법 제70조의2제1항에 따라 시·도에 두는 심의위원회의 구성·운영 등에 관하여는 제1항부터 제8항까지를 준용한다. 이 경우 "보건복지부장관"은 "시·도지사"로 본다.

[본조신설 2016. 6. 28.]

제28조의4(보건의료인력 등에 대한 지원 등)

① 질병관리청장, 시·도지사 또는 시장·군수·구청장은 법 제70조의3제1항에 따라 감염병의 발생 감시, 예방·관리 또는 역학조사업무에 조력한 의료인, 의료기관 개설자 또는 약사에게 수당 및 여비 등의 비용을 지원할 수 있다. 〈개정 2020. 9. 11., 2021. 6. 8.〉

② 질병관리청장, 시·도지사 및 시장·군수·구청장은 법 제70조의3제2항에 따라 감염병의 발생 감시, 예방·방역·검사·치료·관리 및 역학조사 업무에 조력한 보건의료인력 및 보건의료기관 종사자에게 수당 및 여비 등의 비용을 지원할 수 있다. 〈신설 2022. 3. 22.〉

③ 제1항 또는 제2항에 따른 지원을 받으려는 자는 감염병의 발생 감시, 예방·방역·검사·치료·관리 및 역학조사업무에 조력한 사실을 증명하는 자료를 첨부하여 질병관리청장, 시·도지사 또는 시장·군수·구청장에게 신청하여야 한다. 〈개정 2020. 9. 11., 2022. 3. 22.〉

④ 제3항에 따른 지원 신청을 받은 질병관리청장, 시·도지사 또는 시장·군수·구청장은 지원 여부, 지원항목 및 지원금액 등을 결정하고, 그 사실을 신청인에게 알려야 한다.
〈개정 2020. 9. 11., 2022. 3. 22.〉

[본조신설 2016. 6. 28.]
[제목개정 2022. 3. 22.]

제28조의5(감염병환자등에 대한 생활지원 등)

질병관리청장, 시·도지사 또는 시장·군수·구청장은 법 제70조의4제1항에 따라 다음 각 호의 지원을 할 수 있다. 다만, 법 제41조의2제1항에 따라 유급휴가를 받은 경우에는 제2호에 따른 지원을 하지 아니한다. 〈개정 2020. 9. 11.〉

　1. 치료비 및 입원비: 본인이 부담하는 치료비 및 입원비. 다만, 「국민건강보험법」에 따른 요양급여의 대상에서 제외되는 비용 등 질병관리청장이 정하는 비용은 제외한다.

　2. 생활지원비: 질병관리청장이 기획재정부장관과 협의하여 고시하는 금액

[본조신설 2016. 6. 28.]

제28조의6(심리지원의 대상 등)

① 법 제70조의6제1항에 따라 「정신건강증진 및 정신질환자 복지서비스 지원에 관한 법률」 제15조의2제1항에 따른 심리지원(이하 "심리지원"이라 한다)을 받을 수 있는 현장대응인력의 범위는 다음 각 호와 같다.

　1. 법 제49조제1항제12호에 따라 감염병 유행기간 중 동원된 의료업자 및 의료관계요원

　2. 법 제60조제1항 및 제60조의3제2항에 따른 방역관

3. 법 제60조의2제1항·제2항 및 제60조의3제3항에 따른 역학조사관

4. 그 밖에 감염병의 예방 또는 관리 업무를 담당하는 사람으로서 심리지원을 받을 필요가 있다고 보건복지부장관이 인정하는 사람

② 보건복지부장관, 시·도지사 또는 시장·군수·구청장은 법 제70조의6제2항에 따라 심리지원에 관한 권한 또는 업무를 다음 각 호의 기관에 위임하거나 위탁할 수 있다.

1. 「정신건강증진 및 정신질환자 복지서비스 지원에 관한 법률」 제3조제3호에 따른 정신건강복지센터

2. 「정신건강증진 및 정신질환자 복지서비스 지원에 관한 법률」 제3조제5호에 따른 정신의료기관

3. 「정신건강증진 및 정신질환자 복지서비스 지원에 관한 법률」 제15조의2에 따른 국가트라우마센터

4. 그 밖에 보건복지부장관이 심리지원에 관한 전문성이 있다고 인정하는 기관

③ 보건복지부장관, 시·도지사 또는 시장·군수·구청장은 제2항에 따라 심리지원에 관한 권한 또는 업무를 위임하거나 위탁한 경우에는 다음 각 호의 사항을 고시해야 한다.

1. 위임받거나 위탁받은 기관

2. 위임 또는 위탁한 내용.

[본조신설 2020. 12. 29.]

제29조(예방접종 등에 따른 피해의 보상 기준)

법 제71조제1항에 따라 보상하는 보상금의 지급 기준 및 신청기한은 다음 각 호의 구분과 같다.
〈개정 2015. 1. 6., 2017. 5. 29., 2018. 9. 18., 2019. 7. 9., 2020. 6. 2., 2020. 9. 11.〉

1. 진료비

가. 지급 기준: 예방접종피해로 발생한 질병의 진료비 중 「국민건강보험법」에 따라 보험자가 부담하거나 지급한 금액을 제외한 잔액 또는 「의료급여법」에 따라 의료급여기금이 부담한 금액을 제외한 잔액. 다만, 제3호에 따른 일시보상금을 지급받은 경우에는 진료비를 지급하지 않는다.

나. 신청기한: 해당 예방접종피해가 발생한 날부터 5년 이내

2. 간병비: 입원진료의 경우에 한정하여 1일당 5만원

3. 장애인이 된 사람에 대한 일시보상금

가. 지급 기준

1) 「장애인복지법」에 따른 장애인 중 장애의 정도가 심한 장애인: 사망한 사람에 대한

일시보상금의 100분의 100

    2) 「장애인복지법」에 따른 장애인 중 장애의 정도가 심하지 않은 장애인: 사망한 사람에 대한 일시보상금의 100분의 55

    3) 1) 및 2) 외의 장애인으로서 「국민연금법」, 「공무원연금법」, 「공무원 재해보상법」 및 「산업재해보상보험법」 등 질병관리청장이 정하여 고시하는 법률에서 정한 장애 등급이나 장해 등급에 해당하는 장애인: 사망한 사람에 대한 일시보상금의 100분의 20 범위에서 해당 장애 등급이나 장해 등급의 기준별로 질병관리청장이 정하여 고시하는 금액

  나. 신청기한: 장애진단을 받은 날부터 5년 이내

4. 사망한 사람에 대한 일시보상금

  가. 지급 기준: 사망 당시의 「최저임금법」에 따른 월 최저임금액에 240을 곱한 금액에 상당하는 금액

  나. 신청기한: 사망한 날부터 5년 이내

5. 장제비: 30만원

제30조(예방접종 등에 따른 피해의 보상대상자)

① 법 제71조제1항에 따라 보상을 받을 수 있는 사람은 다음 각 호의 구분에 따른다.

  1. 법 제71조제1항제1호 및 제2호의 경우: 본인

  2. 법 제71조제1항제3호의 경우: 유족 중 우선순위자

② 법 제71조제1항제3호에서 "대통령령으로 정하는 유족"이란 배우자(사실상 혼인관계에 있는 사람을 포함한다), 자녀, 부모, 손자·손녀, 조부모, 형제자매를 말한다.

③ 유족의 순위는 제2항에 열거한 순위에 따르되, 행방불명 등으로 지급이 어려운 사람은 제외하며, 우선순위의 유족이 2명 이상일 때에는 사망한 사람에 대한 일시보상금을 균등하게 배분한다.

제31조(예방접종 등에 따른 피해의 보상 절차)

① 법 제71조제1항에 따라 보상을 받으려는 사람은 보건복지부령으로 정하는 바에 따라 보상청구서에 피해에 관한 증명서류를 첨부하여 관할 특별자치도지사 또는 시장·군수·구청장에게 제출하여야 한다.

② 시장·군수·구청장은 제1항에 따라 받은 서류(이하 "피해보상청구서류"라 한다)를 시·도지사에게 제출하고, 피해보상청구서류를 받은 시·도지사와 제1항에 따라 피해보상청구서

류를 받은 특별자치도지사는 지체 없이 예방접종으로 인한 피해에 관한 기초조사를 한 후 피해보상청구서류에 기초조사 결과 및 의견서를 첨부하여 질병관리청장에게 제출하여야 한다. 〈개정 2020. 9. 11.〉

③ 질병관리청장은 예방접종피해보상 전문위원회의 의견을 들어 보상 여부를 결정한 후 그 사실을 시·도지사에게 통보하고, 시·도지사(특별자치도지사는 제외한다)는 시장·군수·구청장에게 통보하여야 한다. 이 경우 통보를 받은 특별자치도지사 또는 시장·군수·구청장은 제1항에 따라 보상을 받으려는 사람에게 결정 내용을 통보하여야 한다.
〈개정 2015. 1. 6., 2020. 9. 11.〉

④ 질병관리청장은 제3항에 따라 보상을 하기로 결정한 사람에 대하여 제29조의 보상 기준에 따른 보상금을 지급한다. 〈개정 2020. 9. 11.〉

⑤ 이 영에서 규정한 사항 외에 예방접종으로 인한 피해보상 심의의 절차 및 방법에 관하여 필요한 사항은 질병관리청장이 정한다. 〈개정 2020. 9. 11.〉

제32조(권한의 위임 및 업무의 위탁)

① 보건복지부장관은 법 제76조제1항에 따라 법 제8조의2제1항·제3항 및 이 영 제1조의3에 따른 중앙감염병병원의 운영 및 지원에 관한 권한을 질병관리청장에게 위임한다.
〈개정 2020. 9. 11.〉

② 보건복지부장관은 법 제76조제1항에 따라 법 제70조에 따른 업무를 다음 각 호의 어느 하나에 해당하는 자에게 위탁할 수 있다.
〈신설 2015. 1. 6., 2016. 1. 6., 2020. 6. 2., 2020. 9. 11., 2020. 10. 13.〉

1. 「고등교육법」 제2조에 따른 학교

2. 「공공기관의 운영에 관한 법률」 제4조에 따른 공공기관

3. 「민법」 또는 다른 법률에 따라 설립된 비영리법인으로서 감염병의 예방 및 관리와 관련된 업무를 수행하는 법인

4. 「정부출연연구기관 등의 설립·운영 및 육성에 관한 법률」에 따른 정부출연연구기관

5. 그 밖에 감염병의 예방 및 관리 업무에 전문성이 있다고 보건복지부장관이 인정하는 기관 또는 단체

③ 질병관리청장은 법 제76조제2항에 따라 법 제71조제2항·제3항 및 이 영 제31조제3항·제4항에 따른 보상(법 제71조제1항제1호 및 이 영 제29조제1호가목에 따라 보상금으로 지급받을 수 있는 진료비가 30만원 미만인 보상으로 한정한다)의 결정 및 지급 권한을 시·도지사에게 위임한다. 〈신설 2022. 1. 25.〉

④ 질병관리청장은 법 제76조제2항에 따라 법 제4조제2항제4호부터 제9호까지·제14호부터 제17호까지, 제16조의2제2항, 제41조제3항, 제41조의2제3항, 제70조의3제1항·제2항, 제70조의4제1항 및 제71조제2항·제3항에 따른 업무의 전부 또는 일부를 다음 각 호의 어느 하나에 해당하는 자에게 위탁할 수 있다. 〈신설 2020. 10. 13., 2021. 8. 3., 2022. 1. 25., 2022. 3. 22.〉

1. 「고등교육법」 제2조에 따른 학교

2. 「공공기관의 운영에 관한 법률」 제4조에 따른 공공기관

3. 「민법」 또는 다른 법률에 따라 설립된 비영리법인으로서 감염병의 예방 및 관리와 관련된 업무를 수행하는 법인

4. 「정부출연연구기관 등의 설립·운영 및 육성에 관한 법률」에 따른 정부출연연구기관

5. 그 밖에 질병관리청장이 감염병의 예방 및 관리 업무에 전문성이 있다고 인정하는 기관 또는 단체

⑤ 보건복지부장관 및 질병관리청장은 제2항 및 제4항에 따라 업무를 위탁하는 경우 위탁받는 기관 및 위탁업무의 내용을 고시해야 한다.

〈신설 2015. 1. 6., 2020. 9. 11., 2020. 10. 13., 2022. 1. 25.〉

[제목개정 2015. 1. 6.]

제32조의2(제공 요청할 수 있는 정보)

법 제76조의2제1항제4호에서 "대통령령으로 정하는 정보"란 다음 각 호의 정보를 말한다.

1. 「여신전문금융업법」 제2조제3호·제6호 및 제8호에 따른 신용카드·직불카드·선불카드 사용명세

2. 「대중교통의 육성 및 이용촉진에 관한 법률」 제10조의2제1항에 따른 교통카드 사용명세

3. 「개인정보 보호법」 제2조제7호에 따른 영상정보처리기기를 통하여 수집된 영상정보

[본조신설 2016. 1. 6.]

[종전 제32조의2는 제32조의3으로 이동 〈2016. 1. 6.〉]

제32조의3(민감정보 및 고유식별정보의 처리)

① 국가 및 지방자치단체(해당 업무가 위탁된 경우에는 해당 업무를 위탁받은 자를 포함한다)는 다음 각 호의 사무를 수행하기 위하여 불가피한 경우 「개인정보 보호법」 제23조에 따른 건강에 관한 정보, 같은 법 시행령 제19조제1호, 제2호 또는 제4호에 따른 주민등록번호, 여권번호 또는 외국인등록번호가 포함된 자료를 처리할 수 있다.

〈개정 2020. 6. 2., 2021. 6. 8., 2021. 8. 3.〉

1. 법 제4조제2항제2호에 따른 감염병환자등의 진료 및 보호 사업에 관한 사무

2. 법 제4조제2항제8호에 따른 감염병 예방 및 관리 등을 위한 전문인력 양성 사업에 관한 사무

3. 법 제4조제2항제9호에 따른 감염병 관리정보 교류 등을 위한 국제협력 사업에 관한 사무

② 보건복지부장관, 질병관리청장, 시·도지사, 시장·군수·구청장(해당 업무가 위탁된 경우에는 해당 업무를 위탁받은 자를 포함한다), 보건소장 또는 법 제16조제1항에 따라 지정받은 감염병 표본감시기관은 다음 각 호의 사무를 수행하기 위하여 불가피한 경우 제1항 각 호 외의 부분에 따른 개인정보가 포함된 자료를 처리할 수 있다.

〈개정 2016. 6. 28., 2020. 6. 2., 2020. 9. 11., 2020. 12. 29., 2021. 8. 3.〉

1. 법 제11조부터 제13조까지 및 제15조에 따른 감염병환자등의 신고·보고·파악 및 관리에 관한 사무

2. 법 제16조에 따른 감염병 표본감시 등에 관한 사무

3. 법 제17조에 따른 실태조사에 관한 사무

4. 법 제18조에 따른 역학조사에 관한 사무

5. 법 제19조에 따른 건강진단에 관한 사무

6. 법 제20조에 따른 해부명령에 관한 사무

7. 법 제21조부터 제23조까지의 규정에 따른 고위험병원체에 관한 사무

8. 법 제24조, 제25조, 제26조의2, 제27조부터 제32조까지 및 제33조의4에 따른 예방접종에 관한 사무

9. 법 제36조 및 제37조에 따른 감염병관리기관 지정, 감염병관리시설, 격리소, 요양소 및 진료소의 설치·운영에 관한 사무

9의2. 법 제40조의5에 따른 감염병관리통합정보시스템의 구축·운영에 관한 사무

10. 법 제41조, 제41조의2, 제42조, 제43조, 제45조부터 제47조까지, 제49조, 제50조 및 제76조의2에 따른 감염병환자등·감염병의심자의 관리 및 감염병의 방역·예방 조치에 관한 사무

11. 법 제52조 및 제53조에 따른 소독업의 신고에 관한 사무

12. 법 제55조에 따른 소독업자 등에 관한 교육에 관한 사무

13. 법 제70조부터 제72조까지의 규정에 따른 손실보상 및 예방접종 등에 따른 피해의 국가보상에 관한 사무

[본조신설 2014. 8. 6.]

[제32조의2에서 이동 〈2016. 1. 6.〉]

제32조의4(규제의 재검토)

① 보건복지부장관은 제1조의3제2항 및 별표 1에 따른 중앙감염병병원의 지정기준에 대하여 2022년 1월 1일을 기준으로 5년마다(매 5년이 되는 해의 1월 1일 전까지를 말한다) 그 타당성을 검토하여 개선 등의 조치를 해야 한다.

② 질병관리청장은 다음 각 호의 사항에 대하여 2022년 1월 1일을 기준으로 3년마다(매 3년이 되는 해의 1월 1일 전까지를 말한다) 그 타당성을 검토하여 개선 등의 조치를 해야 한다.

1. 제1조의4제2항 및 별표 1의2에 따른 권역별 감염병병원의 지정기준

2. 제19조의6제1항에 따른 고위험병원체 취급시설의 안전관리 준수사항

3. 제32조의2에 따른 요청 정보의 범위

[본조신설 2022. 3. 8.]

제33조(과태료의 부과)

법 제83조제1항부터 제4항까지의 규정에 따른 과태료의 부과기준은 별표 3과 같다.

〈개정 2018. 6. 12., 2020. 10. 13.〉

[전문개정 2016. 1. 6.]

부칙 〈제32553호, 2022. 3. 22.〉

이 영은 2022년 3월 22일부터 시행한다.

감염병의 예방 및 관리에 관한 법률 시행규칙

[시행 2022. 2. 9.]
[보건복지부령 제864호, 2022. 2. 9., 일부개정]

제1조(목적)

이 영은 「감염병의 예방 및 관리에 관한 법률」에서 위임된 사항과 그 시행에 필요한 사항을 규정함을 목적으로 한다.

제1조의2(감염병관리사업지원기구의 설치 · 운영 등)

① 「감염병의 예방 및 관리에 관한 법률」(이하 "법"이라 한다) 제8조제1항에 따라 질병관리청에 중앙감염병사업지원기구를, 특별시 · 광역시 · 도 · 특별자치도(이하 "시 · 도"라 한다)에 질병관리청장이 정하는 바에 따라 시 · 도감염병사업지원기구를 둔다. 〈개정 2020. 9. 11.〉

② 중앙감염병사업지원기구의 구성원은 다음 각 호의 어느 하나에 해당하는 사람 중에서 질병관리청장이 위촉한다. 〈개정 2020. 9. 11.〉

1. 「의료법」 제2조제1호에 따른 의료인으로서 감염병 관련 분야에서 근무한 사람

2. 「고등교육법」에 따른 대학 또는 「공공기관의 운영에 관한 법률」에 따른 공공기관의 감염병 관련 분야에서 근무한 사람

3. 감염병 예방 및 관리에 관한 전문지식과 경험이 풍부한 사람

4. 역학조사 및 방역 분야 등에 관한 전문지식과 경험이 풍부한 사람

5. 그 밖에 질병관리청장이 감염병관리사업의 지원에 필요하다고 인정하는 사람

③ 중앙감염병사업지원기구는 그 업무수행에 필요한 경우에는 관계 기관 · 단체 및 전문가 등에게 자료 또는 의견의 제출 등을 요청할 수 있다.

④ 중앙감염병사업지원기구는 매 반기별로 질병관리청장이 정하는 바에 따라 그 활동현황 등을 질병관리청장에게 보고하여야 한다. 〈개정 2020. 9. 11.〉

⑤ 질병관리청장은 중앙감염병사업지원기구에 예산의 범위에서 다음 각 호의 비용을 지원을 할 수 있다. 〈개정 2020. 9. 11.〉

1. 자료수집, 조사, 분석 및 자문 등에 소요되는 비용

2. 국내외 협력사업의 추진에 따른 여비 및 수당 등의 경비

3. 그 밖에 질병관리청장이 업무수행을 위하여 특히 필요하다고 인정하는 경비

⑥ 제2항부터 제5항까지에서 규정한 사항 외에 중앙감염병사업지원기구의 설치 · 운영 및 지원 등에 필요한 세부사항은 질병관리청장이 정한다. 〈개정 2020. 9. 11.〉

⑦ 시 · 도감염병사업지원기구의 구성원 위촉, 자료제출 요청, 활동현황 보고 및 비용지원 등에 관하여는 제2항부터 제6항까지의 규정을 준용한다. 이 경우 "질병관리청장"은 "특별시장 · 광역시장 · 도지사 · 특별자치도지사(이하 "시 · 도지사"라 한다)"로, "중앙감염병사업지원기구"는 "시 · 도감염병사업지원기구"로 본다. 〈개정 2020. 9. 11.〉

[본조신설 2016. 6. 28.]

제1조의3(감염병전문병원의 지정 등)

① 법 제8조의2제1항에 따른 감염병전문병원(이하 "중앙감염병병원"이라 한다)으로 지정받을 수 있는 의료기관(「의료법」 제3조에 따른 의료기관을 말한다. 이하 "의료기관"이라 한다) 은 「의료법」 제3조의3 또는 제3조의4에 따른 종합병원 또는 상급종합병원으로서 보건복지부장관이 정하여 고시하는 의료기관으로 한다.

② 중앙감염병병원의 지정기준은 별표 1과 같다.

③ 보건복지부장관은 중앙감염병병원을 지정하는 경우에는 그 지정기준 또는 업무수행 등에 필요한 조건을 붙일 수 있다.

④ 보건복지부장관은 중앙감염병병원을 지정한 경우에는 지정서를 교부하고, 보건복지부 인터넷 홈페이지에 그 지정내용을 게시하여야 한다.

⑤ 중앙감염병병원은 매 분기별로 보건복지부장관이 정하는 바에 따라 그 업무추진 현황 등을 보건복지부장관에게 보고하여야 한다.

⑥ 보건복지부장관은 법 제8조의2제3항에 따라 중앙감염병병원에 대해서는 기획재정부장관과 협의하여 건축비용, 운영비용 및 설비비용 등을 지원할 수 있다.

⑦ 제3항부터 제6항까지에서 규정한 사항 외에 중앙감염병병원의 지정절차 및 경비지원 등에 필요한 세부사항은 보건복지부장관이 정하여 고시한다.

[본조신설 2016. 6. 28.]

제1조의4(권역별 감염병전문병원의 지정)

① 법 제8조의2제2항에 따른 권역별 감염병전문병원(이하 "권역별 감염병병원"이라 한다)으로 지정받을 수 있는 의료기관은 「의료법」 제3조의3 또는 제3조의4에 따른 종합병원 또는 상급종합병원으로서 질병관리청장이 정하여 고시하는 의료기관으로 한다. 〈개정 2020. 9. 11.〉

② 권역별 감염병병원의 지정기준은 별표 1의2와 같다.

③ 질병관리청장은 법 제8조의2제2항에 따라 권역별 감염병병원을 지정하는 경우에는 다음 각 호의 사항을 종합적으로 고려하여야 한다. 〈개정 2020. 9. 11.〉

1. 해당 권역에서의 의료자원의 분포 수준

2. 해당 권역에서의 주민의 인구와 생활권의 범위

3. 해당 권역에서의 감염병의 발생 빈도 및 관리 수준

4. 해당 권역에서의 항만 및 공항 등의 인접도

5. 그 밖에 질병관리청장이 권역별 감염병 관리와 관련하여 특히 필요하다고 인정하는 사항

④ 질병관리청장은 권역별 감염병병원을 지정하기 위하여 필요한 경우에는 지방자치단체의 장, 관계 공공기관 또는 관계 단체 등의 의견을 듣거나 자료의 제출을 요청할 수 있다.

〈개정 2020. 9. 11.〉

⑤ 권역별 감염병병원에 대한 지정조건의 부과, 지정서의 교부, 지정사실의 공표, 업무추진 현황 보고, 경비 지원, 지정절차 등에 필요한 세부사항의 고시 등에 관하여는 제1조의3제3항부터 제7항까지의 규정을 준용한다. 이 경우 "보건복지부장관"은 "질병관리청장"으로, "중앙감염병병원"은 "권역별 감염병병원"으로, "보건복지부"는 "질병관리청"으로 본다.

〈개정 2020. 9. 11.〉

[본조신설 2016. 6. 28.]

제1조의5(내성균 관리대책의 수립)

① 보건복지부장관은 법 제8조의3제1항에 따른 내성균 관리대책(이하 "내성균 관리대책"이라 한다)에 포함된 사항 중 보건복지부장관이 정하는 중요 사항을 변경하려는 경우에는 법 제9조제1항에 따른 감염병관리위원회의 심의를 거쳐야 한다.

② 보건복지부장관은 내성균 관리대책을 수립하거나 변경한 경우에는 보건복지부의 인터넷 홈페이지에 게재하고, 관계 중앙행정기관의 장, 「국민건강보험법」에 따른 건강보험심사평가원의 원장, 그 밖에 내성균 관련 기관 · 법인 · 단체의 장에게 그 내용을 알려야 한다.

③ 제1항 및 제2항에서 규정한 사항 외에 내성균 관리대책의 수립 및 변경에 필요한 세부 사항은 보건복지부장관이 정한다.

[본조신설 2017. 5. 29.]

제1조의6(긴급상황실의 설치 · 운영)

① 법 제8조의5에 따라 설치하는 긴급상황실(이하 "긴급상황실"이라 한다)은 다음 각 호의 설치 · 운영 요건을 모두 갖추어야 한다.

1. 신속한 감염병 정보의 수집 · 전파와 감염병 위기상황의 종합관리 등을 위한 정보통신체계를 갖출 것

2. 감염병 위기상황의 효율적 대처를 위한 시설 · 장비 및 그 운영 · 관리체계를 갖출 것

3. 긴급상황실의 24시간 운영에 필요한 전담인력을 확보할 것

4. 긴급상황실의 업무를 원활하게 수행하기 위한 운영규정 및 업무매뉴얼을 마련할 것

② 긴급상황실의 설치 · 운영에 관한 세부사항은 질병관리청장이 정한다. 〈개정 2020. 9. 11.〉

[본조신설 2018. 6. 12.]

제1조의7(감염병 연구개발사업 전문기관의 지정 등)

① 질병관리청장은 법 제8조의6제2항에 따라 「국가연구개발혁신법」 제22조제2항 각 호의 기관 중 감염병 관련 분야의 업무를 전문적으로 수행하는 기관을 감염병 연구개발사업 전문기관으로 지정할 수 있다.

② 질병관리청장은 제1항에 따라 지정된 전문기관(이하 "감염병연구전문기관"이라 한다)이 수행하는 감염병 연구개발 업무에 관하여 그 감염병연구전문기관을 지휘·감독한다.

③ 질병관리청장은 감염병연구전문기관의 감염병 연구개발 업무 수행에 관하여 평가를 실시할 수 있으며, 평가 결과 그 업무가 종료되거나 중대한 협약 위반 등으로 감염병연구전문기관의 업무 수행이 불가능한 것으로 인정되는 경우에는 감염병연구전문기관 지정을 해제할 수 있다.

④ 질병관리청장은 제1항에 따라 감염병연구전문기관을 지정하거나 제3항에 따라 감염병연구전문기관 지정을 해제한 때에는 과학기술정보통신부장관에게 그 사실을 통보해야 한다.

⑤ 제1항부터 제4항까지에서 규정한 사항 외에 감염병연구전문기관의 지정·운영·해제 등에 관하여 필요한 사항은 질병관리청장이 정하여 고시한다.

[본조신설 2022. 3. 22.]

제2조(감염병관리위원회 위원의 임무 및 임기)

① 법 제9조제1항에 따른 감염병관리위원회(이하 "위원회"라 한다) 위원장은 위원회를 대표하고 위원회의 사무를 총괄한다. 〈개정 2016. 6. 28.〉

② 위원회 부위원장은 위원장을 보좌하며 위원장이 부득이한 사유로 직무를 수행할 수 없을 때에는 그 직무를 대행한다.

③ 위원회 위원 중 위촉위원의 임기는 2년으로 한다.

④ 위원회 위원의 자리가 빈 경우 그 보궐위원의 임기는 전임위원 임기의 남은 기간으로 한다.

제3조(회의)

① 위원회의 회의는 질병관리청장 또는 위원 과반수가 요구하거나 위원장이 필요하다고 인정할 때에 소집한다. 〈개정 2020. 9. 11.〉

② 위원회의 회의는 재적위원 과반수의 출석으로 개의(開議)하고 출석위원 과반수의 찬성으로 의결한다.

③ 삭제 〈2020. 9. 11.〉

④ 위원회는 그 업무 수행에 필요하다고 인정할 때에는 관계 공무원 또는 관계 전문가를 위원회에 출석하게 하여 그 의견을 들을 수 있다.

제4조(간사)

위원회의 사무 처리를 위하여 위원회에 간사 1명을 두며, 간사는 질병관리청 소속 공무원 중에서 위원장이 임명한다. 〈개정 2020. 9. 11.〉

제5조(수당의 지급 등)

위원회의 회의에 출석한 위원에게 예산의 범위에서 수당과 여비를 지급할 수 있다. 다만, 공무원인 위원이 그 소관 업무와 직접 관련하여 출석하는 경우에는 그러하지 아니하다.

제6조(운영세칙)

이 영에서 규정한 사항 외에 위원회의 운영에 필요한 사항은 위원회의 의결을 거쳐 위원장이 정한다.

제7조(전문위원회의 구성)

① 법 제10조제3항에 따라 위원회에 다음 각 호의 분야별 전문위원회를 둔다.

〈개정 2015. 1. 6., 2017. 5. 29., 2020. 4. 2., 2021. 6. 8.〉

1. 예방접종 전문위원회
2. 예방접종피해보상 전문위원회
3. 후천성면역결핍증 전문위원회
4. 결핵 전문위원회
5. 역학조사 전문위원회
6. 인수(人獸)공통감염 전문위원회
6의2. 의료관련감염 전문위원회
7. 감염병 위기관리 전문위원회
8. 감염병 연구기획 전문위원회
9. 항생제 내성(耐性) 전문위원회
10. 검역 전문위원회

② 전문위원회는 각각 위원장 1명을 포함한 25명 이내의 위원으로 구성한다. 〈개정 2020. 4. 2.〉

③ 전문위원회 위원장은 위원회 위원 중에서 위원회의 위원장이 임명한다.

④ 전문위원회 위원은 위원회 위원 중에서 위원회 위원장이 임명하거나 관련 학회와 단체 또는 위원회 위원의 추천을 받아 위원회의 위원장이 위촉한다.

제8조(전문위원회의 회의 및 운영)

① 전문위원회의 회의는 위원회 위원장 또는 전문위원회 위원 과반수가 요구하거나 전문위원회 위원장이 필요하다고 인정할 때에 소집한다.

② 전문위원회의 회의는 재적위원 과반수의 출석으로 개의하고 출석위원 과반수의 찬성으로 의결한다.

③ 전문위원회 위원장은 전문위원회에서 심의·의결한 사항을 위원회 위원장에게 보고하여야 한다. 〈개정 2015. 1. 6.〉

④ 이 영에서 규정한 사항 외에 전문위원회의 운영에 필요한 사항은 전문위원회의 의결을 거쳐 전문위원회 위원장이 정한다.

제9조(그 밖의 인수공통감염병)

법 제14조제1항제4호에서 "대통령령으로 정하는 인수공통감염병"이란 동물인플루엔자를 말한다. 〈개정 2016. 1. 6.〉

제10조(공공기관)

법 제16조제7항 전단에서 "대통령령으로 정하는 공공기관"이란 「국민건강보험법」에 따른 건강보험심사평가원 및 국민건강보험공단을 말한다. 〈개정 2016. 1. 6.〉

제11조(제공 정보의 내용)

법 제16조제7항에 따라 요구할 수 있는 정보의 내용에는 다음 각 호의 사항이 포함될 수 있다. 〈개정 2016. 1. 6.〉

　　1. 감염병환자, 감염병의사환자 또는 병원체보유자(이하 "감염병환자등"이라 한다)의 성명·주민등록번호·성별·주소·전화번호·직업·감염병명·발병일 및 진단일

　　2. 감염병환자등을 진단한 의료기관의 명칭·주소지·전화번호 및 의사 이름

제12조(역학조사의 내용)

① 법 제18조제1항에 따른 역학조사에 포함되어야 하는 내용은 다음 각 호와 같다.

  1. 감염병환자등 및 감염병의심자의 인적 사항

  2. 감염병환자등의 발병일 및 발병 장소

  3. 감염병의 감염원인 및 감염경로

  4. 감염병환자등 및 감염병의심자에 관한 진료기록

  5. 그 밖에 감염병의 원인 규명과 관련된 사항

② 법 제29조에 따른 역학조사에 포함되어야 하는 내용은 다음 각 호와 같다.

  1. 예방접종 후 이상반응자의 인적 사항

  2. 예방접종기관, 접종일시 및 접종내용

  3. 예방접종 후 이상반응에 관한 진료기록

  4. 예방접종약에 관한 사항

  5. 그 밖에 예방접종 후 이상반응의 원인 규명과 관련된 사항

제13조(역학조사의 시기)

  법 제18조제1항 및 제29조에 따른 역학조사는 다음 각 호의 구분에 따라 해당 사유가 발생하면 실시한다. 〈개정 2016. 6. 28., 2020. 9. 11.〉

  1. 질병관리청장이 역학조사를 하여야 하는 경우

    가. 둘 이상의 시·도에서 역학조사가 동시에 필요한 경우

    나. 감염병 발생 및 유행 여부 또는 예방접종 후 이상반응에 관한 조사가 긴급히 필요한 경우

    다. 시·도지사의 역학조사가 불충분하였거나 불가능하다고 판단되는 경우

  2. 시·도지사 또는 시장·군수·구청장(자치구의 구청장을 말한다. 이하 같다)이 역학조사를 하여야 하는 경우

    가. 관할 지역에서 감염병이 발생하여 유행할 우려가 있는 경우

    나. 관할 지역 밖에서 감염병이 발생하여 유행할 우려가 있는 경우로서 그 감염병이 관할 구역과 역학적 연관성이 있다고 의심되는 경우

    다. 관할 지역에서 예방접종 후 이상반응 사례가 발생하여 그 원인 규명을 위한 조사가 필요한 경우

제14조(역학조사의 방법)

  법 제18조제1항 및 제29조에 따른 역학조사의 방법은 별표 1의3과 같다. 〈개정 2016. 6. 28.〉

제15조(역학조사반의 구성)

① 법 제18조제1항 및 제29조에 따른 역학조사를 하기 위하여 질병관리청에 중앙역학조사반을 두고, 시 · 도에 시 · 도역학조사반을 두며, 시 · 군 · 구(자치구를 말한다. 이하 같다)에 시 · 군 · 구역학조사반을 둔다. 〈개정 2020. 9. 11.〉

② 중앙역학조사반은 30명 이상, 시 · 도역학조사반 및 시 · 군 · 구역학조사반은 각각 10명 이상의 반원으로 구성한다. 〈개정 2016. 1. 6., 2021. 12. 14.〉

③ 역학조사반의 반장은 법 제60조에 따른 방역관 또는 법 제60조의2에 따른 역학조사관으로 한다. 〈신설 2021. 12. 14.〉

④ 역학조사반원은 다음 각 호의 어느 하나에 해당하는 사람 중에서 질병관리청장, 시 · 도지사 및 시장 · 군수 · 구청장이 각각 임명하거나 위촉한다. 〈개정 2016. 1. 6., 2020. 9. 11., 2021. 12. 14.〉

1. 방역, 역학조사 또는 예방접종 업무를 담당하는 공무원

2. 법 제60조의2에 따른 역학조사관

3. 「농어촌 등 보건의료를 위한 특별조치법」에 따라 채용된 공중보건의사

4. 「의료법」 제2조제1항에 따른 의료인

5. 그 밖에 감염병 등과 관련된 분야의 전문가 등으로서 질병관리청장, 시 · 도지사 및 시장 · 군수 · 구청장이 역학조사를 위해 필요하다고 인정하는 사람

⑤ 역학조사반은 감염병 분야와 예방접종 후 이상반응 분야로 구분하여 운영하되, 분야별 운영에 필요한 사항은 질병관리청장이 정한다. 〈개정 2020. 9. 11., 2021. 12. 14.〉

제16조(역학조사반의 임무 등)

① 역학조사반의 임무는 다음 각 호와 같다.

1. 중앙역학조사반

가. 역학조사 계획의 수립, 시행 및 평가

나. 역학조사의 실시 기준 및 방법의 개발

다. 시 · 도역학조사반 및 시 · 군 · 구역학조사반에 대한 교육 · 훈련

라. 감염병에 대한 역학적인 연구

마. 감염병의 발생 · 유행 사례 및 예방접종 후 이상반응의 발생 사례 수집, 분석 및 제공

바. 시 · 도역학조사반에 대한 기술지도 및 평가

2. 시 · 도 역학조사반

가. 관할 지역 역학조사 계획의 수립, 시행 및 평가

나. 관할 지역 역학조사의 세부 실시 기준 및 방법의 개발

다. 중앙역학조사반에 관할 지역 역학조사 결과 보고

라. 관할 지역 감염병의 발생 · 유행 사례 및 예방접종 후 이상반응의 발생 사례 수집, 분석
및 제공

마. 시 · 군 · 구역학조사반에 대한 기술지도 및 평가

3. 시 · 군 · 구 역학조사반

가. 관할 지역 역학조사 계획의 수립 및 시행

나. 시 · 도역학조사반에 관할 지역 역학조사 결과 보고

다. 관할 지역 감염병의 발생 · 유행 사례 및 예방접종 후 이상반응의 발생 사례 수집, 분석
및 제공

② 역학조사를 하는 역학조사반원은 보건복지부령으로 정하는 역학조사반원증을 지니고 관계
인에게 보여 주어야 한다.

③ 질병관리청장, 시 · 도지사 또는 시장 · 군수 · 구청장은 역학조사반원에게 예산의 범위에서
역학조사 활동에 필요한 수당과 여비를 지급할 수 있다. 〈개정 2020. 9. 11.〉

제16조의2(자료제출 요구 대상 기관 · 단체)

법 제18조의4제1항에서 "대통령령으로 정하는 기관 · 단체"란 다음 각 호의 기관 · 단체를 말한
다. 〈개정 2016. 6. 28.〉

1. 의료기관

2. 「국민건강보험법」 제13조에 따른 국민건강보험공단

3. 「국민건강보험법」 제62조에 따른 건강보험심사평가원

[본조신설 2016. 1. 6.]

제16조의3(지원 요청 등의 범위)

법 제18조의4제2항에 따라 질병관리청장은 관계 중앙행정기관의 장에게 역학조사를 실시하는
데 필요한 인력 파견 및 물자 지원, 역학조사 대상자 및 대상 기관에 대한 관리, 감염원 및 감염경
로 조사를 위한 검사 · 정보 분석 등의 지원을 요청할 수 있다. 〈개정 2020. 9. 11.〉

[본조신설 2016. 1. 6.]

제17조삭제 〈2020. 6. 2.〉

제18조(고위험병원체의 반입 허가 변경신고 사항)

법 제22조제2항 단서에서 "대통령령으로 정하는 경미한 사항"이란 다음 각 호의 사항을 말한다.
〈개정 2020. 6. 2.〉

1. 고위험병원체의 반입 허가를 받은 자(자연인인 경우로 한정한다)의 성명·주소 및 연락처

2. 고위험병원체의 반입 허가를 받은 자(법인인 경우로 한정한다)의 명칭·주소 및 연락처와 그 대표자의 성명 및 연락처

3. 고위험병원체 전담관리자의 성명·직위 및 연락처

제19조(고위험병원체 인수 장소 지정)

법 제22조제3항에 따라 고위험병원체를 인수하여 이동하려는 자는 질병관리청장이 정하는 장소 중에서 인수 장소를 지정하여야 한다. 〈개정 2020. 9. 11.〉

제19조의2(고위험병원체 취급시설의 설치·운영 허가 및 신고)

① 법 제23조제1항에 따른 고위험병원체 취급시설(이하 "고위험병원체 취급시설"이라 한다)의 안전관리 등급의 분류와 허가 또는 신고의 대상이 되는 고위험병원체 취급시설은 별표 1의4와 같다. 〈개정 2020. 6. 2.〉

② 질병관리청장은 고위험병원체 취급시설의 안전관리 등급별로 다음 각 호의 사항에 대한 설치·운영의 허가 및 신고수리 기준을 정하여 고시하여야 한다. 〈개정 2020. 6. 2., 2020. 9. 11.〉

1. 고위험병원체 취급시설의 종류

2. 고위험병원체의 검사·보유·관리 및 이동에 필요한 설비·인력 및 안전관리

3. 고위험병원체의 검사·보유·관리 및 이동의 과정에서 인체에 대한 위해(危害)가 발생하는 것을 방지할 수 있는 시설(이하 "인체 위해방지시설"이라 한다)의 설비·인력 및 안전관리

③ 법 제23조제2항 및 별표 1의4에 따라 허가대상이 되는 고위험병원체 취급시설을 설치·운영하려는 자는 보건복지부령으로 정하는 허가신청서에 다음 각 호의 서류를 첨부하여 질병관리청장에게 제출하여야 한다. 〈개정 2020. 9. 11.〉

1. 고위험병원체 취급시설의 설계도서 또는 그 사본

2. 고위험병원체 취급시설의 범위와 그 소유 또는 사용에 관한 권리를 증명하는 서류

3. 인체 위해방지시설의 기본설계도서 또는 그 사본

4. 제2항에 따른 허가기준을 갖추었음을 증명하는 서류

④ 질병관리청장은 제3항에 따른 허가신청서를 제출받은 날부터 60일 이내에 허가 여부를 신청

인에게 통지하여야 한다. 이 경우 허가를 하는 때에는 보건복지부령으로 정하는 고위험병원체 취급시설 설치·운영허가서를 발급하여야 한다. 〈개정 2020. 9. 11.〉

⑤ 법 제23조제2항 및 별표 1의4에 따라 신고대상이 되는 고위험병원체 취급시설을 설치·운영하려는 자는 보건복지부령으로 정하는 신고서에 다음 각 호의 서류를 첨부하여 질병관리청장에게 제출하여야 한다. 〈개정 2020. 9. 11.〉

1. 제2항에 따른 신고수리 기준을 갖추었음을 증명하는 서류

2. 제3항제1호부터 제3호까지의 서류

⑥ 질병관리청장은 제5항에 따른 신고서를 제출받은 날부터 60일 이내에 신고수리 여부를 신고인에게 통지하여야 한다. 이 경우 신고수리를 하는 때에는 보건복지부령으로 정하는 고위험병원체 취급시설 설치·운영 신고확인서를 발급하여야 한다. 〈개정 2020. 9. 11.〉

[본조신설 2018. 6. 12.]

제19조의3(고위험병원체 취급시설 변경허가 등)

① 법 제23조제3항 본문에 따라 변경허가를 받으려는 자는 보건복지부령으로 정하는 변경허가 신청서에 허가사항의 변경사유와 변경내용을 증명하는 서류를 첨부하여 질병관리청장에게 제출하여야 한다. 〈개정 2020. 9. 11.〉

② 질병관리청장은 제1항에 따른 변경허가신청서를 제출받은 날부터 60일 이내에 변경허가 여부를 신청인에게 통지하여야 한다. 이 경우 변경허가를 하는 때에는 보건복지부령으로 정하는 변경허가서를 발급하여야 한다. 〈개정 2020. 9. 11.〉

③ 법 제23조제3항 단서에서 "대통령령으로 정하는 경미한 사항"이란 다음 각 호의 어느 하나에 해당하는 사항을 말한다.

1. 고위험병원체 취급시설을 설치·운영하는 자(자연인인 경우로 한정한다)의 성명·주소 및 연락처

2. 고위험병원체 취급시설을 설치·운영하는 자(법인인 경우로 한정한다)의 명칭·주소 및 연락처와 그 대표자의 성명·연락처

3. 제19조의6제1항제1호에 따른 고위험병원체 취급시설의 설치·운영 책임자, 고위험병원체의 전담관리자 및 생물안전관리책임자의 성명·연락처

④ 법 제23조제3항 단서에 따라 변경신고를 하려는 자는 보건복지부령으로 정하는 허가사항 변경신고서를 질병관리청장에게 제출하여야 한다. 〈개정 2020. 9. 11.〉

⑤ 질병관리청장은 제4항에 따른 허가사항 변경신고서를 제출받은 때에는 보건복지부령으로 정하는 변경신고확인서를 발급하여야 한다. 〈개정 2020. 9. 11.〉

[본조신설 2018. 6. 12.]

제19조의4(고위험병원체 취급시설 변경신고)

① 법 제23조제4항에 따라 변경신고를 하려는 자는 보건복지부령으로 정하는 변경신고서를 질병관리청장에게 제출하여야 한다. 〈개정 2020. 9. 11.〉

② 질병관리청장은 제1항에 따른 변경신고서를 제출받은 날부터 60일 이내에 신고수리 여부를 신고인에게 통지해야 한다. 이 경우 신고를 수리하는 때에는 보건복지부령으로 정하는 변경신고확인서를 발급해야 한다. 〈개정 2020. 6. 2., 2020. 9. 11.〉

[본조신설 2018. 6. 12.]

제19조의5(고위험병원체 취급시설의 폐쇄신고 등)

① 법 제23조제5항에 따라 고위험병원체 취급시설의 폐쇄신고를 하려는 자는 보건복지부령으로 정하는 폐쇄신고서에 고위험병원체의 폐기처리를 증명하는 서류를 첨부하여 질병관리청장에게 제출하여야 한다. 〈개정 2020. 9. 11.〉

② 질병관리청장은 제1항에 따른 폐쇄신고서를 제출받은 날부터 10일 이내에 신고수리 여부를 신고인에게 통지하여야 한다. 이 경우 신고를 수리하는 때에는 보건복지부령으로 정하는 폐쇄신고확인서를 발급하여야 한다. 〈개정 2020. 9. 11.〉

③ 법 제23조제5항에 따라 고위험병원체 취급시설을 폐쇄하는 경우 고위험병원체 취급시설의 소독과 고위험병원체에 대한 폐기처리 등 고위험병원체 취급시설의 폐쇄방법과 절차 등은 질병관리청장이 정하여 고시한다. 〈개정 2020. 9. 11.〉

[본조신설 2018. 6. 12.]

제19조의6(고위험병원체 취급시설 설치·운영의 안전관리 준수사항)

① 법 제23조제7항에서 "대통령령으로 정하는 안전관리 준수사항"이란 다음 각 호의 사항을 말한다. 〈개정 2020. 4. 2., 2020. 6. 2.〉

1. 고위험병원체 취급시설의 설치·운영 책임자, 고위험병원체의 전담관리자 및 생물안전관리책임자를 둘 것

2. 고위험병원체의 검사·보유·관리 및 이동과 관련된 안전관리에 대한 사항을 심의하기 위하여 고위험병원체 취급시설에 외부전문가, 생물안전관리책임자 등으로 구성되는 심의기구를 설치·운영할 것

3. 고위험병원체는 보존 단위용기에 고위험병원체의 이름, 관리번호 등 식별번호, 제조일 등

관련 정보를 표기하여 보안 잠금장치가 있는 별도의 보존상자 또는 보존장비에 보존할 것

4. 고위험병원체의 취급구역 및 보존구역에 대한 출입제한 및 고위험병원체의 취급을 확인할 수 있는 보안시스템을 운영할 것

5. 고위험병원체를 불활성화(폐기하지 아니하면서 영구적으로 생존하지 못하게 하는 처리를 말한다)하여 이용하려는 경우에는 제2호에 따른 심의기구의 심의를 거칠 것

6. 제19조의2제2항에 따른 허가 및 신고수리 기준을 준수할 것

② 제1항에서 규정한 사항 외에 안전관리 세부사항 및 제1항제2호에 따른 심의기구의 구성·운영 등의 사항은 질병관리청장이 정하여 고시한다. 〈개정 2020. 9. 11.〉

[본조신설 2018. 6. 12.]

제19조의7(고위험병원체 취급시설 허가 및 신고사항의 자료보완)

질병관리청장은 제19조의2에 따른 고위험병원체 취급시설 설치·운영 허가 또는 신고, 제19조의3에 따른 고위험병원체 취급시설 설치·운영 허가사항의 변경허가 및 변경신고, 제19조의4에 따른 고위험병원체 취급시설의 변경신고 및 제19조의5에 따른 고위험병원체 취급시설의 폐쇄신고를 위하여 제출된 자료의 보완이 필요하다고 판단하는 경우 30일 이내의 기간을 정하여 필요한 자료를 제출하게 할 수 있다. 이 경우 보완에 걸리는 기간은 제19조의2제4항·제6항, 제19조의3제2항 및 제19조의5제2항에 따른 결정기간에 산입하지 아니한다. 〈개정 2020. 9. 11.〉

[본조신설 2018. 6. 12.]

제19조의8(생물테러감염병병원체의 보유에 대한 사후 허가 사항)

법 제23조의3제1항 단서에서 "대통령령으로 정하는 부득이한 사정"이란 같은 항 본문에 따른 생물테러감염병병원체(이하 "생물테러감염병병원체"라 한다)를 분리할 의도가 없는 경우로서 다음 각 호의 어느 하나에 해당하는 경우를 말한다.

1. 감염병환자등의 질병진단과정에서 생물테러감염병병원체가 분리되어 보유하는 경우
2. 동물 또는 식물의 질병진단과정에서 생물테러감염병병원체가 분리되어 보유하는 경우
3. 식품 또는 토양 등 환경검체로부터 생물테러감염병병원체가 분리되어 보유하는 경우

[본조신설 2020. 6. 2.]

제19조의9(생물테러감염병병원체 보유허가의 변경신고 사항)

법 제23조의3제3항 단서에서 "대통령령으로 정하는 경미한 사항"이란 다음 각 호의 사항을 말한다.

1. 생물테러감염병병원체의 보유허가를 받은 자(자연인인 경우로 한정한다)의 성명·주소 및 연락처

2. 생물테러감염병병원체의 보유허가를 받은 자(법인인 경우로 한정한다)의 명칭·주소 및 연락처와 그 대표자의 성명 및 연락처

3. 고위험병원체 전담관리자의 성명·직위 및 연락처

[본조신설 2020. 6. 2.]

제20조(예방접종업무의 위탁)

① 특별자치도지사 또는 시장·군수·구청장은 법 제24조제2항 및 제25조제2항에 따라 보건소에서 시행하기 어렵거나 보건소를 이용하기 불편한 주민 등에 대한 예방접종업무를 다음 각호에 해당하는 의료기관 중에서 특별자치도지사 또는 시장·군수·구청장이 지정하는 의료기관에 위탁할 수 있다. 이 경우 특별자치도지사 또는 시장·군수·구청장은 위탁한 기관을 공고해야 한다. 〈개정 2021. 8. 3.〉

1. 「의료법」 제3조제2항제1호가목에 따른 의원

2. 「의료법」 제3조제2항제3호에 따른 병원급 의료기관(치과병원 및 한방병원은 같은 법 제43조제2항에 따라 의사를 두어 의과 진료과목을 추가로 설치·운영하는 경우로 한정한다)

② 특별자치도지사 또는 시장·군수·구청장은 제1항에 따라 예방접종업무를 위탁할 때에는 다음 각 호의 사항이 포함된 위탁계약서를 작성하여야 한다. 〈신설 2015. 1. 6.〉

1. 예방접종업무의 위탁범위에 관한 사항

2. 위탁계약 기간에 관한 사항

3. 위탁계약 조건에 관한 사항

4. 위탁계약 해지에 관한 사항

③ 제1항에 따라 예방접종업무를 위탁한 경우의 예방접종 비용 산정 및 비용 상환 절차 등에 관하여 필요한 사항은 질병관리청장이 정하여 고시한다. 〈개정 2015. 1. 6., 2020. 9. 11.〉

제20조의2(예방접종 내역의 사전확인)

법 제24조제1항 및 제25조제1항에 따라 예방접종을 하는 보건소장과 법 제24조제2항(법 제25조제2항에서 준용하는 경우를 포함한다)에 따라 예방접종을 위탁받은 의료기관의 장(이하 "보건소장등"이라 한다)은 법 제26조의2제1항 본문에 따라 예방접종을 받으려는 사람 또는 법정대리인에게 다음 각 호의 사항에 대하여 서면으로 동의를 받아야 한다.

1. 예방접종 내역을 확인한다는 사실

2. 예방접종 내역에 대한 확인 방법

[본조신설 2016. 6. 28.]

제21조(예방접종피해조사반의 구성 등)

① 법 제30조제1항에 따른 예방접종피해조사반(이하 이 조에서 "피해조사반"이라 한다)은 감염병 예방접종 후 이상반응의 발생 건수 등을 고려하여 필요한 경우 복수로 설치할 수 있다.

〈신설 2021. 8. 3.〉

② 피해조사반은 10명 이내의 반원으로 구성한다. 〈개정 2021. 8. 3.〉

③ 피해조사반원은 질병관리청장이 소속 공무원이나 다음 각 호의 어느 하나에 해당하는 사람 중에서 임명하거나 위촉한다. 〈개정 2020. 9. 11., 2021. 8. 3.〉

1. 예방접종 및 예방접종 후 이상반응 분야의 전문가

2. 「의료법」 제2조제1항에 따른 의료인

④ 피해조사반은 다음 각 호의 사항을 조사하고, 그 결과를 예방접종피해보상 전문위원회에 보고하여야 한다. 〈개정 2021. 8. 3.〉

1. 제31조제2항에 따라 시·도지사가 제출한 기초조사 결과에 대한 평가 및 보완

2. 법 제72조제1항에서 규정하는 제3자의 고의 또는 과실 유무

3. 그 밖에 예방접종으로 인한 피해보상과 관련하여 예방접종피해보상 전문위원회가 결정하는 사항

⑤ 피해조사반원은 제4항에 따라 피해조사를 하는 경우 보건복지부령으로 정하는 예방접종피해조사반원증을 지니고 관계인에게 보여 주어야 한다. 〈개정 2021. 8. 3.〉

⑥ 질병관리청장은 피해조사반원에게 예산의 범위에서 피해조사 활동에 필요한 수당과 여비를 지급할 수 있다. 〈개정 2020. 9. 11., 2021. 8. 3.〉

⑦ 피해조사반의 운영에 관한 세부사항은 예방접종피해보상 전문위원회의 의결을 거쳐 질병관리청장이 정한다. 〈개정 2020. 9. 11., 2021. 8. 3.〉

제21조의2(예방접종 대상자의 개인정보 등)

① 법 제33조의4제2항제1호에 따라 질병관리청장이 관련 기관 및 단체에 요청할 수 있는 예방접종 대상자의 인적사항에 관한 자료는 다음 각 호의 구분에 따른다.

〈개정 2018. 6. 12., 2020. 6. 2., 2020. 9. 11., 2021. 8. 3.〉

1. 예방접종 대상자가 국민인 경우: 다음 각 목의 자료

　　　가. 예방접종 대상자의 성명, 주민등록번호, 주소 및 전화번호(휴대전화번호를 포함한다)

　　　나. 예방접종 대상자의 소속에 관한 다음의 자료

　　　　1) 「초·중등교육법」 제2조에 따른 소속 학교에 관한 자료

　　　　2) 「유아교육법」 제2조제2호에 따른 소속 유치원에 관한 자료

　　　　3) 「영유아보육법」 제2조제3호에 따른 소속 어린이집에 관한 자료

　　　　4) 「아동복지법」 제3조제10호에 따른 소속 아동복지시설에 관한 자료

　　　다. 그 밖에 예방접종 대상자에 대한 다음의 자료

　　　　1) 「장애인복지법」 제32조에 따라 등록된 장애인인지 여부

　　　　2) 「다문화가족지원법」 제2조제1호에 따른 다문화가족의 구성원인지 여부

　　　　3) 「국민기초생활 보장법」 제2조제2호에 따른 수급자(같은 조 제10호에 따른 차상위 계층을 포함한다) 또는 수급자의 자녀인지 여부

　　2. 예방접종 대상자가 외국인 또는 외국국적동포인 경우: 다음 각 목의 자료

　　　가. 「출입국관리법」 제31조에 따른 외국인등록에 관한 정보

　　　나. 「재외동포의 출입국과 법적 지위에 관한 법률」 제6조에 따른 외국국적동포의 국내 거소신고에 관한 정보

　　3. 그 밖에 예방접종 대상자의 인적사항에 관한 정보로서 예방접종업무의 수행과 관련하여 질병관리청장이 특히 필요하다고 인정하여 고시하는 정보

　② 법 제33조의4제2항제3호에 따라 질병관리청장이 예방접종업무를 하는 데 필요한 자료로서 관련 기관 및 단체에 요청할 수 있는 자료는 다음 각 호와 같다. 〈개정 2020. 6. 2., 2020. 9. 11.〉

　　1. 법 제24조제2항(법 제25조제2항에서 준용하는 경우를 포함한다)에 따라 예방접종업무를 위탁받은 의료기관의 개설정보

　　2. 예방접종 피해보상 신청내용에 관한 자료

　　3. 예방접종을 하는 데에 현저히 곤란한 질병이나 질환 또는 감염병의 관리 등에 관한 정보

　[본조신설 2016. 6. 28.]

제21조의3(예방접종 정보의 입력)

　보건소장등이 예방접종을 실시한 경우에는 법 제33조의4제3항에 따라 같은 조 제1항에 따른 예방접종통합관리시스템(이하 "통합관리시스템"이라 한다)에 다음 각 호의 정보를 지체 없이 입력해야 한다. 〈개정 2020. 6. 2.〉

　　1. 예방접종을 받은 사람에 대한 다음 각 목의 정보

　　　가. 성명

나. 주민등록번호. 다만, 예방접종을 받은 사람이 외국인이거나 외국국적동포인 경우에는 외국인등록번호 또는 국내거소신고번호를 말한다.

2. 예방접종의 내용에 대한 다음 각 목의 정보

　가. 예방접종 명칭

　나. 예방접종 차수

　다. 예방접종 연월일

　라. 예방접종에 사용된 백신의 이름

　마. 예진(豫診)의사 및 접종의사의 성명

[본조신설 2016. 6. 28.]

제21조의4(예방접종 내역의 제공 등)

① 질병관리청장은 법 제33조의4제4항 전단에 따라 예방접종 대상 아동 부모에게 자녀의 예방접종 내역을 제공하는 경우에는 통합관리시스템을 활용한 열람의 방법으로 제공한다. 다만, 질병관리청장이 필요하다고 인정하는 경우에는 통합관리시스템을 활용하여 문자전송, 전자메일, 전화, 우편 또는 이에 상응하는 방법으로 제공할 수 있다. 〈개정 2020. 6. 2., 2020. 9. 11.〉

② 질병관리청장은 법 제33조의4제4항 전단에 따라 예방접종증명서를 발급하는 경우에는 질병관리청장이 정하는 바에 따라 통합관리시스템에서 직접 발급하거나 「전자정부법」 제9조제3항에 따른 전자민원창구와 연계하여 발급할 수 있다. 〈개정 2020. 6. 2., 2020. 9. 11.〉

[본조신설 2016. 6. 28.]

제22조(감염병 위기관리대책 수립 절차 등)

① 보건복지부장관 및 질병관리청장은 법 제34조제1항에 따라 감염병 위기관리대책을 수립하기 위하여 관계 행정기관, 지방자치단체 및 「공공기관의 운영에 관한 법률」 제4조에 따른 공공기관 등에 자료의 제출을 요청할 수 있다. 〈개정 2020. 9. 11.〉

② 보건복지부장관 및 질병관리청장은 법 제34조제1항에 따라 수립한 감염병 위기관리대책을 관계 중앙행정기관의 장에게 통보하여야 한다. 〈개정 2020. 9. 11.〉

제22조의2(감염병위기 시 공개 제외 정보)

① 법 제34조의2제1항에서 "대통령령으로 정하는 정보"란 다음 각 호의 정보를 말한다.

　1. 성명

　2. 읍ㆍ면ㆍ동 단위 이하의 거주지 주소

3. 그 밖에 질병관리청장이 감염병별 특성을 고려하여 감염병의 예방과 관계없다고 정하는 정보

② 질병관리청장은 제1항제3호에 따라 감염병의 예방과 관계없는 정보를 정한 경우에는 그 내용을 질병관리청의 인터넷 홈페이지에 게재하고, 시·도지사 및 시장·군수·구청장에게 알려야 한다.

[본조신설 2020. 12. 29.]

제22조의3(감염병관리통합정보시스템)

① 법 제40조의5제2항제1호에서 "「개인정보 보호법」 제24조에 따른 고유식별정보 등 대통령령으로 정하는 개인정보"란 다음 각 호의 구분에 따른 정보를 말한다.

1. 감염병환자등이 대한민국 국민인 경우: 성명, 주민등록번호, 주소, 직업 및 연락처

2. 감염병환자등이 외국인인 경우: 「출입국관리법」 제32조 각 호에 따른 외국인등록사항 및 연락처

3. 감염병환자등이 외국국적동포인 경우: 「재외동포의 출입국과 법적 지위에 관한 법률 시행령」 제7조제1항 각 호에 따른 국내거소 신고사항 및 연락처

② 법 제40조의5제2항제2호에서 "대통령령으로 정하는 자료"란 다음 각 호의 자료를 말한다.

1. 법 제11조부터 제14조까지의 규정에 따른 신고, 보고 및 통보를 통하여 수집된 자료

2. 법 제16조제2항 전단에 따른 감염병의 표본감시 관련 자료

3. 법 제18조제1항 본문에 따른 역학조사의 결과에 관한 정보

4. 법 제76조의2제1항 및 제2항에 따라 수집된 감염병환자등 및 감염병의심자에 관한 정보

5. 의료기관별 다음 각 목의 의료자원 현황에 관한 자료

가. 「의료법」 제2조제1항에 따른 의료인

나. 「약사법」 제2조제4호에 따른 의약품

다. 의료 시설·장비 및 물품

6. 그 밖에 감염병환자등에 대한 예방·관리·치료 업무에 필요한 자료로서 질병관리청장이 정하여 고시하는 자료

③ 법 제40조의5제3항제6호에서 "대통령령으로 정하는 정보시스템"이란 다음 각 호의 정보시스템을 말한다.

1. 「119구조·구급에 관한 법률」 제10조의2제2항제4호에 따른 119구급이송 관련 정보망

2. 「국민건강보험법」 제13조에 따른 국민건강보험공단의 정보시스템

3. 「국민건강보험법」 제62조에 따른 건강보험심사평가원의 정보시스템

4. 「야생생물 보호 및 관리에 관한 법률」 제34조의7제1항에 따른 야생동물의 질병진단 관련 정보를 처리하는 정보시스템

5. 「여권법」 제8조제2항에 따른 여권정보통합관리시스템

6. 「응급의료에 관한 법률」 제15조제1항에 따른 응급의료정보통신망

7. 「초 · 중등교육법」 제30조의4제1항에 따른 교육정보시스템

8. 「출입국관리법」 에 따른 출입국관리정보를 처리하는 정보시스템

9. 그 밖에 질병관리청장이 감염병환자등에 대한 예방 · 관리 · 치료 업무를 위해 필요하다고 인정하는 정보시스템

[본조신설 2020. 12. 29.]

제23조(치료 및 격리의 방법 및 절차 등)

법 제41조제1항 및 제2항에 따른 입원치료, 자가(自家)치료 및 시설치료, 법 제42조제2항에 따른 자가격리 및 시설격리의 방법 및 절차 등은 별표 2와 같다. 〈개정 2020. 6. 2., 2020. 10. 13.〉

[제목개정 2020. 6. 2.]

제23조의2(전원등의 방법 및 절차)

① 법 제41조제1항에 따른 감염병관리기관등(이하 "감염병관리기관등"이라 한다)의 장, 감염병관리기관등이 아닌 의료기관의 장 또는 법 제37조제1항제2호에 따라 설치 · 운영하는 시설(이하 이 조에서 "시설"이라 한다)의 장은 법 제41조제3항 각 호의 어느 하나에 해당하는 경우 관할 특별자치도지사 · 시장 · 군수 · 구청장에게 같은 조 제1항 또는 제2항에 따라 해당 기관에서 치료 중인 사람에 대한 같은 조 제3항에 따른 전원(轉院) 또는 이송(이하 "전원등"이라 한다)의 조치를 요청할 수 있다.

② 특별자치도지사 · 시장 · 군수 · 구청장은 다음 각 호의 어느 하나에 해당하는 경우 관할구역 내에서 전원등의 조치를 할 수 있다.

1. 제1항에 따라 전원등의 조치를 요청받은 경우

2. 법 제41조제3항 각 호의 어느 하나에 해당하는 경우로서 관할구역 내에서 자가치료 중인 사람에 대해 전원등의 조치가 필요하다고 인정되는 경우

③ 시장 · 군수 · 구청장은 관할구역 내의 격리병상 및 시설이 부족하여 제2항에 따른 전원등의 조치를 하기 어려울 때에는 해당 시 · 군 · 구를 관할하는 시 · 도지사에게 전원등의 조치를 요청할 수 있다.

④ 시 · 도지사는 제3항에 따라 전원등의 조치를 요청받은 경우 관할구역 내에서 시 · 군 · 구 간

전원등의 조치를 할 수 있다.

⑤ 감염병관리기관등의 장, 감염병관리기관등이 아닌 의료기관의 장, 시설의 장 또는 시·도지사는 다음 각 호의 구분에 따라 보건복지부장관 또는 질병관리청장에게 전원등의 조치를 요청할 수 있다. 〈개정 2020. 12. 29.〉

1. 감염병관리기관등의 장, 감염병관리기관등이 아닌 의료기관의 장 또는 시설의 장: 제1항에도 불구하고 시·도 간 전원등의 조치가 긴급히 필요한 경우

2. 시·도지사: 관할구역 내의 격리병상 및 시설이 부족하여 제4항에 따른 전원등의 조치를 하기 어려운 경우

⑥ 보건복지부장관 또는 질병관리청장은 제5항에 따라 전원등의 조치를 요청받은 경우 시·도 간 전원등의 조치를 할 수 있다. 〈개정 2020. 12. 29.〉

⑦ 특별자치도지사·시장·군수·구청장은 관할구역에 주소를 둔 사람에 대해 제2항, 제4항 또는 제6항에 따라 전원등의 조치가 결정된 때에는 전원등 대상자와 그 보호자에게 입원·격리 장소의 변경 사항을 명시한 입원·격리통지서를 보내야 한다.

⑧ 감염병관리기관등의 장, 감염병관리기관등이 아닌 의료기관의 장 또는 시설의 장은 해당 기관에서 치료 중인 사람이 다른 의료기관 또는 시설로 전원되거나 이송되는 경우에는 해당 의료기관 또는 시설에 의무기록 등 치료에 필요한 정보를 제공해야 한다.

⑨ 제1항부터 제8항까지에서 규정한 사항 외에 전원등에 필요한 사항은 질병관리청장이 정하여 고시한다.

[본조신설 2020. 10. 13.]

[종전 제23조의2는 제23조의3으로 이동 〈2020. 10. 13.〉]

제23조의3(유급휴가 비용 지원 등)

① 법 제41조의2제3항에 따라 사업주에게 주는 유급휴가 지원비용은 질병관리청장이 기획재정부장관과 협의하여 고시하는 금액에 근로자가 법에 따라 입원 또는 격리된 기간을 곱한 금액으로 한다. 〈개정 2020. 9. 11.〉

② 법 제41조의2제3항에 따라 비용을 지원받으려는 사업주는 보건복지부령으로 정하는 신청서(전자문서로 된 신청서를 포함한다)에 다음 각 호의 서류(전자문서로 된 서류를 포함한다)를 첨부하여 질병관리청장에게 제출하여야 한다. 〈개정 2020. 9. 11.〉

1. 근로자가 입원 또는 격리된 사실과 기간을 확인할 수 있는 서류

2. 재직증명서 등 근로자가 계속 재직하고 있는 사실을 증명하는 서류

3. 보수명세서 등 근로자에게 유급휴가를 준 사실을 증명하는 서류

4. 그 밖에 질병관리청장이 유급휴가 비용지원을 위하여 특히 필요하다고 인정하는 서류

③ 질병관리청장은 제2항에 따른 신청서를 제출받은 경우에는 「전자정부법」 제36조제1항에 따라 행정정보의 공동이용을 통하여 사업자등록증을 확인하여야 한다. 다만, 사업주가 확인에 동의하지 아니하는 경우에는 그 서류를 첨부하도록 하여야 한다. 〈개정 2020. 9. 11.〉

④ 질병관리청장은 제2항에 따른 신청서를 제출받은 경우에는 유급휴가 비용지원 여부와 지원금액을 결정한 후 해당 사업주에게 서면으로 알려야 한다. 〈개정 2020. 9. 11.〉

⑤ 제2항부터 제4항까지에서 규정한 사항 외에 유급휴가 비용지원의 신청절차 및 결과통보 등에 필요한 사항은 보건복지부령으로 정한다.

[본조신설 2016. 6. 28.]

[제23조의2에서 이동, 종전 제23조의3은 제23조의4로 이동 〈2020. 10. 13.〉]

제23조의4(감염병환자등의 격리 등을 위한 감염병관리기관의 지정)

① 법 제42조제4항 및 제7항에 따라 감염병환자등에 대한 조사·진찰을 하거나 격리·치료 등을 하는 감염병관리기관으로 지정받을 수 있는 기관은 법 제36조제1항 및 제2항에 따라 지정받은 감염병관리기관(이하 "감염병관리기관"이라 한다)으로서 감염병환자등을 위한 1인 병실[전실(前室) 및 음압시설(陰壓施設)을 갖춘 병실을 말한다]을 설치한 감염병관리기관으로 한다. 〈개정 2020. 4. 2., 2020. 6. 2.〉

② 질병관리청장, 시·도지사 또는 시장·군수·구청장은 법 제42조제11항에 따라 조사·진찰·격리·치료를 하는 감염병관리기관을 지정하는 경우에는 법 제39조의2에 따른 감염병관리시설에 대한 평가 결과를 고려하여야 한다. 〈개정 2020. 4. 2., 2020. 9. 11.〉

③ 질병관리청장, 시·도지사 또는 시장·군수·구청장은 법 제42조제11항에 따라 조사·진찰·격리·치료를 하는 감염병관리기관을 지정한 경우에는 질병관리청장이 정하는 바에 따라 지정서를 발급하여야 한다. 〈개정 2020. 4. 2., 2020. 9. 11.〉

[본조신설 2016. 6. 28.]

[제23조의3에서 이동 〈2020. 10. 13.〉]

제24조(소독을 해야 하는 시설)

법 제51조제3항에 따라 감염병 예방에 필요한 소독을 해야 하는 시설은 다음 각 호와 같다. 〈개정 2011. 12. 8., 2014. 7. 7., 2015. 1. 6., 2016. 1. 19., 2016. 6. 28., 2016. 8. 11., 2017. 3. 29., 2020. 6. 2., 2021. 6. 8.〉

1. 「공중위생관리법」에 따른 숙박업소(객실 수 20실 이상인 경우만 해당한다), 「관광진흥법」에 따른 관광숙박업소

2. 「식품위생법 시행령」 제21조제8호(마목은 제외한다)에 따른 식품접객업 업소(이하 "식품접객업소"라 한다) 중 연면적 300제곱미터 이상의 업소

3. 「여객자동차 운수사업법」에 따른 시내버스 · 농어촌버스 · 마을버스 · 시외버스 · 전세버스 · 장의자동차, 「항공안전법」에 따른 항공기 및 「공항시설법」에 따른 공항시설, 「해운법」에 따른 여객선, 「항만법」에 따른 연면적 300제곱미터 이상의 대합실, 「철도사업법」 및 「도시철도법」에 따른 여객운송 철도차량과 역사(驛舍) 및 역 시설

4. 「유통산업발전법」에 따른 대형마트, 전문점, 백화점, 쇼핑센터, 복합쇼핑몰, 그 밖의 대규모 점포와 「전통시장 및 상점가 육성을 위한 특별법」에 따른 전통시장

5. 「의료법」 제3조제2항제3호에 따른 병원급 의료기관

6. 「식품위생법」 제2조제12호에 따른 집단급식소(한 번에 100명 이상에게 계속적으로 식사를 공급하는 경우만 해당한다)

6의2. 「식품위생법 시행령」 제21조제8호마목에 따른 위탁급식영업을 하는 식품접객업소 중 연면적 300제곱미터 이상의 업소

7. 「건축법 시행령」 별표 1 제2호라목에 따른 기숙사

7의2. 「화재예방, 소방시설 설치 · 유지 및 안전관리에 관한 법률 시행령」 별표 2 제8호가목에 따른 합숙소(50명 이상을 수용할 수 있는 경우만 해당한다)

8. 「공연법」에 따른 공연장(객석 수 300석 이상인 경우만 해당한다)

9. 「초 · 중등교육법」 제2조 및 「고등교육법」 제2조에 따른 학교

10. 「학원의 설립 · 운영 및 과외교습에 관한 법률」에 따른 연면적 1천제곱미터 이상의 학원

11. 연면적 2천제곱미터 이상의 사무실용 건축물 및 복합용도의 건축물

12. 「영유아보육법」에 따른 어린이집 및 「유아교육법」에 따른 유치원(50명 이상을 수용하는 어린이집 및 유치원만 해당한다)

13. 「공동주택관리법」에 따른 공동주택(300세대 이상인 경우만 해당한다)

[제목개정 2020. 6. 2.]

제25조(방역관의 자격 및 직무 등)

① 법 제60조제1항에 따른 방역관은 감염병 관련 분야의 경험이 풍부한 4급 이상 공무원 중에서 임명한다. 다만, 시 · 군 · 구 소속 방역관은 감염병 관련 분야의 경험이 풍부한 5급 이상 공무원 중에서 임명할 수 있다. 〈개정 2016. 1. 6.〉

② 법 제60조제3항에 따른 조치권한 외에 방역관이 가지는 감염병 발생지역의 현장에 대한 조

치권한은 다음 각 호와 같다. 〈개정 2016. 1. 6., 2020. 6. 2.〉

1. 감염병의심자를 적당한 장소에 일정한 기간 입원조치 또는 격리조치

2. 감염병병원체에 오염된 장소 또는 건물에 대한 소독이나 그 밖에 필요한 조치

3. 일정한 장소에서 세탁하는 것을 막거나 오물을 일정한 장소에서 처리하도록 명하는 조치

4. 인수공통감염병 예방을 위하여 살처분에 참여한 사람 또는 인수공통감염병에 노출된 사람 등에 대한 예방조치

③ 삭제 〈2016. 1. 6.〉

제26조(역학조사관의 자격 및 직무 등)

① 삭제 〈2016. 1. 6.〉

② 역학조사관은 다음 각 호의 업무를 담당한다.

1. 역학조사 계획 수립

2. 역학조사 수행 및 결과 분석

3. 역학조사 실시 기준 및 방법의 개발

4. 역학조사 기술지도

5. 역학조사 교육훈련

6. 감염병에 대한 역학적인 연구

③ 삭제 〈2016. 1. 6.〉

④ 질병관리청장, 시·도지사 및 시장·군수·구청장은 역학조사관에게 예산의 범위에서 연구비와 여비를 지급할 수 있다. 〈개정 2020. 9. 11., 2020. 10. 13.〉

제26조의2(의료인에 대한 방역업무 종사명령)

① 질병관리청장 또는 시·도지사는 법 제60조의3제1항에 따라 방역업무 종사명령을 하는 경우에는 방역업무 종사명령서를 발급하여야 한다. 이 경우 해당 명령서에는 방역업무 종사기관, 종사기간 및 종사업무 등이 포함되어야 한다. 〈개정 2020. 9. 11.〉

② 법 제60조의3제1항에 따른 방역업무 종사기간은 30일 이내로 한다. 다만, 본인이 사전에 서면으로 동의하는 경우에는 그 기간을 달리 정할 수 있다.

③ 질병관리청장 또는 시·도지사는 제2항에 따른 방역업무 종사기간을 연장하는 경우에는 해당 종사기간이 만료되기 전에 본인의 동의를 받아야 한다. 이 경우 그 연장기간은 30일을 초과할 수 없되, 본인이 동의하는 경우에는 그 연장기간을 달리 정할 수 있다. 〈개정 2020. 9. 11.〉

④ 질병관리청장 또는 시·도지사는 제3항에 따라 방역업무 종사기간을 연장하는 경우에는 방

역업무 종사명령서를 새로 발급하여야 한다. 〈개정 2020. 9. 11.〉

[본조신설 2016. 6. 28.]

제26조의3(방역관 등의 임명)

① 질병관리청장, 시·도지사 또는 시장·군수·구청장은 법 제60조의3제2항에 따라 방역관을 임명하는 경우에는 임명장을 발급해야 한다. 이 경우 해당 임명장에는 직무수행기간이 포함되어야 한다. 〈개정 2020. 6. 2., 2020. 9. 11., 2020. 12. 29.〉

② 질병관리청장, 시·도지사 또는 시장·군수·구청장은 법 제60조의3제3항에 따라 역학조사관을 임명하는 때에는 임명장을 발급해야 한다. 이 경우 해당 임명장에는 직무수행기간이 포함되어야 한다. 〈신설 2020. 6. 2., 2020. 9. 11.〉

③ 방역관 또는 역학조사관의 직무수행기간, 직무수행기간 연장 및 직무수행기간 연장에 따른 임명장의 발급 등에 관하여는 제26조의2제2항부터 제4항까지의 규정을 준용한다.
〈개정 2020. 6. 2.〉

[본조신설 2016. 6. 28.]

제27조(시·도의 보조 비율)

법 제66조에 따른 시·도(특별자치도는 제외한다)의 경비 보조액은 시·군·구가 부담하는 금액의 3분의 2로 한다.

제28조(손실보상의 대상 및 범위 등)

① 법 제70조제1항에 따른 손실보상의 대상 및 범위는 별표 2의2와 같다.

② 법 제70조의2제1항에 따른 손실보상심의위원회(이하 "심의위원회"라 한다)는 법 제70조제1항에 따라 손실보상액을 산정하기 위하여 필요한 경우에는 관계 분야의 전문기관이나 전문가로 하여금 손실 항목에 대한 감정, 평가 또는 조사 등을 하게 할 수 있다.

③ 심의위원회는 법 제70조제1항제1호부터 제3호까지의 손실에 대하여 보상금을 산정하는 경우에는 해당 의료기관의 연평균수입 및 영업이익 등을 고려하여야 한다.

[전문개정 2016. 6. 28.]

제28조의2(손실보상금의 지급제외 및 감액기준)

① 법 제70조제3항에 따라 법 또는 관련 법령에 따른 조치의무를 위반하여 손실보상금을 지급하지 않거나 손실보상금을 감액하여 지급할 수 있는 위반행위의 종류는 다음 각 호와 같다.

1. 법 제11조에 따른 보고·신고를 게을리하거나 방해한 경우 또는 거짓으로 보고·신고한 경우

2. 법 제12조에 따른 신고의무를 게을리하거나 같은 조 제1항 각 호에 따른 신고의무자의 신고를 방해한 경우

3. 법 제18조제3항에 따른 역학조사 시 금지행위를 한 경우

4. 법 제36조제3항 또는 제37조제2항에 따른 감염병관리시설을 설치하지 않은 경우

5. 법 제60조제4항에 따른 협조의무를 위반한 경우

6. 「의료법」 제59조제1항에 따른 지도와 명령을 위반한 경우

7. 그 밖에 법령상의 조치의무로서 보건복지부장관이 특히 중요하다고 인정하여 고시하는 조치의무를 위반한 경우

② 법 제70조제3항에 따라 손실보상금을 지급하지 아니하거나 감액을 하는 경우에는 제1항 각 호의 위반행위가 그 손실의 발생 또는 확대에 직접적으로 관련되는지 여부와 중대한 원인인지의 여부를 기준으로 한다.

③ 심의위원회는 제2항에 따라 제1항 각 호의 위반행위와 손실 발생 또는 손실 확대와의 인과관계를 인정하는 경우에는 해당 위반행위의 동기, 경위, 성격 및 유형 등을 종합적으로 고려하여야 한다.

④ 제2항 및 제3항에 따른 손실보상금 지급제외 및 감액기준 등에 필요한 세부사항은 보건복지부장관이 정하여 고시한다.

[본조신설 2016. 6. 28.]

제28조의3(손실보상심의위원회의 구성 및 운영)

① 보건복지부에 두는 심의위원회의 위원은 보건복지부장관이 성별을 고려하여 다음 각 호의 사람 중에서 임명하거나 위촉한다.

1. 「의료법」에 따라 설립된 의료인 단체 및 의료기관 단체와 「약사법」에 따라 설립된 대한약사회 및 대한한약사회에서 추천하는 사람

2. 「비영리민간단체 지원법」에 따른 비영리민간단체로서 보건의료분야와 밀접한 관련이 있다고 보건복지부장관이 인정하는 단체에서 추천하는 사람

3. 「국민건강보험법」에 따른 국민건강보험공단의 이사장 또는 건강보험심사평가원의 원장이 추천하는 사람

4. 「고등교육법」에 따른 대학의 보건의료 관련 학과에서 부교수 이상 또는 이에 상당하는

직위에 재직 중이거나 재직하였던 사람

5. 감염병 예방 및 관리에 관한 전문지식과 경험이 풍부한 사람

6. 손실보상에 관한 전문지식과 경험이 풍부한 사람

7. 보건의료 정책을 담당하는 고위공무원단에 속하는 공무원

② 제1항제1호부터 제6호까지의 규정에 따른 위촉위원의 임기는 3년으로 한다. 다만, 위원의 해촉(解囑) 등으로 인하여 새로 위촉된 위원의 임기는 전임 위원 임기의 남은 기간으로 한다.

③ 보건복지부장관은 제1항에 따른 심의위원회의 위촉위원이 다음 각 호의 어느 하나에 해당하는 경우에는 해당 위촉위원을 해촉할 수 있다.

1. 심신장애로 인하여 직무를 수행할 수 없게 된 경우

2. 직무와 관련된 비위사실이 있는 경우

3. 직무태만, 품위손상이나 그 밖의 사유로 인하여 위원으로 적합하지 아니하다고 인정되는 경우

4. 위원 스스로 직무를 수행하는 것이 곤란하다고 의사를 밝히는 경우

④ 제1항에 따른 심의위원회의 위원장은 심의위원회를 대표하고, 심의위원회의 업무를 총괄한다.

⑤ 제1항에 따른 심의위원회의 회의는 재적위원 과반수의 요구가 있거나 심의위원회의 위원장이 필요하다고 인정할 때에 소집하고, 심의위원회의 위원장이 그 의장이 된다.

⑥ 제1항에 따른 심의위원회의 회의는 재적위원 과반수의 출석으로 개의(開議)하고, 출석위원 과반수의 찬성으로 의결한다.

⑦ 제1항에 따른 심의위원회는 업무를 효율적으로 수행하기 위하여 심의위원회에 관계 분야의 전문가로 구성되는 전문위원회를 둘 수 있다.

⑧ 제1항부터 제7항까지에서 규정한 사항 외에 제1항에 따른 심의위원회 및 전문위원회의 구성ㆍ운영 등에 필요한 사항은 심의위원회의 의결을 거쳐 심의위원회의 위원장이 정한다.

⑨ 법 제70조의2제1항에 따라 시ㆍ도에 두는 심의위원회의 구성ㆍ운영 등에 관하여는 제1항부터 제8항까지를 준용한다. 이 경우 "보건복지부장관"은 "시ㆍ도지사"로 본다.

[본조신설 2016. 6. 28.]

제28조의4(보건의료인력 등에 대한 지원 등)

① 질병관리청장, 시ㆍ도지사 또는 시장ㆍ군수ㆍ구청장은 법 제70조의3제1항에 따라 감염병의 발생 감시, 예방ㆍ관리 또는 역학조사업무에 조력한 의료인, 의료기관 개설자 또는 약사에게 수당 및 여비 등의 비용을 지원할 수 있다. 〈개정 2020. 9. 11., 2021. 6. 8.〉

② 질병관리청장, 시 · 도지사 및 시장 · 군수 · 구청장은 법 제70조의3제2항에 따라 감염병의 발생 감시, 예방 · 방역 · 검사 · 치료 · 관리 및 역학조사 업무에 조력한 보건의료인력 및 보건의료기관 종사자에게 수당 및 여비 등의 비용을 지원할 수 있다. 〈신설 2022. 3. 22.〉

③ 제1항 또는 제2항에 따른 지원을 받으려는 자는 감염병의 발생 감시, 예방 · 방역 · 검사 · 치료 · 관리 및 역학조사업무에 조력한 사실을 증명하는 자료를 첨부하여 질병관리청장, 시 · 도지사 또는 시장 · 군수 · 구청장에게 신청하여야 한다. 〈개정 2020. 9. 11., 2022. 3. 22.〉

④ 제3항에 따른 지원 신청을 받은 질병관리청장, 시 · 도지사 또는 시장 · 군수 · 구청장은 지원 여부, 지원항목 및 지원금액 등을 결정하고, 그 사실을 신청인에게 알려야 한다. 〈개정 2020. 9. 11., 2022. 3. 22.〉

[본조신설 2016. 6. 28.]

[제목개정 2022. 3. 22.]

제28조의5(감염병환자등에 대한 생활지원 등)

질병관리청장, 시 · 도지사 또는 시장 · 군수 · 구청장은 법 제70조의4제1항에 따라 다음 각 호의 지원을 할 수 있다. 다만, 법 제41조의2제1항에 따라 유급휴가를 받은 경우에는 제2호에 따른 지원을 하지 아니한다. 〈개정 2020. 9. 11.〉

1. 치료비 및 입원비: 본인이 부담하는 치료비 및 입원비. 다만, 「국민건강보험법」에 따른 요양급여의 대상에서 제외되는 비용 등 질병관리청장이 정하는 비용은 제외한다.

2. 생활지원비: 질병관리청장이 기획재정부장관과 협의하여 고시하는 금액

[본조신설 2016. 6. 28.]

제28조의6(심리지원의 대상 등)

① 법 제70조의6제1항에 따라 「정신건강증진 및 정신질환자 복지서비스 지원에 관한 법률」 제15조의2제1항에 따른 심리지원(이하 "심리지원"이라 한다)을 받을 수 있는 현장대응인력의 범위는 다음 각 호와 같다.

1. 법 제49조제1항제12호에 따라 감염병 유행기간 중 동원된 의료업자 및 의료관계요원

2. 법 제60조제1항 및 제60조의3제2항에 따른 방역관

3. 법 제60조의2제1항 · 제2항 및 제60조의3제3항에 따른 역학조사관

4. 그 밖에 감염병의 예방 또는 관리 업무를 담당하는 사람으로서 심리지원을 받을 필요가 있다고 보건복지부장관이 인정하는 사람

② 보건복지부장관, 시 · 도지사 또는 시장 · 군수 · 구청장은 법 제70조의6제2항에 따라 심리지

원에 관한 권한 또는 업무를 다음 각 호의 기관에 위임하거나 위탁할 수 있다.

1. 「정신건강증진 및 정신질환자 복지서비스 지원에 관한 법률」 제3조제3호에 따른 정신 건강복지센터

2. 「정신건강증진 및 정신질환자 복지서비스 지원에 관한 법률」 제3조제5호에 따른 정신 의료기관

3. 「정신건강증진 및 정신질환자 복지서비스 지원에 관한 법률」 제15조의2에 따른 국가트 라우마센터

4. 그 밖에 보건복지부장관이 심리지원에 관한 전문성이 있다고 인정하는 기관

③ 보건복지부장관, 시·도지사 또는 시장·군수·구청장은 제2항에 따라 심리지원에 관한 권 한 또는 업무를 위임하거나 위탁한 경우에는 다음 각 호의 사항을 고시해야 한다.

1. 위임받거나 위탁받은 기관

2. 위임 또는 위탁한 내용.

[본조신설 2020. 12. 29.]

제29조(예방접종 등에 따른 피해의 보상 기준)

법 제71조제1항에 따라 보상하는 보상금의 지급 기준 및 신청기한은 다음 각 호의 구분과 같다.
〈개정 2015. 1. 6., 2017. 5. 29., 2018. 9. 18., 2019. 7. 9., 2020. 6. 2., 2020. 9. 11.〉

1. 진료비

가. 지급 기준: 예방접종피해로 발생한 질병의 진료비 중 「국민건강보험법」에 따라 보험 자가 부담하거나 지급한 금액을 제외한 잔액 또는 「의료급여법」에 따라 의료급여기 금이 부담한 금액을 제외한 잔액. 다만, 제3호에 따른 일시보상금을 지급받은 경우에는 진료비를 지급하지 않는다.

나. 신청기한: 해당 예방접종피해가 발생한 날부터 5년 이내

2. 간병비: 입원진료의 경우에 한정하여 1일당 5만원

3. 장애인이 된 사람에 대한 일시보상금

가. 지급 기준

1) 「장애인복지법」에 따른 장애인 중 장애의 정도가 심한 장애인: 사망한 사람에 대한 일시보상금의 100분의 100

2) 「장애인복지법」에 따른 장애인 중 장애의 정도가 심하지 않은 장애인: 사망한 사 람에 대한 일시보상금의 100분의 55

3) 1) 및 2) 외의 장애인으로서 「국민연금법」, 「공무원연금법」, 「공무원 재해보상

법」 및 「산업재해보상보험법」 등 질병관리청장이 정하여 고시하는 법률에서 정한 장애 등급이나 장해 등급에 해당하는 장애인: 사망한 사람에 대한 일시보상금의 100분의 20 범위에서 해당 장애 등급이나 장해 등급의 기준별로 질병관리청장이 정하여 고시하는 금액

　　나. 신청기한: 장애진단을 받은 날부터 5년 이내

　4. 사망한 사람에 대한 일시보상금

　　가. 지급 기준: 사망 당시의 「최저임금법」에 따른 월 최저임금액에 240을 곱한 금액에 상당하는 금액

　　나. 신청기한: 사망한 날부터 5년 이내

　5. 장제비: 30만원

제30조(예방접종 등에 따른 피해의 보상대상자)

① 법 제71조제1항에 따라 보상을 받을 수 있는 사람은 다음 각 호의 구분에 따른다.

　1. 법 제71조제1항제1호 및 제2호의 경우: 본인

　2. 법 제71조제1항제3호의 경우: 유족 중 우선순위자

② 법 제71조제1항제3호에서 "대통령령으로 정하는 유족"이란 배우자(사실상 혼인관계에 있는 사람을 포함한다), 자녀, 부모, 손자·손녀, 조부모, 형제자매를 말한다.

③ 유족의 순위는 제2항에 열거한 순위에 따르되, 행방불명 등으로 지급이 어려운 사람은 제외하며, 우선순위의 유족이 2명 이상일 때에는 사망한 사람에 대한 일시보상금을 균등하게 배분한다.

제31조(예방접종 등에 따른 피해의 보상 절차)

① 법 제71조제1항에 따라 보상을 받으려는 사람은 보건복지부령으로 정하는 바에 따라 보상청구서에 피해에 관한 증명서류를 첨부하여 관할 특별자치도지사 또는 시장·군수·구청장에게 제출하여야 한다.

② 시장·군수·구청장은 제1항에 따라 받은 서류(이하 "피해보상청구서류"라 한다)를 시·도지사에게 제출하고, 피해보상청구서류를 받은 시·도지사와 제1항에 따라 피해보상청구서류를 받은 특별자치도지사는 지체 없이 예방접종으로 인한 피해에 관한 기초조사를 한 후 피해보상청구서류에 기초조사 결과 및 의견서를 첨부하여 질병관리청장에게 제출하여야 한다. 〈개정 2020. 9. 11.〉

③ 질병관리청장은 예방접종피해보상 전문위원회의 의견을 들어 보상 여부를 결정한 후 그 사

실을 시·도지사에게 통보하고, 시·도지사(특별자치도지사는 제외한다)는 시장·군수·구청장에게 통보하여야 한다. 이 경우 통보를 받은 특별자치도지사 또는 시장·군수·구청장은 제1항에 따라 보상을 받으려는 사람에게 결정 내용을 통보하여야 한다.

〈개정 2015. 1. 6., 2020. 9. 11.〉

④ 질병관리청장은 제3항에 따라 보상을 하기로 결정한 사람에 대하여 제29조의 보상 기준에 따른 보상금을 지급한다. 〈개정 2020. 9. 11.〉

⑤ 이 영에서 규정한 사항 외에 예방접종으로 인한 피해보상 심의의 절차 및 방법에 관하여 필요한 사항은 질병관리청장이 정한다. 〈개정 2020. 9. 11.〉

제32조(권한의 위임 및 업무의 위탁)

① 보건복지부장관은 법 제76조제1항에 따라 법 제8조의2제1항·제3항 및 이 영 제1조의3에 따른 중앙감염병병원의 운영 및 지원에 관한 권한을 질병관리청장에게 위임한다.

〈개정 2020. 9. 11.〉

② 보건복지부장관은 법 제76조제1항에 따라 법 제70조에 따른 업무를 다음 각 호의 어느 하나에 해당하는 자에게 위탁할 수 있다.

〈신설 2015. 1. 6., 2016. 1. 6., 2020. 6. 2., 2020. 9. 11., 2020. 10. 13.〉

1. 「고등교육법」 제2조에 따른 학교
2. 「공공기관의 운영에 관한 법률」 제4조에 따른 공공기관
3. 「민법」 또는 다른 법률에 따라 설립된 비영리법인으로서 감염병의 예방 및 관리와 관련된 업무를 수행하는 법인
4. 「정부출연연구기관 등의 설립·운영 및 육성에 관한 법률」에 따른 정부출연연구기관
5. 그 밖에 감염병의 예방 및 관리 업무에 전문성이 있다고 보건복지부장관이 인정하는 기관 또는 단체

③ 질병관리청장은 법 제76조제2항에 따라 법 제71조제2항·제3항 및 이 영 제31조제3항·제4항에 따른 보상(법 제71조제1항제1호 및 이 영 제29조제1호가목에 따라 보상금으로 지급받을 수 있는 진료비가 30만원 미만인 보상으로 한정한다)의 결정 및 지급 권한을 시·도지사에게 위임한다. 〈신설 2022. 1. 25.〉

④ 질병관리청장은 법 제76조제2항에 따라 법 제4조제2항제4호부터 제9호까지·제14호부터 제17호까지, 제16조의2제2항, 제41조제3항, 제41조의2제3항, 제70조의3제1항·제2항, 제70조의4제1항 및 제71조제2항·제3항에 따른 업무의 전부 또는 일부를 다음 각 호의 어느 하나에 해당하는 자에게 위탁할 수 있다. 〈신설 2020. 10. 13., 2021. 8. 3., 2022. 1. 25., 2022. 3. 22.〉

1. 「고등교육법」 제2조에 따른 학교

2. 「공공기관의 운영에 관한 법률」 제4조에 따른 공공기관

3. 「민법」 또는 다른 법률에 따라 설립된 비영리법인으로서 감염병의 예방 및 관리와 관련된 업무를 수행하는 법인

4. 「정부출연연구기관 등의 설립·운영 및 육성에 관한 법률」에 따른 정부출연연구기관

5. 그 밖에 질병관리청장이 감염병의 예방 및 관리 업무에 전문성이 있다고 인정하는 기관 또는 단체

⑤ 보건복지부장관 및 질병관리청장은 제2항 및 제4항에 따라 업무를 위탁하는 경우 위탁받는 기관 및 위탁업무의 내용을 고시해야 한다.

〈신설 2015. 1. 6., 2020. 9. 11., 2020. 10. 13., 2022. 1. 25.〉

[제목개정 2015. 1. 6.]

제32조의2(제공 요청할 수 있는 정보)

법 제76조의2제1항제4호에서 "대통령령으로 정하는 정보"란 다음 각 호의 정보를 말한다.

1. 「여신전문금융업법」 제2조제3호·제6호 및 제8호에 따른 신용카드·직불카드·선불카드 사용명세

2. 「대중교통의 육성 및 이용촉진에 관한 법률」 제10조의2제1항에 따른 교통카드 사용명세

3. 「개인정보 보호법」 제2조제7호에 따른 영상정보처리기기를 통하여 수집된 영상정보

[본조신설 2016. 1. 6.]

[종전 제32조의2는 제32조의3으로 이동 〈2016. 1. 6.〉]

제32조의3(민감정보 및 고유식별정보의 처리)

① 국가 및 지방자치단체(해당 업무가 위탁된 경우에는 해당 업무를 위탁받은 자를 포함한다)는 다음 각 호의 사무를 수행하기 위하여 불가피한 경우 「개인정보 보호법」 제23조에 따른 건강에 관한 정보, 같은 법 시행령 제19조제1호, 제2호 또는 제4호에 따른 주민등록번호, 여권번호 또는 외국인등록번호가 포함된 자료를 처리할 수 있다.

〈개정 2020. 6. 2., 2021. 6. 8., 2021. 8. 3.〉

1. 법 제4조제2항제2호에 따른 감염병환자등의 진료 및 보호 사업에 관한 사무

2. 법 제4조제2항제8호에 따른 감염병 예방 및 관리 등을 위한 전문인력 양성 사업에 관한 사무

3. 법 제4조제2항제9호에 따른 감염병 관리정보 교류 등을 위한 국제협력 사업에 관한 사무

② 보건복지부장관, 질병관리청장, 시·도지사, 시장·군수·구청장(해당 업무가 위탁된 경우

에는 해당 업무를 위탁받은 자를 포함한다), 보건소장 또는 법 제16조제1항에 따라 지정받은 감염병 표본감시기관은 다음 각 호의 사무를 수행하기 위하여 불가피한 경우 제1항 각 호 외의 부분에 따른 개인정보가 포함된 자료를 처리할 수 있다.

〈개정 2016. 6. 28., 2020. 6. 2., 2020. 9. 11., 2020. 12. 29., 2021. 8. 3.〉

1. 법 제11조부터 제13조까지 및 제15조에 따른 감염병환자등의 신고 · 보고 · 파악 및 관리에 관한 사무
2. 법 제16조에 따른 감염병 표본감시 등에 관한 사무
3. 법 제17조에 따른 실태조사에 관한 사무
4. 법 제18조에 따른 역학조사에 관한 사무
5. 법 제19조에 따른 건강진단에 관한 사무
6. 법 제20조에 따른 해부명령에 관한 사무
7. 법 제21조부터 제23조까지의 규정에 따른 고위험병원체에 관한 사무
8. 법 제24조, 제25조, 제26조의2, 제27조부터 제32조까지 및 제33조의4에 따른 예방접종에 관한 사무
9. 법 제36조 및 제37조에 따른 감염병관리기관 지정, 감염병관리시설, 격리소, 요양소 및 진료소의 설치 · 운영에 관한 사무
9의2. 법 제40조의5에 따른 감염병관리통합정보시스템의 구축 · 운영에 관한 사무
10. 법 제41조, 제41조의2, 제42조, 제43조, 제45조부터 제47조까지, 제49조, 제50조 및 제76조의2에 따른 감염병환자등 · 감염병의심자의 관리 및 감염병의 방역 · 예방 조치에 관한 사무
11. 법 제52조 및 제53조에 따른 소독업의 신고에 관한 사무
12. 법 제55조에 따른 소독업자 등에 관한 교육에 관한 사무
13. 법 제70조부터 제72조까지의 규정에 따른 손실보상 및 예방접종 등에 따른 피해의 국가보상에 관한 사무

[본조신설 2014. 8. 6.]

[제32조의2에서 이동 〈2016. 1. 6.〉]

제32조의4(규제의 재검토)

① 보건복지부장관은 제1조의3제2항 및 별표 1에 따른 중앙감염병병원의 지정기준에 대하여 2022년 1월 1일을 기준으로 5년마다(매 5년이 되는 해의 1월 1일 전까지를 말한다) 그 타당성을 검토하여 개선 등의 조치를 해야 한다.

② 질병관리청장은 다음 각 호의 사항에 대하여 2022년 1월 1일을 기준으로 3년마다(매 3년이

되는 해의 1월 1일 전까지를 말한다) 그 타당성을 검토하여 개선 등의 조치를 해야 한다.

1. 제1조의4제2항 및 별표 1의2에 따른 권역별 감염병병원의 지정기준

2. 제19조의6제1항에 따른 고위험병원체 취급시설의 안전관리 준수사항

3. 제32조의2에 따른 요청 정보의 범위

[본조신설 2022. 3. 8.]

제33조(과태료의 부과)

법 제83조제1항부터 제4항까지의 규정에 따른 과태료의 부과기준은 별표 3과 같다. 〈개정 2018. 6. 12., 2020. 10. 13.〉

[전문개정 2016. 1. 6.]

부칙 〈제32553호, 2022. 3. 22.〉

이 영은 2022년 3월 22일부터 시행한다.

제3부

화장품법

제1장 총칙

제1조(목적)

이 법은 화장품의 제조·수입·판매 및 수출 등에 관한 사항을 규정함으로써 국민보건향상과 화장품 산업의 발전에 기여함을 목적으로 한다. 〈개정 2018. 3. 13.〉

제2조(정의)

이 법에서 사용하는 용어의 뜻은 다음과 같다. 〈개정 2013. 3. 23., 2016. 5. 29., 2018. 3. 13., 2019. 1. 15., 2020. 4. 7.〉

1. "화장품"이란 인체를 청결·미화하여 매력을 더하고 용모를 밝게 변화시키거나 피부·모발의 건강을 유지 또는 증진하기 위하여 인체에 바르고 문지르거나 뿌리는 등 이와 유사한 방법으로 사용되는 물품으로서 인체에 대한 작용이 경미한 것을 말한다. 다만, 「약사법」 제2조제4호의 의약품에 해당하는 물품은 제외한다.

2. "기능성화장품"이란 화장품 중에서 다음 각 목의 어느 하나에 해당되는 것으로서 총리령으로 정하는 화장품을 말한다.

   가. 피부의 미백에 도움을 주는 제품

   나. 피부의 주름개선에 도움을 주는 제품

   다. 피부를 곱게 태워주거나 자외선으로부터 피부를 보호하는 데에 도움을 주는 제품

   라. 모발의 색상 변화·제거 또는 영양공급에 도움을 주는 제품

   마. 피부나 모발의 기능 약화로 인한 건조함, 갈라짐, 빠짐, 각질화 등을 방지하거나 개선하는 데에 도움을 주는 제품

2의2. "천연화장품"이란 동식물 및 그 유래 원료 등을 함유한 화장품으로서 식품의약품안전처장이 정하는 기준에 맞는 화장품을 말한다.

3. "유기농화장품"이란 유기농 원료, 동식물 및 그 유래 원료 등을 함유한 화장품으로서 식품의약품안전처장이 정하는 기준에 맞는 화장품을 말한다.

3의2. "맞춤형화장품"이란 다음 각 목의 화장품을 말한다.

   가. 제조 또는 수입된 화장품의 내용물에 다른 화장품의 내용물이나 식품의약품안전처장이 정하는 원료를 추가하여 혼합한 화장품

   나. 제조 또는 수입된 화장품의 내용물을 소분(小分)한 화장품. 다만, 고형(固形)

비누 등 총리령으로 정하는 화장품의 내용물을 단순 소분한 화장품은 제외한다.

    4. "안전용기ㆍ포장"이란 만 5세 미만의 어린이가 개봉하기 어렵게 설계ㆍ고안된 용기나 포장을 말한다.

    5. "사용기한"이란 화장품이 제조된 날부터 적절한 보관 상태에서 제품이 고유의 특성을 간직한 채 소비자가 안정적으로 사용할 수 있는 최소한의 기한을 말한다.

    6. "1차 포장"이란 화장품 제조 시 내용물과 직접 접촉하는 포장용기를 말한다.

    7. "2차 포장"이란 1차 포장을 수용하는 1개 또는 그 이상의 포장과 보호재 및 표시의 목적으로 한 포장(첨부문서 등을 포함한다)을 말한다.

    8. "표시"란 화장품의 용기ㆍ포장에 기재하는 문자ㆍ숫자ㆍ도형 또는 그림 등을 말한다.

    9. "광고"란 라디오ㆍ텔레비전ㆍ신문ㆍ잡지ㆍ음성ㆍ음향ㆍ영상ㆍ인터넷ㆍ인쇄물ㆍ간판, 그 밖의 방법에 의하여 화장품에 대한 정보를 나타내거나 알리는 행위를 말한다.

    10. "화장품제조업"이란 화장품의 전부 또는 일부를 제조(2차 포장 또는 표시만의 공정은 제외한다)하는 영업을 말한다.

    11. "화장품책임판매업"이란 취급하는 화장품의 품질 및 안전 등을 관리하면서 이를 유통ㆍ판매하거나 수입대행형 거래를 목적으로 알선ㆍ수여(授與)하는 영업을 말한다.

    12. "맞춤형화장품판매업"이란 맞춤형화장품을 판매하는 영업을 말한다.

제2조의2(영업의 종류)

  ① 이 법에 따른 영업의 종류는 다음 각 호와 같다.

    1. 화장품제조업

    2. 화장품책임판매업

    3. 맞춤형화장품판매업

  ② 제1항에 따른 영업의 세부 종류와 그 범위는 대통령령으로 정한다.

[본조신설 2018. 3. 13.]

제2장 화장품의 제조·유통

제3조(영업의 등록)

① 화장품제조업 또는 화장품책임판매업을 하려는 자는 각각 총리령으로 정하는 바에 따라 식품의약품안전처장에게 등록하여야 한다. 등록한 사항 중 총리령으로 정하는 중요한 사항을 변경할 때에도 또한 같다.　　　　　　　　　　　　〈개정 2013. 3. 23., 2016. 2. 3., 2018. 3. 13.〉

② 제1항에 따라 화장품제조업을 등록하려는 자는 총리령으로 정하는 시설기준을 갖추어야 한다. 다만, 화장품의 일부 공정만을 제조하는 등 총리령으로 정하는 경우에 해당하는 때에는 시설의 일부를 갖추지 아니할 수 있다.　　　　　　　　　〈개정 2013. 3. 23., 2018. 3. 13.〉

③ 제1항에 따라 화장품책임판매업을 등록하려는 자는 총리령으로 정하는 화장품의 품질관리 및 책임판매 후 안전관리에 관한 기준을 갖추어야 하며, 이를 관리할 수 있는 관리자(이하 "책임판매관리자"라 한다)를 두어야 한다.　　　　　　〈개정 2013. 3. 23., 2018. 3. 13.〉

④ 제1항부터 제3항까지의 규정에 따른 등록 절차 및 책임판매관리자의 자격기준과 직무 등에 관하여 필요한 사항은 총리령으로 정한다.　　　　　　〈개정 2013. 3. 23., 2018. 3. 13.〉

[제목개정 2018. 3. 13.]

제3조의2(맞춤형화장품판매업의 신고)

① 맞춤형화장품판매업을 하려는 자는 총리령으로 정하는 바에 따라 식품의약품안전처장에게 신고하여야 한다. 신고한 사항 중 총리령으로 정하는 사항을 변경할 때에도 또한 같다.

② 제1항에 따라 맞춤형화장품판매업을 신고하려는 자는 총리령으로 정하는 시설기준을 갖추어야 하며, 맞춤형화장품의 혼합·소분 등 품질·안전 관리 업무에 종사하는 자(이하 "맞춤형화장품조제관리사"라 한다)를 두어야 한다.　　　　　　　　〈개정 2021. 8. 17.〉

[본조신설 2018. 3. 13.]

제3조의3(결격사유)

다음 각 호의 어느 하나에 해당하는 자는 화장품제조업 또는 화장품책임판매업의 등록이나 맞춤형화장품판매업의 신고를 할 수 없다. 다만, 제1호 및 제3호는 화장품제조업만 해당한다.

1. 「정신건강증진 및 정신질환자 복지서비스 지원에 관한 법률」 제3조제1호에 따른 정신질환자. 다만, 전문의가 화장품제조업자(제3조제1항에 따라 화장품제조업을 등록한 자를

말한다. 이하 같다)로서 적합하다고 인정하는 사람은 제외한다.

2. 피성년후견인 또는 파산선고를 받고 복권되지 아니한 자

3. 「마약류 관리에 관한 법률」 제2조제1호에 따른 마약류의 중독자

4. 이 법 또는 「보건범죄 단속에 관한 특별조치법」을 위반하여 금고 이상의 형을 선고받고 그 집행이 끝나지 아니하거나 그 집행을 받지 아니하기로 확정되지 아니한 자

5. 제24조에 따라 등록이 취소되거나 영업소가 폐쇄(이 조 제1호부터 제3호까지의 어느 하나에 해당하여 등록이 취소되거나 영업소가 폐쇄된 경우는 제외한다)된 날부터 1년이 지나지 아니한 자

[본조신설 2018. 3. 13.]

제3조의4(맞춤형화장품조제관리사 자격시험)

① 맞춤형화장품조제관리사가 되려는 사람은 화장품과 원료 등에 대하여 식품의약품안전처장이 실시하는 자격시험에 합격하여야 한다.

② 식품의약품안전처장은 거짓이나 그 밖의 부정한 방법으로 자격시험에 응시한 사람 또는 자격시험에서 부정행위를 한 사람에 대하여는 그 자격시험을 정지시키거나 합격을 무효로 한다. 이 경우 자격시험이 정지되거나 합격이 무효가 된 사람은 그 처분이 있은 날부터 3년간 자격시험에 응시할 수 없다.　　　　　　　　　　　　　　　　　　〈개정 2021. 8. 17.〉

③ 식품의약품안전처장은 제1항에 따른 자격시험의 관리 및 제4항에 따른 자격증 발급 등에 관한 업무를 효과적으로 수행하기 위하여 필요한 전문인력과 시설을 갖춘 기관 또는 단체를 시험운영기관으로 지정하여 시험업무를 위탁할 수 있다.　　　　　　　　〈개정 2021. 8. 17.〉

④ 제1항 및 제3항에 따른 자격시험의 시기, 절차, 방법, 시험과목, 자격증의 발급, 시험운영기관의 지정 등 자격시험에 필요한 사항은 총리령으로 정한다.

[본조신설 2018. 3. 13.]

제3조의5(맞춤형화장품조제관리사의 결격사유)

다음 각 호의 어느 하나에 해당하는 자는 맞춤형화장품조제관리사가 될 수 없다.

1. 「정신건강증진 및 정신질환자 복지서비스 지원에 관한 법률」 제3조제1호에 따른 정신질환자. 다만, 전문의가 맞춤형화장품조제관리사로서 적합하다고 인정하는 사람은 제외한다.

2. 피성년후견인

3. 「마약류 관리에 관한 법률」 제2조제1호에 따른 마약류의 중독자

4. 이 법 또는 「보건범죄 단속에 관한 특별조치법」을 위반하여 금고 이상의 형을 선고받고 그 집행이 끝나지 아니하거나 그 집행을 받지 아니하기로 확정되지 아니한 자

5. 제3조의8에 따라 맞춤형화장품조제관리사의 자격이 취소된 날부터 3년이 지나지 아니한 자

[본조신설 2021. 8. 17.]

제3조의6(자격증 대여 등의 금지)

① 맞춤형화장품조제관리사는 다른 사람에게 자기의 성명을 사용하여 맞춤형화장품조제관리사 업무를 하게 하거나 자기의 맞춤형화장품조제관리사자격증을 양도 또는 대여하여서는 아니 된다.

② 누구든지 다른 사람의 맞춤형화장품조제관리사자격증을 양수하거나 대여받아 이를 사용하여서는 아니 된다.

[본조신설 2021. 8. 17.]

제3조의7(유사명칭의 사용금지)

맞춤형화장품조제관리사가 아닌 자는 맞춤형화장품조제관리사 또는 이와 유사한 명칭을 사용하지 못한다.

[본조신설 2021. 8. 17.]

제3조의8(맞춤형화장품조제관리사 자격의 취소)

식품의약품안전처장은 맞춤형화장품조제관리사가 다음 각 호의 어느 하나에 해당하는 경우에는 그 자격을 취소하여야 한다.

1. 거짓이나 그 밖의 부정한 방법으로 맞춤형화장품조제관리사의 자격을 취득한 경우

2. 제3조의5제1호부터 제4호까지 중 어느 하나에 해당하는 경우

3. 제3조의6제1항을 위반하여 다른 사람에게 자기의 성명을 사용하여 맞춤형화장품조제관리사 업무를 하게 하거나 맞춤형화장품조제관리사자격증을 양도 또는 대여한 경우

[본조신설 2021. 8. 17.]

제4조(기능성화장품의 심사 등)

① 기능성화장품으로 인정받아 판매 등을 하려는 화장품제조업자, 화장품책임판매업자(제3조제1항에 따라 화장품책임판매업을 등록한 자를 말한다. 이하 같다) 또는 총리령으로 정하는

대학 · 연구소 등은 품목별로 안전성 및 유효성에 관하여 식품의약품안전처장의 심사를 받거나 식품의약품안전처장에게 보고서를 제출하여야 한다. 제출한 보고서나 심사받은 사항을 변경할 때에도 또한 같다. 〈개정 2013. 3. 23., 2018. 3. 13.〉

② 제1항에 따른 유효성에 관한 심사는 제2조제2호 각 목에 규정된 효능 · 효과에 한하여 실시한다.

③ 제1항에 따른 심사를 받으려는 자는 총리령으로 정하는 바에 따라 그 심사에 필요한 자료를 식품의약품안전처장에게 제출하여야 한다. 〈개정 2013. 3. 23.〉

④ 제1항 및 제2항에 따른 심사 또는 보고서 제출의 대상과 절차 등에 관하여 필요한 사항은 총리령으로 정한다. 〈개정 2013. 3. 23.〉

제4조의2(영유아 또는 어린이 사용 화장품의 관리)

① 화장품책임판매업자는 영유아 또는 어린이가 사용할 수 있는 화장품임을 표시 · 광고하려는 경우에는 제품별로 안전과 품질을 입증할 수 있는 다음 각 호의 자료(이하 "제품별 안전성 자료"라 한다)를 작성 및 보관하여야 한다.

1. 제품 및 제조방법에 대한 설명 자료

2. 화장품의 안전성 평가 자료

3. 제품의 효능 · 효과에 대한 증명 자료

② 식품의약품안전처장은 제1항에 따른 화장품에 대하여 제품별 안전성 자료, 소비자 사용실태, 사용 후 이상사례 등에 대하여 주기적으로 실태조사를 실시하고, 위해요소의 저감화를 위한 계획을 수립하여야 한다.

③ 식품의약품안전처장은 소비자가 제1항에 따른 화장품을 안전하게 사용할 수 있도록 교육 및 홍보를 할 수 있다.

④ 제1항에 따른 영유아 또는 어린이의 연령 및 표시 · 광고의 범위, 제품별 안전성 자료의 작성 범위 및 보관기간 등과 제2항에 따른 실태조사 및 계획 수립의 범위, 시기, 절차 등에 필요한 사항은 총리령으로 정한다.

[본조신설 2019. 1. 15.]

제5조(영업자의 의무 등)

① 화장품제조업자는 화장품의 제조와 관련된 기록 · 시설 · 기구 등 관리 방법, 원료 · 자재 · 완제품 등에 대한 시험 · 검사 · 검정 실시 방법 및 의무 등에 관하여 총리령으로 정하는 사항을 준수하여야 한다. 〈개정 2013. 3. 23., 2018. 3. 13.〉

② 화장품책임판매업자는 화장품의 품질관리기준, 책임판매 후 안전관리기준, 품질 검사 방법 및 실시 의무, 안전성·유효성 관련 정보사항 등의 보고 및 안전대책 마련 의무 등에 관하여 총리령으로 정하는 사항을 준수하여야 한다.　〈개정 2013. 3. 23., 2018. 3. 13.〉

③ 맞춤형화장품판매업자(제3조의2제1항에 따라 맞춤형화장품판매업을 신고한 자를 말한다. 이하 같다)는 소비자에게 유통·판매되는 화장품을 임의로 혼합·소분하여서는 아니 된다.

〈신설 2021. 8. 17.〉

④ 맞춤형화장품판매업자는 맞춤형화장품 판매장 시설·기구의 관리 방법, 혼합·소분 안전관리기준의 준수 의무, 혼합·소분되는 내용물 및 원료에 대한 설명 의무, 안전성 관련 사항 보고 의무 등에 관하여 총리령으로 정하는 사항을 준수하여야 한다.

〈신설 2018. 3. 13., 2021. 8. 17.〉

⑤ 화장품책임판매업자는 총리령으로 정하는 바에 따라 화장품의 생산실적 또는 수입실적, 화장품의 제조과정에 사용된 원료의 목록 등을 식품의약품안전처장에게 보고하여야 한다. 이 경우 원료의 목록에 관한 보고는 화장품의 유통·판매 전에 하여야 한다.

〈개정 2013. 3. 23., 2018. 3. 13., 2021. 8. 17.〉

⑥ 맞춤형화장품판매업자는 총리령으로 정하는 바에 따라 맞춤형화장품에 사용된 모든 원료의 목록을 매년 1회 식품의약품안전처장에게 보고하여야 한다.　〈신설 2021. 8. 17.〉

⑦ 책임판매관리자 및 맞춤형화장품조제관리사는 화장품의 안전성 확보 및 품질관리에 관한 교육을 매년 받아야 한다.　〈개정 2013. 3. 23., 2016. 2. 3., 2018. 3. 13., 2021. 8. 17.〉

⑧ 식품의약품안전처장은 국민 건강상 위해를 방지하기 위하여 필요하다고 인정하면 화장품제조업자, 화장품책임판매업자 및 맞춤형화장품판매업자(이하 "영업자"라 한다)에게 화장품 관련 법령 및 제도(화장품의 안전성 확보 및 품질관리에 관한 내용을 포함한다)에 관한 교육을 받을 것을 명할 수 있다.　〈개정 2016. 2. 3., 2018. 3. 13., 2021. 8. 17.〉

⑨ 제8항에 따라 교육을 받아야 하는 자가 둘 이상의 장소에서 화장품제조업, 화장품책임판매업 또는 맞춤형화장품판매업을 하는 경우에는 종업원 중에서 총리령으로 정하는 자를 책임자로 지정하여 교육을 받게 할 수 있다.　〈신설 2016. 2. 3., 2018. 3. 13., 2021. 8. 17.〉

⑩ 제7항부터 제9항까지의 규정에 따른 교육의 실시 기관, 내용, 대상 및 교육비 등에 관하여 필요한 사항은 총리령으로 정한다.　〈신설 2016. 2. 3., 2018. 3. 13., 2021. 8. 17.〉

[제목개정 2018. 3. 13.]

제5조의2(위해화장품의 회수)

① 영업자는 제9조, 제15조 또는 제16조제1항에 위반되어 국민보건에 위해(危害)를 끼치거나

끼칠 우려가 있는 화장품이 유통 중인 사실을 알게 된 경우에는 지체 없이 해당 화장품을 회수하거나 회수하는 데에 필요한 조치를 하여야 한다.　〈개정 2018. 12. 11.〉

② 제1항에 따라 해당 화장품을 회수하거나 회수하는 데에 필요한 조치를 하려는 영업자는 회수계획을 식품의약품안전처장에게 미리 보고하여야 한다.　〈개정 2018. 3. 13.〉

③ 식품의약품안전처장은 제1항에 따른 회수 또는 회수에 필요한 조치를 성실하게 이행한 영업자가 해당 화장품으로 인하여 받게 되는 제24조에 따른 행정처분을 총리령으로 정하는 바에 따라 감경 또는 면제할 수 있다.　〈개정 2018. 3. 13.〉

④ 제1항 및 제2항에 따른 회수 대상 화장품, 해당 화장품의 회수에 필요한 위해성 등급 및 그 분류기준, 회수계획 보고 및 회수절차 등에 필요한 사항은 총리령으로 정한다.
〈개정 2018. 12. 11.〉

[본조신설 2015. 1. 28.]

제6조(폐업 등의 신고)

① 영업자는 다음 각 호의 어느 하나에 해당하는 경우에는 총리령으로 정하는 바에 따라 식품의약품안전처장에게 신고하여야 한다. 다만, 휴업기간이 1개월 미만이거나 그 기간 동안 휴업하였다가 그 업을 재개하는 경우에는 그러하지 아니하다.　〈개정 2013. 3. 23., 2018. 3. 13., 2018. 12. 11.〉

1. 폐업 또는 휴업하려는 경우
2. 휴업 후 그 업을 재개하려는 경우
3. 삭제〈2018. 12. 11.〉

② 식품의약품안전처장은 화장품제조업자 또는 화장품책임판매업자가 「부가가치세법」 제8조에 따라 관할 세무서장에게 폐업신고를 하거나 관할 세무서장이 사업자등록을 말소한 경우에는 등록을 취소할 수 있다.　〈신설 2018. 3. 13.〉

③ 식품의약품안전처장은 제2항에 따라 등록을 취소하기 위하여 필요하면 관할 세무서장에게 화장품제조업자 또는 화장품책임판매업자의 폐업여부에 대한 정보 제공을 요청할 수 있다. 이 경우 요청을 받은 관할 세무서장은 「전자정부법」 제39조에 따라 화장품제조업자 또는 화장품책임판매업자의 폐업여부에 대한 정보를 제공하여야 한다.　〈신설 2018. 3. 13.〉

④ 식품의약품안전처장은 제1항제1호에 따른 폐업신고 또는 휴업신고를 받은 날부터 7일 이내에 신고수리 여부를 신고인에게 통지하여야 한다.　〈신설 2018. 12. 11.〉

⑤ 식품의약품안전처장이 제4항에서 정한 기간 내에 신고수리 여부 또는 민원 처리 관련 법령에 따른 처리기간의 연장을 신고인에게 통지하지 아니하면 그 기간(민원 처리 관련 법령에

따라 처리기간이 연장 또는 재연장된 경우에는 해당 처리기간을 말한다)이 끝난 날의 다음 날에 신고를 수리한 것으로 본다.　　　　　　　　　　　　　　　　　　　　〈신설 2018. 12. 11.〉

제7조삭제 〈2018. 3. 13.〉

제3장 화장품의 취급

제1절 기준

제8조(화장품 안전기준 등)

① 식품의약품안전처장은 화장품의 제조 등에 사용할 수 없는 원료를 지정하여 고시하여야 한다.　　　　　　　　　　　　　　　　　　　　　　　　　　　　　　　　〈개정 2013. 3. 23.〉

② 식품의약품안전처장은 보존제, 색소, 자외선차단제 등과 같이 특별히 사용상의 제한이 필요한 원료에 대하여는 그 사용기준을 지정하여 고시하여야 하며, 사용기준이 지정·고시된 원료 외의 보존제, 색소, 자외선차단제 등은 사용할 수 없다.　　〈개정 2013. 3. 23., 2018. 3. 13.〉

③ 식품의약품안전처장은 국내외에서 유해물질이 포함되어 있는 것으로 알려지는 등 국민보건상 위해 우려가 제기되는 화장품 원료 등의 경우에는 총리령으로 정하는 바에 따라 위해요소를 신속히 평가하여 그 위해 여부를 결정하여야 한다.　　　　　　　　　〈개정 2013. 3. 23.〉

④ 식품의약품안전처장은 제3항에 따라 위해평가가 완료된 경우에는 해당 화장품 원료 등을 화장품의 제조에 사용할 수 없는 원료로 지정하거나 그 사용기준을 지정하여야 한다.

〈개정 2013. 3. 23.〉

⑤ 식품의약품안전처장은 제2항에 따라 지정·고시된 원료의 사용기준의 안전성을 정기적으로 검토하여야 하고, 그 결과에 따라 지정·고시된 원료의 사용기준을 변경할 수 있다. 이 경우 안전성 검토의 주기 및 절차 등에 관한 사항은 총리령으로 정한다.　　　〈신설 2018. 3. 13.〉

⑥ 화장품제조업자, 화장품책임판매업자 또는 대학·연구소 등 총리령으로 정하는 자는 제2항에 따라 지정·고시되지 아니한 원료의 사용기준을 지정·고시하거나 지정·고시된 원료의 사용기준을 변경하여 줄 것을 총리령으로 정하는 바에 따라 식품의약품안전처장에게 신청

할 수 있다. 〈신설 2018. 3. 13.〉

⑦ 식품의약품안전처장은 제6항에 따른 신청을 받은 경우에는 신청된 내용의 타당성을 검토하여야 하고, 그 타당성이 인정되는 경우에는 원료의 사용기준을 지정ㆍ고시하거나 변경하여야 한다. 이 경우 신청인에게 검토 결과를 서면으로 알려야 한다. 〈신설 2018. 3. 13.〉

⑧ 식품의약품안전처장은 그 밖에 유통화장품 안전관리 기준을 정하여 고시할 수 있다.
〈개정 2013. 3. 23., 2018. 3. 13.〉

제9조(안전용기ㆍ포장 등)

① 화장품책임판매업자 및 맞춤형화장품판매업자는 화장품을 판매할 때에는 어린이가 화장품을 잘못 사용하여 인체에 위해를 끼치는 사고가 발생하지 아니하도록 안전용기ㆍ포장을 사용하여야 한다. 〈개정 2018. 3. 13.〉

② 제1항에 따라 안전용기ㆍ포장을 사용하여야 할 품목 및 용기ㆍ포장의 기준 등에 관하여는 총리령으로 정한다. 〈개정 2013. 3. 23.〉

제2절 표시ㆍ광고ㆍ취급

제10조(화장품의 기재사항)

① 화장품의 1차 포장 또는 2차 포장에는 총리령으로 정하는 바에 따라 다음 각 호의 사항을 기재ㆍ표시하여야 한다. 다만, 내용량이 소량인 화장품의 포장 등 총리령으로 정하는 포장에는 화장품의 명칭, 화장품책임판매업자 및 맞춤형화장품판매업자의 상호, 가격, 제조번호와 사용기한 또는 개봉 후 사용기간(개봉 후 사용기간을 기재할 경우에는 제조연월일을 병행 표기하여야 한다. 이하 이 조에서 같다)만을 기재ㆍ표시할 수 있다.
〈개정 2013. 3. 23., 2016. 2. 3., 2018. 3. 13.〉

1. 화장품의 명칭
2. 영업자의 상호 및 주소
3. 해당 화장품 제조에 사용된 모든 성분(인체에 무해한 소량 함유 성분 등 총리령으로 정하는 성분은 제외한다)
4. 내용물의 용량 또는 중량
5. 제조번호
6. 사용기한 또는 개봉 후 사용기간

7. 가격

8. 기능성화장품의 경우 "기능성화장품"이라는 글자 또는 기능성화장품을 나타내는 도안으로서 식품의약품안전처장이 정하는 도안

9. 사용할 때의 주의사항

10. 그 밖에 총리령으로 정하는 사항

② 제1항 각 호 외의 부분 본문에도 불구하고 다음 각 호의 사항은 1차 포장에 표시하여야 한다. 다만, 소비자가 화장품의 1차 포장을 제거하고 사용하는 고형비누 등 총리령으로 정하는 화장품의 경우에는 그러하지 아니한다. 〈개정 2018. 3. 13., 2021. 8. 17.〉

1. 화장품의 명칭

2. 영업자의 상호

3. 제조번호

4. 사용기한 또는 개봉 후 사용기간

③ 제1항에 따른 기재사항을 화장품의 용기 또는 포장에 표시할 때 제품의 명칭, 영업자의 상호는 시각장애인을 위한 점자 표시를 병행할 수 있다. 〈개정 2018. 3. 13.〉

④ 제1항 및 제2항에 따른 표시기준과 표시방법 등은 총리령으로 정한다. 〈개정 2013. 3. 23.〉

제11조(화장품의 가격표시)

① 제10조제1항제7호에 따른 가격은 소비자에게 화장품을 직접 판매하는 자(이하 "판매자"라 한다)가 판매하려는 가격을 표시하여야 한다.

② 제1항에 따른 표시방법과 그 밖에 필요한 사항은 총리령으로 정한다. 〈개정 2013. 3. 23.〉

제12조(기재 · 표시상의 주의)

제10조 및 제11조에 따른 기재 · 표시는 다른 문자 또는 문장보다 쉽게 볼 수 있는 곳에 하여야 하며, 총리령으로 정하는 바에 따라 읽기 쉽고 이해하기 쉬운 한글로 정확히 기재 · 표시하여야 하되, 한자 또는 외국어를 함께 기재할 수 있다. 〈개정 2013. 3. 23.〉

제13조(부당한 표시 · 광고 행위 등의 금지)

① 영업자 또는 판매자는 다음 각 호의 어느 하나에 해당하는 표시 또는 광고를 하여서는 아니 된다. 〈개정 2018. 3. 13.〉

1. 의약품으로 잘못 인식할 우려가 있는 표시 또는 광고

2. 기능성화장품이 아닌 화장품을 기능성화장품으로 잘못 인식할 우려가 있거나 기능성화장

품의 안전성·유효성에 관한 심사결과와 다른 내용의 표시 또는 광고

3. 천연화장품 또는 유기농화장품이 아닌 화장품을 천연화장품 또는 유기농화장품으로 잘못 인식할 우려가 있는 표시 또는 광고

4. 그 밖에 사실과 다르게 소비자를 속이거나 소비자가 잘못 인식하도록 할 우려가 있는 표시 또는 광고

② 제1항에 따른 표시·광고의 범위와 그 밖에 필요한 사항은 총리령으로 정한다.
〈개정 2013. 3. 23.〉

제14조(표시·광고 내용의 실증 등)

① 영업자 및 판매자는 자기가 행한 표시·광고 중 사실과 관련한 사항에 대하여는 이를 실증할 수 있어야 한다. 〈개정 2018. 3. 13.〉

② 식품의약품안전처장은 영업자 또는 판매자가 행한 표시·광고가 제13조제1항제4호에 해당하는지를 판단하기 위하여 제1항에 따른 실증이 필요하다고 인정하는 경우에는 그 내용을 구체적으로 명시하여 해당 영업자 또는 판매자에게 관련 자료의 제출을 요청할 수 있다.
〈개정 2013. 3. 23., 2018. 3. 13.〉

③ 제2항에 따라 실증자료의 제출을 요청받은 영업자 또는 판매자는 요청받은 날부터 15일 이내에 그 실증자료를 식품의약품안전처장에게 제출하여야 한다. 다만, 식품의약품안전처장은 정당한 사유가 있다고 인정하는 경우에는 그 제출기간을 연장할 수 있다.
〈개정 2013. 3. 23., 2018. 3. 13.〉

④ 식품의약품안전처장은 영업자 또는 판매자가 제2항에 따라 실증자료의 제출을 요청받고도 제3항에 따른 제출기간 내에 이를 제출하지 아니한 채 계속하여 표시·광고를 하는 때에는 실증자료를 제출할 때까지 그 표시·광고 행위의 중지를 명하여야 한다.
〈개정 2013. 3. 23., 2018. 3. 13.〉

⑤ 제2항 및 제3항에 따라 식품의약품안전처장으로부터 실증자료의 제출을 요청받아 제출한 경우에는 「표시·광고의 공정화에 관한 법률」 등 다른 법률에 따라 다른 기관이 요구하는 자료제출을 거부할 수 있다.
〈개정 2013. 3. 23.〉

⑥ 식품의약품안전처장은 제출받은 실증자료에 대하여 「표시·광고의 공정화에 관한 법률」 등 다른 법률에 따른 다른 기관의 자료요청이 있는 경우에는 특별한 사유가 없는 한 이에 응하여야 한다.
〈개정 2013. 3. 23.〉

⑦ 제1항부터 제4항까지의 규정에 따른 실증의 대상, 실증자료의 범위 및 요건, 제출방법 등에 관하여 필요한 사항은 총리령으로 정한다.
〈개정 2013. 3. 23.〉

제14조의2(천연화장품 및 유기농화장품에 대한 인증)

① 식품의약품안전처장은 천연화장품 및 유기농화장품의 품질제고를 유도하고 소비자에게 보다 정확한 제품정보가 제공될 수 있도록 식품의약품안전처장이 정하는 기준에 적합한 천연화장품 및 유기농화장품에 대하여 인증할 수 있다.

② 제1항에 따라 인증을 받으려는 화장품제조업자, 화장품책임판매업자 또는 총리령으로 정하는 대학·연구소 등은 식품의약품안전처장에게 인증을 신청하여야 한다.

③ 식품의약품안전처장은 제1항에 따라 인증을 받은 화장품이 다음 각 호의 어느 하나에 해당하는 경우에는 그 인증을 취소하여야 한다.

1. 거짓이나 그 밖의 부정한 방법으로 인증을 받은 경우

2. 제1항에 따른 인증기준에 적합하지 아니하게 된 경우

④ 식품의약품안전처장은 인증업무를 효과적으로 수행하기 위하여 필요한 전문 인력과 시설을 갖춘 기관 또는 단체를 인증기관으로 지정하여 인증업무를 위탁할 수 있다.

⑤ 제1항부터 제4항까지에 따른 인증절차, 인증기관의 지정기준, 그 밖에 인증제도 운영에 필요한 사항은 총리령으로 정한다.

[본조신설 2018. 3. 13.]

제14조의3(인증의 유효기간)

① 제14조의2제1항에 따른 인증의 유효기간은 인증을 받은 날부터 3년으로 한다.

② 인증의 유효기간을 연장 받으려는 자는 유효기간 만료 90일 전에 총리령으로 정하는 바에 따라 연장신청을 하여야 한다.

[본조신설 2018. 3. 13.]

제14조의4(인증의 표시)

① 제14조의2제1항에 따라 인증을 받은 화장품에 대해서는 총리령으로 정하는 인증표시를 할 수 있다.

② 누구든지 제14조의2제1항에 따라 인증을 받지 아니한 화장품에 대하여 제1항에 따른 인증표시나 이와 유사한 표시를 하여서는 아니 된다.

[본조신설 2018. 3. 13.]

제14조의5(인증기관 지정의 취소 등)

① 식품의약품안전처장은 필요하다고 인정하는 경우에는 관계 공무원으로 하여금 제14조의2제

4항에 따라 지정받은 인증기관(이하 "인증기관"이라 한다)이 업무를 적절하게 수행하는지를 조사하게 할 수 있다.

② 식품의약품안전처장은 인증기관이 다음 각 호의 어느 하나에 해당하면 그 지정을 취소하거나 1년 이내의 기간을 정하여 해당 업무의 전부 또는 일부의 정지를 명할 수 있다. 다만, 제1호에 해당하는 경우에는 그 지정을 취소하여야 한다.

1. 거짓이나 그 밖의 부정한 방법으로 인증기관의 지정을 받은 경우

2. 제14조의2제5항에 따른 지정기준에 적합하지 아니하게 된 경우

③ 제2항에 따른 지정 취소 및 업무 정지 등에 필요한 사항은 총리령으로 정한다.

[본조신설 2018. 3. 13.]

제3절 제조 · 수입 · 판매 등의 금지

제15조(영업의 금지)

누구든지 다음 각 호의 어느 하나에 해당하는 화장품을 판매(수입대행형 거래를 목적으로 하는 알선 · 수여를 포함한다)하거나 판매할 목적으로 제조 · 수입 · 보관 또는 진열하여서는 아니 된다. 〈개정 2016. 5. 29., 2018. 3. 13., 2021. 8. 17.〉

1. 제4조에 따른 심사를 받지 아니하거나 보고서를 제출하지 아니한 기능성화장품

2. 전부 또는 일부가 변패(變敗)된 화장품

3. 병원미생물에 오염된 화장품

4. 이물이 혼입되었거나 부착된 것

5. 제8조제1항 또는 제2항에 따른 화장품에 사용할 수 없는 원료를 사용하였거나 같은 조 제8항에 따른 유통화장품 안전관리 기준에 적합하지 아니한 화장품

6. 코뿔소 뿔 또는 호랑이 뼈와 그 추출물을 사용한 화장품

7. 보건위생상 위해가 발생할 우려가 있는 비위생적인 조건에서 제조되었거나 제3조제2항에 따른 시설기준에 적합하지 아니한 시설에서 제조된 것

8. 용기나 포장이 불량하여 해당 화장품이 보건위생상 위해를 발생할 우려가 있는 것

9. 제10조제1항제6호에 따른 사용기한 또는 개봉 후 사용기간(병행 표기된 제조연월일을 포함한다)을 위조 · 변조한 화장품

10. 식품의 형태 · 냄새 · 색깔 · 크기 · 용기 및 포장 등을 모방하여 섭취 등 식품으로 오용될 우려가 있는 화장품

제15조의2(동물실험을 실시한 화장품 등의 유통판매 금지)

① 화장품책임판매업자 및 맞춤형화장품판매업자는 「실험동물에 관한 법률」 제2조제1호에 따른 동물실험(이하 이 조에서 "동물실험"이라 한다)을 실시한 화장품 또는 동물실험을 실시한 화장품 원료를 사용하여 제조(위탁제조를 포함한다) 또는 수입한 화장품을 유통·판매하여서는 아니 된다. 다만, 다음 각 호의 어느 하나에 해당하는 경우는 그러하지 아니하다. 〈개정 2018. 3. 13., 2021. 8. 17.〉

　1. 제8조제2항의 보존제, 색소, 자외선차단제 등 특별히 사용상의 제한이 필요한 원료에 대하여 그 사용기준을 지정하거나 같은 조 제3항에 따라 국민보건상 위해 우려가 제기되는 화장품 원료 등에 대한 위해평가를 하기 위하여 필요한 경우

　2. 동물대체시험법(동물을 사용하지 아니하는 실험방법 및 부득이하게 동물을 사용하더라도 그 사용되는 동물의 개체 수를 감소하거나 고통을 경감시킬 수 있는 실험방법으로서 식품의약품안전처장이 인정하는 것을 말한다. 이하 이 조에서 같다)이 존재하지 아니하여 동물실험이 필요한 경우

　3. 화장품 수출을 위하여 수출 상대국의 법령에 따라 동물실험이 필요한 경우

　4. 수입하려는 상대국의 법령에 따라 제품 개발에 동물실험이 필요한 경우

　5. 다른 법령에 따라 동물실험을 실시하여 개발된 원료를 화장품의 제조 등에 사용하는 경우

　6. 그 밖에 동물실험을 대체할 수 있는 실험을 실시하기 곤란한 경우로서 식품의약품안전처장이 정하는 경우

② 식품의약품안전처장은 동물대체시험법을 개발하기 위하여 노력하여야 하며, 화장품책임판매업자 등이 동물대체시험법을 활용할 수 있도록 필요한 조치를 하여야 한다.

〈개정 2018. 3. 13.〉

[본조신설 2016. 2. 3.]

제16조(판매 등의 금지)

① 누구든지 다음 각 호의 어느 하나에 해당하는 화장품을 판매하거나 판매할 목적으로 보관 또는 진열하여서는 아니 된다. 다만, 제3호의 경우에는 소비자에게 판매하는 화장품에 한한다.

〈개정 2016. 5. 29., 2018. 3. 13.〉

　1. 제3조제1항에 따른 등록을 하지 아니한 자가 제조한 화장품 또는 제조·수입하여 유통·판매한 화장품

1의2. 제3조의2제1항에 따른 신고를 하지 아니한 자가 판매한 맞춤형화장품

1의3. 제3조의2제2항에 따른 맞춤형화장품조제관리사를 두지 아니하고 판매한 맞춤형화장품

2. 제10조부터 제12조까지에 위반되는 화장품 또는 의약품으로 잘못 인식할 우려가 있게 기재ㆍ표시된 화장품

3. 판매의 목적이 아닌 제품의 홍보ㆍ판매촉진 등을 위하여 미리 소비자가 시험ㆍ사용하도록 제조 또는 수입된 화장품

4. 화장품의 포장 및 기재ㆍ표시 사항을 훼손(맞춤형화장품 판매를 위하여 필요한 경우는 제외한다) 또는 위조ㆍ변조한 것

② 누구든지(맞춤형화장품조제관리사를 통하여 판매하는 맞춤형화장품판매업자 및 제2조제3호의2나목 단서에 해당하는 화장품 중 소분 판매를 목적으로 제조된 화장품의 판매자는 제외한다) 화장품의 용기에 담은 내용물을 나누어 판매하여서는 아니 된다.

〈개정 2018. 3. 13., 2020. 4. 7.〉

제4절 화장품업 단체 등 〈개정 2018. 3. 13.〉

제17조(단체 설립)

영업자는 자주적인 활동과 공동이익을 보장하고 국민보건향상에 기여하기 위하여 단체를 설립할 수 있다. 〈개정 2018. 3. 13.〉

[제목개정 2018. 3. 13.]

제4장 감독

제18조(보고와 검사 등)

① 식품의약품안전처장은 필요하다고 인정하면 영업자ㆍ판매자 또는 그 밖에 화장품을 업무상 취급하는 자에 대하여 필요한 보고를 명하거나, 관계 공무원으로 하여금 화장품 제조장소ㆍ영업소ㆍ창고ㆍ판매장소, 그 밖에 화장품을 취급하는 장소에 출입하여 그 시설 또는 관계 장부나 서류, 그 밖의 물건의 검사 또는 관계인에 대한 질문을 할 수 있다.

〈개정 2013. 3. 23., 2018. 3. 13.〉

② 식품의약품안전처장은 화장품의 품질 또는 안전기준, 포장 등의 기재 · 표시 사항 등이 적합한지 여부를 검사하기 위하여 필요한 최소 분량을 수거하여 검사할 수 있다. 〈개정 2013. 3. 23.〉

③ 식품의약품안전처장은 총리령으로 정하는 바에 따라 제품의 판매에 대한 모니터링 제도를 운영할 수 있다. 〈개정 2013. 3. 23.〉

④ 제1항의 경우에 관계 공무원은 그 권한을 표시하는 증표를 관계인에게 내보여야 한다.

⑤ 제1항 및 제2항의 관계 공무원의 자격과 그 밖에 필요한 사항은 총리령으로 정한다.

〈개정 2013. 3. 23.〉

제18조의2(소비자화장품안전관리감시원)

① 식품의약품안전처장 또는 지방식품의약품안전청장은 화장품 안전관리를 위하여 제17조에 따라 설립된 단체 또는 「소비자기본법」 제29조에 따라 등록한 소비자단체의 임직원 중 해당 단체의 장이 추천한 사람이나 화장품 안전관리에 관한 지식이 있는 사람을 소비자화장품안전관리감시원으로 위촉할 수 있다.

② 제1항에 따라 위촉된 소비자화장품안전관리감시원(이하 "소비자화장품감시원"이라 한다)의 직무는 다음 각 호와 같다.

1. 유통 중인 화장품이 제10조제1항 및 제2항에 따른 표시기준에 맞지 아니하거나 제13조제1항 각 호의 어느 하나에 해당하는 표시 또는 광고를 한 화장품인 경우 관할 행정관청에 신고하거나 그에 관한 자료 제공

2. 제18조제1항 · 제2항에 따라 관계 공무원이 하는 출입 · 검사 · 질문 · 수거의 지원

3. 그 밖에 화장품 안전관리에 관한 사항으로서 총리령으로 정하는 사항

③ 식품의약품안전처장 또는 지방식품의약품안전청장은 소비자화장품감시원에게 직무 수행에 필요한 교육을 실시할 수 있다.

④ 식품의약품안전처장 또는 지방식품의약품안전청장은 소비자화장품감시원이 다음 각 호의 어느 하나에 해당하는 경우에는 해당 소비자화장품감시원을 해촉(解囑)하여야 한다.

1. 해당 소비자화장품감시원을 추천한 단체에서 퇴직하거나 해임된 경우

2. 제2항 각 호의 직무와 관련하여 부정한 행위를 하거나 권한을 남용한 경우

3. 질병이나 부상 등의 사유로 직무 수행이 어렵게 된 경우

⑤ 소비자화장품감시원의 자격, 교육, 그 밖에 필요한 사항은 총리령으로 정한다.

[본조신설 2018. 3. 13.]

제19조(시정명령)

식품의약품안전처장은 이 법을 지키지 아니하는 자에 대하여 필요하다고 인정하면 그 시정을 명할 수 있다. 〈개정 2013. 3. 23.〉

제20조(검사명령)

식품의약품안전처장은 영업자에 대하여 필요하다고 인정하면 취급한 화장품에 대하여 「식품·의약품분야 시험·검사 등에 관한 법률」 제6조제2항제5호에 따른 화장품 시험·검사기관의 검사를 받을 것을 명할 수 있다. 〈개정 2013. 3. 23., 2013. 7. 30., 2018. 3. 13.〉

제21조삭제 〈2013. 7. 30.〉

제22조(개수명령)

식품의약품안전처장은 화장품제조업자가 갖추고 있는 시설이 제3조제2항에 따른 시설기준에 적합하지 아니하거나 노후 또는 오손되어 있어 그 시설로 화장품을 제조하면 화장품의 안전과 품질에 문제의 우려가 있다고 인정되는 경우에는 화장품제조업자에게 그 시설의 개수를 명하거나 그 개수가 끝날 때까지 해당 시설의 전부 또는 일부의 사용금지를 명할 수 있다.

〈개정 2013. 3. 23., 2018. 3. 13.〉

제23조(회수·폐기명령 등)

① 식품의약품안전처장은 판매·보관·진열·제조 또는 수입한 화장품이나 그 원료·재료 등(이하 "물품"이라 한다)이 제9조, 제15조 또는 제16조제1항을 위반하여 국민보건에 위해를 끼칠 우려가 있는 경우에는 해당 영업자·판매자 또는 그 밖에 화장품을 업무상 취급하는 자에게 해당 물품의 회수·폐기 등의 조치를 명하여야 한다. 〈개정 2018. 12. 11.〉

② 식품의약품안전처장은 판매·보관·진열·제조 또는 수입한 물품이 국민보건에 위해를 끼치거나 끼칠 우려가 있다고 인정되는 경우에는 해당 영업자·판매자 또는 그 밖에 화장품을 업무상 취급하는 자에게 해당 물품의 회수·폐기 등의 조치를 명할 수 있다.

〈신설 2018. 12. 11.〉

③ 제1항 및 제2항에 따른 명령을 받은 영업자·판매자 또는 그 밖에 화장품을 업무상 취급하는 자는 미리 식품의약품안전처장에게 회수계획을 보고하여야 한다. 〈신설 2018. 12. 11.〉

④ 식품의약품안전처장은 다음 각 호의 어느 하나에 해당하는 경우에는 관계 공무원으로 하여금 해당 물품을 폐기하게 하거나 그 밖에 필요한 처분을 하게 할 수 있다.

1. 제1항 및 제2항에 따른 명령을 받은 자가 그 명령을 이행하지 아니한 경우

2. 그 밖에 국민보건을 위하여 긴급한 조치가 필요한 경우

⑤ 제1항부터 제3항까지의 규정에 따른 물품의 회수에 필요한 위해성 등급 및 그 분류기준, 회수 · 폐기의 절차 · 계획 및 사후조치 등에 필요한 사항은 총리령으로 정한다.

〈신설 2015. 1. 28., 2018. 12. 11.〉

[제목개정 2015. 1. 28.]

제23조의2(위해화장품의 공표)

① 식품의약품안전처장은 다음 각 호의 어느 하나에 해당하는 경우에는 해당 영업자에 대하여 그 사실의 공표를 명할 수 있다. 〈개정 2018. 3. 13., 2018. 12. 11.〉

1. 제5조의2제2항에 따른 회수계획을 보고받은 때

2. 제23조제3항에 따른 회수계획을 보고받은 때

② 제1항에 따른 공표의 방법 · 절차 등에 필요한 사항은 총리령으로 정한다.

[본조신설 2015. 1. 28.]

제24조(등록의 취소 등)

① 영업자가 다음 각 호의 어느 하나에 해당하는 경우에는 식품의약품안전처장은 등록을 취소하거나 영업소 폐쇄(제3조의2제1항에 따라 신고한 영업만 해당한다. 이하 이 조에서 같다)를 명하거나, 품목의 제조 · 수입 및 판매(수입대행형 거래를 목적으로 하는 알선 · 수여를 포함한다)의 금지를 명하거나 1년의 범위에서 기간을 정하여 그 업무의 전부 또는 일부에 대한 정지를 명할 수 있다. 다만, 제1호의2, 제3호 또는 제14호(광고 업무에 한정하여 정지를 명한 경우는 제외한다)에 해당하는 경우에는 등록을 취소하거나 영업소를 폐쇄하여야 한다.

〈개정 2013. 3. 23., 2015. 1. 28., 2016. 5. 29., 2018. 3. 13., 2018. 12. 11., 2019. 1. 15., 2021. 8. 17.〉

1. 제3조제1항 후단에 따른 화장품제조업 또는 화장품책임판매업의 변경 사항 등록을 하지 아니한 경우

1의2. 거짓이나 그 밖의 부정한 방법으로 제3조제1항 또는 제3조의2제1항에 따른 등록 · 변경등록 또는 신고 · 변경신고를 한 경우

2. 제3조제2항에 따른 시설을 갖추지 아니한 경우

2의2. 제3조의2제1항 후단에 따른 맞춤형화장품판매업의 변경신고를 하지 아니한 경우

2의3. 맞춤형화장품판매업자가 제3조의2제2항에 따른 시설기준을 갖추지 아니하게 된 경우

3. 제3조의3 각 호의 어느 하나에 해당하는 경우

4. 국민보건에 위해를 끼쳤거나 끼칠 우려가 있는 화장품을 제조 · 수입한 경우

5. 제4조제1항을 위반하여 심사를 받지 아니하거나 보고서를 제출하지 아니한 기능성화장품을 판매한 경우

5의2. 제4조의2제1항에 따른 제품별 안전성 자료를 작성 또는 보관하지 아니한 경우

6. 제5조를 위반하여 영업자의 준수사항을 이행하지 아니한 경우

6의2. 제5조의2제1항을 위반하여 회수 대상 화장품을 회수하지 아니하거나 회수하는 데에 필요한 조치를 하지 아니한 경우

6의3. 제5조의2제2항을 위반하여 회수계획을 보고하지 아니하거나 거짓으로 보고한 경우

7. 삭제 〈2018. 3. 13.〉

8. 제9조에 따른 화장품의 안전용기 · 포장에 관한 기준을 위반한 경우

9. 제10조부터 제12조까지의 규정을 위반하여 화장품의 용기 또는 포장 및 첨부문서에 기재 · 표시한 경우

10. 제13조를 위반하여 화장품을 표시 · 광고하거나 제14조제4항에 따른 중지명령을 위반하여 화장품을 표시 · 광고 행위를 한 경우

11. 제15소를 위반하여 판매하거나 판매의 목적으로 제조 · 수입 · 보관 또는 진열한 경우

12. 제18조제1항 · 제2항에 따른 검사 · 질문 · 수거 등을 거부하거나 방해한 경우

13. 제19조, 제20조, 제22조, 제23조제1항 · 제2항 또는 제23조의2에 따른 시정명령 · 검사명령 · 개수명령 · 회수명령 · 폐기명령 또는 공표명령 등을 이행하지 아니한 경우

13의2. 제23조제3항에 따른 회수계획을 보고하지 아니하거나 거짓으로 보고한 경우

14. 업무정지기간 중에 업무를 한 경우

② 제1항에 따른 행정처분의 기준은 총리령으로 정한다.   〈개정 2013. 3. 23.〉

[제목개정 2018. 3. 13.]

제24조의2(기능성화장품의 인정 취소)

식품의약품안전처장은 화장품제조업자, 화장품책임판매업자 또는 총리령으로 정하는 대학 · 연구소 등이 다음 각 호의 어느 하나에 해당하는 경우에는 기능성화장품 인정을 취소하여야 한다.

1. 거짓이나 그 밖의 부정한 방법으로 제4조에 따른 심사 또는 변경심사를 받은 경우

2. 거짓이나 그 밖의 부정한 방법으로 제4조에 따른 보고서를 제출한 경우

[본조신설 2021. 8. 17.]

제25조삭제 〈2013. 7. 30.〉

제26조(영업자의 지위 승계)

영업자가 사망하거나 그 영업을 양도한 경우 또는 법인인 영업자가 합병한 경우에는 그 상속인, 영업을 양수한 자 또는 합병 후 존속하는 법인이나 합병에 따라 설립되는 법인이 그 영업자의 의무 및 지위를 승계한다. 〈개정 2018. 3. 13.〉

[제목개정 2018. 3. 13.]

제26조의2(행정제재처분 효과의 승계)

제26조에 따라 영업자의 지위를 승계한 경우에 종전의 영업자에 대한 제24조에 따른 행정제재처분의 효과는 그 처분 기간이 끝난 날부터 1년간 해당 영업자의 지위를 승계한 자에게 승계되며, 행정제재처분의 절차가 진행 중일 때에는 해당 영업자의 지위를 승계한 자에 대하여 그 절차를 계속 진행할 수 있다. 다만, 영업자의 지위를 승계한 자가 지위를 승계할 때에 그 처분 또는 위반 사실을 알지 못하였음을 증명하는 경우에는 그러하지 아니하다.

[본조신설 2018. 12. 11.]

제27조(청문)

식품의약품안전처장은 제3조의8에 따른 자격의 취소, 제14조의2제3항에 따른 인증의 취소, 제14조의5제2항에 따른 인증기관 지정의 취소 또는 업무의 전부에 대한 정지를 명하거나 제24조에 따른 등록의 취소, 영업소 폐쇄, 품목의 제조ㆍ수입 및 판매(수입대행형 거래를 목적으로 하는 알선ㆍ수여를 포함한다)의 금지 또는 업무의 전부에 대한 정지를 명하고자 하는 경우에는 청문을 하여야 한다. 〈개정 2013. 3. 23., 2016. 5. 29., 2018. 3. 13., 2021. 8. 17.〉

제28조(과징금처분)

① 식품의약품안전처장은 제24조에 따라 영업자에게 업무정지처분을 하여야 할 경우에는 그 업무정지처분을 갈음하여 10억원 이하의 과징금을 부과할 수 있다.

〈개정 2013. 3. 23., 2018. 3. 13., 2018. 12. 11.〉

② 제1항에 따른 과징금을 부과하는 위반행위의 종류와 위반정도 등에 따른 과징금의 금액과 그 밖에 필요한 사항은 대통령령으로 정한다.

③ 식품의약품안전처장은 과징금을 부과하기 위하여 필요한 경우에는 다음 각 호의 사항을 적은 문서로 관할 세무관서의 장에게 과세 정보 제공을 요청할 수 있다. 〈신설 2018. 3. 13.〉

1. 납세자의 인적 사항

2. 과세 정보의 사용 목적

3. 과징금 부과기준이 되는 매출금액

④ 식품의약품안전처장은 제1항에 따른 과징금을 내야 할 자가 납부기한까지 과징금을 내지 아니하면 대통령령으로 정하는 바에 따라 제1항에 따른 과징금부과처분을 취소하고 제24조제1항에 따른 업무정지처분을 하거나 국세 체납처분의 예에 따라 이를 징수한다. 다만, 제6조에 따른 폐업 등으로 제24조제1항에 따른 업무정지처분을 할 수 없을 때에는 국세 체납처분의 예에 따라 이를 징수한다. 〈개정 2013. 3. 23., 2018. 3. 13.〉

⑤ 식품의약품안전처장은 제4항에 따라 체납된 과징금의 징수를 위하여 다음 각 호의 어느 하나에 해당하는 자료 또는 정보를 해당 각 호의 자에게 요청할 수 있다. 이 경우 요청을 받은 자는 정당한 사유가 없으면 요청에 따라야 한다. 〈신설 2018. 3. 13.〉

1. 「건축법」 제38조에 따른 건축물대장 등본: 국토교통부장관

2. 「공간정보의 구축 및 관리 등에 관한 법률」 제71조에 따른 토지대장 등본: 국토교통부장관

3. 「자동차관리법」 제7조에 따른 자동차등록원부 등본: 특별시장 · 광역시장 · 특별자치시장 · 도지사 또는 특별자치도지사

제28조의2(위반사실의 공표)

① 식품의약품안전처장은 제22조, 제23조, 제23조의2, 제24조 또는 제28조에 따라 행정처분이 확정된 자에 대한 처분 사유, 처분 내용, 처분 대상자의 명칭 · 주소 및 대표자 성명, 해당 품목의 명칭 등 처분과 관련한 사항으로서 대통령령으로 정하는 사항을 공표할 수 있다.

② 제1항에 따른 공표방법 등 공표에 필요한 사항은 대통령령으로 정한다.

[본조신설 2015. 1. 28.]

제29조(자발적 관리의 지원)

식품의약품안전처장은 영업자가 스스로 표시 · 광고, 품질관리, 국내외 인증 등의 준수사항을 위하여 노력하는 자발적 관리체계가 정착 · 확산될 수 있도록 행정적 · 재정적 지원을 할 수 있다. 〈개정 2013. 3. 23., 2018. 3. 13.〉

제30조(수출용 제품의 예외)

국내에서 판매되지 아니하고 수출만을 목적으로 하는 제품은 제4조, 제8조부터 제12조까지, 제14조, 제15조제1호 · 제5호, 제16조제1항제2호 · 제3호 및 같은 조 제2항을 적용하지 아니하고 수

입국의 규정에 따를 수 있다. 〈개정 2016. 5. 29.〉

제5장 보칙

제31조(등록필증 등의 재교부)

영업자가 등록필증 · 신고필증 또는 기능성화장품심사결과통지서 등을 잃어버리거나 못쓰게 될 때는 총리령으로 정하는 바에 따라 이를 다시 교부받을 수 있다.   〈개정 2013. 3. 23., 2018. 3. 13.〉

제32조(수수료)

① 다음 각 호의 어느 하나에 해당하는 자는 총리령으로 정하는 바에 따라 식품의약품안전처장에게 수수료를 납부하여야 한다. 다만, 제3조의4제3항에 따라 업무를 위탁하는 경우에는 위탁받은 기관(이하 이 조에서 "수탁기관"이라 한다)이 정하는 수수료를 해당 수탁기관에 납부하여야 한다.   〈개정 2021. 8. 17.〉

  1. 이 법에 따른 등록 · 신고를 하거나 심사 · 인증을 받으려는 자

  2. 이 법에 따른 등록 · 신고사항 또는 심사 · 인증받은 사항을 변경하려는 자

  3. 제3조의4에 따른 자격시험에 응시하거나 그 자격증의 발급을 신청하려는 자

② 수탁기관은 제1항 단서에 따라 수수료를 정하는 경우 그 기준을 정하여 식품의약품안전처장의 승인을 받아야 한다. 승인받은 사항을 변경하려는 경우에도 또한 같다. 〈신설 2021. 8. 17.〉

③ 제1항 단서에 따라 수탁기관이 징수하는 수수료는 제3조의4제3항에 따른 수탁업무의 이행 대가로서 수탁기관의 수입으로 한다.   〈신설 2021. 8. 17.〉

[전문개정 2018. 3. 13.]

제33조(화장품산업의 지원)

보건복지부장관과 식품의약품안전처장은 화장품산업의 진흥을 위한 기반조성 및 경쟁력 강화에 필요한 시책을 수립 · 시행하여야 하며 이를 위한 재원을 마련하고 기술개발, 조사 · 연구 사업, 해외 정보의 제공, 국제협력체계의 구축 등에 필요한 지원을 하여야 한다.

〈개정 2013. 3. 23., 2018. 3. 13.〉

제33조의2(국제협력)

식품의약품안전처장은 화장품의 수출 진흥 및 안전과 품질관리 등을 위하여 수입국·수출국과 협약을 체결하는 등 국제협력에 노력하여야 한다.

[본조신설 2018. 12. 11.]

제34조(권한 등의 위임·위탁)

① 이 법에 따른 식품의약품안전처장의 권한은 그 일부를 대통령령으로 정하는 바에 따라 지방 식품의약품안전청장이나 특별시장·광역시장·도지사 또는 특별자치도지사에게 위임할 수 있다.　　　　　　　　　　　　　　　　　　　　　　　　　　　〈개정 2013. 3. 23.〉

② 식품의약품안전처장은 이 법에 따른 화장품에 관한 업무의 일부를 대통령령으로 정하는 바에 따라 제17조에 따른 단체 또는 화장품 관련 기관·법인·단체에 위탁할 수 있다.　　　　　　　　　　　　　　　　　　　　　　　〈개정 2013. 3. 23., 2018. 3. 13.〉

[제목개정 2018. 3. 13.]

제6장 벌칙

제35조삭제 〈2018. 3. 13.〉

제36조(벌칙)

① 다음 각 호의 어느 하나에 해당하는 자는 3년 이하의 징역 또는 3천만원 이하의 벌금에 처한다.　　　　　　　　　　　　　　　　　〈개정 2014. 3. 18., 2018. 3. 13., 2021. 8. 17.〉

　1. 제3조제1항 전단을 위반한 자

　1의2. 거짓이나 그 밖의 부정한 방법으로 제3조제1항 또는 제3조의2제1항에 따른 등록·변경등록 또는 신고·변경신고를 한 자

　1의3. 제3조의2제1항 전단을 위반한 자

　1의4. 제3조의2제2항을 위반한 자

　2. 제4조제1항 전단을 위반한 자

　2의2. 거짓이나 그 밖의 부정한 방법으로 제4조에 따른 심사·변경심사를 받거나 보고서를 제출한 자

　2의3. 제14조의2제3항제1호의 거짓이나 부정한 방법으로 인증받은 자

2의4. 제14조의4제2항을 위반하여 인증표시를 한 자

3. 제15조를 위반한 자

4. 제16조제1항제1호 · 제1호의2 또는 제4호를 위반한 자

② 제1항의 징역형과 벌금형은 이를 함께 부과할 수 있다.

제37조(벌칙)

① 제3조의6, 제4조의2제1항, 제9조, 제13조, 제16조제1항제2호 · 제3호 또는 같은 조 제2항을 위반하거나, 제14조제4항에 따른 중지명령에 따르지 아니한 자는 1년 이하의 징역 또는 1천만원 이하의 벌금에 처한다.　　　　　〈개정 2013. 7. 30., 2014. 3. 18., 2019. 1. 15., 2021. 8. 17.〉

② 제1항의 징역형과 벌금형은 이를 함께 부과할 수 있다.

제38조(벌칙)

다음 각 호의 어느 하나에 해당하는 자는 200만원 이하의 벌금에 처한다.

〈개정 2018. 3. 13., 2018. 12. 11., 2021. 8. 17.〉

1. 제5조제1항부터 제4항까지의 규정에 따른 준수사항을 위반한 자

1의2. 제5조의2제1항을 위반한 자

1의3. 제5조의2제2항을 위반한 자

2. 제10조제1항(같은 항 제7호는 제외한다) · 제2항을 위반한 자

2의2. 제14조의3에 따른 인증의 유효기간이 경과한 화장품에 대하여 제14조의4제1항에 따른 인증표시를 한 자

3. 제18조, 제19조, 제20조, 제22조 및 제23조에 따른 명령을 위반하거나 관계 공무원의 검사 · 수거 또는 처분을 거부 · 방해하거나 기피한 자

제39조(양벌규정)

법인의 대표자나 법인 또는 개인의 대리인, 사용인, 그 밖의 종업원이 그 법인 또는 개인의 업무에 관하여 제36조부터 제38조까지의 어느 하나에 해당하는 위반행위를 하면 그 행위자를 벌하는 외에 그 법인 또는 개인에게도 해당 조문의 벌금형을 과(科)한다. 다만, 법인 또는 개인이 그 위반행위를 방지하기 위하여 해당 업무에 관하여 상당한 주의와 감독을 게을리하지 아니한 경우에는 그러하지 아니하다.　　　　　〈개정 2018. 3. 13.〉

제40조(과태료)

① 다음 각 호의 어느 하나에 해당하는 자에게는 100만원 이하의 과태료를 부과한다.

〈개정 2016. 2. 3., 2018. 3. 13., 2018. 12. 11., 2021. 8. 17.〉

1. 삭제 〈2018. 3. 13.〉

1의2. 제3조의7을 위반하여 맞춤형화장품조제관리사 또는 이와 유사한 명칭을 사용한 자

2. 제4조제1항 후단을 위반하여 변경심사를 받지 아니한 자

3. 5조제5항을 위반하여 화장품의 생산실적 또는 수입실적 또는 화장품 원료의 목록 등을 보고하지 아니한 자

3의2. 제5조제6항을 위반하여 맞춤형화장품 원료의 목록을 보고하지 아니한 자

4. 제5조제7항을 위반하여 교육을 받지 아니한 자

4의2. 제5조제8항에 따른 명령을 위반한 자

5. 제6조를 위반하여 폐업 등의 신고를 하지 아니한 자

5의2. 제10조제1항제7호 및 제11조를 위반하여 화장품의 판매 가격을 표시하지 아니한 자

6. 제18조에 따른 명령을 위반하여 보고를 하지 아니한 자

7. 제15조의2제1항을 위반하여 동물실험을 실시한 화장품 또는 동물실험을 실시한 화장품 원료를 사용하여 제조(위탁제조를 포함한다) 또는 수입한 화장품을 유통·판매한 자

② 제1항에 따른 과태료는 대통령령으로 정하는 바에 따라 식품의약품안전처장이 부과·징수한다.

〈개정 2013. 3. 23.〉

부칙 〈제18448호, 2021. 8. 17.〉

제1조(시행일)

이 법은 공포 후 6개월이 경과한 날부터 시행한다. 다만, 제3조의4제3항, 제24조제1항제1호의2, 제24조의2, 제32조 및 제36조제1항제1호의2·제1호의3·제1호의4·제2호의2·제2호의3·제2호의4의 개정규정은 공포한 날부터 시행하고, 제15조제10호의 개정규정은 공포 후 1개월이 경과한 날부터 시행한다.

제2조(식품 모방 화장품에 관한 적용례)

제15조제10호의 개정규정은 같은 개정규정 시행 이후 제조 또는 수입(통관일을 기준으로 한다)되는 품목부터 적용한다.

제3조(동물실험을 실시한 화장품 등에 관한 적용례)

제15조의2의 개정규정은 이 법 시행 이후 맞춤형화장품판매업자가 유통·판매하는 화장품부터 적용한다.

제4조(심사취소 등에 관한 적용례)

제24조제1항 및 제24조의2의 개정규정은 같은 개정규정 시행 전에 거짓이나 그 밖의 부정한 방법으로 심사·변경심사를 받거나 보고서를 제출하거나 등록·변경등록·신고·변경신고를 한 경우에 대해서도 적용한다.

제5조(수수료에 관한 적용례)

제32조제3항의 개정규정은 같은 개정규정의 시행일이 속하는 회계연도의 다음 회계연도부터 적용한다.

제6조(맞춤형화장품판매업 신고에 관한 경과조치)

이 법 시행 당시 종전의 제3조의2에 따라 맞춤형화장품판매업을 신고한 자는 제3조의2제2항의 개정규정에도 불구하고 이 법 시행일부터 2년이 되는 날까지 같은 개정규정에 따른 시설기준을 갖추어야 한다.

제7조(맞춤형화장품조제관리사의 결격사유에 관한 경과조치)

이 법 시행 당시 맞춤형화장품조제관리사가 이 법 시행 전에 발생한 사유로 제3조의5의 개정규정에 따른 결격사유에 해당하게 된 경우에는 같은 개정규정에도 불구하고 종전의 규정에 따른다.

화장품법
시행령

[시행 2022. 2. 18.]
[대통령령 제32445호, 2022. 2. 15., 일부개정]

제1조(목적)

이 영은 「화장품법」에서 위임된 사항과 그 시행에 필요한 사항을규정함을 목적으로 한다. 〈개정 2012. 2. 3.〉

제2조(영업의 세부 종류와 범위)

「화장품법」 (이하 "법"이라 한다)

제2조의2제1항에 따른 화장품 영업의 세부 종류와 그 범위는 다음 각 호와 같다.

1. 화장품제조업: 다음 각 목의 구분에 따른 영업

가. 화장품을 직접 제조하는 영업

나. 화장품 제조를 위탁받아 제조하는 영업

다. 화장품의 포장(1차 포장만 해당한다)을 하는 영업

2. 화장품책임판매업: 다음 각 목의 구분에 따른 영업

가. 화장품제조업자(법 제3조제1항에 따라 화장품제조업을 등록한 자를 말한다. 이하 같다)가 화장품을 직접 제조하여 유통·판매하는 영업

나. 화장품제조업자에게 위탁하여 제조된 화장품을 유통·판매하는 영업

다. 수입된 화장품을 유통·판매하는 영업

라. 수입대행형 거래(「전자상거래 등에서의 소비자보호에 관한 법률」 제2조제1호에 따른 전자상거래만 해당한다)를 목적으로 화장품을 알선·수여(授與)하는 영업

3. 맞춤형화장품판매업: 다음 각 목의 구분에 따른 영업

가. 제조 또는 수입된 화장품의 내용물에 다른 화장품의 내용물이나 식품의약품안전처장이 정하여 고시하는 원료를 추가하여 혼합한 화장품을 판매하는 영업

나. 제조 또는 수입된 화장품의 내용물을 소분(小分)한 화장품을 판매하는 영업

[본조신설 2019. 3. 12.]

제3조삭제 〈2012. 2. 3.〉

제4조삭제 〈2012. 2. 3.〉

제5조삭제 〈2012. 2. 3.〉

제6조삭제 〈2012. 2. 3.〉

제7조삭제 〈2012. 2. 3.〉

제8조삭제 〈2012. 2. 3.〉

제9조삭제 〈2012. 2. 3.〉
제10조삭제 〈2012. 2. 3.〉

제11조(과징금의 산정기준)

법 제28조제1항에 따른 과징금의 금액은 위반행위의 종류·정도 등을 고려하여 총리령으로 정하는 업무정지처분기준에 따라 별표 1의 기준을 적용하여 산정하되, 과징금의 총액은 10억원을 초과하여서는 아니 된다. 〈개정 2008. 2. 29., 2010. 3. 15., 2012. 2. 3., 2013. 3. 23., 2019. 3. 12., 2019. 12. 10.〉

제12조(과징금의 부과·징수절차)

① 법 제28조에 따라 식품의약품안전처장이 과징금을 부과하려면 그 위반행위의 종류와 과징금의 금액 등을 적은 서면으로 통지하여야 한다. 〈개정 2012. 2. 3., 2013. 3. 23.〉

② 과징금의 징수절차는 총리령으로 정한다. 〈개정 2008. 2. 29., 2010. 3. 15., 2013. 3. 23.〉

제12조의2(과징금 납부기한의 연기 및 분할납부)

① 식품의약품안전처장은 법 제28조제1항에 따라 과징금을 부과받은 자(이하 "과징금납부의무자"라 한다)가 내야 할 과징금의 금액이 100만원 이상이고, 다음 각 호의 어느 하나에 해당하는 사유로 과징금 전액을 한꺼번에 내기 어렵다고 인정될 때에는 그 납부기한을 연기하거나 분할납부하게 할 수 있다. 이 경우 필요하다고 인정하면 과징금납부의무자에게 담보를 제공하게 할 수 있다.

1. 「자연재해대책법」 제2조제1호에 따른 재해 등으로 재산에 현저한 손실을 입은 경우

2. 사업 여건의 악화로 사업이 중대한 위기에 있는 경우

3. 과징금을 한꺼번에 내면 자금 사정에 현저한 어려움이 예상되는 경우

4. 그 밖에 제1호부터 제3호까지의 규정에 준하는 사유가 있다고 식품의약품안전처장이 인정하는 경우

② 과징금납부의무자가 제1항에 따라 과징금 납부기한의 연기를 받거나 분할납부를 하려는 경우에는 납부기한의 10일 전까지 납부기한의 연기 또는 분할납부의 사유를 증명하는 서류를 첨부하여 식품의약품안전처장에게 신청해야 한다.

③ 제1항에 따라 과징금의 납부기한을 연기하는 경우 그 기한은 납부기한의 다음 날부터 1년 이내로 한다.

④ 제1항에 따라 과징금을 분할납부하게 하는 경우 각 분할된 납부기한 간의 간격은 4개월 이내로 하고, 분할납부의 횟수는 3회 이내로 한다.

⑤ 식품의약품안전처장은 제1항에 따라 납부기한이 연기되거나 분할납부하기로 결정된 과징금 납부의무자가 다음 각 호의 어느 하나에 해당하면 납부기한의 연기 또는 분할납부 결정을 취소하고 과징금을 즉시 한꺼번에 징수할 수 있다.

1. 분할납부하기로 결정된 과징금을 납부기한까지 내지 않은 경우
2. 담보 변경이나 그 밖에 담보 보전에 필요한 조치사항을 이행하지 않은 경우
3. 강제집행, 경매의 개시, 파산선고, 법인의 해산, 국세 또는 지방세의 체납처분을 받은 경우 등 과징금의 전부 또는 잔여분을 징수할 수 없다고 인정되는 경우
4. 제1항 각 호에 따른 사유가 해소되어 과징금을 한꺼번에 납부할 수 있다고 인정되는 경우

[본조신설 2021. 4. 27.]

[종전 제12조의2는 제12조의3으로 이동 〈2021. 4. 27.〉]

제12조의3(과징금 미납자에 대한 처분)

① 식품의약품안전처장은 과징금납부의무자가 납부기한(제12조의2제5항에 따라 분할납부 결정을 취소한 경우에는 해당 과징금을 한꺼번에 내도록 한 기한을 말한다)까지 과징금을 내지 않으면 납부기한이 지난 후 15일 이내에 독촉장을 발급해야 한다. 이 경우 납부기한은 독촉장을 발급하는 날부터 10일 이내로 해야 한다. 〈개정 2012. 2. 3., 2013. 3. 23., 2019. 3. 12., 2021. 4. 27.〉

② 식품의약품안전처장은 과징금납부의무자가 제1항에 따른 독촉장을 받고도 납부기한까지 과징금을 내지 않으면 과징금부과처분을 취소하고 업무정지처분을 해야 한다. 다만, 법 제28조제4항 단서에 해당하는 경우에는 국세 체납처분의 예에 따라 징수해야 한다. 〈개정 2014. 11. 4., 2019. 3. 12., 2021. 4. 27.〉

③ 제2항 본문에 따라 과징금 부과처분을 취소하고 업무정지처분을 하려면 처분대상자에게 서면으로 그 내용을 통지하되, 서면에는 처분이 변경된 사유와 업무정지처분의 기간 등 업무정지처분에 필요한 사항을 적어야 한다. 〈개정 2012. 2. 3., 2014. 11. 4.〉

[본조신설 2007. 7. 3.]

[제12조의2에서 이동 〈2021. 4. 27.〉]

제13조(위반사실의 공표)

① 법 제28조의2제1항에서 "대통령령으로 정하는 사항"이란 다음 각 호의 사항을 말한다.

　1. 처분 사유

　2. 처분 내용

　3. 처분 대상자의 명칭 · 주소 및 대표자 성명

　4. 해당 품목의 명칭 및 제조번호

② 법 제28조의2제1항에 따른 공표는 식품의약품안전처의 인터넷 홈페이지에 게재하는 방법으로 한다.

[본조신설 2015. 7. 24.]

제14조(권한의 위임)

법 제34조제1항에 따라 식품의약품안전처장은 다음 각 호의 권한을 지방식품의약품안전청장에게 위임한다.

〈개정 2012. 2. 3., 2013. 3. 23., 2014. 11. 4., 2015. 7. 24., 2017. 1. 31., 2019. 3. 12., 2021. 4. 27., 2022. 2. 15.〉

　1. 법 제3조에 따른 화장품제조업 또는 화장품책임판매업의 등록 및 변경등록

　1의2. 법 제3조의2제1항에 따른 맞춤형화장품판매업의 신고 및 변경신고의 수리

　1의3. 법 제5조제8항에 따른 화장품제조업자, 화장품책임판매업자 및 맞춤형화장품판매업자(이하 "영업자"라 한다)에 대한 교육명령

　1의4. 법 제5조의2제2항에 따른 회수계획 보고의 접수 및 같은 조 제3항에 따른 행정처분의 감경 · 면제

　2. 법 제6조에 따른 폐업 등의 신고에 관한 다음 각 목의 권한

　　가. 법 제6조제1항 각 호에 따른 신고의 수리

　　나. 법 제6조제2항에 따른 등록의 취소

　　다. 법 제6조제3항에 따른 정보 제공의 요청

　　라. 법 제6조제4항에 따른 통지

　2의2. 법 제14조에 따른 표시 · 광고 내용의 실증 등에 관한 다음 각 목의 권한

　　가. 법 제14조제2항에 따른 자료의 제출 요청

　　나. 법 제14조제3항에 따른 자료의 접수 및 제출기간의 연장

　　다. 법 제14조제4항에 따른 중지 명령

　　라. 법 제14조제6항에 따른 다른 기관의 자료요청에 대한 회신

　3. 법 제18조에 따른 보고명령 · 출입 · 검사 · 질문 및 수거

3의2. 법 제18조의2에 따른 소비자화장품안전관리감시원의 위촉·해촉 및 교육

3의3. 다음 각 목의 경우에 대한 법 제19조에 따른 시정명령

　가. 법 제3조제1항 후단에 따른 변경등록을 하지 않은 경우

　나. 법 제3조의2제1항 후단에 따른 변경신고를 하지 않은 경우

　다. 법 제5조제8항에 따른 교육명령을 위반한 경우

　라. 법 제6조제1항에 따른 폐업 또는 휴업신고나 휴업 후 재개신고를 하지 않은 경우

4. 법 제20조에 따른 검사명령

5. 법 제22조에 따른 개수명령 및 시설의 전부 또는 일부의 사용금지명령

6. 법 제23조에 따른 회수·폐기 등의 명령, 회수계획 보고의 접수와 폐기 또는 그 밖에 필요한 처분

6의2. 법 제23조의2에 따른 공표명령

7. 법 제24조에 따른 등록의 취소, 영업소의 폐쇄명령, 품목의 제조·수입 및 판매의 금지명령, 업무의 전부 또는 일부에 대한 정지명령

8. 법 제27조에 따른 청문

9. 법 제28조에 따른 과징금의 부과·징수

9의2. 법 제28조의2에 따른 공표

10. 법 제31조에 따른 등록필증·신고필증의 재교부

11. 법 제40조제1항에 따른 과태료의 부과·징수

[본조신설 2007. 7. 3.]

제15조(민감정보 및 고유식별정보의 처리)

식품의약품안전처장(제14조에 따라 식품의약품안전처장의 권한을 위임받은 자 또는 법 제3조의4제3항에 따라 자격시험 관리 및 자격증 발급 등에 관한 업무를 위탁받은 자를 포함한다)은 다음 각 호의 사무를 수행하기 위하여 불가피한 경우 「개인정보 보호법」 제23조에 따른 건강에 관한 정보, 같은 법 시행령 제18조제2호에 따른 범죄경력자료에 해당하는 정보, 같은 영 제19조제1호 또는 제4호에 따른 주민등록번호 또는 외국인등록번호가 포함된 자료를 처리할 수 있다.

〈개정 2012. 2. 3., 2013. 3. 23., 2015. 7. 24., 2019. 3. 12., 2019. 12. 10., 2022. 2. 15.〉

1. 법 제3조에 따른 화장품제조업 또는 화장품책임판매업의 등록 및 변경등록에 관한 사무

1의2. 법 제3조의2제1항에 따른 맞춤형화장품판매업의 신고 및 변경신고에 관한 사무

1의3. 법 제3조의4제1항 및 제4항에 따른 맞춤형화장품조제관리사 자격시험 관리 및 자격증 발급·재발급에 관한 사무

2. 법 제4조에 따른 기능성화장품의 심사 등에 관한 사무

3. 법 제6조에 따른 폐업 등의 신고에 관한 사무

4. 법 제18조에 따른 보고와 검사 등에 관한 사무

4의2. 법 제19조에 따른 시정명령에 관한 사무

5. 법 제20조에 따른 검사명령에 관한 사무

6. 법 제22조에 따른 개수명령 및 시설의 전부 또는 일부의 사용금지명령에 관한 사무

7. 법 제23조에 따른 회수 · 폐기 등의 명령과 폐기 또는 그 밖에 필요한 처분에 관한 사무

8. 법 제24조에 따른 등록의 취소, 영업소의 폐쇄명령, 품목의 제조 · 수입 및 판매의 금지명령, 업무의 전부 또는 일부에 대한 정지명령에 관한 사무

9. 법 제27조에 따른 청문에 관한 사무

10. 법 제28조에 따른 과징금의 부과 · 징수에 관한 사무

11. 법 제31조에 따른 등록필증 등의 재교부에 관한 사무

[본조신설 2012. 1. 6.]

제16조(과태료의 부과기준)

법 제40조제1항에 따른 과태료의 부과기준은 별표 2와 같다.　〈개정 2019. 3. 12.〉

[전문개정 2012. 2. 3.]

[제13조에서 이동 〈2012. 2. 3.〉]

부칙 〈제32445호, 2022. 2. 15.〉

제1조(시행일)

이 영은 2022년 2월 18일부터 시행한다.

제2조(다른 법령의 개정)

규제자유특구 및 지역특화발전특구에 관한 규제특례법 시행령 일부를 다음과 같이 개정한다.

제81조제1항제2호 중 "「화장품법」 제5조제4항"을 "「화장품법」 제5조제5항"으로 한다.

화장품법
시행규칙

[시행 2022. 2. 18.]
[총리령 제1795호, 2022. 2. 18., 일부개정]

제1조(목적)

이 규칙은 「화장품법」 및 같은 법 시행령에서 위임된 사항과 그 시행에 필요한 사항을 규정함을 목적으로 한다.

제2조(기능성화장품의 범위)

「화장품법」 (이하 "법"이라 한다)

제2조제2호 각 목 외의 부분에서 "총리령으로 정하는 화장품"이란 다음 각 호의 화장품을 말한다. 〈개정 2013. 3. 23., 2017. 1. 12., 2020. 8. 5.〉

1. 피부에 멜라닌색소가 침착하는 것을 방지하여 기미 · 주근깨 등의 생성을 억제함으로써 피부의 미백에 도움을 주는 기능을 가진 화장품
2. 피부에 침착된 멜라닌색소의 색을 엷게 하여 피부의 미백에 도움을 주는 기능을 가진 화장품
3. 피부에 탄력을 주어 피부의 주름을 완화 또는 개선하는 기능을 가진 화장품
4. 강한 햇볕을 방지하여 피부를 곱게 태워주는 기능을 가진 화장품
5. 자외선을 차단 또는 산란시켜 자외선으로부터 피부를 보호하는 기능을 가진 화장품
6. 모발의 색상을 변화[탈염(脫染) · 탈색(脫色)을 포함한다]시키는 기능을 가진 화장품. 다만, 일시적으로 모발의 색상을 변화시키는 제품은 제외한다.
7. 체모를 제거하는 기능을 가진 화장품. 다만, 물리적으로 체모를 제거하는 제품은 제외한다.
8. 탈모 증상의 완화에 도움을 주는 화장품. 다만, 코팅 등 물리적으로 모발을 굵게 보이게 하는 제품은 제외한다.
9. 여드름성 피부를 완화하는 데 도움을 주는 화장품. 다만, 인체세정용 제품류로 한정한다.
10. 피부장벽(피부의 가장 바깥 쪽에 존재하는 각질층의 표피를 말한다)의 기능을 회복하여 가려움 등의 개선에 도움을 주는 화장품
11. 튼살로 인한 붉은 선을 엷게 하는 데 도움을 주는 화장품

제2조의2(맞춤형화장품의 제외 대상)

법 제2조제3호의2나목 단서에서 "고형(固形)

비누 등 총리령으로 정하는 화장품"이란 고체 형태의 세안용 비누(이하 "화장비누"라 한다)를 말한다. 〈개정 2022. 2. 18.〉

[본조신설 2020. 6. 30.]

제3조(제조업의 등록 등)

① 삭제 〈2019. 3. 14.〉

② 법 제3조제1항 전단에 따라 화장품제조업 등록을 하려는 자는 별지 제1호서식의 화장품제조업 등록신청서(전자문서로 된 신청서를 포함한다)에 다음 각 호의 서류(전자문서를 포함한다)를 첨부하여 제조소의 소재지를 관할하는 지방식품의약품안전청장에게 제출하여야 한다.   〈개정 2019. 3. 14.〉

1. 화장품제조업을 등록하려는 자(법인인 경우에는 대표자를 말한다. 이하 이 항에서 같다)가 법 제3조의3제1호 본문에 해당되지 않음을 증명하는 의사의 진단서 또는 법 제3조의3제1호 단서에 해당하는 사람임을 증명하는 전문의의 진단서

2. 화장품제조업을 등록하려는 자가 법 제3조의3제3호에 해당되지 않음을 증명하는 의사의 진단서

3. 시설의 명세서

③ 제2항에 따라 신청서를 받은 지방식품의약품안전청장은 「전자정부법」 제36조제1항에 따른 행정정보의 공동이용을 통하여 법인 등기사항증명서(법인인 경우만 해당한다)를 확인하여야 한다.

④ 지방식품의약품안전청장은 제2항에 따른 등록신청이 등록요건을 갖춘 경우에는 화장품 제조업 등록대장에 다음 각 호의 사항을 적고, 별지 제2호서식의 화장품제조업 등록필증을 발급하여야 한다.   〈개정 2014. 9. 24., 2019. 3. 14.〉

1. 등록번호 및 등록연월일

2. 화장품제조업자(화장품제조업을 등록한 자를 말한다. 이하 같다)의 성명 및 생년월일(법인인 경우에는 대표자의 성명 및 생년월일)

3. 화장품제조업자의 상호(법인인 경우에는 법인의 명칭)

4. 제조소의 소재지

5. 제조 유형

제4조(화장품책임판매업의 등록 등)

① 삭제 〈2019. 3. 14.〉

② 법 제3조제1항 전단에 따라 화장품책임판매업을 등록하려는 자는 별지 제3호서식의 화장품책임판매업 등록신청서(전자문서로 된 신청서를 포함한다)에 다음 각 호의 서류[전자문서를 포함하며, 「화장품법 시행령」(이하 "영"이라 한다) 제2조제2호라목에 해당하는 경우에는 제출하지 않는다]를 첨부하여 화장품책임판매업소의 소재지를 관할하는 지방식품의약품안

전청장에게 제출해야 한다. 〈개정 2019. 3. 14.〉

1. 법 제3조제3항에 따른 화장품의 품질관리 및 책임판매 후 안전관리에 적합한 기준에 관한 규정

2. 법 제3조제3항에 따른 책임판매관리자(이하 "책임판매관리자"라 한다)의 자격을 확인할 수 있는 서류

③ 제2항에 따라 신청서를 받은 지방식품의약품안전청장은 「전자정부법」 제36조제1항에 따른 행정정보의 공동이용을 통하여 법인 등기사항증명서(법인인 경우만 해당한다)를 확인하여야 한다.

④ 지방식품의약품안전청장은 제2항에 따른 등록신청이 등록요건을 갖춘 경우에는 화장품책임판매업 등록대장에 다음 각 호의 사항을 적고, 별지 제4호서식의 화장품책임판매업 등록필증을 발급하여야 한다. 〈개정 2014. 9. 24., 2019. 3. 14.〉

1. 등록번호 및 등록연월일

2. 화장품책임판매업자(화장품책임판매업을 등록한 자를 말한다. 이하 같다)의 성명 및 생년월일(법인인 경우에는 대표자의 성명 및 생년월일)

3. 화장품책임판매업자의 상호(법인인 경우에는 법인의 명칭)

4. 화장품책임판매업소의 소재지

5. 책임판매관리자의 성명 및 생년월일

6. 책임판매 유형

[제목개정 2019. 3. 14.]

제5조(화장품제조업 등의 변경등록)

① 법 제3조제1항 후단에 따라 화장품제조업자 또는 화장품책임판매업자가 변경등록을 하여야 하는 경우는 다음 각 호와 같다. 〈개정 2014. 9. 24., 2019. 3. 14.〉

1. 화장품제조업자는 다음 각 목의 어느 하나에 해당하는 경우

가. 화장품제조업자의 변경(법인인 경우에는 대표자의 변경)

나. 화장품제조업자의 상호 변경(법인인 경우에는 법인의 명칭 변경)

다. 제조소의 소재지 변경

라. 제조 유형 변경

2. 화장품책임판매업자는 다음 각 목의 어느 하나에 해당하는 경우

가. 화장품책임판매업자의 변경(법인인 경우에는 대표자의 변경)

나. 화장품책임판매업자의 상호 변경(법인인 경우에는 법인의 명칭 변경)

　　다. 화장품책임판매업소의 소재지 변경

　　라. 책임판매관리자의 변경

　　마. 책임판매 유형 변경

② 화장품제조업자 또는 화장품책임판매업자는 제1항에 따른 변경등록을 하는 경우에는 변경 사유가 발생한 날부터 30일(행정구역 개편에 따른 소재지 변경의 경우에는 90일) 이내에 별지 제5호서식의 화장품제조업 변경등록 신청서(전자문서로 된 신청서를 포함한다) 또는 별지 제6호서식의 화장품책임판매업 변경등록 신청서(전자문서로 된 신청서를 포함한다)에 화장품제조업 등록필증 또는 화장품책임판매업 등록필증과 다음 각 호의 구분에 따라 해당 서류(전자문서를 포함한다)를 첨부하여 지방식품의약품안전청장에게 제출하여야 한다. 이 경우 등록 관청을 달리하는 화장품제조소 또는 화장품책임판매업소의 소재지 변경의 경우에는 새로운 소재지를 관할하는 지방식품의약품안전청장에게 제출하여야 한다.

〈개정 2014. 9. 24., 2016. 9. 9., 2019. 3. 14., 2019. 12. 12.〉

1. 화장품제조업자 또는 화장품책임판매업자의 변경(법인의 경우에는 대표자의 변경)의 경우에는 다음 각 목의 서류

　가. 제3조제2항제1호에 해당하는 서류(제조업자만 제출한다)

　나. 제3조제2항제2호에 해당하는 서류(제조업자만 제출한다)

　다. 양도·양수의 경우에는 이를 증명하는 서류

　라. 상속의 경우에는 「가족관계의 등록 등에 관한 법률」 제15조제1항제1호의 가족관계 증명서

2. 제조소의 소재지 변경(행정구역개편에 따른 사항은 제외한다)의 경우: 제3조제2항제3호에 해당하는 서류

3. 책임판매관리자 변경의 경우: 제4조제2항제2호에 해당하는 서류(영 제2조제2호라목의 화장품책임판매업을 등록한 자가 두는 책임판매관리자는 제외한다)

4. 다음 각 목에 해당하는 제조 유형 또는 책임판매 유형 변경의 경우

　가. 영 제2조제1호다목의 화장품제조 유형으로 등록한 자가 같은 호 가목 또는 나목의 화장품제조 유형으로 변경하거나 같은 호 가목 또는 나목의 제조 유형을 추가하는 경우: 제3조제2항제3호에 해당하는 서류

　나. 제2조제2호라목의 화장품책임판매 유형으로 등록한 자가 같은 호 가목부터 다목까지의 책임판매 유형으로 변경하거나 같은 호 가목부터 다목까지의 책임판매 유형을 추가하는 경우: 제4조제2항제1호 및 제2호에 해당하는 서류

③ 제1항 및 제2항에 따라 화장품제조업 변경등록 신청서 또는 화장품책임판매업 변경등록 신

청서를 받은 지방식품의약품안전청장은 「전자정부법」 제36조제1항에 따른 행정정보의 공동이용을 통하여 법인 등기사항증명서(법인인 경우만 해당한다)를 확인하여야 한다.

〈개정 2019. 3. 14.〉

④ 지방식품의약품안전청장은 제2항 및 제3항에 따른 변경등록 신청사항을 확인한 후 화장품제조업 등록대장 또는 화장품책임판매업 등록대장에 각각의 변경사항을 적고, 화장품제조업 등록필증 또는 화장품책임판매업 등록필증의 뒷면에 변경사항을 적은 후 이를 내주어야 한다.

〈개정 2019. 3. 14.〉

[제목개정 2019. 3. 14.]

제6조(시설기준 등)

① 법 제3조제2항 본문에 따라 화장품제조업을 등록하려는 자가 갖추어야 하는 시설은 다음 각 호와 같다. 〈개정 2019. 3. 14.〉

　1. 제조 작업을 하는 다음 각 목의 시설을 갖춘 작업소

　　가. 쥐·해충 및 먼지 등을 막을 수 있는 시설

　　나. 작업대 등 제조에 필요한 시설 및 기구

　　다. 가루가 날리는 작업실은 가루를 제거하는 시설

　2. 원료·자재 및 제품을 보관하는 보관소

　3. 원료·자재 및 제품의 품질검사를 위하여 필요한 시험실

　4. 품질검사에 필요한 시설 및 기구

② 제1항에도 불구하고 법 제3조제2항 단서에 따라 다음 각 호의 경우에는 그 구분에 따라 시설의 일부를 갖추지 아니할 수 있다. 〈개정 2013. 3. 23., 2014. 8. 20., 2019. 3. 14.〉

　1. 화장품제조업자가 화장품의 일부 공정만을 제조하는 경우에는 해당 공정에 필요한 시설 및 기구 외의 시설 및 기구

　2. 다음 각 목의 어느 하나에 해당하는 기관 등에 원료·자재 및 제품에 대한 품질검사를 위탁하는 경우에는 제1항제3호 및 제4호의 시설 및 기구

　　가. 「보건환경연구원법」 제2조에 따른 보건환경연구원

　　나. 제1항제3호에 따른 시험실을 갖춘 제조업자

　　다. 「식품·의약품분야 시험·검사 등에 관한 법률」 제6조에 따른 화장품 시험·검사기관(이하 "화장품 시험·검사기관"이라 한다)

　　라. 「약사법」 제67조에 따라 조직된 사단법인인 한국의약품수출입협회

③ 제조업자는 화장품의 제조시설을 이용하여 화장품 외의 물품을 제조할 수 있다. 다만, 제품

상호간에 오염의 우려가 있는 경우에는 그러하지 아니하다.

제7조(화장품의 품질관리기준 등)

법 제3조제3항에 따른 화장품의 품질관리기준은 별표 1과 같고, 책임판매 후 안전관리기준은 별표 2와 같다. 〈개정 2019. 3. 14.〉

제8조(책임판매관리자의 자격기준 등)

① 법 제3조제3항에 따라 화장품책임판매업자(영 제2조제2호라목의 화장품책임판매업을 등록한 자는 제외한다)가 두어야 하는 책임판매관리자는 다음 각 호의 어느 하나의 해당하는 사람이어야 한다. 〈개정 2013. 12. 6., 2014. 9. 24., 2016. 9. 9., 2018. 12. 31., 2019. 3. 14., 2021. 5. 14.〉

1. 「의료법」에 따른 의사 또는 「약사법」에 따른 약사

2. 「고등교육법」 제2조 각 호에 따른 학교(같은 조 제4호의 전문대학은 제외한다. 이하 이 조에서 "대학등"이라 한다)에서 학사 이상의 학위를 취득한 사람(법령에서 이와 같은 수준 이상의 학력이 있다고 인정한 사람을 포함한다. 이하 이 조에서 같다)으로서 이공계(「국가 과학기술 경쟁력 강화를 위한 이공계지원 특별법」 제2조제1호에 따른 이공계를 말한다) 학과 또는 향장학ㆍ화장품과학ㆍ한의학ㆍ한약학과 등을 전공한 사람

2의2. 대학등에서 학사 이상의 학위를 취득한 사람으로서 간호학과, 간호과학과, 건강간호학과를 전공하고 화학ㆍ생물학ㆍ생명과학ㆍ유전학ㆍ유전공학ㆍ향장학ㆍ화장품과학ㆍ의학ㆍ약학 등 관련 과목을 20학점 이상 이수한 사람

3. 「고등교육법」 제2조제4호에 따른 전문대학(이하 이 조에서 "전문대학"이라 한다) 졸업자(법령에서 이와 같은 수준 이상의 학력이 있다고 인정한 사람을 포함한다. 이하 이 조에서 같다)로서 화학ㆍ생물학ㆍ화학공학ㆍ생물공학ㆍ미생물학ㆍ생화학ㆍ생명과학ㆍ생명공학ㆍ유전공학ㆍ향장학ㆍ화장품과학ㆍ한의학과ㆍ한약학과 등 화장품 관련 분야(이하 "화장품 관련 분야"라 한다)를 전공한 후 화장품 제조 또는 품질관리 업무에 1년 이상 종사한 경력이 있는 사람

3의2. 전문대학을 졸업한 사람으로서 간호학과, 간호과학과, 건강간호학과를 전공하고 화학ㆍ생물학ㆍ생명과학ㆍ유전학ㆍ유전공학ㆍ향장학ㆍ화장품과학ㆍ의학ㆍ약학 등 관련 과목을 20학점 이상 이수한 후 화장품 제조나 품질관리 업무에 1년 이상 종사한 경력이 있는 사람

3의3. 식품의약품안전처장이 정하여 고시하는 전문 교육과정을 이수한 사람(식품의약품안전처장이 정하여 고시하는 품목만 해당한다)

3의4. 법 제3조의2제2항에 따른 맞춤형화장품조제관리사(이하 "맞춤형화장품조제관리사"라
　　　한다) 자격시험에 합격한 사람으로서 화장품 제조 또는 품질관리 업무에 1년 이상 종
　　　사한 경력이 있는 사람

4. 그 밖에 화장품 제조 또는 품질관리 업무에 2년 이상 종사한 경력이 있는 사람

5. 삭제 〈2014. 9. 24.〉

6. 삭제 〈2014. 9. 24.〉

② 책임판매관리자는 다음 각 호의 직무를 수행한다.　　　　　　　　　〈개정 2019. 3. 14.〉

1. 별표 1의 품질관리기준에 따른 품질관리 업무

2. 별표 2의 책임판매 후 안전관리기준에 따른 안전확보 업무

3. 원료 및 자재의 입고(入庫)부터 완제품의 출고에 이르기까지 필요한 시험 · 검사 또는 검
　　정에 대하여 제조업자를 관리 · 감독하는 업무

③ 상시근로자수가 10명 이하인 화장품책임판매업을 경영하는 화장품책임판매업자(법인인 경
　우에는 그 대표자를 말한다)가 제1항 각 호의 어느 하나에 해당하는 사람인 경우에는 그 사
　람이 제2항에 따른 책임판매관리자의 직무를 수행할 수 있다. 이 경우 책임판매관리자를 둔
　것으로 본다.　　　　　　　　　　　　　〈신설 2013. 12. 6., 2016. 6. 30., 2019. 3. 14.〉

[제목개정 2019. 3. 14.]

제8조의2(맞춤형화장품판매업의 신고)

① 법 제3조의2제1항 전단에 따라 맞춤형화장품판매업의 신고를 하려는 자는 별지 제6호의2서
　식의 맞춤형화장품판매업 신고서에 맞춤형화장품조제관리사의 자격증 사본과 시설의 명세
　서를 첨부하여 맞춤형화장품판매업소의 소재지를 관할하는 지방식품의약품안전청장에게
　제출해야 한다. 다만, 맞춤형화장품판매업을 신고한 자(이하 "맞춤형화장품판매업자"라 한
　다)가 판매업소로 신고한 소재지 외의 장소에서 1개월의 범위에서 한시적으로 같은 영업을
　하려는 경우에는 해당 맞춤형화장품판매업 신고서에 별지 제6호의3서식에 따른 맞춤형화
　장품판매업 신고필증 사본과 맞춤형화장품조제관리사 자격증 사본을 첨부하여 제출해야 한
　다.　　　　　　　　　　　　　〈개정 2021. 5. 14., 2021. 10. 15., 2022. 2. 18.〉

② 지방식품의약품안전청장은 제1항에 따른 신고를 받은 경우에는 「전자정부법」 제36조제1
　항에 따른 행정정보의 공동이용을 통해 법인 등기사항증명서(법인인 경우만 해당한다)를 확
　인해야 한다.

③ 지방식품의약품안전청장은 제1항에 따른 신고가 그 요건을 갖춘 경우에는 맞춤형화장품판
　매업 신고대장에 다음 각 호의 사항을 적고, 별지 제6호의3서식의 맞춤형화장품판매업 신고

필증을 발급해야 한다. 〈개정 2021. 10. 15.〉

1. 신고 번호 및 신고 연월일

2. 맞춤형화장품판매업자의 성명 및 생년월일(법인인 경우에는 대표자의 성명 및 생년월일)

3. 맞춤형화장품판매업자의 상호 및 소재지

4. 맞춤형화장품판매업소의 상호 및 소재지

5. 맞춤형화장품조제관리사의 성명, 생년월일 및 자격증 번호

6. 영업의 기간(제1항 단서에 따라 한시적으로 맞춤형화장품판매업을 하려는 경우만 해당한다)

④ 맞춤형화장품판매업자가 법 제3조의4제1항에 따른 맞춤형화장품조제관리사 자격시험(이하 "자격시험"이라 한다)에 합격한 경우에는 해당 맞춤형화장품판매업자의 판매업소 중 하나의 판매업소에서 맞춤형화장품조제관리사 업무를 수행할 수 있다. 이 경우 해당 판매업소에는 맞춤형화장품조제관리사를 둔 것으로 본다. 〈신설 2021. 5. 14.〉

[본조신설 2020. 3. 13.]

제8조의3(맞춤형화장품판매업의 변경신고)

① 법 제3조의2제1항 후단에 따라 맞춤형화장품판매업자가 변경신고를 해야 하는 경우는 다음 각 호와 같다.

1. 맞춤형화장품판매업자를 변경하는 경우

2. 맞춤형화장품판매업소의 상호 또는 소재지를 변경하는 경우

3. 맞춤형화장품조제관리사를 변경하는 경우

② 맞춤형화장품판매업자가 제1항에 따른 변경신고를 하려면 별지 제6호의4서식의 맞춤형화장품판매업 변경신고서(전자문서로 된 신고서를 포함한다)에 맞춤형화장품판매업 신고필증과 그 변경을 증명하는 서류(전자문서를 포함한다)를 첨부하여 맞춤형화장품판매업소의 소재지를 관할하는 지방식품의약품안전청장에게 제출해야 한다. 이 경우 소재지를 변경하는 때에는 새로운 소재지를 관할하는 지방식품의약품안전청장에게 제출해야 한다.

③ 지방식품의약품안전청장은 제2항에 따라 맞춤형화장품판매업 변경신고를 받은 경우에는 「전자정부법」 제36조제1항에 따른 행정정보의 공동이용을 통해 법인 등기사항증명서(법인인 경우만 해당한다)를 확인해야 한다.

④ 지방식품의약품안전청장은 제2항에 따른 변경신고가 그 요건을 갖춘 때에는 맞춤형화장품판매업 신고대장과 맞춤형화장품판매업 신고필증의 뒷면에 각각의 변경사항을 적어야 한다. 이 경우 맞춤형화장품판매업 신고필증은 신고인에게 다시 내주어야 한다.

[본조신설 2020. 3. 13.]

제8조의4(맞춤형화장품판매업의 시설기준)

법 제3조의2제2항에 따라 맞춤형화장품판매업을 신고하려는 자는 맞춤형화장품의 혼합·소분 공간을 그 외의 용도로 사용되는 공간과 분리 또는 구획하여 갖추어야 한다. 다만, 혼합·소분 과정에서 맞춤형화장품의 품질·안전 등 보건위생상 위해가 발생할 우려가 없다고 인정되는 경우에는 혼합·소분 공간을 분리 또는 구획하여 갖추지 않아도 된다.

[본조신설 2022. 2. 18.]

[종전 제8조의4는 제8조의5로 이동 〈2022. 2. 18.〉]

제8조의5(맞춤형화장품조제관리사 자격시험)

① 식품의약품안전처장은 매년 1회 이상 자격시험을 실시해야 한다. 〈개정 2021. 5. 14.〉

② 식품의약품안전처장은 자격시험을 실시하려는 경우에는 시험일시, 시험장소, 시험과목, 응시방법 등이 포함된 자격시험 시행계획을 시험 실시 90일전까지 식품의약품안전처 인터넷 홈페이지에 공고해야 한다.

③ 자격시험은 필기시험으로 실시하며, 그 시험과목은 다음 각 호의 구분에 따른다.

1. 제1과목: 화장품 관련 법령 및 제도 등에 관한 사항

2. 제2과목: 화장품의 제조 및 품질관리와 원료의 사용기준 등에 관한 사항

3. 제3과목: 화장품의 유통 및 안전관리 등에 관한 사항

4. 제4과목: 맞춤형화장품의 특성·내용 및 관리 등에 관한 사항

④ 자격시험은 전 과목 총점의 60퍼센트 이상의 점수와 매 과목 만점의 40퍼센트 이상의 점수를 모두 득점한 사람을 합격자로 한다.

⑤ 자격시험에서 부정행위를 한 사람에 대해서는 그 시험을 정지시키거나 그 합격을 무효로 한다.

⑥ 식품의약품안전처장은 자격시험을 실시할 때마다 시험과목에 대한 전문 지식을 갖추거나 화장품에 관한 업무 경험이 풍부한 사람 중에서 시험 위원을 위촉한다. 이 경우 해당 위원에 대해서는 예산의 범위에서 수당 및 여비 등을 지급할 수 있다.

⑦ 제1항부터 제6항까지에서 규정한 사항 외에 자격시험의 실시 방법 및 절차 등에 필요한 세부사항은 식품의약품안전처장이 정하여 고시한다.

[본조신설 2020. 3. 13.]

[제8조의4에서 이동, 종전 제8조의5는 제8조의6으로 이동 〈2022. 2. 18.〉]

제8조의6(맞춤형화장품조제관리사 자격증의 발급 신청 등)

① 자격시험에 합격하여 자격증을 발급받으려는 사람은 별지 제6호의5서식의 맞춤형화장품조제관리사 자격증 발급 신청서에 다음 각 호의 서류를 첨부하여 식품의약품안전처장에게 제출해야 한다. 〈개정 2021. 5. 14., 2022. 2. 18.〉

    1. 법 제3조의5제1호 본문에 해당되지 않음을 증명하는 최근 6개월 이내의 의사의 진단서 또는 법 제3조의5제1호 단서에 해당하는 사람임을 증명하는 최근 6개월 이내의 전문의의 진단서

    2. 법 제3조의5제3호에 해당되지 않음을 증명하는 최근 6개월 이내의 의사의 진단서

② 식품의약품안전처장은 제1항에 따른 발급 신청이 그 요건을 갖춘 경우에는 별지 제6호의6서식에 따른 맞춤형화장품조제관리사 자격증을 발급해야 한다.

③ 자격증을 잃어버리거나 못 쓰게 된 경우에는 별지 제6호의5서식의 맞춤형화장품조제관리사 자격증 재발급 신청서에 다음 각 호의 구분에 따른 서류를 첨부하여 식품의약품안전처장에게 제출해야 한다. 〈개정 2022. 2. 18.〉

    1. 자격증을 잃어버린 경우: 분실 사유서

    2. 자격증을 못 쓰게 된 경우: 자격증 원본

④ 제1항부터 제3항까지에서 규정한 사항 외에 자격증의 발급 · 재발급 등에 필요한 세부 사항은 식품의약품안전처장이 정하여 고시한다. 〈신설 2022. 2. 18.〉

[본조신설 2020. 3. 13.]

[제8조의5에서 이동, 종전 제8조의6은 제8조의7로 이동 〈2022. 2. 18.〉]

제8조의7(시험운영기관의 지정 등)

식품의약품안전처장은 법 제3조의4제3항에 따라 시험운영기관을 지정하거나 시험운영기관에 자격시험의 관리 및 자격증 발급 · 재발급 등의 업무를 위탁한 경우에는 그 내용을 식품의약품안전처 인터넷 홈페이지에 게재해야 한다. 〈개정 2022. 2. 18.〉

[본조신설 2020. 3. 13.]

[제8조의6에서 이동 〈2022. 2. 18.〉]

제9조(기능성화장품의 심사)

① 법 제4조제1항에 따라 기능성화장품(제10조에 따라 보고서를 제출해야 하는 기능성화장품은 제외한다. 이하 이 조에서 같다)으로 인정받아 판매 등을 하려는 화장품제조업자, 화장품책임판매업자 또는 「기초연구진흥 및 기술개발지원에 관한 법률」 제6조제1항 및 제14조

의2에 따른 대학·연구기관·연구소(이하 "연구기관등"이라 한다)는 품목별로 별지 제7호서식의 기능성화장품 심사의뢰서(전자문서로 된 심사의뢰서를 포함한다)에 다음 각 호의 서류(전자문서를 포함한다)를 첨부하여 식품의약품안전평가원장의 심사를 받아야 한다. 다만, 식품의약품안전처장이 제품의 효능·효과를 나타내는 성분·함량을 고시한 품목의 경우에는 제1호부터 제4호까지의 자료 제출을, 기준 및 시험방법을 고시한 품목의 경우에는 제5호의 자료 제출을 각각 생략할 수 있다. 〈개정 2013. 3. 23., 2013. 12. 6., 2019. 3. 14., 2021. 9. 10.〉

1. 기원(起源) 및 개발 경위에 관한 자료

2. 안전성에 관한 자료

　가. 단회 투여 독성시험 자료

　나. 1차 피부 자극시험 자료

　다. 안(眼)점막 자극 또는 그 밖의 점막 자극시험 자료

　라. 피부 감작성(感作性: 외부 자극에 의한 면역계 반응성을 말한다. 이하 같다) 시험 자료

　마. 광독성(빛에 의한 독성 반응성을 말한다. 이하 같다) 및 광감작성(빛에 의한 면역계 반응성을 말한다. 이하 같다) 시험 자료

　바. 인체 첩포시험(貼布試驗: 접촉 피부염의 원인을 파악하기 위해 원인 추정 물질을 몸에 붙여 반응을 조사하는 시험을 말한다. 이하 같다) 자료

3. 유효성 또는 기능에 관한 자료

　가. 효력시험 자료

　나. 인체 적용시험 자료

4. 자외선 차단지수 및 자외선A 차단등급 설정의 근거자료(자외선을 차단 또는 산란시켜 자외선으로부터 피부를 보호하는 기능을 가진 화장품의 경우만 해당한다)

5. 기준 및 시험방법에 관한 자료[검체(檢體)를 포함한다]

② 삭제 〈2021. 12. 28.〉

③ 제1항에 따라 심사를 받은 사항을 변경하려는 자는 별지 제8호서식의 기능성화장품 변경심사 의뢰서에 다음 각 호의 서류를 첨부하여 식품의약품안전평가원장에게 제출해야 한다.

〈개정 2013. 3. 23., 2021. 12. 28.〉

1. 먼저 발급받은 기능성화장품심사결과통지서

2. 변경사유를 증명할 수 있는 서류(기능성화장품 심사를 받은 자 간에 법 제4조제1항에 따라 심사받은 기능성화장품에 대한 권리를 양도·양수하여 심사받은 자를 변경하려는 경우에는 양도·양수계약서를 말한다)

④ 식품의약품안전평가원장은 제1항 또는 제3항에 따라 심사의뢰서나 변경심사 의뢰서를 받은

경우에는 다음 각 호의 심사기준에 따라 심사하여야 한다. 〈개정 2013. 3. 23.〉

1. 기능성화장품의 원료와 그 분량은 효능·효과 등에 관한 자료에 따라 합리적이고 타당하여야 하며, 각 성분의 배합의의(配合意義)가 인정되어야 할 것

2. 기능성화장품의 효능·효과는 법 제2조제2호 각 목에 적합할 것

3. 기능성화장품의 용법·용량은 오용될 여지가 없는 명확한 표현으로 적을 것

⑤ 식품의약품안전평가원장은 제4항에 따라 심사를 한 후 심사대장에 다음 각 호의 사항을 적고, 별지 제9호서식의 기능성화장품 심사·변경심사 결과통지서를 발급해야 한다.

〈개정 2013. 3. 23., 2019. 3. 14., 2021. 12. 28.〉

1. 심사번호 및 심사연월일 또는 변경심사 연월일

2. 기능성화장품 심사를 받은 화장품제조업자, 화장품책임판매업자 또는 연구기관등의 상호 (법인인 경우에는 법인의 명칭)

및 소재지

3. 제품명

4. 효능·효과

⑥ 제1항부터 제4항까지의 규정에 따른 첨부자료의 범위·요건·작성요령과 제출이 면제되는 범위 및 심사기준 등에 관한 세부 사항은 식품의약품안전처장이 정하여 고시한다.

〈개정 2013. 3. 23., 2013. 12. 6.〉

제10조(보고서 제출 대상 등)

① 법 제4조제1항에 따라 기능성화장품의 심사를 받지 아니하고 식품의약품안전평가원장에게 보고서를 제출하여야 하는 대상은 다음 각 호와 같다.

〈개정 2013. 3. 23., 2013. 12. 6., 2017. 7. 31., 2019. 3. 14., 2019. 12. 12.〉

1. 효능·효과가 나타나게 하는 성분의 종류·함량, 효능·효과, 용법·용량, 기준 및 시험방법이 식품의약품안전처장이 고시한 품목과 같은 기능성화장품

2. 이미 심사를 받은 기능성화장품[화장품제조업자(화장품제조업자가 제품을 설계·개발·생산하는 방식으로 제조한 경우만 해당한다)가 같거나 화장품책임판매업자가 같은 경우 또는 제9조제1항에 따라 기능성화장품으로 심사받은 연구기관등이 같은 기능성화장품만 해당한다. 이하 제3호에서 같다]과 다음 각 목의 사항이 모두 같은 품목. 다만, 제2조제1호부터 제3호까지 및 같은 조 제8호부터 제11호까지의 기능성화장품은 이미 심사를 받은 품목이 대조군(對照群)(효능·효과가 나타나게 하는 성분을 제외한 것을 말한다)과의 비교실험을 통하여 효능이 입증된 경우만 해당한다.

가. 효능·효과가 나타나게 하는 원료의 종류·규격 및 함량(액체상태인 경우에는 농도를 말한다)

나. 효능·효과(제2조제4호 및 제5호의 기능성화장품의 경우 자외선 차단지수의 측정값이 마이너스 20퍼센트 이하의 범위에 있는 경우에는 같은 효능·효과로 본다)

다. 기준[산성도(pH)에 관한 기준은 제외한다] 및 시험방법

라. 용법·용량

마. 제형(劑形)[제2조제1호부터 제3호까지 및 같은 조 제6호부터 제11호까지의 기능성화장품의 경우에는 액제(Solution), 로션제(Lotion) 및 크림제(Cream)를 같은 제형으로 본다]

3. 이미 심사를 받은 기능성화장품 및 식품의약품안전처장이 고시한 기능성화장품과 비교하여 다음 각 목의 사항이 모두 같은 품목(이미 심사를 받은 제2조제4호 및 제5호의 기능성화장품으로서 그 효능·효과를 나타나게 하는 성분·함량과 식품의약품안전처장이 고시한 제2조제1호부터 제3호까지의 기능성화장품으로서 그 효능·효과를 나타나게 하는 성분·함량이 서로 혼합된 품목만 해당한다)

가. 효능·효과를 나타나게 하는 원료의 종류·규격 및 함량

나. 효능·효과(제2조제4호 및 제5호에 따른 효능·효과의 경우 자외선차단지수의 측정값이 마이너스 20퍼센트 이하의 범위에 있는 경우에는 같은 효능·효과로 본다)

다. 기준[산성도(pH)에 관한 기준은 제외한다] 및 시험방법

라. 용법·용량

마. 제형

② 기능성화장품으로 인정받아 판매 등을 하려는 화장품제조업자, 화장품책임판매업자 또는 연구기관등은 제1항에 따라 품목별로 별지 제10호서식의 기능성화장품 심사 제외 품목 보고서(전자문서로 된 보고서를 포함한다)를 식품의약품안전평가원장에게 제출해야 한다.

〈개정 2013. 3. 23., 2019. 3. 14.〉

③ 제2항에 따라 보고서를 받은 식품의약품안전평가원장은 제1항에 따른 요건을 확인한 후 다음 각 호의 사항을 기능성화장품의 보고대장에 적어야 한다.　〈개정 2013. 3. 23., 2019. 3. 14.〉

1. 보고번호 및 보고연월일

2. 화장품제조업자, 화장품책임판매업자 또는 연구기관등의 상호(법인인 경우에는 법인의 명칭) 및 소재지

3. 제품명

4. 효능·효과

제10조의2(영유아 또는 어린이 사용 화장품의 표시·광고)

① 법 제4조의2제1항에 따른 영유아 또는 어린이의 연령 기준은 다음 각 호의 구분에 따른다.

　1. 영유아: 만 3세 이하

　2. 어린이: 만 4세 이상부터 만 13세 이하까지

② 화장품책임판매업자가 법 제4조의2제1항 각 호에 따른 자료(이하 "제품별 안전성 자료"라 한다)를 작성·보관해야 하는 표시·광고의 범위는 다음 각 호의 구분에 따른다.

　1. 표시의 경우: 화장품의 1차 포장 또는 2차 포장에 영유아 또는 어린이가 사용할 수 있는 화장품임을 특정하여 표시하는 경우(화장품의 명칭에 영유아 또는 어린이에 관한 표현이 표시되는 경우를 포함한다)

　2. 광고의 경우: 별표 5 제1호가목부터 바목까지(어린이 사용 화장품의 경우에는 바목을 제외한다)의 규정에 따른 매체·수단 또는 해당 매체·수단과 유사하다고 식품의약품안전처장이 정하여 고시하는 매체·수단에 영유아 또는 어린이가 사용할 수 있는 화장품임을 특정하여 광고하는 경우

[본조신설 2020. 1. 22.]

제10조의3(제품별 안전성 자료의 작성·보관)

① 법 제4조의2제1항 및 이 규칙 제10조의2제2항에 따라 화장품의 표시·광고를 하려는 화장품책임판매업자는 법 제4조의2제1항제1호부터 제3호까지의 규정에 따른 제품별 안전성 자료 모두를 미리 작성해야 한다.

② 제품별 안전성 자료의 보관기간은 다음 각 호의 구분에 따른다.

　1. 화장품의 1차 포장에 사용기한을 표시하는 경우: 영유아 또는 어린이가 사용할 수 있는 화장품임을 표시·광고한 날부터 마지막으로 제조·수입된 제품의 사용기한 만료일 이후 1년까지의 기간. 이 경우 제조는 화장품의 제조번호에 따른 제조일자를 기준으로 하며, 수입은 통관일자를 기준으로 한다.

　2. 화장품의 1차 포장에 개봉 후 사용기간을 표시하는 경우: 영유아 또는 어린이가 사용할 수 있는 화장품임을 표시·광고한 날부터 마지막으로 제조·수입된 제품의 제조연월일 이후 3년까지의 기간. 이 경우 제조는 화장품의 제조번호에 따른 제조일자를 기준으로 하며, 수입은 통관일자를 기준으로 한다.

③ 제1항 및 제2항에서 규정한 사항 외에 제품별 안전성 자료의 작성·보관의 방법 및 절차 등에 필요한 세부 사항은 식품의약품안전처장이 정하여 고시한다.

[본조신설 2020. 1. 22.]

제10조의4(실태조사의 실시)

① 식품의약품안전처장은 법 제4조의2제2항에 따른 실태조사(이하 "실태조사"라 한다)를 5년마다 실시한다.

② 실태조사에는 다음 각 호의 사항이 포함되어야 한다.

　1. 제품별 안전성 자료의 작성 및 보관 현황

　2. 소비자의 사용실태

　3. 사용 후 이상사례의 현황 및 조치 결과

　4. 영유아 또는 어린이 사용 화장품에 대한 표시 · 광고의 현황 및 추세

　5. 영유아 또는 어린이 사용 화장품의 유통 현황 및 추세

　6. 그 밖에 제1호부터 제5호까지의 사항과 유사한 것으로서 식품의약품안전처장이 필요하다고 인정하는 사항

③ 식품의약품안전처장은 실태조사를 위해 필요하다고 인정하는 경우에는 관계 행정기관, 공공기관, 법인 · 단체 또는 전문가 등에게 필요한 의견 또는 자료의 제출 등을 요청할 수 있다.

④ 식품의약품안전처장은 실태조사의 효율적 실시를 위해 필요하다고 인정하는 경우에는 화장품 관련 연구기관 또는 법인 · 단체 등에 실태조사를 의뢰하여 실시할 수 있다.

⑤ 제1항부터 제4항까지에서 규정한 사항 외에 실태조사의 대상, 방법 및 절차 등에 필요한 세부 사항은 식품의약품안전처장이 정한다.

[본조신설 2020. 1. 22.]

제10조의5(위해요소 저감화계획의 수립)

① 법 제4조의2제2항에 따른 위해요소의 저감화를 위한 계획(이하 "위해요소 저감화계획"이라 한다)에는 다음 각 호의 사항이 포함되어야 한다.

　1. 위해요소 저감화를 위한 기본 방향과 목표

　2. 위해요소 저감화를 위한 단기별 및 중장기별 추진 정책

　3. 위해요소 저감화 추진을 위한 환경 여건 및 관련 정책의 평가

　4. 위해요소 저감화 추진을 위한 조직 및 재원 등에 관한 사항

　5. 그 밖에 제1호부터 제4호까지의 사항과 유사한 것으로서 위해요소 저감화를 위해 식품의약품안전처장이 필요하다고 인정하는 사항

② 식품의약품안전처장은 위해요소 저감화계획을 수립하는 경우에는 실태조사에 대한 분석 및 평가 결과를 반영해야 한다.

③ 식품의약품안전처장은 위해요소 저감화계획의 수립을 위해 필요하다고 인정하는 경우에는

관계 행정기관, 공공기관, 법인·단체 또는 전문가 등에게 필요한 의견 또는 자료의 제출 등을 요청할 수 있다.

④ 식품의약품안전처장은 위해요소 저감화계획을 수립한 경우에는 그 내용을 식품의약품안전처 인터넷 홈페이지에 공개해야 한다.

⑤ 제1항부터 제4항까지에서 규정한 사항 외에 위해요소 저감화계획의 수립 대상, 방법 및 절차 등에 필요한 세부 사항은 식품의약품안전처장이 정한다.

[본조신설 2020. 1. 22.]

제11조(화장품제조업자의 준수사항 등)

① 법 제5조제1항에 따라 화장품 제조업자가 준수하여야 할 사항은 다음 각 호와 같다.

〈개정 2019. 3. 14.〉

1. 별표 1의 품질관리기준에 따른 화장품책임판매업자의 지도·감독 및 요청에 따를 것

2. 제조관리기준서·제품표준서·제조관리기록서 및 품질관리기록서(전자문서 형식을 포함한다)를 작성·보관할 것

3. 보건위생상 위해(危害)가 없도록 제조소, 시설 및 기구를 위생적으로 관리하고 오염되지 아니하도록 할 것

4. 화장품의 제조에 필요한 시설 및 기구에 대하여 정기적으로 점검하여 작업에 지장이 없도록 관리·유지할 것

5. 작업소에는 위해가 발생할 염려가 있는 물건을 두어서는 아니 되며, 작업소에서 국민보건 및 환경에 유해한 물질이 유출되거나 방출되지 아니하도록 할 것

6. 제2호의 사항 중 품질관리를 위하여 필요한 사항을 화장품책임판매업자에게 제출할 것. 다만, 다음 각 목의 어느 하나에 해당하는 경우 제출하지 아니할 수 있다.

   가. 화장품제조업자와 화장품책임판매업자가 동일한 경우

   나. 화장품제조업자가 제품을 설계·개발·생산하는 방식으로 제조하는 경우로서 품질·안전관리에 영향이 없는 범위에서 화장품제조업자와 화장품책임판매업자 상호 계약에 따라 영업비밀에 해당하는 경우

7. 원료 및 자재의 입고부터 완제품의 출고에 이르기까지 필요한 시험·검사 또는 검정을 할 것

8. 제조 또는 품질검사를 위탁하는 경우 제조 또는 품질검사가 적절하게 이루어지고 있는지 수탁자에 대한 관리·감독을 철저히 하고, 제조 및 품질관리에 관한 기록을 받아 유지·관리할 것

② 식품의약품안전처장은 제1항에 따른 준수사항 외에 식품의약품안전처장이 정하여 고시하는

우수화장품 제조관리기준을 준수하도록 제조업자에게 권장할 수 있다.　　　〈개정 2013. 3. 23.〉

③ 식품의약품안전처장은 제2항에 따라 우수화장품 제조관리기준을 준수하는 제조업자에게 다음 각 호의 사항을 지원할 수 있다.　　　〈신설 2014. 9. 24.〉

1. 우수화장품 제조관리기준 적용에 관한 전문적 기술과 교육

2. 우수화장품 제조관리기준 적용을 위한 자문

3. 우수화장품 제조관리기준 적용을 위한 시설·설비 등 개수·보수

[제목개정 2019. 3. 14.]

[제12조에서 이동, 종전 제11조는 제12조로 이동 〈2020. 3. 13.〉]

제12조(화장품책임판매업자의 준수사항)

법 제5조제2항에 따라 화장품책임판매업자가 준수해야 할 사항은 다음 각 호(영 제2조제2호라목의 화장품책임판매업을 등록한 자는 제1호, 제2호, 제4호가목·다목·사목·차목 및 제10호만 해당한다)와 같다.　　　〈개정 2013. 3. 23., 2013. 12. 6., 2015. 4. 2., 2019. 3. 14., 2020. 3. 13.〉

1. 별표 1의 품질관리기준을 준수할 것

2. 별표 2의 책임판매 후 안전관리기준을 준수할 것

3. 제조업자로부터 받은 제품표준서 및 품질관리기록서(전자문서 형식을 포함한다)를 보관할 것

4. 수입한 화장품에 대하여 다음 각 목의 사항을 적거나 또는 첨부한 수입관리기록서를 작성·보관할 것

　가. 제품명 또는 국내에서 판매하려는 명칭

　나. 원료성분의 규격 및 함량

　다. 제조국, 제조회사명 및 제조회사의 소재지

　라. 기능성화장품심사결과통지서 사본

　마. 제조 및 판매증명서. 다만, 「대외무역법」 제12조제2항에 따른 통합 공고상의 수출입 요건 확인기관에서 제조 및 판매증명서를 갖춘 화장품책임판매업자가 수입한 화장품과 같다는 것을 확인받고, 제6조제2항제2호가목, 다목 또는 라목의 기관으로부터 화장품책임판매업자가 정한 품질관리기준에 따른 검사를 받아 그 시험성적서를 갖추어 둔 경우에는 이를 생략할 수 있다.

　바. 한글로 작성된 제품설명서 견본

　사. 최초 수입연월일(통관연월일을 말한다. 이하 이 호에서 같다)

　아. 제조번호별 수입연월일 및 수입량

　　　자. 제조번호별 품질검사 연월일 및 결과

　　　차. 판매처, 판매연월일 및 판매량

5. 제조번호별로 품질검사를 철저히 한 후 유통시킬 것. 다만, 화장품제조업자와 화장품책임 판매업자가 같은 경우 또는 제6조제2항제2호 각 목의 어느 하나에 해당하는 기관 등에 품 질검사를 위탁하여 제조번호별 품질검사결과가 있는 경우에는 품질검사를 하지 아니할 수 있다.

6. 화장품의 제조를 위탁하거나 제6조제2항제2호나목에 따른 제조업자에게 품질검사를 위 탁하는 경우 제조 또는 품질검사가 적절하게 이루어지고 있는지 수탁자에 대한 관리 · 감 독을 철저히 하여야 하며, 제조 및 품질관리에 관한 기록을 받아 유지 · 관리하고, 그 최종 제품의 품질관리를 철저히 할 것

7. 제5호에도 불구하고 영 제2조제2호다목의 화장품책임판매업을 등록한 자는 제조국 제조 회사의 품질관리기준이 국가 간 상호 인증되었거나, 제11조제2항에 따라 식품의약품안전 처장이 고시하는 우수화장품 제조관리기준과 같은 수준 이상이라고 인정되는 경우에는 국내에서의 품질검사를 하지 아니할 수 있다. 이 경우 제조국 제조회사의 품질검사 시험 성적서는 품질관리기록서를 갈음한다.

8. 제7호에 따라 영 제2조제2호다목의 화장품책임판매업을 등록한 자가 수입화장품에 대한 품질검사를 하지 아니하려는 경우에는 식품의약품안전처장이 정하는 바에 따라 식품의약 품안전처장에게 수입화장품의 제조업자에 대한 현지실사를 신청하여야 한다. 현지실사에 필요한 신청절차, 제출서류 및 평가방법 등에 대하여는 식품의약품안전처장이 정하여 고 시한다.

8의2. 제7호에 따른 인정을 받은 수입 화장품 제조회사의 품질관리기준이 제11조제2항에 따 른 우수화장품 제조관리기준과 같은 수준 이상이라고 인정되지 아니하여 제7호에 따 른 인정이 취소된 경우에는 제5호 본문에 따른 품질검사를 하여야 한다. 이 경우 인정 취소와 관련하여 필요한 세부적인 사항은 식품의약품안전처장이 정하여 고시한다.

9. 영 제2조제2호다목의 화장품책임판매업을 등록한 자의 경우 「대외무역법」에 따른 수 출 · 수입요령을 준수하여야 하며, 「전자무역 촉진에 관한 법률」에 따른 전자무역문서 로 표준통관예정보고를 할 것

10. 제품과 관련하여 국민보건에 직접 영향을 미칠 수 있는 안전성 · 유효성에 관한 새로운 자료, 정보사항(화장품 사용에 의한 부작용 발생사례를 포함한다) 등을 알게 되었을 때에 는 식품의약품안전처장이 정하여 고시하는 바에 따라 보고하고, 필요한 안전대책을 마련 할 것

11. 다음 각 목의 어느 하나에 해당하는 성분을 0.5퍼센트 이상 함유하는 제품의 경우에는 해당 품목의 안정성시험 자료를 최종 제조된 제품의 사용기한이 만료되는 날부터 1년간 보존할 것

　가. 레티놀(비타민A) 및 그 유도체

　나. 아스코빅애시드(비타민C) 및 그 유도체

　다. 토코페롤(비타민E)

　라. 과산화화합물

　마. 효소

[제목개정 2019. 3. 14.]

[제11조에서 이동, 종전 제12조는 제11조로 이동 〈2020. 3. 13.〉]

제12조의2(맞춤형화장품판매업자의 준수사항)

법 제5조제4항에 따라 맞춤형화장품판매업자가 준수해야 할 사항은 다음 각 호와 같다.

〈개정 2022. 2. 18.〉

1. 맞춤형화장품 판매장 시설 · 기구를 정기적으로 점검하여 보건위생상 위해가 없도록 관리할 것

2. 다음 각 목의 혼합 · 소분 안전관리기준을 준수할 것

　가. 혼합 · 소분 전에 혼합 · 소분에 사용되는 내용물 또는 원료에 대한 품질성적서를 확인할 것

　나. 혼합 · 소분 전에 손을 소독하거나 세정할 것. 다만, 혼합 · 소분 시 일회용 장갑을 착용하는 경우에는 그렇지 않다.

　다. 혼합 · 소분 전에 혼합 · 소분된 제품을 담을 포장용기의 오염 여부를 확인할 것

　라. 혼합 · 소분에 사용되는 장비 또는 기구 등은 사용 전에 그 위생 상태를 점검하고, 사용 후에는 오염이 없도록 세척할 것

　마. 그 밖에 가목부터 라목까지의 사항과 유사한 것으로서 혼합 · 소분의 안전을 위해 식품의약품안전처장이 정하여 고시하는 사항을 준수할 것

3. 다음 각 목의 사항이 포함된 맞춤형화장품 판매내역서(전자문서로 된 판매내역서를 포함한다)를 작성 · 보관할 것

가. 제조번호

나. 사용기한 또는 개봉 후 사용기간

다. 판매일자 및 판매량

4. 맞춤형화장품 판매 시 다음 각 목의 사항을 소비자에게 설명할 것

   가. 혼합·소분에 사용된 내용물·원료의 내용 및 특성

   나. 맞춤형화장품 사용 시의 주의사항

5. 맞춤형화장품 사용과 관련된 부작용 발생사례에 대해서는 식품의약품안전처장이 정하여 고시하는 바에 따라 식품의약품안전처장에게 보고할 것

[본조신설 2020. 3. 13.]

제13조(화장품의 생산실적 등 보고)

① 법 제5조제5항 전단에 따라 화장품책임판매업자는 지난해의 생산실적 또는 수입실적을 매년 2월 말까지 식품의약품안전처장이 정하여 고시하는 바에 따라 대한화장품협회 등 법 제17조에 따라 설립된 화장품업 단체(「약사법」 제67조에 따라 조직된 약업단체를 포함한다)를 통하여 식품의약품안전처장에게 보고해야 한다.

〈개정 2013. 3. 23., 2018. 12. 31., 2019. 3. 14., 2020. 3. 13., 2022. 2. 18.〉

② 법 제5조제5항 후단에 따라 화장품책임판매업자는 화장품의 제조과정에 사용된 원료의 목록을 화장품의 유통·판매 전까지 보고해야 한다. 보고한 목록이 변경된 경우에도 또한 같다.

〈신설 2019. 3. 14., 2022. 2. 18.〉

③ 제1항 및 제2항에도 불구하고 「전자무역 촉진에 관한 법률」에 따라 전자무역문서로 표준통관예정보고를 하고 수입하는 화장품책임판매업자는 제1항 및 제2항에 따라 수입실적 및 원료의 목록을 보고하지 아니할 수 있다.

〈개정 2019. 3. 14.〉

④ 법 제5조제6항에 따라 맞춤형화장품판매업자는 전년도에 판매한 맞춤형화장품에 사용된 원료의 목록을 매년 2월 말까지 식품의약품안전처장이 정하여 고시하는 바에 따라 법 제17조에 따라 설립된 화장품업 단체를 통하여 식품의약품안전처장에게 보고해야 한다.

〈신설 2022. 2. 18.〉

제14조(책임판매관리자 등의 교육)

① 책임판매관리자 및 맞춤형화장품조제관리사는 법 제5조제7항에 따른 교육을 다음 각 호의 구분에 따라 받아야 한다.

〈신설 2021. 5. 14., 2022. 2. 18.〉

1. 최초 교육: 종사한 날부터 6개월 이내. 다만, 자격시험에 합격한 날이 종사한 날 이전 1년 이내이면 최초 교육을 받은 것으로 본다.

2. 보수 교육: 제1호에 따라 교육을 받은 날을 기준으로 매년 1회. 다만, 제1호 단서에 해당하는 경우에는 자격시험에 합격한 날부터 1년이 되는 날을 기준으로 매년 1회

② 법 제5조제8항에 따른 교육명령의 대상은 다음 각 호의 어느 하나에 해당하는 화장품제조업자, 화장품책임판매업자 및 맞춤형화장품판매업자(이하 "영업자"라 한다)로 한다.

〈개정 2016. 9. 9., 2019. 3. 14., 2020. 3. 13., 2021. 5. 14., 2022. 2. 18.〉

1. 법 제15조를 위반한 영업자

2. 법 제19조에 따른 시정명령을 받은 영업자

3. 제11조제1항의 준수사항을 위반한 화장품제조업자

4. 제12조의 준수사항을 위반한 화장품책임판매업자

5. 제12조의2의 준수사항을 위반한 맞춤형화장품판매업자

③ 식품의약품안전처장은 제2항에 따른 교육명령 대상자가 천재지변, 질병, 임신, 출산, 사고 및 출장 등의 사유로 교육을 받을 수 없는 경우에는 해당 교육을 유예할 수 있다.

〈개정 2021. 5. 14.〉

④ 제3항에 따라 교육의 유예를 받으려는 사람은 식품의약품안전처장이 정하는 교육유예신청서에 이를 입증하는 서류를 첨부하여 지방식품의약품안전청장에게 제출하여야 한다.

〈개정 2021. 5. 14.〉

⑤ 지방식품의약품안전청장은 제4항에 따라 제출된 교육유예신청서를 검토하여 식품의약품안전처장이 정하는 교육유예확인서를 발급하여야 한다. 〈개정 2021. 5. 14.〉

⑥ 법 제5조제9항에서 "총리령으로 정하는 자"는 다음 각 호의 어느 하나에 해당하는 자를 말한다. 〈신설 2016. 9. 9., 2019. 3. 14., 2020. 3. 13., 2021. 5. 14., 2022. 2. 18.〉

1. 책임판매관리자

1의2. 맞춤형화장품조제관리사

2. 별표 1의 품질관리기준에 따라 품질관리 업무에 종사하는 종업원

⑦ 법 제5조제10항에 따른 교육의 실시기관(이하 이 조에서 "교육실시기관" 이라 한다)은 화장품과 관련된 기관·단체 및 법 제17조에 따라 설립된 단체 중에서 식품의약품안전처장이 지정하여 고시한다. 〈개정 2016. 9. 9., 2019. 3. 14., 2021. 5. 14., 2022. 2. 18.〉

⑧ 교육실시기관은 매년 교육의 대상, 내용 및 시간을 포함한 교육계획을 수립하여 교육을 시행할 해의 전년도 11월 30일까지 식품의약품안전처장에게 제출하여야 한다.

〈개정 2016. 9. 9., 2021. 5. 14.〉

⑨ 제8항에 따른 교육시간은 4시간 이상, 8시간 이하로 한다. 〈개정 2016. 9. 9., 2021. 5. 14.〉

⑩ 제8항에 따른 교육 내용은 화장품 관련 법령 및 제도에 관한 사항, 화장품의 안전성 확보 및 품질관리에 관한 사항 등으로 하며, 교육 내용에 관한 세부 사항은 식품의약품안전처장의 승인을 받아야 한다. 〈개정 2016. 9. 9., 2021. 5. 14.〉

⑪ 교육실시기관은 교육을 수료한 사람에게 수료증을 발급하고 매년 1월 31일까지 전년도 교육 실적을 식품의약품안전처장에게 보고하며, 교육 실시기간, 교육대상자 명부, 교육 내용 등 교육에 관한 기록을 작성하여 이를 증명할 수 있는 자료와 함께 2년간 보관하여야 한다.

〈개정 2016. 9. 9., 2021. 5. 14.〉

⑫ 교육실시기관은 교재비 · 실습비 및 강사 수당 등 교육에 필요한 실비를 교육대상자로부터 징수할 수 있다. 〈개정 2016. 9. 9., 2021. 5. 14.〉

⑬ 제1항부터 제12항까지에서 규정한 사항 외에 교육실시기관 지정의 기준 · 절차 · 변경 및 교육 운영 등에 필요한 세부 사항은 식품의약품안전처장이 정하여 고시한다.

〈개정 2016. 9. 9., 2021. 5. 14.〉

[전문개정 2015. 1. 6.]

[제목개정 2021. 5. 14.]

제14조의2(회수 대상 화장품의 기준 및 위해성 등급 등)

① 법 제5조의2제1항에 따른 회수 대상 화장품(이하 "회수대상화장품"이라 한다)은 유통 중인 화장품으로서 다음 각 호의 어느 하나에 해당하는 화장품으로 한다.

〈개정 2019. 3. 14., 2019. 12. 12., 2020. 1. 22., 2020. 3. 13., 2022. 2. 18.〉

1. 법 제9조에 위반되는 화장품

2. 법 제15조에 위반되는 화장품으로서 다음 각 목의 어느 하나에 해당하는 화장품

　가. 법 제15조제2호 또는 제3호에 해당하는 화장품

　나. 법 제15조제4호에 해당하는 화장품 중 보건위생상 위해를 발생할 우려가 있는 화장품

　다. 법 제15조제5호에 해당하는 화장품 중 다음의 어느 하나에 해당하는 화장품

　　1) 법 제8조제1항 또는 제2항에 따른 화장품에 사용할 수 없는 원료를 사용한 화장품

　　2) 법 제8조제8항에 따른 유통화장품 안전관리 기준(내용량의 기준에 관한 부분은 제외한다)에 적합하지 아니한 화장품

　라. 법 제15조제9호에 해당하는 화장품

　마. 법 제15조제10호에 해당하는 화장품

　바. 그 밖에 영업자 스스로 국민보건에 위해를 끼칠 우려가 있어 회수가 필요하다고 판단한 화장품

3. 법 제16조제1항에 위반되는 화장품

② 법 제5조의2제4항에 따른 회수대상화장품의 위해성 등급은 그 위해성이 높은 순서에 따라 가등급, 나등급 및 다등급으로 구분하며, 해당 위해성 등급의 분류기준은 다음 각 호의 구분

에 따른다.   〈신설 2019. 12. 12., 2022. 2. 18.〉

1. 위해성 등급이 가등급인 화장품: 제1항제2호다목1)에 해당하는 화장품

2. 위해성 등급이 나등급인 화장품: 제1항제1호 또는 같은 항 제2호다목2)(기능성화장품의
   기능성을 나타나게 하는 주원료 함량이 기준치에 부적합한 경우는 제외한다)·마목에 해
   당하는 화장품

3. 위해성 등급이 다등급인 화장품: 제1항제2호가목·나목·다목2)(기능성화장품의 기능성
   을 나타나게 하는 주원료 함량이 기준치에 부적합한 경우만 해당한다)·라목·바목 또는
   같은 항 제3호에 해당하는 화장품

[본조신설 2015. 7. 29.]

[제목개정 2019. 12. 12.]

제14조의3(위해화장품의 회수계획 및 회수절차 등)

① 법 제5조의2제1항에 따라 화장품을 회수하거나 회수하는 데에 필요한 조치를 하려는 영업자
   (이하 "회수의무자"라 한다)는 해당 화장품에 대하여 즉시 판매중지 등의 필요한 조치를 하여
   야 하고, 회수대상화장품이라는 사실을 안 날부터 5일 이내에 별지 제10호의2서식의 회수계
   획서에 다음 각 호의 서류를 첨부하여 지방식품의약품안전청장에게 제출하여야 한다. 다만,
   제출기한까지 회수계획서의 제출이 곤란하다고 판단되는 경우에는 지방식품의약품안전청
   장에게 그 사유를 밝히고 제출기한 연장을 요청하여야 한다.   〈개정 2019. 3. 14., 2020. 3. 13.〉

1. 해당 품목의 제조·수입기록서 사본

2. 판매처별 판매량·판매일 등의 기록

3. 회수 사유를 적은 서류

② 회수의무자가 제1항 본문에 따라 회수계획서를 제출하는 경우에는 다음 각 호의 구분에 따
   른 범위에서 회수 기간을 기재해야 한다. 다만, 회수 기간 이내에 회수하기가 곤란하다고 판
   단되는 경우에는 지방식품의약품안전청장에게 그 사유를 밝히고 회수 기간 연장을 요청할
   수 있다.   〈신설 2019. 12. 12.〉

1. 위해성 등급이 가등급인 화장품: 회수를 시작한 날부터 15일 이내

2. 위해성 등급이 나등급 또는 다등급인 화장품: 회수를 시작한 날부터 30일 이내

③ 지방식품의약품안전청장은 제1항에 따라 제출된 회수계획이 미흡하다고 판단되는 경우에는
   해당 회수의무자에게 그 회수계획의 보완을 명할 수 있다.   〈개정 2019. 12. 12.〉

④ 회수의무자는 회수대상화장품의 판매자(법 제11조제1항에 따른 판매자를 말한다), 그 밖에
   해당 화장품을 업무상 취급하는 자에게 방문, 우편, 전화, 전보, 전자우편, 팩스 또는 언론매

체를 통한 공고 등을 통하여 회수계획을 통보하여야 하며, 통보 사실을 입증할 수 있는 자료를 회수종료일부터 2년간 보관하여야 한다. 〈개정 2019. 12. 12.〉

⑤ 제4항에 따라 회수계획을 통보받은 자는 회수대상화장품을 회수의무자에게 반품하고, 별지 제10호의3서식의 회수확인서를 작성하여 회수의무자에게 송부하여야 한다.

〈개정 2019. 12. 12.〉

⑥ 회수의무자는 회수한 화장품을 폐기하려는 경우에는 별지 제10호의4서식의 폐기신청서에 다음 각 호의 서류를 첨부하여 지방식품의약품안전청장에게 제출하고, 관계 공무원의 참관 하에 환경 관련 법령에서 정하는 바에 따라 폐기하여야 한다. 〈개정 2019. 12. 12.〉

1. 별지 제10호의2서식의 회수계획서 사본

2. 별지 제10호의3서식의 회수확인서 사본

⑦ 제6항에 따라 폐기를 한 회수의무자는 별지 제10호의5서식의 폐기확인서를 작성하여 2년간 보관하여야 한다. 〈개정 2019. 12. 12.〉

⑧ 회수의무자는 회수대상화장품의 회수를 완료한 경우에는 별지 제10호의6서식의 회수종료신고서에 다음 각 호의 서류를 첨부하여 지방식품의약품안전청장에게 제출하여야 한다.

〈개정 2019. 12. 12.〉

1. 별지 제10호의3시식의 회수확인서 사본

2. 별지 제10호의5서식의 폐기확인서 사본(폐기한 경우에만 해당한다)

3. 별지 제10호의7서식의 평가보고서 사본

⑨ 지방식품의약품안전청장은 제8항에 따라 회수종료신고서를 받으면 다음 각 호에서 정하는 바에 따라 조치하여야 한다. 〈개정 2019. 12. 12.〉

1. 회수계획서에 따라 회수대상화장품의 회수를 적절하게 이행하였다고 판단되는 경우에는 회수가 종료되었음을 확인하고 회수의무자에게 이를 서면으로 통보할 것

2. 회수가 효과적으로 이루어지지 아니하였다고 판단되는 경우에는 회수의무자에게 회수에 필요한 추가 조치를 명할 것

[본조신설 2015. 7. 29.]

제14조의4(행정처분의 감경 또는 면제)

법 제5조의2제3항에 따라 법 제24조에 따른 행정처분을 감경 또는 면제하는 경우 그 기준은 다음 각 호의 구분에 따른다.

1. 법 제5조의2제2항의 회수계획에 따른 회수계획량(이하 이 조에서 "회수계획량"이라 한다)의 5분의 4 이상을 회수한 경우: 그 위반행위에 대한 행정처분을 면제

2. 회수계획량 중 일부를 회수한 경우: 다음 각 목의 어느 하나에 해당하는 기준에 따라 행정
처분을 경감

가. 회수계획량의 3분의 1 이상을 회수한 경우(제1호의 경우는 제외한다)

1) 법 제24조제2항에 따른 행정처분의 기준(이하 이 호에서 "행정처분기준"이라 한다)이
등록취소인 경우에는 업무정지 2개월 이상 6개월 이하의 범위에서 처분

2) 행정처분기준이 업무정지 또는 품목의 제조·수입·판매 업무정지인 경우에는 정지
처분기간의 3분의 2 이하의 범위에서 경감

나. 회수계획량의 4분의 1 이상 3분의 1 미만을 회수한 경우

1) 행정처분기준이 등록취소인 경우에는 업무정지 3개월 이상 6개월 이하의 범위에서
처분

2) 행정처분기준이 업무정지 또는 품목의 제조·수입·판매 업무정지인 경우에는 정지
처분기간의 2분의 1 이하의 범위에서 경감

[본조신설 2015. 7. 29.]

제15조(폐업 등의 신고)

① 법 제6조에 따라 영업자가 폐업 또는 휴업하거나 휴업 후 그 업을 재개하려는 경우에는 별지
제11호서식의 폐업, 휴업 또는 재개 신고서(전자문서로 된 신고서를 포함한다)에 화장품제
조업 등록필증, 화장품책임판매업 등록필증 또는 맞춤형화장품판매업 신고필증(폐업 또는
휴업만 해당한다)을 첨부하여 지방식품의약품안전청장에게 제출해야 한다.
〈개정 2019. 12. 12., 2020. 3. 13.〉

② 제1항에 따라 폐업 또는 휴업신고를 하려는 자가 「부가가치세법」 제8조제7항에 따른 폐업
또는 휴업신고를 같이 하려는 경우에는 제1항에 따른 폐업·휴업신고서와 「부가가치세법
시행규칙」 별지 제9호서식의 신고서를 함께 제출해야 한다. 이 경우 지방식품의약품안전청
장은 함께 제출받은 신고서를 지체 없이 관할 세무서장에게 송부(정보통신망을 이용한 송부
를 포함한다. 이하 이 조에서 같다)해야 한다. 〈신설 2018. 12. 31., 2020. 3. 13.〉

③ 관할 세무서장은 「부가가치세법 시행령」 제13조제5항에 따라 제1항에 따른 폐업·휴업신
고서를 함께 제출받은 경우 이를 지체 없이 지방식품의약품안전청장에게 송부해야 한다.
〈신설 2018. 12. 31.〉

[전문개정 2019. 12. 12.]

제16조삭제 〈2019. 3. 14.〉

제17조(화장품 원료 등의 위해평가)

① 법 제8조제3항에 따른 위해평가는 다음 각 호의 확인 · 결정 · 평가 등의 과정을 거쳐 실시한다.

1. 위해요소의 인체 내 독성을 확인하는 위험성 확인과정

2. 위해요소의 인체노출 허용량을 산출하는 위험성 결정과정

3. 위해요소가 인체에 노출된 양을 산출하는 노출평가과정

4. 제1호부터 제3호까지의 결과를 종합하여 인체에 미치는 위해 영향을 판단하는 위해도 결정과정

② 식품의약품안전처장은 제1항에 따른 결과를 근거로 식품의약품안전처장이 정하는 기준에 따라 위해 여부를 결정한다. 다만, 해당 화장품 원료 등에 대하여 국내외의 연구 · 검사기관에서 이미 위해평가를 실시하였거나 위해요소에 대한 과학적 시험 · 분석 자료가 있는 경우에는 그 자료를 근거로 위해 여부를 결정할 수 있다. 〈개정 2013. 3. 23.〉

③ 제1항 및 제2항에 따른 위해평가의 기준, 방법 등에 관한 세부 사항은 식품의약품안전처장이 정하여 고시한다. 〈개정 2013. 3. 23.〉

제17조의2(지정 · 고시된 원료의 사용기준의 안전성 검토)

① 법 제8조제5항에 따른 지정 · 고시된 원료의 사용기준의 안전성 검토 주기는 5년으로 한다.

② 식품의약품안전처장은 법 제8조제5항에 따라 지정 · 고시된 원료의 사용기준의 안전성을 검토할 때에는 사전에 안전성 검토 대상을 선정하여 실시해야 한다.

[본조신설 2019. 3. 14.]

제17조의3(원료의 사용기준 지정 및 변경 신청 등)

① 법 제8조제6항에 따라 화장품제조업자, 화장품책임판매업자 또는 연구기관등은 법 제8조제2항에 따라 지정 · 고시되지 않은 원료의 사용기준을 지정 · 고시하거나 지정 · 고시된 원료의 사용기준을 변경해 줄 것을 신청하려는 경우에는 별지 제13호의2서식의 원료 사용기준 지정(변경지정) 신청서(전자문서로 된 신청서를 포함한다)에 다음 각 호의 서류(전자문서를 포함한다)를 첨부하여 식품의약품안전처장에게 제출해야 한다.

1. 제출자료 전체의 요약본

2. 원료의 기원, 개발 경위, 국내 · 외 사용기준 및 사용현황 등에 관한 자료

3. 원료의 특성에 관한 자료

4. 안전성 및 유효성에 관한 자료(유효성에 관한 자료는 해당하는 경우에만 제출한다)

5. 원료의 기준 및 시험방법에 관한 시험성적서

② 식품의약품안전처장은 제1항에 따라 제출된 자료가 적합하지 않은 경우 그 내용을 구체적으로 명시하여 신청인에게 보완을 요청할 수 있다. 이 경우 신청인은 보완일부터 60일 이내에 추가 자료를 제출하거나 보완 제출기한의 연장을 요청할 수 있다.

③ 식품의약품안전처장은 신청인이 제1항의 자료를 제출한 날(제2항에 따라 자료가 보완 요청된 경우 신청인이 보완된 자료를 제출한 날)부터 180일 이내에 신청인에게 별지 제13호의3 서식의 원료 사용기준 지정(변경지정) 심사 결과통지서를 보내야 한다.

④ 제1항부터 제3항까지에서 규정한 사항 외에 원료의 사용기준 지정신청 및 변경지정신청에 필요한 세부절차와 방법 등은 식품의약품안전처장이 정한다.

[본조신설 2019. 3. 14.]

제18조(안전용기 · 포장 대상 품목 및 기준)

① 법 제9조제1항에 따른 안전용기 · 포장을 사용해야 하는 품목은 다음 각 호와 같다. 다만, 일회용 제품, 용기 입구 부분이 펌프 또는 방아쇠로 작동되는 분무용기 제품, 압축 분무용기 제품(에어로졸 제품 등)은 제외한다. 〈개정 2021. 9. 10.〉

1. 아세톤을 함유하는 네일 에나멜 리무버 및 네일 폴리시 리무버

2. 어린이용 오일 등 개별포장 당 탄화수소류를 10퍼센트 이상 함유하고 운동점도가 21센티스톡스(섭씨 40도 기준) 이하인 에멀션 형태가 아닌 액체상태의 제품

3. 개별포장당 메틸 살리실레이트를 5퍼센트 이상 함유하는 액체상태의 제품

② 제1항에 따른 안전용기 · 포장은 성인이 개봉하기는 어렵지 아니하나 만 5세 미만의 어린이가 개봉하기는 어렵게 된 것이어야 한다. 이 경우 개봉하기 어려운 정도의 구체적인 기준 및 시험방법은 산업통상자원부장관이 정하여 고시하는 바에 따른다. 〈개정 2013. 3. 23.〉

제19조(화장품 포장의 기재 · 표시 등)

① 법 제10조제1항 단서에 따라 다음 각 호에 해당하는 1차 포장 또는 2차 포장에는 화장품의 명칭, 화장품책임판매업자 또는 맞춤형화장품판매업자의 상호, 가격, 제조번호와 사용기한 또는 개봉 후 사용기간(개봉 후 사용기간을 기재할 경우에는 제조연월일을 병행 표기하여야 한다)만을 기재 · 표시할 수 있다. 다만, 제2호의 포장의 경우 가격이란 견본품이나 비매품 등의 표시를 말한다. 〈개정 2016. 9. 9., 2019. 3. 14., 2020. 3. 13.〉

1. 내용량이 10밀리리터 이하 또는 10그램 이하인 화장품의 포장

2. 판매의 목적이 아닌 제품의 선택 등을 위하여 미리 소비자가 시험 · 사용하도록 제조 또는

수입된 화장품의 포장

② 법 제10조제1항제3호에 따라 기재·표시를 생략할 수 있는 성분이란 다음 각 호의 성분을 말한다. 〈개정 2013. 3. 23., 2020. 3. 13.〉

1. 제조과정 중에 제거되어 최종 제품에는 남아 있지 않은 성분

2. 안정화제, 보존제 등 원료 자체에 들어 있는 부수 성분으로서 그 효과가 나타나게 하는 양보다 적은 양이 들어 있는 성분

3. 내용량이 10밀리리터 초과 50밀리리터 이하 또는 중량이 10그램 초과 50그램 이하 화장품의 포장인 경우에는 다음 각 목의 성분을 제외한 성분

   가. 타르색소

   나. 금박

   다. 샴푸와 린스에 들어 있는 인산염의 종류

   라. 과일산(AHA)

   마. 기능성화장품의 경우 그 효능·효과가 나타나게 하는 원료

   바. 식품의약품안전처장이 사용 한도를 고시한 화장품의 원료

③ 법 제10조제1항제9호에 따라 화장품의 포장에 기재·표시하여야 하는 사용할 때의 주의사항은 별표 3과 같다.

④ 법 제10조제1항제10호에 따라 화장품의 포장에 기재·표시하여야 하는 사항은 다음 각 호와 같다. 다만, 맞춤형화장품의 경우에는 제1호 및 제6호를 제외한다.

   〈개정 2013. 3. 23., 2017. 11. 17., 2018. 12. 31., 2019. 3. 14., 2020. 1. 22., 2020. 3. 13., 2022. 2. 18.〉

1. 식품의약품안전처장이 정하는 바코드

2. 기능성화장품의 경우 심사받거나 보고한 효능·효과, 용법·용량

3. 성분명을 제품 명칭의 일부로 사용한 경우 그 성분명과 함량(방향용 제품은 제외한다)

4. 인체 세포·조직 배양액이 들어있는 경우 그 함량

5. 화장품에 천연 또는 유기농으로 표시·광고하려는 경우에는 원료의 함량

6. 수입화장품인 경우에는 제조국의 명칭(「대외무역법」에 따른 원산지를 표시한 경우에는 제조국의 명칭을 생략할 수 있다), 제조회사명 및 그 소재지

7. 제2조제8호부터 제11호까지에 해당하는 기능성화장품의 경우에는 "질병의 예방 및 치료를 위한 의약품이 아님"이라는 문구

8. 다음 각 목의 어느 하나에 해당하는 경우 법 제8조제2항에 따라 사용기준이 지정·고시된 원료 중 보존제의 함량

   가. 만 3세 이하의 영유아용 제품류인 경우

나. 만 4세 이상부터 만 13세 이하까지의 어린이가 사용할 수 있는 제품임을 특정하여 표시ㆍ광고하려는 경우

⑤ 제1항 및 제2항제3호에 따라 해당 화장품의 제조에 사용된 성분의 기재ㆍ표시를 생략하려는 경우에는 다음 각 호의 어느 하나에 해당하는 방법으로 생략된 성분을 확인할 수 있도록 하여야 한다.

　　1. 소비자가 법 제10조제1항제3호에 따른 모든 성분을 즉시 확인할 수 있도록 포장에 전화번호나 홈페이지 주소를 적을 것

　　2. 법 제10조제1항제3호에 따른 모든 성분이 적힌 책자 등의 인쇄물을 판매업소에 늘 갖추어 둘 것

⑥ 법 제10조제2항 각 호 외의 부분 단서에서 "고형비누 등 총리령으로 정하는 화장품"이란 화장비누를 말한다.　　　　　　　　　　　　　　　　　　〈신설 2022. 2. 18.〉

⑦ 법 제10조제4항에 따른 화장품 포장의 표시기준 및 표시방법은 별표 4와 같다.

〈개정 2022. 2. 18.〉

제20조(화장품 가격의 표시)

　법 제11조제1항에 따라 해당 화장품을 소비자에게 직접 판매하는 자(이하 "판매자"라 한다)는 그 제품의 포장에 판매하려는 가격을 일반 소비자가 알기 쉽도록 표시하되, 그 세부적인 표시방법은 식품의약품안전처장이 정하여 고시한다.　　　　　　　　　〈개정 2013. 3. 23.〉

제21조(기재ㆍ표시상의 주의사항)

　법 제12조에 따른 화장품 포장의 기재ㆍ표시 및 화장품의 가격표시상의 준수사항은 다음 각 호와 같다.

　　1. 한글로 읽기 쉽도록 기재ㆍ표시할 것. 다만, 한자 또는 외국어를 함께 적을 수 있고, 수출용 제품 등의 경우에는 그 수출 대상국의 언어로 적을 수 있다.

　　2. 화장품의 성분을 표시하는 경우에는 표준화된 일반명을 사용할 것

제22조(표시ㆍ광고의 범위 등)

　법 제13조제2항에 따른 표시ㆍ광고의 범위와 그 밖에 준수하여야 하는 사항은 별표 5와 같다.

제23조(표시ㆍ광고 실증의 대상 등)

① 법 제14조제1항에 따른 표시ㆍ광고 실증의 대상은 화장품의 포장 또는 별표 5 제1호에 따른

화장품 광고의 매체 또는 수단에 의한 표시·광고 중 사실과 다르게 소비자를 속이거나 소비자가 잘못 인식하게 할 우려가 있어 식품의약품안전처장이 실증이 필요하다고 인정하는 표시·광고로 한다. ⟨개정 2013. 3. 23.⟩

② 법 제14조제3항에 따라 영업자 또는 판매자가 제출하여야 하는 실증자료의 범위 및 요건은 다음 각 호와 같다. ⟨개정 2019. 3. 14., 2020. 3. 13.⟩

　1. 시험결과: 인체 적용시험 자료, 인체 외 시험 자료 또는 같은 수준 이상의 조사자료일 것

　2. 조사결과: 표본설정, 질문사항, 질문방법이 그 조사의 목적이나 통계상의 방법과 일치할 것

　3. 실증방법: 실증에 사용되는 시험 또는 조사의 방법은 학술적으로 널리 알려져 있거나 관련 산업 분야에서 일반적으로 인정된 방법 등으로서 과학적이고 객관적인 방법일 것

③ 법 제14조제3항에 따라 영업자 또는 판매자가 실증자료를 제출할 때에는 다음 각 호의 사항을 적고, 이를 증명할 수 있는 자료를 첨부해 식품의약품안전처장에게 제출해야 한다. ⟨개정 2020. 3. 13.⟩

　1. 실증방법

　2. 시험·조사기관의 명칭 및 대표자의 성명·주소·전화번호

　3. 실증내용 및 실증결과

　4. 실증자료 중 영업상 비밀에 해당되어 공개를 원하지 않는 경우에는 그 내용 및 사유

④ 제1항부터 제3항까지에서 규정한 사항 외에 표시·광고 실증에 필요한 사항은 식품의약품안전처장이 정하여 고시한다. ⟨개정 2013. 3. 23.⟩

제23조의2(천연화장품 및 유기농화장품의 인증 등)

① 법 제14조의2제1항에 따라 천연화장품 또는 유기농화장품으로 인증을 받으려는 화장품제조업자, 화장품책임판매업자 또는 연구기관등은 법 제14조의2제4항에 따라 지정받은 인증기관(이하 "인증기관"이라 한다)에 식품의약품안전처장이 정하여 고시하는 서류를 갖추어 인증을 신청해야 한다.

② 인증기관은 제1항에 따른 신청을 받은 경우 천연화장품 또는 유기농화장품의 인증기준에 적합한지 여부를 심사를 한 후 그 결과를 신청인에게 통지해야 한다.

③ 제1항에 따라 천연화장품 또는 유기농화장품의 인증을 받은 자(이하 "인증사업자"라 한다)는 다음 각 호의 사항이 변경된 경우 식품의약품안전처장이 정하여 고시하는 바에 따라 그 인증을 한 인증기관에 보고를 해야 한다.

　1. 인증제품 명칭의 변경

　2. 인증제품을 판매하는 책임판매업자의 변경

④ 법 제14조의3제2항에 따라 인증사업자가 인증의 유효기간을 연장받으려는 경우에는 유효기간 만료 90일 전까지 그 인증을 한 인증기관에 식품의약품안전처장이 정하여 고시하는 서류를 갖추어 제출해야 한다. 다만, 그 인증을 한 인증기관이 폐업, 업무정지 또는 그 밖의 부득이한 사유로 연장신청이 불가능한 경우에는 다른 인증기관에 신청할 수 있다.

⑤ 법 제14조의4제1항에서 "총리령으로 정하는 인증표시"란 별표 5의2의 표시를 말한다.

⑥ 인증기관의 장은 식품의약품안전처장의 승인을 받아 결정한 수수료를 신청인으로부터 받을 수 있다.

⑦ 제1항부터 제6항까지 규정한 사항 외에 인증신청 및 변경보고, 유효기간 연장신청 등 인증의 세부 절차와 방법 등은 식품의약품안전처장이 정하여 고시한다.

[본조신설 2019. 3. 14.]

제23조의3(천연화장품 및 유기농화장품의 인증기관의 지정 등)

① 법 제14조의2제4항에 따른 인증기관의 지정기준은 별표 5의3과 같다.

② 천연화장품 또는 유기농화장품의 인증기관으로 지정받으려는 자는 식품의약품안전처장이 정하여 고시하는 서류를 갖추어 인증기관의 지정을 신청해야 한다.

③ 식품의약품안전처장은 제1항에 따른 지정기준에 적합하여 인증기관을 지정하는 경우에는 신청인에게 인증기관 지정서를 발급해야 한다.

④ 제3항에 따라 지정된 인증기관은 다음 각 호의 사항이 변경된 경우에는 변경 사유가 발생한 날부터 30일 이내에 식품의약품안전처장이 정하여 고시하는 서류를 갖추어 변경신청을 해야 한다.

1. 인증기관의 대표자

2. 인증기관의 명칭 및 소재지

3. 인증업무의 범위

⑤ 인증기관은 업무를 적절하게 수행하기 위하여 다음 각 호의 사항을 준수해야 한다.

1. 인증신청, 인증심사 및 인증사업자에 관한 자료를 법 제14조의3제1항에 따른 인증의 유효기간이 끝난 후 2년 동안 보관할 것

2. 식품의약품안전처장의 요청이 있는 경우에는 인증기관의 사무소 및 시설에 대한 접근을 허용하거나 필요한 정보 및 자료를 제공할 것

⑥ 법 제14조의5제3항에 따른 인증기관에 대한 행정처분의 기준은 별표 5의4와 같다.

⑦ 제1항부터 제6항까지에서 규정한 사항 외에 인증기관의 지정 절차 및 준수사항 등 인증기관 운영에 필요한 세부 절차와 방법 등은 식품의약품안전처장이 정하여 고시한다.

[본조신설 2019. 3. 14.]

제24조(관계 공무원의 자격 등)

① 법 제18조제1항에 따른 화장품 검사 등에 관한 업무를 수행하는 공무원(이하 "화장품감시공무원"이라 한다)은 다음 각 호의 어느 하나에 해당하는 사람 중에서 지방식품의약품안전청장이 임명하는 사람으로 한다. 〈개정 2020. 3. 13.〉

1. 「고등교육법」 제2조에 따른 학교에서 약학 또는 화장품 관련 분야의 학사학위 이상을 취득한 사람(법령에서 이와 같은 수준 이상의 학력이 있다고 인정한 사람을 포함한다)

2. 화장품에 관한 지식 및 경력이 풍부하다고 지방식품의약품안전청장이 인정하거나 특별시장·광역시장·특별자치시장·도지사·특별자치도지사 또는 시장·군수·구청장(자치구의 구청장을 말한다)이 추천한 사람

② 법 제18조제4항에 따른 화장품감시공무원의 신분을 증명하는 증표는 별지 제14호서식에 따른다.

제25조(수거 등)

법 제18조제2항에 따라 화장품감시공무원이 물품 또는 화장품을 수거하는 경우에는 별지 제15호서식의 수거증을 피수거인에게 발급하여야 한다.

제26조(화장품 판매 모니터링)

식품의약품안전처장은 법 제18조제3항에 따라 법 제17조에 따른 단체 또는 관련 업무를 수행하는 기관 등을 지정하여 화장품의 판매, 표시·광고, 품질 등에 대하여 모니터링하게 할 수 있다. 〈개정 2013. 3. 23.〉

제26조의2(소비자화장품안전관리감시원의 자격 등)

① 법 제18조의2제1항에 따라 소비자화장품안전관리감시원(이하 "소비자화장품감시원"이라 한다)으로 위촉될 수 있는 사람은 다음 각 호의 어느 하나에 해당하는 사람으로 한다.

1. 법 제17조에 따라 설립된 단체의 임직원 중 해당 단체의 장이 추천한 사람

2. 「소비자기본법」 제29조제1항에 따라 등록한 소비자단체의 임직원 중 해당 단체의 장이 추천한 사람

3. 제8조제1항 각 호의 어느 하나에 해당하는 사람

4. 식품의약품안전처장이 정하여 고시하는 교육과정을 마친 사람

② 소비자화장품감시원의 임기는 2년으로 하되, 연임할 수 있다.

③ 법 제18조의2제2항제3호에서 "총리령으로 정하는 사항"이란 다음 각 호의 사항을 말한다.

　　1. 법 제23조에 따른 관계 공무원의 물품 회수 · 폐기 등의 업무 지원

　　2. 제29조에 따른 행정처분의 이행 여부 확인 등의 업무 지원

　　3. 화장품의 안전사용과 관련된 홍보 등의 업무

④ 법 제18조의2제3항에 따라 식품의약품안전처장 또는 지방식품의약품안전청장은 소비자화장품감시원에 대하여 반기(半期)마다 화장품 관계법령 및 위해화장품 식별 등에 관한 교육을 실시하고, 소비자화장품감시원이 직무를 수행하기 전에 그 직무에 관한 교육을 실시하여야 한다.

⑤ 식품의약품안전처장 또는 지방식품의약품안전청장은 소비자화장품감시원의 활동을 지원하기 위하여 예산의 범위에서 수당 등을 지급할 수 있다.

⑥ 제1항부터 제5항까지에서 규정한 사항 외에 소비자화장품감시원의 운영에 필요한 사항은 식품의약품안전처장이 정하여 고시한다.

[본조신설 2019. 3. 14.]

제27조(회수 · 폐기명령 등)

　법 제23조제1항부터 제3항까지의 규정에 따른 물품 회수에 필요한 위해성 등급 및 그 분류기준과 물품 회수 · 폐기의 절차 · 계획 및 사후조치 등에 관하여는 제14조의2제2항 및 제14조의3을 준용한다.　　　　　　　　　　　　　　　　　　　　　　　　　　　　　　　　〈개정 2019. 12. 12.〉

[본조신설 2015. 7. 29.]

제28조(위해화장품의 공표)

① 법 제23조의2제1항에 따라 공표명령을 받은 영업자는 지체 없이 위해 발생사실 또는 다음 각 호의 사항을 「신문 등의 진흥에 관한 법률」 제9조제1항에 따라 등록한 전국을 보급지역으로 하는 1개 이상의 일반일간신문[당일 인쇄 · 보급되는 해당 신문의 전체 판(版)을 말한다] 및 해당 영업자의 인터넷 홈페이지에 게재하고, 식품의약품안전처의 인터넷 홈페이지에 게재를 요청하여야 한다. 다만, 제14조의2제2항제3호에 따른 위해성 등급이 다등급인 화장품의 경우에는 해당 일반일간신문에의 게재를 생략할 수 있다.　　　　　　〈개정 2019. 12. 12.〉

1. 화장품을 회수한다는 내용의 표제

2. 제품명

3. 회수대상화장품의 제조번호

4. 사용기한 또는 개봉 후 사용기간(병행 표기된 제조연월일을 포함한다)

5. 회수 사유

6. 회수 방법

7. 회수하는 영업자의 명칭

8. 회수하는 영업자의 전화번호, 주소, 그 밖에 회수에 필요한 사항

② 제1항 각 호의 사항에 대한 구체적인 작성방법은 별표 6과 같다.

③ 제1항에 따라 공표를 한 영업자는 다음 각 호의 사항이 포함된 공표 결과를 지체 없이 지방식품의약품안전청장에게 통보하여야 한다.

1. 공표일

2. 공표매체

3. 공표횟수

4. 공표문 사본 또는 내용

[본조신설 2015. 7. 29.]

제29조(행정처분기준)

① 법 제24조제1항에 따른 행정처분의 기준은 별표 7과 같다.

② 삭제 〈2014. 8. 20.〉

제30조(과징금의 징수절차)

「화장품법 시행령」 제12조제1항에 따른 과징금의 징수절차는 「국고금관리법 시행규칙」을 준용한다. 이 경우 납입고지서에는 이의제기 방법 및 기간을 함께 적어 넣어야 한다.

제31조(등록필증 등의 재발급 등)

① 법 제31조에 따라 화장품제조업 등록필증, 화장품책임판매업 등록필증, 맞춤형화장품판매업 신고필증 또는 기능성화장품심사결과통지서(이하 "등록필증등"이라 한다)를 재발급받으려는 자는 별지 제18호서식 또는 별지 제19호서식의 재발급신청서(전자문서로 된 신청서를 포함한다)에 다음 각 호의 서류(전자문서를 포함한다)를 첨부하여 각각 지방식품의약품안전청장 또는 식품의약품안전평가원장에게 제출하여야 한다.

〈개정 2013. 3. 23., 2017. 7. 31., 2019. 3. 14., 2020. 3. 13.〉

1. 등록필증등이 오염, 훼손 등으로 못쓰게 된 경우 그 등록필증등

2. 등록필증등을 잃어버린 경우에는 그 사유서

② 등록필증등을 재발급 받은 후 잃어버린 등록필증등을 찾았을 때에는 지체 없이 이를 해당 발급기관의 장에게 반납하여야 한다.

③ 법 제3조 및 제3조의2에 따른 영업자의 등록 또는 신고 등의 확인 또는 증명을 받으려는 자는 확인신청서 또는 증명신청서(각각 전자문서로 된 신청서를 포함하며, 외국어의 경우에는 번역문을 포함한다)를 식품의약품안전처장 또는 지방식품의약품안전청장에게 제출하여야 한다. 〈개정 2013. 3. 23., 2019. 3. 14., 2020. 3. 13.〉

제32조(수수료)

① 법 제32조제1항 본문에 따른 수수료의 금액은 별표 9와 같다. 〈개정 2022. 2. 18.〉

② 제1항에 따른 수수료는 현금, 현금의 납입을 증명하는 증표 또는 정보통신망을 이용한 전자화폐나 전자결제 등의 방법으로 내야 한다.

[전문개정 2020. 3. 13.]

제33조(규제의 재검토)

식품의약품안전처장은 다음 각 호의 사항에 대하여 다음 각 호의 기준일을 기준으로 3년마다 (매 3년이 되는 해의 기준일과 같은 날 전까지를 말한다)

그 타당성을 검토하여 개선 등의 조치를 하여야 한다. 〈개정 2019. 3. 14., 2020. 3. 13., 2022. 2. 18.〉

　　1. 제3조에 따른 화장품 제조업의 등록: 2014년 1월 1일

　　2. 제4조에 따른 화장품책임판매업의 등록: 2019년 3월 14일

　　3. 제5조에 따른 화장품제조업 및 화장품책임판매업의 변경등록: 2014년 1월 1일

　　　가. 화장품제조업의 변경등록: 2014년 1월 1일

　　　나. 화장품책임판매업의 변경등록: 2019년 3월 14일

　　4. 제8조의2 및 제8조의3에 따른 맞춤형화장품판매업의 신고 및 변경신고: 2020년 3월 14일

　　5. 제29조제1항 및 별표 7에 따른 행정처분의 기준: 2022년 7월 1일

[본조신설 2014. 4. 1.]

부칙 〈제1795호, 2022. 2. 18.〉

제1조(시행일)

이 규칙은 2022년 2월 18일부터 시행한다. 다만, 다음 각 호의 개정규정은 각 호의 구분에 따른

날부터 시행한다.

    1. 제14조의2, 제32조 및 제33조의 개정규정: 공포한 날

    2. 별표 3의 개정규정: 공포 후 4개월이 경과한 날

제2조(원료 목록 보고에 관한 적용례)

제13조제4항의 개정규정은 2022년2월 18일부터 2022년 12월 31일까지 판매한 맞춤형화장품에 사용된 원료의 목록을 보고하는 경우부터 적용한다.

제4부

보건범죄 단속에 관한 특별조치법

제1조(목적)

이 법은 부정식품 및 첨가물, 부정의약품 및 부정유독물의 제조나 무면허 의료행위 등의 범죄에 대하여 가중처벌 등을 함으로써 국민보건 향상에 이바지함을 목적으로 한다.

[전문개정 2011. 4. 12.]

제2조(부정식품 제조 등의 처벌)

① 「식품위생법」 제37조제1항, 제4항 및 제5항의 허가를 받지 아니하거나 신고 또는 등록을 하지 아니하고 제조·가공한 사람, 「건강기능식품에 관한 법률」 제5조에 따른 허가를 받지 아니하고 건강기능식품을 제조·가공한 사람, 이미 허가받거나 신고된 식품, 식품첨가물 또는 건강기능식품과 유사하게 위조하거나 변조한 사람, 그 사실을 알고 판매하거나 판매할 목적으로 취득한 사람 및 판매를 알선한 사람, 「식품위생법」 제6조, 제7조제4항 또는 「건강기능식품에 관한 법률」 제24조제1항을 위반하여 제조·가공한 사람, 그 정황을 알고 판매하거나 판매할 목적으로 취득한 사람 및 판매를 알선한 사람은 다음 각 호의 구분에 따라 처벌한다. 〈개정 2017. 12. 19.〉

1. 식품, 식품첨가물 또는 건강기능식품이 인체에 현저히 유해한 경우: 무기 또는 5년 이상의 징역에 처한다.

2. 식품, 식품첨가물 또는 건강기능식품의 가액(價額)이 소매가격으로 연간 5천만원 이상인 경우: 무기 또는 3년 이상의 징역에 처한다.

3. 제1호의 죄를 범하여 사람을 사상(死傷)에 이르게 한 경우: 사형, 무기 또는 5년 이상의 징역에 처한다.

② 제1항의 경우에는 제조, 가공, 위조, 변조, 취득, 판매하거나 판매를 알선한 제품의 소매가격의 2배 이상 5배 이하에 상당하는 벌금을 병과(併科)한다.

[전문개정 2011. 4. 12.]

제3조(부정의약품 제조 등의 처벌)

① 「약사법」 제31조제1항의 허가를 받지 아니하고 의약품을 제조한 사람, 그 정황을 알고 판매하거나 판매할 목적으로 취득한 사람 및 판매를 알선한 사람 또는 진료 목적으로 구입한 사람, 「약사법」 제62조제2호를 위반하여 주된 성분의 효능을 전혀 다른 성분의 효능으로 대체하거나 허가된 함량보다 현저히 부족하게 제조한 사람, 그 정황을 알고 판매하거나 판매할 목적으로 취득한 사람 및 판매를 알선한 사람 또는 진료 목적으로 구입한 사람, 이미 허가된 의약품과 유사하게 위조하거나 변조한 사람, 그 정황을 알고 판매하거나 판매할 목적으로

취득한 사람 및 판매를 알선한 사람 또는 진료 목적으로 구입한 사람은 다음 각 호의 구분에 따라 처벌한다. 〈개정 2011. 6. 7.〉

1. 의약품이 인체에 현저히 유해한 경우 또는 「약사법」 제53조에 따른 국가출하승인의약품 중 대통령령으로 정하는 의약품으로서 효능 또는 함량이 현저히 부족한 경우: 무기 또는 5년 이상의 징역에 처한다.

2. 의약품의 가액이 소매가격으로 연간 1천만원 이상인 경우: 무기 또는 3년 이상의 징역에 처한다.

3. 제1호의 죄를 범하여 사람을 사상에 이르게 한 경우: 사형, 무기 또는 5년 이상의 징역에 처한다.

② 제1항의 경우에는 제조, 위조, 변조, 취득, 판매, 판매를 알선하거나 구입한 제품의 소매가격의 2배 이상 5배 이하에 상당하는 벌금을 병과한다.

[전문개정 2011. 4. 12.]

제3조의2(재범자의 특수가중)

제2조 또는 제3조의 죄로 형을 받아 그 집행을 종료하거나 면제받은 후 3년 내에 다시 제2조제1항제1호 또는 제3조제1항제1호의 죄를 범한 사람은 사형, 무기 또는 5년 이상의 징역에 처한다.

[전문개정 2011. 4. 12.]

제4조(부정유독물 제조 등의 처벌)

① 「유해화학물질 관리법」 제20조에 따른 등록을 하지 아니하고 유독물을 제조한 사람, 같은 법 제34조에 따르지 아니하고 취급제한·금지물질을 사용한 사람 또는 이미 등록되거나 허가된 유독물 또는 취급제한·금지물질과 유사하게 위조하거나 변조한 사람은 다음 각 호의 구분에 따라 처벌한다.

1. 유독물 또는 취급제한·금지물질의 잔류 독성이 인체에 현저히 유해한 경우: 무기 또는 5년 이상의 징역에 처한다.

2. 유독물 또는 취급제한·금지물질의 가액이 소매가격으로 연간 100만원 이상인 경우: 무기 또는 3년 이상의 징역에 처한다.

② 제1항의 경우에는 제조, 사용, 위조 또는 변조한 제품의 소매가격의 2배 이상 5배 이하에 상당하는 벌금을 병과한다.

[전문개정 2011. 4. 12.]

제5조(부정의료업자의 처벌)

「의료법」 제27조를 위반하여 영리를 목적으로 다음 각 호의 어느 하나에 해당하는 행위를 한 사람은 무기 또는 2년 이상의 징역에 처한다. 이 경우 100만원 이상 1천만원 이하의 벌금을 병과한다.

    1. 의사가 아닌 사람이 의료행위를 업(業)으로 한 행위

    2. 치과의사가 아닌 사람이 치과의료행위를 업으로 한 행위

    3. 한의사가 아닌 사람이 한방의료행위를 업으로 한 행위

    [전문개정 2011. 4. 12.]

제6조(양벌규정)

법인의 대표자나 법인 또는 개인의 대리인, 사용인, 그 밖의 종업원이 그 법인 또는 개인의 업무에 관하여 제2조, 제3조, 제4조 및 제5조의 어느 하나에 해당하는 위반행위를 하면 그 행위자를 벌하는 외에 그 법인 또는 개인을 1억원 이하의 벌금에 처한다. 다만, 법인 또는 개인이 그 위반행위를 방지하기 위하여 해당 업무에 관하여 상당한 주의와 감독을 게을리하지 아니한 경우에는 그러하지 아니하다.

    [전문개정 2009. 12. 29.]

제7조(허가 취소)

① 이 법에 따라 처벌을 받았거나, 그 제품이 규격기준을 위반하여 인체에 유해하거나, 효능 또는 함량이 현저히 부족하다고 식품의약품안전처에서 검정된 영업에 대하여는 해당 허가, 면허 또는 등록을 관할하는 기관의 장은 보건복지부장관, 식품의약품안전처장 또는 환경부장관의 요구에 따라 그 허가, 면허 또는 등록을 취소하여야 한다.　　　〈개정 2013. 3. 23.〉

② 제1항의 경우 이 법에 따라 영업이 취소된 자는 취소된 날부터(처벌을 받은 자는 그 형의 집행이 종료되거나 집행을 받지 아니하기로 확정된 후) 5년간 해당 업무에 종사하지 못한다.

    [전문개정 2011. 4. 12.]

제8조(유해 등의 기준)

제2조, 제3조, 제4조 및 제7조 중 "현저히 유해" 및 "현저히 부족"의 기준은 따로 대통령령으로 정한다.

    [전문개정 2011. 4. 12.]

제9조(상금 등)

① 이 법에서 규정하는 범죄를 범죄가 발각되기 전에 수사기관 또는 감독청에 통보한 자 또는 검거한 자에게는 대통령령으로 정하는 바에 따라 상금을 지급한다.

② 타인으로 하여금 이 법에 따른 처벌 또는 행정처분을 받게 할 목적으로 거짓 정보를 제공한 사람은 1년 이상의 유기징역에 처한다.

[전문개정 2011. 4. 12.]

제10조(적용 범위)

「축산물위생관리법」 제22조, 「주류 면허 등에 관한 법률」 제3조, 「농약관리법」 제3조 및 제8조에 따라 그 제조, 가공 또는 판매에 관하여 허가 또는 면허를 받거나 등록을 하여야 할 축산물, 주류 또는 유독성 농약은 각각 「식품위생법」 또는 「유해화학물질 관리법」에 따른 식품, 유독물 또는 취급제한·금지물질의 예에 따라 이 법을 적용한다. 〈개정 2020. 12. 29.〉

[전문개정 2011. 4. 12.]

부칙 〈제17761호, 2020. 12. 29.〉 (주류 면허 등에 관한 법률)

제1조(시행일)

이 법은 2021년 1월 1일부터 시행한다.

제2조 부터 제9조까지 생략

제10조(다른 법률의 개정)

①부터 ③까지 생략

④ 보건범죄 단속에 관한 특별조치법 일부를 다음과 같이 개정한다.

제10조 중 "「주세법」 제6조"를 "「주류 면허 등에 관한 법률」 제3조"로 한다.

⑤부터 ⑪까지 생략

제11조 생략

보건범죄단속에관한특별조치 시행령

[시행 2010. 3. 19.]
[대통령령 제22075호, 2010. 3. 15., 타법개정

제1조(목적)

이 영은 보건범죄단속에관한특별조치법(이하 "법"이라 한다)의 시행에 관하여 필요한 사항을 규정함을 목적으로 한다.

제2조(용어의 정의)

이 영에서 "주된 성분"이라 함은 의약품의 효능에 직접적인 영향을 미치는 주약으로서 부약·부형제 또는 첨가제등이 아닌 것을 말한다.

제3조(특정의약품)

법 제3조제1항제1호의 규정에서 "대통령령으로 정하는 의약품"은 다음 각호의 것을 말한다.

1. 항생물질과 그 제제중 내복제 및 주사제
2. 생물학적 제제중 내복제 및 주사제

제4조(부정식품의 유해기준)

① 법 제2조제1항제1호의 규정에 의한 "인체에 현저한 유해"의 기준은 다음 각호와 같다.

1. 다류 : 허용외의 착색료가 함유된 경우
2. 과자류 : 허용외의 착색료나 방부제가 함유되거나, 비소가 2ppm이상 또는 납이 3ppm이상 함유된 경우
3. 빵류 : 허용외의 방부제가 함유된 경우
4. 엿류 : 허용외의 방부제가 함유된 경우
5. 시유 : 허용외의 방부제가 함유되거나, 포스파타제가 검출된 경우
6. 식육 및 어육제품 : 허용외의 방부제가 함유되거나, 납이 3ppm이상 함유된 경우
7. 청량음료수 : 허용외의 착색료나 방부제가 함유되거나, 비소가 0.3ppm이상 또는 납이 0.5ppm이상 함유된 경우
8. 장류 : 허용외의 착색료나 방부제가 함유되거나, 비소가 5ppm이상 함유된 경우
9. 주류 : 허용외의 착색료나 방부제가 함유되거나, 메칠알코올이 1ml당 1mg이상 함유된 경우
10. 말 청량음료 : 허용외의 착색료나 방부제가 함유되거나, 수용상태에서 비소가 0.3ppm이상 또는 납이 0.5ppm이상 함유된 경우

제5조(부정의약품등의 유해기준등)

① 법 제3조제1항제1호의 규정에 의한 "인체에 현저한 유해"의 기준은 대한약전 또는 보건복지부장관이 지정하는 공정서에 극량이 표시된 의약품으로서 그 함량이 극량을 초과한 경우를 말한다. 〈개정 1994. 12. 23., 2008. 2. 29., 2010. 3. 15.〉

② 법 제3조제1항 및 제7조제1항의 규정에 의한 "효능 또는 함량의 현저한 부족"의 기준은 의약품 또는 화장품의 주된 성분의 총함량이 제조당시를 기준으로 하여 최소유효량에 미달하는 경우를 말한다.

제6조(상금의 지급액)

① 법 제9조제1항의 규정에 의한 상금의 지급액은 당해 사건으로 부과된 벌금액의 100분의 20 상당액으로 하되, 상금의 총액은 50만원을 초과할 수 없다.

② 당해 사건이 검사의 기소유예처분을 받은 경우에는 전항의 규정에 불구하고 3만원이하의 범위안에서 그 공로, 범죄의 경중 기타의 사정을 참작하여 보건복지부장관이 정하는 금액으로 한다. 〈개정 1994. 12. 23., 2008. 2. 29., 2010. 3. 15.〉

제7조(시행규칙)

이 영 시행에 관하여 필요한 사항은 보건복지부령으로 정한다.

〈개정 1994. 12. 23., 2008. 2. 29., 2010. 3. 15.〉

부칙 〈제22075호, 2010. 3. 15.〉 (보건복지부와 그 소속기관 직제)

제1조(시행일)

이 영은 2010년 3월 19일부터 시행한다. 〈단서 생략〉

제2조(다른 법령의 개정)

① 부터 〈71〉 까지 생략

〈72〉 보건범죄단속에관한특별조치법시행령 일부를 다음과 같이 개정한다.

제5조제1항 및 제6조제2항 중 "보건복지가족부장관"을 각각 "보건복지부장관"으로 한다.

제7조 중 "보건복지가족부령"을 "보건복지부령"으로 한다.

〈73〉 부터 〈187〉 까지 생략

보건범죄단속에관한특별조치 시행규칙

[시행 2021. 7. 7.]
[보건복지부령 제817호, 2021. 7. 7., 타법개정

제1조(목적)

이 영은 보건범죄단속에관한특별조치법(이하 "법"이라 한다)

및 동시행령(이하 "영"이라 한다)에서 위임된 사항과 보건복지부장관이 행하는 행정처분 기타 행정상 필요한 사항을 규정함을 목적으로 한다. 〈개정 2008. 3. 3., 2010. 3. 19.〉

제2조(지정공정서)

영 제5조제1항의 규정에 의하여 보건복지부장관이 지정하는 공정서는 다음 각호의 것을 말한다. 〈개정 2008. 3. 3., 2010. 3. 19.〉

1. 미국약전
2. 영국약전
3. 독일약전
4. 일본약국방
5. 미국국민의약품집

제3조(최소유효량의 판정)

영 제5조제2항의 규정에 의한 의약품의 "최소유효량"은 국립보건연구원의 검정에 따라 보건복지부장관이 판정한다. 〈개정 2008. 3. 3., 2010. 3. 19.〉

제4조(현저한 유해등의 판정)

영 제5조의 규정에 의한 "현저한 유해"및 "현저한 부족"의 판정을 위한 검정은 별표에 의한 시공품량을 채취하여 행하여야 한다.

제5조(범죄통보의 처리)

① 수사기관원 또는 감독청의 관계직원은 법 제9조의 규정에 의한 통보를 받은 때에는 지체없이 그 소속기관의 장에게 보고하여야 한다.

② 소속기관의 장은 전항의 보고를 받은 때에는 지체없이 그 통보인에게 통보증명서를 교부하여야 한다.

제6조(상금의 청구)

법 제9조의 규정에 의한 상금의 급여신청은 당해사건의 통보자 또는 검거자가 별지 제1호서식에 의한 신청서에 다음 각호의 서류를 첨부하여 보건복지부장관에게 제출하여야 한다.

〈개정 2008. 3. 3., 2010. 3. 19.〉

1. 통보자 또는 검거자에 대한 범죄인지관서장의 증명서
2. 확정판결의 판결문등본 또는 검사의 기소유예 처분증명서

[전문개정 1978. 12. 7.]

제7조(통보인 또는 검거인이 2인이상인 경우의 상금의 지급기준)

통보인 또는 검거인이 2인이상인 경우에는 상금은 등분하여 이를 지급한다.

제8조(지급조서등의 작성)

보건복지부장관은 제6조 및 제7조에 따라 상금을 지급한 때에는 별지 제2호 및 제3호의 서식에 따른 상금지급조서와 지급대장을 작성하여 지급상황을 명확하게 적어 이를 비치해야 한다.

〈개정 1978. 12. 7., 2008. 3. 3., 2010. 3. 19., 2021. 7. 7.〉

부칙 〈제817호, 2021. 7. 7.〉

(어려운 법령용어 정비를 위한 「검역법 시행규칙」 등 11개 법령의 일부개정에 관한 보건복지부령)

이 규칙은 공포한 날부터 시행한다.

제5부

안마사에 관한 규칙

제1조(목적)

이 규칙은 「의료법」 제82조에 따라 안마사의 자격인정 및 그 업무 한계와 안마시술소 또는 안마원의 시설 기준 등에 관하여 필요한 사항을 규정함을 목적으로 한다.

제2조(안마사의 업무 한계)

안마사의 업무는 안마 · 마사지 · 지압 등 각종 수기요법(手技療法)이나 전기기구의 사용, 그 밖의 자극요법으로 인체에 물리적 시술행위를 하는 것으로 한다.

제3조(안마사의 자격인정)

① 안마사의 자격인정을 받으려는 자는 별지 제1호서식의 안마사 자격인정 신청서(전자문서로 된 신청서를 포함한다)에 다음 각 호의 서류(전자문서를 포함한다)를 첨부하여 주소지를 관할하는 특별시장 · 광역시장 · 도지사 또는 특별자치도지사(이하 "시 · 도지사"라 한다)에게 제출하여야 한다. 다만, 「전자정부법」 제36조제1항에 따른 행정정보의 공동이용을 통하여 첨부서류에 대한 정보를 확인할 수 있는 경우에는 그 확인으로 첨부서류를 갈음할 수 있다.

〈개정 2010. 9. 1.〉

1. 「의료법」 제82조제1항 각 호의 어느 하나에 해당하는 자임을 증명하는 서류
2. 「의료법」 제8조제1호 및 제2호에 해당하는 자가 아님을 증명하는 의사의 진단서
3. 사진 2장(신청 전 6개월 이내에 촬영한 탈모 정면 상반신 반명함판)

② 시 · 도지사는 제1항에 따른 신청에 따라 안마사의 자격을 인정한 경우에는 별지 제2호서식의 안마사 자격증을 발급하고 별지 제3호서식의 안마사 등록대장에 그 내용을 적고 그 등록대장을 갖추어 두어야 한다.

제4조(자격증 재발급)

제3조제2항에 따라 자격증을 발급받은 자가 그 자격증을 잃어버렸거나 자격증이 헐어 못쓰게 되어 재발급받으려는 경우에는 별지 제4호서식의 안마사 자격증 재발급신청서에 다음 각 호의 서류를 첨부하여 시 · 도지사에게 신청하여야 한다.

1. 자격증 원본(자격증이 헐어 못쓰게 된 경우에만 해당된다)
2. 사진(신청 전 6개월 이내에 촬영한 탈모 정면 상반신 반명함판) 2장

제5조(안마수련기관)

① 「의료법」 제82조제1항제2호에 따른 안마수련기관으로 지정받으려는 자는 보건복지부장

관에게 신청하여야 한다. 〈개정 2010. 3. 19.〉

② 보건복지부장관은 제1항에 따른 신청에 따라 안마수련기관을 지정하는 경우에는 비영리법인이 설치·운영하는 기관 중에서 지정하여야 한다. 〈개정 2010. 3. 19.〉

③ 안마수련기관은 다음 각 호의 시설 및 설비를 갖추어야 한다. 〈개정 2009. 7. 1.〉

1. 사무실

2. 강의실(20명 이상을 수용할 수 있을 것)

3. 실습실(실습실당 5명 정도가 실습할 수 있을 것)

4. 안마시술의 실습교육에 필요한 기구

5. 소독시설

6. 화재·전기·가스 등에 대한 안전시설 및 장치

제6조(안마시술소·안마원의 시설 기준)

① 안마시술소·안마원의 시설 기준은 별표 1과 같다.

② 「공중위생관리법」 제2조에 따른 숙박업의 업소 또는 「관광진흥법」 제3조에 따른 호텔업의 업소가 있는 건축물에는 안마시술소나 안마원을 개설할 수 없다. 다만, 다음 각 호의 요건을 모두 갖춘 경우에는 숙박업의 업소가 있는 건축물에 안마시술소나 안마원을 개설할 수 있다.

1. 안마시술소 또는 안마원의 개설자와 숙박업을 하는 자가 동일인이 아닐 것

2. 안마시술소나 안마원을 숙박업의 업소와 같은 층이나 바로 아래층 또는 바로 위층에 개설하지 아니할 것

3. 안마시술소나 안마원을 개설하려는 건축물에 숙박업을 포함하여 5개 이상의 다른 업종의 업소가 있을 것

제7조(안마시술소 또는 안마원 개설자의 준수 사항)

안마시술소 또는 안마원의 개설자는 다음 각 호의 사항을 지켜야 한다. 〈개정 2010. 3. 19.〉

1. 안마시술소나 안마원을 위생적으로 깨끗하게 유지할 것

2. 안마시술소 및 그 부대시설 또는 안마원을 안마시술 목적 외의 다른 용도로 사용하지 말 것

3. 안마사가 아닌 자에게 제2조에 따른 안마사 업무를 하게 하거나 이를 하도록 내버려두지 말 것

4. 부대시설로 설치한 욕실의 욕수(浴水)는 「공중위생관리법」에 따른 목욕장업의 욕조수 수질기준을 유지할 것

5. 안마시술소나 안마원 내에서 퇴폐·음란행위 또는 도박을 하게 하거나 이를 하도록 내버 려두지 말 것

6. 안마시술소나 안마원 내부의 손님이 보기 쉬운 곳에 가격표를 붙여 놓을 것

7. 종업원에게 「의료법」 제82조제3항에 따라 설립한 대한안마사협회(이하 "협회"라 한다) 가 보건복지부장관의 승인을 받아 실시하는 보수교육 및 소양교육을 받도록 할 것

8. 그 밖에 시·도지사가 공공질서를 유지하기 위하여 특히 필요하다고 인정하여 지시하는 사항을 지킬 것

제8조(안마시술소 또는 안마원에 대한 지도·점검)

① 시장·군수·구청장(자치구의 구청장을 말한다. 이하 같다)은 매 반기(半期) 1회 이상 관계 공무원으로 하여금 안마시술소나 안마원이 제6조에 따른 기준에 맞는지와 제7조에 따른 준 수 사항을 지키고 있는지를 지도·점검하도록 하여야 한다.

② 제1항에 따른 지도·점검 결과 보건복지부장관이 정하는 기준에 해당하는 우수업소에 대하 여는 1년간 지도·점검을 면제할 수 있다. 이 경우 지도·점검을 면제받은 업소가 우수업소 기준에 해당하지 아니하게 되는 등 특별한 사유가 있을 때에는 제1항에 따른 지도·점검을 다시 실시하여야 한다.　　　　　　　　　　　　　　　　　　　　　　　　〈개정 2010. 3. 19.〉

③ 제1항에 따른 지도·점검을 하는 관계 공무원은 지도·점검 결과를 별지 제5호서식의 안마 시술소 등 지도·점검기록부에 기록하여 그 기록부를 해당 안마시술소나 안마원에 갖추어 두게 하여야 한다.

제9조(행정처분의 기준)

「의료법」 제82조제3항에 따른 안마사·안마시술소 또는 안마원에 대한 행정처분의 세부 기 준은 별표 2와 같다.

제10조(안마시술소 또는 안마원 개설신고의 특례)

① 「의료법」 제82조제3항에 따라 안마시술소나 안마원 개설신고를 받은 시장·군수·구청 장은 별지 제6호서식의 안마시술소·안마원 개설에 관한 의견서에 따라 협회의 의견을 들은 후 그 신고를 수리(受理)하여야 하며 수리한 후에는 그 사실을 협회에 통보하여야 한다. 이 경우 협회는 안마시술소나 안마원 개설에 대한 의견이 있으면 의견요청을 받은 날부터 7일 이내에 의견을 제출하여야 한다.　　　　　　　　　　　　　　　　　　　　　　〈개정 2011. 6. 8.〉

② 제1항에 따른 안마시술소 개설신고를 받은 시장·군수·구청장은 「다중이용업소의 안전관

리에 관한 특별법」 제9조제5항에 따른 안전시설등 완비증명서 발급 여부를 관계기관에 확인하여야 한다. 〈신설 2011. 6. 8.〉

제11조(준용규정)

안마사에 관하여는 「의료법 시행규칙」 중 다음 각 호의 규정을 준용한다. 이 경우 "보건복지부장관"은 "시·도지사"로, "의료인"은 "안마사"로 보며, 「의료법 시행규칙」 제25조에 따른 안마시술소개설신고서의 처리기간에는 제10조 후단에 따라 실제로 의견을 제출하는 데에 걸린 기간은 산입되지 아니하는 것으로 본다. 〈개정 2010. 3. 19., 2011. 6. 8.〉

1. 면허등록대장 등에 관한 제5조
2. 면허증의 재발급에 관한 제6조
3. 면허증의 반환에 관한 제8조
4. 의료기관 개설신고에 관한 제25조
5. 의료기관 개설신고사항의 변경신고에 관한 제26조(제1항제2호는 제외한다)
6. 「의료법」 제28조의 중앙회에 대한 의료법인 규정의 준용에 관한 제73조

제12조(규제의 재검토)

보건복지부장관은 다음 각 호의 사항에 대하여 다음 각 호의 기준일을 기준으로 2년마다(매 2년이 되는 해의 기준일과 같은 날 전까지를 말한다)

그 타당성을 검토하여 개선 등의 조치를 하여야 한다. 〈개정 2018. 12. 28.〉

1. 제5조에 따른 안마수련기관이 갖추어야 하는 시설 및 설비: 2015년 1월 1일
2. 제6조 및 별표 1에 따른 안마시술소·안마원의 시설 기준: 2015년 1월 1일
3. 제7조에 따른 안마시술소 또는 안마원 개설자의 준수 사항: 2015년 1월 1일
4. 제10조에 따른 안마시술소 또는 안마원 개설신고의 특례: 2015년 1월 1일

[본조신설 2015. 1. 5.]

부칙 〈제606호, 2018. 12. 28.〉

(행정규제기본법에 따른 일몰규제 정비를 위한 31개 법령의 일부개정에 관한 보건복지부령)

이 규칙은 2019년 1월 1일부터 시행한다.

제6부

약사법

제1장 총칙

제1조(목적)

이 법은 약사(藥事)에 관한 일들이 원활하게 이루어질 수 있도록 필요한 사항을 규정하여 국민 보건 향상에 기여하는 것을 목적으로 한다.

제2조(정의)

이 법에서 사용하는 용어의 뜻은 다음과 같다. 〈개정 2007. 10. 17., 2008. 2. 29., 2009. 12. 29., 2010. 1. 18., 2011. 6. 7., 2013. 3. 23., 2014. 3. 18., 2016. 12. 2., 2017. 10. 24., 2019. 8. 27.〉

1. "약사(藥事)"란 의약품·의약외품의 제조·조제·감정(鑑定)·보관·수입·판매[수여(授與)를 포함한다. 이하 같다]와 그 밖의 약학 기술에 관련된 사항을 말한다.

2. "약사(藥師)"란 한약에 관한 사항 외의 약사(藥事)에 관한 업무(한약제제에 관한 사항을 포함한다)를 담당하는 자로서, "한약사"란 한약과 한약제제에 관한 약사(藥事) 업무를 담당하는 자로서 각각 보건복지부장관의 면허를 받은 자를 말한다.

3. "약국"이란 약사나 한약사가 수여할 목적으로 의약품 조제 업무[약국제제(藥局製劑)를 포함한다]를 하는 장소(그 개설자가 의약품 판매업을 겸하는 경우에는 그 판매업에 필요한 장소를 포함한다)를 말한다. 다만, 의료기관의 조제실은 예외로 한다.

4. "의약품"이란 다음 각 목의 어느 하나에 해당하는 물품을 말한다.

   가. 대한민국약전(大韓民國藥典)에 실린 물품 중 의약외품이 아닌 것

   나. 사람이나 동물의 질병을 진단·치료·경감·처치 또는 예방할 목적으로 사용하는 물품 중 기구·기계 또는 장치가 아닌 것

   다. 사람이나 동물의 구조와 기능에 약리학적(藥理學的) 영향을 줄 목적으로 사용하는 물품 중 기구·기계 또는 장치가 아닌 것

5. "한약"이란 동물·식물 또는 광물에서 채취된 것으로 주로 원형대로 건조·절단 또는 정제된 생약(生藥)을 말한다.

6. "한약제제(韓藥製劑)"란 한약을 한방원리에 따라 배합하여 제조한 의약품을 말한다.

7. "의약외품(醫藥外品)"이란 다음 각 목의 어느 하나에 해당하는 물품(제4호나목 또는 다목에 따른 목적으로 사용되는 물품은 제외한다)으로서 식품의약품안전처장이 지정하는 것을 말한다.

가. 사람이나 동물의 질병을 치료·경감(輕減)·처치 또는 예방할 목적으로 사용되는 섬유·고무제품 또는 이와 유사한 것

나. 인체에 대한 작용이 약하거나 인체에 직접 작용하지 아니하며, 기구 또는 기계가 아닌 것과 이와 유사한 것

다. 감염병 예방을 위하여 살균·살충 및 이와 유사한 용도로 사용되는 제제

8. "신약"이란 화학구조나 본질 조성이 전혀 새로운 신물질의약품 또는 신물질을 유효성분으로 함유한 복합제제 의약품으로서 식품의약품안전처장이 지정하는 의약품을 말한다.

9. "일반의약품"이란 다음 각 목의 어느 하나에 해당하는 것으로서 보건복지부장관과 협의하여 식품의약품안전처장이 정하여 고시하는 기준에 해당하는 의약품을 말한다.

가. 오용·남용될 우려가 적고, 의사나 치과의사의 처방 없이 사용하더라도 안전성 및 유효성을 기대할 수 있는 의약품

나. 질병 치료를 위하여 의사나 치과의사의 전문지식이 없어도 사용할 수 있는 의약품

다. 의약품의 제형(劑型)과 약리작용상 인체에 미치는 부작용이 비교적 적은 의약품

10. "전문의약품"이란 일반의약품이 아닌 의약품을 말한다.

11. "조제"란 일정한 처방에 따라서 두 가지 이상의 의약품을 배합하거나 한 가지 의약품을 그대로 일정한 분량으로 나누어서 특정한 용법에 따라 특정인의 특정된 질병을 치료하거나 예방하는 등의 목적으로 사용하도록 약제를 만드는 것을 말한다.

12. "복약지도(服藥指導)"란 다음 각 목의 어느 하나에 해당하는 것을 말한다.

가. 의약품의 명칭, 용법·용량, 효능·효과, 저장 방법, 부작용, 상호 작용이나 성상(性狀) 등의 정보를 제공하는 것

나. 일반의약품을 판매할 때 진단적 판단을 하지 아니하고 구매자가 필요한 의약품을 선택할 수 있도록 도와주는 것

13. "안전용기·포장"이란 5세 미만 어린이가 열기 어렵게 설계·고안된 용기나 포장을 말한다.

14. "위탁제조판매업"이란 제조시설을 갖추지 아니하고 식품의약품안전처장으로부터 제조판매품목허가를 받은 의약품을 의약품제조업자에게 위탁하여 제조판매하는 영업을 말한다.

15. "임상시험"이란 의약품 등의 안전성과 유효성을 증명하기 위하여 사람을 대상으로 해당 약물의 약동(藥動)·약력(藥力)·약리·임상적 효과를 확인하고 이상반응을 조사하는 시험(생물학적 동등성시험을 포함한다)을 말한다. 다만, 「첨단재생의료 및 첨단바이오의약품 안전 및 지원에 관한 법률」 제2조제3호에 따른 첨단재생의료 임상연구는 제외한다.

16. "비임상시험"이란 사람의 건강에 영향을 미치는 시험물질의 성질이나 안전성에 관한 각종 자료를 얻기 위하여 실험실과 같은 조건에서 동물 · 식물 · 미생물과 물리적 · 화학적 매체 또는 이들의 구성 성분으로 이루어진 것을 사용하여 실시하는 시험을 말한다.

17. "생물학적 동등성시험"이란 임상시험 중 생물학적 동등성을 입증하기 위한 생체시험으로서 동일 주성분을 함유한 두 제제의 생체이용률이 통계학적으로 동등하다는 것을 보여주는 시험을 말한다.

18. "희귀의약품"이란 제4호에 따른 의약품 중 다음 각 목의 어느 하나에 해당하는 의약품으로서 식품의약품안전처장의 지정을 받은 의약품을 말한다.

　가. 「희귀질환관리법」 제2조제1호에 따른 희귀질환을 진단하거나 치료하기 위한 목적으로 사용되는 의약품

　나. 적용 대상이 드문 의약품으로서 대체 가능한 의약품이 없거나 대체 가능한 의약품보다 현저히 안전성 또는 유효성이 개선된 의약품

19. "국가필수의약품"이란 질병 관리, 방사능 방재 등 보건의료상 필수적이나 시장 기능만으로는 안정적 공급이 어려운 의약품으로서 보건복지부장관과 식품의약품안전처장이 관계 중앙행정기관의 장과 협의하여 지정하는 의약품을 말한다.

제2조의2(약의 날)

① 국민의 생명, 신체 및 건강상의 안전을 확보하는 의약품의 중요성을 널리 알리고 적절한 정보 제공을 통하여 의약품의 오남용을 방지하기 위하여 매년 11월 18일을 약의 날로 한다.

② 국가와 지방자치단체는 약의 날 취지에 적합한 행사와 교육 · 홍보 등 관련 사업을 실시하거나 관련 단체 등의 활동을 지원할 수 있다.

③ 제2항에 따른 약의 날 행사 및 교육 · 홍보 등 관련 사업 등에 관하여 필요한 사항은 대통령령으로 정한다.

[본조신설 2021. 7. 20.]

제2장 약사 및 한약사

제1절 자격과 면허

제3조(약사 자격과 면허)

① 약사(藥師)가 되려는 자는 보건복지부령으로 정하는 바에 따라 보건복지부장관의 면허를 받아야 한다. 〈개정 2008. 2. 29., 2010. 1. 18.〉

② 제1항에 따른 약사면허는 다음 각 호의 어느 하나에 해당하는 자에게 준다.
〈개정 2008. 2. 29., 2010. 1. 18., 2017. 2. 8., 2019. 1. 15.〉

1. 약학을 전공하는 대학을 졸업하고 약학사 학위를 받은 자로서 약사국가시험에 합격한 자

2. 외국의 약학을 전공하는 대학(보건복지부장관이 정하여 고시하는 인정기준에 해당하는 대학을 말한다)을 졸업하고 외국의 약사면허를 받은 자로서 약사예비시험과 약사국가시험에 합격한 자

③ 약사면허를 받지 아니한 자는 약사라는 명칭을 사용할 수 없다.

제3조(약사 자격과 면허)

① 약사(藥師)가 되려는 자는 보건복지부령으로 정하는 바에 따라 보건복지부장관의 면허를 받아야 한다. 〈개정 2008. 2. 29., 2010. 1. 18.〉

② 제1항에 따른 약사면허는 다음 각 호의 어느 하나에 해당하는 자에게 준다.
〈개정 2008. 2. 29., 2010. 1. 18., 2017. 2. 8., 2019. 1. 15., 2020. 4. 7.〉

1. 「고등교육법」 제11조의2에 따른 인정기관의 인증을 받은 약학을 전공하는 대학을 졸업하고 약학사 학위를 받은 자로서 약사국가시험에 합격한 자

2. 외국의 약학을 전공하는 대학(보건복지부장관이 정하여 고시하는 인정기준에 해당하는 대학을 말한다)을 졸업하고 외국의 약사면허를 받은 자로서 약사예비시험과 약사국가시험에 합격한 자

③ 약사면허를 받지 아니한 자는 약사라는 명칭을 사용할 수 없다.

④ 제2항에도 불구하고 입학 당시 「고등교육법」 제11조의2에 따른 인정기관의 인증을 받은 약학을 전공하는 대학에 입학한 사람으로서 그 대학을 졸업하고 해당 학위를 받은 사람은 제2항제1호에 따른 약학사 학위를 받은 사람으로 본다. 〈신설 2020. 4. 7.〉

제4조(한약사 자격과 면허)

① 한약사가 되려는 자는 보건복지부령으로 정하는 바에 따라 보건복지부장관의 면허를 받아야 한다. 〈개정 2008. 2. 29., 2010. 1. 18.〉

② 제1항에 따른 한약사면허는 대학에서 한약학과를 졸업하고 한약학사 학위를 받은 자로서 한약사국가시험에 합격한 자에게 준다.

③ 한약사면허를 받지 아니한 자는 한약사라는 명칭을 사용할 수 없다.

제5조(결격 사유)

다음 각 호의 어느 하나에 해당하는 자는 약사면허 또는 한약사면허를 받을 수 없다.

〈개정 2007. 10. 17., 2011. 12. 2., 2012. 2. 1., 2014. 3. 18., 2018. 12. 11.〉

1. 「정신건강증진 및 정신질환자 복지서비스 지원에 관한 법률」 제3조제1호에 따른 정신질환자. 다만, 전문의가 약사(藥事)에 관한 업무를 담당하는 것이 적합하다고 인정하는 사람은 그러하지 아니하다.
2. 피성년후견인 · 피한정후견인
3. 마약 · 대마 · 향정신성의약품 중독자
4. 「약사법」 · 「마약류 관리에 관한 법률」 · 「보건범죄 단속에 관한 특별조치법」 · 「의료법」 · 「형법」 제347조(거짓으로 약제비를 청구하여 환자나 약제비를 지급하는 기관 또는 단체를 속인 경우만 해당한다. 이하 같다), 그 밖에 약사(藥事)에 관한 법령을 위반하여 금고 이상의 형을 선고받고 집행이 종료되지 아니하였거나 집행을 받지 아니하기로 확정되지 아니한 자
5. 「형법」 제347조의 죄를 범하여 면허취소 처분을 받고 3년이 지나지 아니하였거나 약사(藥事)에 관한 법령을 위반하여 면허취소의 처분을 받고 2년이 지나지 아니한 자

제6조(면허증 교부와 등록)

① 보건복지부장관은 약사면허 또는 한약사면허를 줄 때에는 각각 등록대장에 면허에 관한 사항을 등록하고 면허증을 내주어야 한다. 〈개정 2008. 2. 29., 2010. 1. 18.〉

② 제1항의 면허증을 분실 또는 훼손하였거나 기재 사항이 변경된 경우에는 면허증을 다시 교부받을 수 있다.

③ 약사 및 한약사는 제3조 및 제4조에 따라 받은 면허를 다른 사람에게 대여하여서는 아니 된

다. 〈개정 2020. 4. 7.〉

④ 누구든지 제3조 및 제4조에 따라 받은 면허를 대여받아서는 아니 되며 면허 대여를 알선하여
서도 아니 된다. 〈신설 2020. 4. 7.〉

⑤ 약사면허 또는 한약사면허의 등록과 면허증 교부에 필요한 사항은 보건복지부령으로 정한
다. 〈개정 2008. 2. 29., 2010. 1. 18., 2020. 4. 7.〉

제7조(약사 · 한약사 신고)

① 약사 또는 한약사는 보건복지부령으로 정하는 바에 따라 최초로 면허를 받은 후부터 3년마
다 취업상황 등 그 실태를 보건복지부장관에게 신고하여야 한다.

〈개정 2008. 2. 29., 2010. 1. 18., 2011. 6. 7., 2020. 4. 7.〉

② 보건복지부장관은 제15조제1항에 따라 연수교육을 명한 경우에는 해당 연수교육을 이수하
지 아니한 약사 또는 한약사에 대하여 제1항에 따른 신고를 반려할 수 있다. 〈신설 2020. 4. 7.〉

③ 보건복지부장관은 제1항에 따른 신고 수리 업무를 대통령령으로 정하는 바에 따라 관련 단
체 등에 위탁할 수 있다. 〈신설 2020. 4. 7.〉

제8조(약사 · 한약사 국가시험 등)

① 약사 · 한약사국가시험 및 약사예비시험(이하 "국가시험등"이라 한다)은 매년 1회 이상 보건
복지부장관이 시행한다. 〈개정 2008. 2. 29., 2010. 1. 18., 2017. 2. 8.〉

② 보건복지부장관은 제1항에 따른 국가시험등의 관리를 대통령령으로 정하는 바에 따라 「한
국보건의료인국가시험원법」에 따른 한국보건의료인국가시험원으로 하여금 수행하게 할
수 있다. 〈개정 2008. 2. 29., 2010. 1. 18., 2015. 6. 22., 2017. 2. 8.〉

③ 보건복지부장관은 제2항에 따라 국가시험의 관리를 하는 한국보건의료인국가시험원에 경비
를 보조할 수 있다. 〈개정 2008. 2. 29., 2010. 1. 18., 2015. 6. 22.〉

④ 국가시험등에 관한 사항은 대통령령으로 정한다. 〈개정 2017. 2. 8.〉

[제목개정 2017. 2. 8.]

제9조(응시자격 제한)

제5조제1호부터 제3호까지의 규정에 해당하는 자는 국가시험등에 응시할 수 없다.

〈개정 2017. 2. 8.〉

제10조(수험자의 부정행위)

① 국가시험등에서 부정행위를 한 자에 대하여는 그 시험을 정지시키며, 합격 후에 부정행위가 발견된 자에 대하여는 합격을 무효로 한다. 〈개정 2017. 2. 8.〉

② 보건복지부장관은 제1항에 해당하는 자에게 2년간 국가시험등에 응시하지 못하게 할 수 있다. 〈개정 2008. 2. 29., 2010. 1. 18., 2017. 2. 8.〉

제2절 약사회 및 한약사회

제11조(약사회)

① 약사(藥師)는 약사(藥事)에 관한 연구와 약사윤리(藥師倫理) 확립, 약사의 권익 증진 및 자질 향상을 위하여 대통령령으로 정하는 바에 따라 대한약사회(이하 "약사회"라 한다)를 설립하여야 한다.

② 약사회는 법인으로 한다.

③ 약사회가 설립되면 약사는 당연히 그 회원이 된다.

④ 약사회에 대하여는 이 법에서 규정한 것 외에 「민법」 중 사단법인에 관한 규정을 준용한다.

⑤ 약사회는 제79조의2에 따른 면허취소 및 자격정지 처분 요구에 대한 심의·의결을 위하여 윤리위원회를 둔다. 〈신설 2011. 6. 7., 2017. 10. 24.〉

⑥ 윤리위원회의 구성, 운영 등에 관한 사항은 대통령령으로 정한다. 〈신설 2011. 6. 7.〉

제12조(한약사회)

① 한약사는 한약 및 한약제제에 관련된 약사(藥事)에 관한 연구와 한약사윤리 확립, 한약사의 권익 증진 및 자질 향상을 위하여 대통령령으로 정하는 바에 따라 대한한약사회(이하 "한약사회"라 한다)를 설립하여야 한다.

② 한약사회는 법인으로 한다.

③ 한약사회가 설립되면 한약사는 당연히 그 회원이 된다.

④ 한약사회에 대하여는 이 법에서 규정한 것 외에 「민법」 중 사단법인에 관한 규정을 준용한다.

⑤ 한약사회는 제79조의2에 따른 면허취소 및 자격정지 처분 요구에 대한 심의·의결을 위하여 윤리위원회를 둔다. 〈신설 2011. 6. 7., 2017. 10. 24.〉

⑥ 윤리위원회의 구성, 운영 등에 관한 사항은 대통령령으로 정한다. 〈신설 2011. 6. 7.〉

제13조(인가 등)

① 약사회 또는 한약사회를 설립하려면 대통령령으로 정하는 바에 따라 정관이나 그 밖에 필요한 서류를 보건복지부장관에게 제출하고 보건복지부장관의 인가를 받아야 한다.

〈개정 2008. 2. 29., 2010. 1. 18.〉

② 약사회 또는 한약사회가 정관에 적어야 할 사항은 대통령령으로 정한다.

③ 약사회 또는 한약사회가 정관을 변경하려면 보건복지부장관의 인가를 받아야 한다.

〈개정 2008. 2. 29., 2010. 1. 18.〉

제14조(약사회 및 한약사회의 지부 등)

① 약사회 및 한약사회는 대통령령으로 정하는 바에 따라 특별시 · 광역시 · 특별자치시 · 도 · 특별자치도(이하 "시 · 도"라 한다)에 지부를 설치하여야 하며, 특별시 · 광역시의 구와 시(특별자치도의 경우에는 행정시를 말한다. 이하 같다) · 군에 분회를 설치할 수 있다.

〈개정 2011. 6. 7., 2015. 1. 28.〉

② 약사회 또는 한약사회가 그 지부 또는 분회를 설치하면 지체 없이 특별시장 · 광역시장 · 특별자치시장 · 도지사 · 특별자치도지사(이하 "시 · 도지사"라 한다)에게 신고하여야 한다.

〈개정 2015. 1. 28.〉

제15조(연수교육)

① 보건복지부장관은 약사 및 한약사의 자질 향상을 위하여 필요한 연수교육을 명할 수 있다.

〈개정 2008. 2. 29., 2010. 1. 18.〉

② 제1항의 연수교육에 필요한 사항은 보건복지부령으로 정한다. 〈개정 2008. 2. 29., 2010. 1. 18.〉

제16조(협조의무와 위탁)

① 약사회 또는 한약사회는 보건복지부장관으로부터 국민보건 향상에 필요한 사업이나, 약사(藥事) 및 약사 윤리 또는 한약사 윤리에 대한 협조 요청을 받으면 이에 협조하여야 한다.

〈개정 2008. 2. 29., 2010. 1. 18.〉

② 보건복지부장관은 대통령령으로 정하는 바에 따라 약사(藥事) 및 약사 윤리 또는 한약사 윤리에 관한 업무의 일부를 약사회 또는 한약사회에 위탁할 수 있다.

〈개정 2008. 2. 29., 2010. 1. 18.〉

제17조(경비 보조)

보건복지부장관은 약사회 또는 한약사회의 사업이 국민보건 향상에 필요하다고 인정할 때나 약사회 또는 한약사회에 대하여 약사(藥事) 또는 한약사(韓藥事)에 관한 교육·조사·연구를 명령하거나 위탁한 경우에는 필요한 경비의 전부 또는 일부를 보조할 수 있다.

〈개정 2008. 2. 29., 2010. 1. 18.〉

제3장 약사(藥事)심의위원회

제18조(중앙약사심의위원회)

① 보건복지부장관과 식품의약품안전처장의 자문에 응하게 하기 위하여 식품의약품안전처에 중앙약사심의위원회(이하 이 조에서 "위원회"라 한다)를 둔다.

〈개정 2008. 2. 29., 2010. 1. 18., 2013. 3. 23., 2019. 1. 15.〉

② 위원회는 위원장 2명과 부위원장 2명을 포함한 300명 이내의 위원으로 구성한다. 이 경우 공무원이 아닌 위원이 전체 위원의 과반수가 되도록 하여야 한다. 〈신설 2019. 1. 15., 2021. 7. 20.〉

③ 위원장은 식품의약품안전처차장과 식품의약품안전처장이 지명하는 민간위원이 공동으로 하고, 부위원장은 보건복지부 및 식품의약품안전처의 고위공무원단에 속하는 공무원 각 1명으로 한다. 〈신설 2019. 1. 15., 2021. 7. 20.〉

④ 위원은 약사 관계 공무원, 약사 관련 단체의 장이 추천하는 사람 또는 약사에 관한 학식과 경험이 풍부한 사람 중에서 식품의약품안전처장이 임명하거나 위촉하며, 보건복지부장관은 위원을 추천할 수 있다. 〈신설 2019. 1. 15.〉

⑤ 위원의 임기는 2년으로 한다. 다만, 공무원인 위원의 임기는 해당 직(職)에 재직하는 기간으로 한다. 〈신설 2019. 1. 15.〉

⑥ 위원회의 업무를 효율적으로 수행하기 위하여 분야별로 분과위원회를 둘 수 있다.

〈신설 2021. 7. 20.〉

⑦ 위원회와 분과위원회의 위원장은 심의와 관련하여 필요한 경우 약사(藥事)에 관한 전문적인 지식과 경험이 있는 관계 전문가를 참석하게 하여 의견을 들을 수 있다. 〈신설 2021. 7. 20.〉

⑧ 그 밖에 위원회 및 분과위원회의 구성과 운영 등에 필요한 사항은 대통령령으로 정한다.

〈개정 2019. 1. 15., 2021. 7. 20.〉

제19조삭제 〈2011. 3. 30.〉

제4장 약국과 조제

제1절 약국

제20조(약국 개설등록)

① 약사 또는 한약사가 아니면 약국을 개설할 수 없다.

② 약국을 개설하려는 자는 보건복지부령으로 정하는 바에 따라 시장·군수·구청장(자치구의 구청장을 말한다. 이하 같다)에게 개설등록을 하여야 한다. 등록된 사항을 변경할 때에도 또한 같다. 〈개정 2008. 2. 29., 2010. 1. 18.〉

③ 제2항에 따른 등록을 하려는 자는 대통령령으로 정하는 시설 기준에 따라 필요한 시설을 갖추어야 한다.

④ 시·도지사는 대통령령으로 정하는 기준에 따라 시·도의 규칙으로 약국의 개설등록 기준을 정할 수 있다.

⑤ 다음 각 호의 어느 하나에 해당하는 경우에는 개설등록을 받지 아니한다.

　1. 제76조에 따라 개설등록이 취소된 날부터 6개월이 지나지 아니한 자인 경우

　2. 약국을 개설하려는 장소가 의료기관의 시설 안 또는 구내인 경우

　3. 의료기관의 시설 또는 부지의 일부를 분할·변경 또는 개수(改修)하여 약국을 개설하는 경우

　4. 의료기관과 약국 사이에 전용(專用) 복도·계단·승강기 또는 구름다리 등의 통로가 설치되어 있거나 이를 설치하는 경우

⑥ 제2항에 따라 개설등록한 약국이 아니면 약국의 명칭이나 이와 비슷한 명칭을 사용하지 못한다. 〈신설 2014. 3. 18.〉

[헌법불합치, 2000헌바84 2002. 9. 19. 약사법(2000. 1. 12. 법률 제6153호로 개정된 것) 제20조제1항은 헌법에 합치하지 아니한다. 이 법률조항은 입법자가 개정할 때까지 계속 적용된다.]

제21조(약국의 관리의무)

① 약사 또는 한약사는 하나의 약국만을 개설할 수 있다.

② 약국개설자는 자신이 그 약국을 관리하여야 한다. 다만, 약국개설자 자신이 그 약국을 관리

할 수 없는 경우에는 대신할 약사 또는 한약사를 지정하여 약국을 관리하게 하여야 한다.

③ 약국을 관리하는 약사 또는 한약사는 약국 관리에 필요한 다음 각 호의 사항을 지켜야 한다.

〈개정 2008. 2. 29., 2010. 1. 18., 2011. 6. 7., 2013. 3. 23., 2015. 12. 29.〉

1. 약국의 시설과 의약품을 보건위생상 위해(危害)가 없고 의약품의 효능이 떨어지지 아니하도록 관리할 것

2. 보건위생과 관련된 사고가 없도록 종업원을 철저히 감독할 것

3. 보건위생에 위해를 끼칠 염려가 있는 물건을 약국에 두지 아니할 것

4. 의약품 등의 사용과 관련하여 부작용 등이 발생한 경우에는 필요한 안전대책을 강구할 것

5. 약사, 한약사가 의약품을 조제 또는 판매하는 경우에는 보건복지부령으로 정하는 바에 따라 환자가 그 신분을 알 수 있도록 명찰을 달 것(제23조제1항 단서 또는 제44조제1항 단서에 따라 조제 또는 판매행위를 하는 대학의 학생이 보건복지부령으로 정하는 바에 따라 환자가 그 신분을 알 수 있도록 명찰을 달도록 지시·감독할 것을 포함한다)

6. 그 밖에 제1호부터 제5호까지의 규정에 준하는 사항으로서 약국의 시설과 의약품을 보건상 위해가 없도록 관리하기 위하여 필요하다고 인정하여 식품의약품안전처장과 협의하여 보건복지부령으로 정하는 사항

제21조의2(약국개설자의 지위 승계)

① 약국개설자가 영업을 양도한 경우에 그 양수인이 종전의 약국개설자의 지위를 승계하려는 경우에는 그 양도일부터 1개월 이내에 보건복지부령으로 정하는 바에 따라 그 사실을 시장·군수·구청장에게 신고하여야 한다.

② 시장·군수·구청장은 제1항에 따른 신고를 받은 경우에는 그 내용을 검토하여 이 법에 적합하면 신고를 수리하여야 한다. 이 경우 시장·군수·구청장은 양수인이 약사 또는 한약사가 아니거나 제5조 각 호의 어느 하나에 해당하는 경우에는 신고를 수리하여서는 아니 된다.

③ 제1항에 따른 신고가 수리된 경우에는 양수인은 그 양수일부터 종전 약국개설자의 지위를 승계한다.

[본조신설 2019. 1. 15.]

제22조(폐업 등의 신고)

약국개설자는 약국을 폐업 또는 휴업하거나 휴업하였던 약국을 다시 연 경우에는 폐업·휴업 또는 다시 연 날부터 7일 이내에 보건복지부령으로 정하는 바에 따라 이를 관할 시장·군수·구청장에게 신고하여야 한다. 다만, 휴업기간이 1개월 미만인 경우에는 그러하지 아니하다.

제2절 조제

제23조(의약품 조제)

① 약사 및 한약사가 아니면 의약품을 조제할 수 없으며, 약사 및 한약사는 각각 면허 범위에서 의약품을 조제하여야 한다. 다만, 약학을 전공하는 대학의 학생은 보건복지부령으로 정하는 범위에서 의약품을 조제할 수 있다. 〈개정 2008. 2. 29., 2010. 1. 18.〉

② 약사 또는 한약사가 의약품을 조제할 때에는 약국 또는 의료기관의 조제실(제92조제1항제2호후단에 따라 한국희귀·필수의약품센터에 설치된 조제실을 포함한다)에서 하여야 한다. 다만, 시장·군수·구청장의 승인을 받은 경우에는 예외로 한다. 〈개정 2016. 12. 2.〉

③ 의사 또는 치과의사는 전문의약품과 일반의약품을 처방할 수 있고, 약사는 의사 또는 치과의사의 처방전에 따라 전문의약품과 일반의약품을 조제하여야 한다. 다만, 다음 각 호의 어느 하나에 해당하면 의사 또는 치과의사의 처방전 없이 조제할 수 있다.

〈개정 2008. 2. 29., 2009. 12. 29., 2010. 1. 18., 2020. 8. 11.〉

1. 의료기관이 없는 지역에서 조제하는 경우

2. 재해가 발생하여 사실상 의료기관이 없게 되어 재해 구호를 위하여 조제하는 경우

3. 감염병이 집단으로 발생하거나 발생할 우려가 있다고 보건복지부장관 또는 질병관리청장이 인정하여 경구용(經口用) 감염병 예방접종약을 판매하는 경우

4. 사회봉사 활동을 위하여 조제하는 경우

④ 제1항에도 불구하고 의사 또는 치과의사는 다음 각 호의 어느 하나에 해당하는 경우에는 자신이 직접 조제할 수 있다. 〈개정 2007. 12. 21., 2008. 2. 29., 2009. 11. 2., 2009. 12. 29., 2010. 1. 18., 2011. 3. 30., 2012. 2. 1., 2015. 7. 24., 2016. 5. 29., 2018. 3. 27., 2021. 1. 5.〉

1. 약국이 없는 지역에서 조제하는 경우

2. 재해가 발생하여 사실상 약국이 없게 되어 재해 구호를 위하여 조제하는 경우

3. 응급환자 및 조현병(調絃病) 또는 조울증 등으로 자신 또는 타인을 해칠 우려가 있는 정신질환자에 대하여 조제하는 경우

4. 입원환자, 「감염병의 예방 및 관리에 관한 법률」 제2조제13호에 따른 감염병환자 중 콜레라·장티푸스·파라티푸스·세균성이질·장출혈성대장균감염증·A형간염환자 및 「사회복지사업법」에 따른 사회복지시설에 입소한 자에 대하여 조제하는 경우(사회복지

시설에서 숙식을 하지 아니하는 자인 경우에는 해당 시설을 이용하는 동안에 조제하는 경우만 해당한다)

5. 주사제를 주사하는 경우

6. 감염병 예방접종약·진단용 의약품 등 보건복지부령으로 정하는 의약품을 투여하는 경우

7. 「지역보건법」에 따른 보건소 및 보건지소의 의사·치과의사가 그 업무(보건소와 보건복지부장관이 지정하는 보건지소의 지역 주민에 대한 외래 진료 업무는 제외한다)로서 환자에 대하여 조제하는 경우

8. 국가유공자 등 예우 및 지원에 관한 법령에 따른 상이등급 1급부터 3급까지에 해당하는 자, 「5·18민주유공자예우 및 단체설립에 관한 법률」에 따른 5·18민주화운동부상자 중 장해등급 1급부터 4급까지에 해당하는 자, 고엽제 후유의증 환자 지원 등에 관한 법령에 따른 고도장애인, 장애인복지 관련 법령에 따른 1급·2급 장애인 및 이에 준하는 장애인, 파킨슨병 환자 또는 한센병 환자에 대하여 조제하는 경우

9. 장기이식을 받은 자에 대하여 이에 관련된 치료를 하거나 후천성 면역결핍증 환자에 대하여 해당 질병을 치료하기 위하여 조제하는 경우

10. 병역의무를 수행 중인 군인·의무경찰과 「형의 집행 및 수용자의 처우에 관한 법률」 및 「군에서의 형의 집행 및 군수용자의 처우에 관한 법률」에 따른 교정시설, 「보호소년 등의 처우에 관한 법률」에 따른 보호소년 수용시설 및 「출입국관리법」에 따른 외국인 보호시설에 수용 중인 자에 대하여 조제하는 경우

11. 「결핵예방법」에 따라 결핵치료제를 투여하는 경우(보건소·보건지소 및 대한결핵협회 부속의원만 해당한다)

12. 사회봉사 활동을 위하여 조제하는 경우

13. 국가안전보장에 관련된 정보 및 보안을 위하여 처방전을 공개할 수 없는 경우

14. 그 밖에 대통령령으로 정하는 경우

⑤ 제3항제1호에 따른 의료기관이 없는 지역 및 제4항제1호에 따른 약국이 없는 지역의 범위에 관하여는 보건복지부장관이 정한다. 〈개정 2008. 2. 29., 2010. 1. 18.〉

⑥ 한약사가 한약을 조제할 때에는 한의사의 처방전에 따라야 한다. 다만, 보건복지부장관이 정하는 한약 처방의 종류 및 조제 방법에 따라 조제하는 경우에는 한의사의 처방전 없이도 조제할 수 있다. 〈개정 2008. 2. 29., 2010. 1. 18.〉

⑦ 의료기관의 조제실에서 조제업무에 종사하는 약사는 「의료법」 제18조에 따라 처방전이 교부된 환자를 위하여 의약품을 조제하여서는 아니 된다.

제23조의2(의약품정보의 확인)

① 약사는 제23조제3항에 따라 의약품을 조제하는 경우에는 다음 각 호의 정보(이하 "의약품정보"라 한다)를 미리 확인하여야 한다.

1. 환자에게 처방 또는 투여되고 있는 의약품과 동일한 성분의 의약품인지 여부

2. 식품의약품안전처장이 병용금기, 특정연령대 금기 또는 임부금기 등으로 고시한 성분이 포함되는지 여부

3. 그 밖에 보건복지부령으로 정하는 정보

② 제1항에도 불구하고 약사는 의약품정보를 확인할 수 없는 정당한 사유가 있을 때에는 이를 확인하지 아니할 수 있다.

③ 제1항에 따른 의약품정보의 확인방법 · 절차, 제2항에 따른 의약품정보를 확인할 수 없는 정당한 사유 등은 보건복지부령으로 정한다.

[본조신설 2015. 12. 29.]

제23조의3(의약품안전사용정보시스템의 구축 · 운영 등)

① 보건복지부장관은 제23조의2 및 「의료법」 제18조의2에 따른 의약품정보의 확인을 지원하기 위하여 의약품안전사용정보시스템(이하 "정보시스템"이라 한다)을 구축 · 운영할 수 있다.

② 보건복지부장관은 정보시스템의 운영을 보건복지부령으로 정하는 전문기관에 위탁할 수 있다. 이 경우 보건복지부장관은 정보시스템의 운영에 소요되는 비용의 전부 또는 일부를 지원할 수 있다.

③ 보건복지부장관 또는 제2항에 따라 위탁받은 전문기관의 장은 의사, 치과의사, 약사 등에 대하여 정보시스템 운영에 필요한 정보(「개인정보 보호법」 제23조에 따른 민감정보 및 같은 법 제24조에 따른 고유식별정보를 포함한다. 이 경우 해당 정보는 「개인정보 보호법」에 따라 보호하여야 한다)로서 보건복지부령으로 정하는 자료를 요청하여 처리할 수 있다. 이 경우 요청을 받은 의사, 치과의사, 약사 등은 특별한 사유가 없으면 이에 따라야 한다.

④ 보건복지부장관은 제1항에 따른 정보시스템의 원활한 운영을 위하여 의약품안전사용정보시스템 운영위원회(이하 이 조에서 "운영위원회"라 한다)를 설치 · 운영할 수 있다.

⑤ 제1항에 따른 정보시스템의 구축 · 운영, 제2항에 따른 위탁, 제4항에 따른 운영위원회의 구성 · 운영 등에 필요한 사항은 보건복지부령으로 정한다.

[본조신설 2015. 12. 29.]

제24조(의무 및 준수 사항)

① 약국에서 조제에 종사하는 약사 또는 한약사는 조제 요구를 받으면 정당한 이유 없이 조제를 거부할 수 없다.

② 약국개설자(해당 약국 종사자를 포함한다. 이하 이 조에서 같다)와 의료기관 개설자(해당 의료기관의 종사자를 포함한다. 이하 이 조에서 같다)는 다음 각 호의 어느 하나에 해당하는 담합 행위를 하여서는 아니 된다. 〈개정 2018. 12. 11.〉

1. 약국개설자가 특정 의료기관의 처방전을 가진 자에게 약제비의 전부 또는 일부를 면제하여 주는 행위

2. 약국개설자 또는 의료기관 개설자가 직접 또는 제3자를 통하여 다른 약국개설자 또는 의료기관 개설자에게 처방전 알선의 대가로 금전, 물품, 편익, 노무, 향응, 그 밖의 경제적 이익을 제공·요구·약속하거나 다른 약국개설자 또는 의료기관 개설자로부터 이를 받는 행위

3. 의료기관 개설자가 처방전을 가진 자에게 특정 약국에서 조제 받도록 지시하거나 유도하는 행위(환자의 요구에 따라 지역 내 약국들의 명칭·소재지 등을 종합하여 안내하는 행위는 제외한다)

4. 의사 또는 치과의사가 제25조제2항에 따라 의사회 분회 또는 치과의사회 분회가 약사회 분회에 제공한 처방의약품 목록에 포함되어 있는 의약품과 같은 성분의 다른 품목을 반복하여 처방하는 행위(그 처방전에 따라 의약품을 조제한 약사의 행위도 또한 같다)

5. 제1호부터 제4호까지의 규정에 해당하는 행위와 유사하여 담합의 소지가 있는 행위로서 대통령령으로 정하는 행위

③ 제23조제2항에 따른 의료기관의 조제실에 근무하는 약사 또는 한약사가 의약품을 조제할 때에는 식품의약품안전처장과 협의하여 보건복지부령으로 정하는 사항을 지켜야 한다.

〈개정 2008. 2. 29., 2010. 1. 18., 2013. 3. 23.〉

④ 약사는 의약품을 조제하면 환자 또는 환자보호자에게 필요한 복약지도(服藥指導)를 구두 또는 복약지도서(복약지도에 관한 내용을 환자가 읽기 쉽고 이해하기 쉬운 용어로 설명한 서면 또는 전자문서를 말한다)로 하여야 한다. 이 경우 복약지도서의 양식 등 필요한 사항은 보건복지부령으로 정한다. 〈개정 2014. 3. 18.〉

⑤ 보건복지부장관은 약사가 적정한 처방건수를 조제하게 하여 제4항에 따른 복약지도를 충실히 할 수 있도록 필요한 조치를 강구할 수 있다. 〈개정 2008. 3. 3., 2010. 1. 18.〉

제25조(처방의약품 목록 작성 등)

① 의료기관 개설자는 해당 의료기관에서 처방하려는 의약품의 목록을 그 의료기관이 소재하는 시·군·구의 「의료법」 제28조제5항에 따라 설치된 시·군·구 의사회 분회 또는 치과의사회 분회(이하 "의사회분회등"이라 한다)에 제출한다.

② 의사회분회등은 제1항에 따른 의료기관별 처방의약품 목록에서 품목 수를 적정하게 조정한 지역처방의약품 목록과 그 지역처방의약품 목록의 범위에서 조정된 의료기관별 처방의약품 목록을 해당 시·군·구의 약사회 분회에 제공한다.

③ 약사회 분회는 제2항에 따라 의사회분회등으로부터 지역처방의약품 목록과 의료기관별 처방의약품 목록을 받으면 해당 지역의 약국개설자에게 이를 통보하여 갖추도록 한다.

④ 약국개설자가 제2항에 따른 처방의약품 목록에 따라 의약품을 갖추는 데 어려움이 있어서 그 품목 수를 조정할 필요가 있으면 의사회분회등과 약사회 분회가 협의하여 조정할 수 있다. 품목 수가 추가되거나 변경되는 경우에도 또한 같다.

⑤ 의사회분회등은 제2항에 따른 처방의약품 목록을 변경하거나 추가하려면 30일 전에 약사회 분회에 이를 통보한다.

제26조(처방의 변경·수정)

① 약사 또는 한약사는 처방전을 발행한 의사·치과의사·한의사 또는 수의사의 동의 없이 처방을 변경하거나 수정하여 조제할 수 없다.

② 약사 또는 한약사는 처방전에 표시된 의약품의 명칭·분량·용법 및 용량 등이 다음 각 호의 어느 하나로 의심되는 경우 처방전을 발행한 의사·치과의사·한의사 또는 수의사에게 전화 및 팩스를 이용하거나 「정보통신망 이용촉진 및 정보보호 등에 관한 법률」 제2조제1항제1호에 따른 정보통신망을 통하여 의심스러운 점을 확인한 후가 아니면 조제를 하여서는 아니 된다.　　〈개정 2007. 7. 27., 2008. 2. 29., 2010. 1. 18., 2011. 12. 31., 2013. 3. 23., 2015. 12. 29.〉

1. 식품의약품안전처장이 의약품의 안정성·유효성 문제로 의약품 품목 허가 또는 신고를 취소한 의약품이 기재된 경우

2. 의약품의 제품명 또는 성분명을 확인할 수 없는 경우

3. 식품의약품안전처장이 병용금기, 특정연령대 금기 또는 임부금기 성분으로 고시한 의약품이 기재된 경우. 다만, 의사 또는 치과의사가 「의료법」 제18조의2제1항에 따라 정보시스템을 활용하여 그 사유를 기재하거나, 처방전에 그 사유를 기재한 경우 등 보건복지부령으로 정하는 경우는 제외한다.

③ 제1항에 따른 처방의 변경 및 수정 방법과 절차 등 세부적인 사항은 보건복지부령으로 정한

다. 〈개정 2008. 2. 29., 2010. 1. 18.〉

제27조(대체조제)

① 약사는 의사 또는 치과의사가 처방전에 적은 의약품을 성분·함량 및 제형이 같은 다른 의약품으로 대체하여 조제하려는 경우에는 미리 그 처방전을 발행한 의사 또는 치과의사의 동의를 받아야 한다.

② 제1항에도 불구하고 약사는 다음 각 호의 어느 하나에 해당하면 그 처방전을 발행한 의사 또는 치과의사의 사전 동의 없이 대체조제를 할 수 있다. 〈개정 2013. 3. 23.〉

1. 식품의약품안전처장이 생물학적 동등성이 있다고 인정한 품목(생체를 이용한 시험을 할 필요가 없거나 할 수 없어서 생체를 이용하지 아니하는 시험을 통하여 생물학적 동등성을 입증한 의약품을 포함한다)으로 대체하여 조제하는 경우. 다만, 의사 또는 치과의사가 처방전에 대체조제가 불가하다는 표시를 하고 임상적 사유 등을 구체적으로 적은 품목은 제외한다.

2. 처방전에 기재된 의약품의 제조업자와 같은 제조업자가 제조한 의약품으로서 처방전에 적힌 의약품과 성분·제형은 같으나 함량이 다른 의약품으로 같은 처방 용량을 대체조제하는 경우. 다만, 일반의약품은 일반의약품으로, 전문의약품은 전문의약품으로 대체조제하는 경우만 해당한다.

3. 약국이 소재하는 시·군·구 외의 지역에 소재하는 의료기관에서 발행한 처방전에 적힌 의약품이 해당 약국이 있는 지역의 지역처방의약품 목록에 없고, 해당 약국의 지역처방의약품 목록 중 처방전에 적힌 의약품과 그 성분·함량 및 제형이 같은 의약품으로 대체조제하는 경우로서 그 처방전을 발행한 의사 또는 치과의사의 동의를 미리 받기 어려운 부득이한 사정이 있는 경우

③ 약사는 제1항 또는 제2항에 따라 처방전에 적힌 의약품을 대체조제한 경우에는 그 처방전을 지닌 자에게 즉시 대체조제한 내용을 알려야 한다.

④ 약사는 제2항에 따라 처방전에 적힌 의약품을 대체조제한 경우에는 그 처방전을 발행한 의사 또는 치과의사에게 대체조제한 내용을 1일(부득이한 사유가 있는 경우에는 3일) 이내에 통보하여야 한다. 다만, 미리 그 처방전을 발행한 의사 또는 치과의사의 동의를 받거나 처방전에 기재한 전화·팩스번호가 사실과 다른 경우 등 보건복지부령으로 정하는 사유가 있는 경우에는 그러하지 아니하다. 〈개정 2015. 12. 29.〉

⑤ 의사 또는 치과의사의 사전 동의 없이 처방전에 적힌 의약품을 대체조제한 경우에는 그 대체조제한 의약품으로 인하여 발생한 약화(藥禍) 사고에 대하여 의사 또는 치과의사는 책임을

지지 아니한다.

⑥ 제1항과 제4항에 따른 동의와 통보의 방법 및 절차 등에 필요한 사항은 보건복지부령으로 정한다. 〈개정 2008. 2. 29., 2010. 1. 18.〉

제28조(조제된 약제의 표시 및 기입)

① 약사 또는 한약사는 판매할 목적으로 조제한 약제의 용기 또는 포장에 그 처방전에 적힌 환자의 이름·용법 및 용량, 그 밖에 보건복지부령으로 정하는 사항을 적어야 한다.

〈개정 2008. 2. 29., 2010. 1. 18.〉

② 약사 또는 한약사가 조제를 한 경우에는 그 처방전에 조제 연월일과 그 밖에 보건복지부령으로 정하는 사항을 적어야 한다. 〈개정 2008. 2. 29., 2010. 1. 18.〉

제29조(처방전의 보존)

약사 또는 한약사가 약국에서 조제한 처방전은 조제한 날부터 2년 동안 보존하여야 한다.

제30조(조제기록부)

① 약사는 약국에서 의약품을 조제(제23조제3항 각 호 외의 부분 단서 및 각 호에 따라 처방전 없이 조제하는 경우를 포함한다. 이하 이 조에서 같다)하면 환자의 인적 사항, 조제 연월일, 처방 약품명과 일수, 조제 내용 및 복약지도 내용, 그 밖에 보건복지부령으로 정하는 사항을 조제기록부(전자문서로 작성한 것을 포함한다)에 적어 5년 동안 보존하여야 한다.

〈개정 2008. 2. 29., 2010. 1. 18., 2011. 3. 30.〉

② 환자는 약사에게 본인에 관한 기록의 열람 또는 사본의 발급 등 그 내용의 확인을 요청할 수 있다. 이 경우 약사는 정당한 사유 없이 이를 거부하여서는 아니 된다. 〈개정 2015. 12. 29.〉

③ 약사는 환자가 아닌 다른 사람에게 환자에 관한 조제기록부를 열람하게 하거나 그 사본을 내주는 등 내용을 확인할 수 있게 하여서는 아니 된다. 다만, 다음 각 호의 어느 하나에 해당하는 경우에는 그 내용을 확인하게 할 수 있다. 〈신설 2015. 12. 29.〉

1. 환자의 배우자, 직계존속·비속, 형제·자매(환자의 배우자 및 직계존속·비속, 배우자의 직계존속이 모두 없는 경우에 한정한다) 또는 배우자의 직계존속이 환자 본인의 동의서와 친족관계임을 나타내는 증명서 등을 첨부하는 등 보건복지부령으로 정하는 요건을 갖추어 요청한 경우

2. 환자가 지정하는 대리인이 환자 본인의 동의서와 대리권이 있음을 증명하는 서류를 첨부하는 등 보건복지부령으로 정하는 요건을 갖추어 요청한 경우

3. 환자의 법정대리인(「민법」 제928조 또는 제936조에 따른 후견인으로 한정한다)이 대리 권이 있음을 증명하는 서류를 첨부하는 등 보건복지부령으로 정하는 요건을 갖추어 요청한 경우

4. 환자가 사망하거나 의식이 없는 등 환자의 동의를 받을 수 없어 환자의 배우자, 직계존 속ㆍ비속, 형제ㆍ자매(환자의 배우자 및 직계존속ㆍ비속, 배우자의 직계존속이 모두 없는 경우에 한정한다) 또는 배우자의 직계존속이 친족관계임을 나타내는 증명서 등을 첨부하 는 등 보건복지부령으로 정하는 요건을 갖추어 요청한 경우

5. 「국민건강보험법」 제14조, 제47조, 제48조 및 제63조에 따라 급여비용 심사ㆍ지급ㆍ대 상여부 확인ㆍ사후관리 및 요양급여의 적정성 평가ㆍ가감지급 등을 위하여 국민건강보험 공단 또는 건강보험심사평가원에 제공하는 경우

6. 「의료급여법」 제5조, 제11조, 제11조의3 및 제33조에 따라 의료급여 수급권자 확인, 급 여비용의 심사ㆍ지급, 사후관리 등 의료급여 업무를 위하여 보장기관(시ㆍ군ㆍ구), 국민 건강보험공단, 건강보험심사평가원에 제공하는 경우

7. 「형사소송법」 제106조, 제215조 또는 제218조에 따른 경우

8. 「민사소송법」 제347조에 따라 문서제출을 명한 경우

제5장 의약품등의 제조 및 수입 등

제1절 의약품등의 제조업

제31조(제조업 허가 등)

① 의약품 제조를 업(業)으로 하려는 자는 대통령령으로 정하는 시설기준에 따라 필요한 시설 을 갖추고 총리령으로 정하는 바에 따라 식품의약품안전처장의 허가를 받아야 한다.

〈개정 2008. 2. 29., 2010. 1. 18., 2013. 3. 23.〉

② 제1항에 따른 제조업자가 그 제조(다른 제조업자에게 제조를 위탁하는 경우를 포함한다)한 의약품을 판매하려는 경우에는 총리령으로 정하는 바에 따라 품목별로 식품의약품안전처장 의 제조판매품목허가(이하 "품목허가"라 한다)를 받거나 제조판매품목 신고(이하 "품목신고"

라 한다)를 하여야 한다. 〈개정 2013. 3. 23.〉

③ 제1항에 따른 제조업자 외의 자(제4호의 경우 제91조제1항에 따른 한국희귀 · 필수의약품센터만 해당한다)가 다음 각 호의 어느 하나에 해당하는 의약품을 제조업자에게 위탁제조하여 판매하려는 경우에는 총리령으로 정하는 바에 따라 식품의약품안전처장에게 위탁제조판매업신고를 하여야 하며, 품목별로 품목허가를 받아야 한다.

〈개정 2008. 2. 29., 2010. 1. 18., 2013. 3. 23., 2015. 1. 28., 2017. 10. 24., 2018. 12. 11.〉

1. 제34조제1항에 따라 식품의약품안전처장으로부터 임상시험계획의 승인을 받아 임상시험(생물학적 동등성시험은 제외한다. 이하 이 항에서 같다)을 실시한 의약품

2. 제1호에 따른 임상시험 외에 외국에서 실시한 임상시험 중 총리령으로 정하는 임상시험을 실시한 의약품

3. 외국에서 판매되고 있는 의약품 중 국내 제조업자에게 제제기술을 이전한 의약품으로서 총리령으로 정하는 의약품

4. 제91조제1항에 따른 한국희귀 · 필수의약품센터에서 취급하는 같은 항 각 호에 따른 의약품

④ 의약외품의 제조를 업으로 하려는 자는 대통령령으로 정하는 시설기준에 따라 필요한 시설을 갖추고 식품의약품안전처장에게 제조업신고를 하여야 하며, 품목별로 품목허가를 받거나 품목신고를 하여야 한다. 〈개성 2013. 3. 23.〉

⑤ 제2항 및 제3항에 따라 품목허가를 받거나 품목신고를 한 자(이하 "품목허가를 받은 자"라 한다)는 총리령으로 정하는 바에 따라 영업소를 설치할 수 있다.

〈개정 2008. 2. 29., 2010. 1. 18., 2013. 3. 23.〉

⑥ 제1항부터 제4항까지의 규정에도 불구하고 제34조에 따른 임상시험용 의약품 등 총리령으로 정하는 의약품 또는 의약외품(이하 "의약품등"이라 한다)에 대하여는 제조업허가 또는 품목허가를 받지 아니하거나 품목신고를 하지 아니할 수 있다. 〈신설 2011. 3. 30., 2013. 3. 23.〉

⑦ 제2항부터 제4항까지의 규정에도 불구하고 의약품등과 의료기기가 조합되어 있거나 복합 구성된 것으로서 주된 기능이 의료기기에 해당하여 「의료기기법」에 따라 허가를 받거나 신고한 제품 또는 품목은 제2항부터 제4항까지의 규정에 따라 품목허가를 받거나 품목신고를 한 것으로 본다. 〈신설 2011. 3. 30.〉

⑧ 다음 각 호의 어느 하나에 해당하는 자는 의약품등의 제조업이나 위탁제조판매업에 대한 허가를 받거나 신고를 할 수 없다. 〈개정 2011. 3. 30., 2017. 10. 24.〉

1. 제5조 각 호의 어느 하나에 해당하는 자

2. 제76조에 따라 제조업 허가가 취소되거나 위탁제조판매업소 또는 제조소(製造所)가 폐쇄된 날부터 1년이 지나지 아니한 자. 다만, 다음 각 목의 어느 하나에 해당하는 경우는 제외

한다.

　　가. 제5조제1호 또는 제3호에 해당하여 취소 또는 폐쇄된 후 정신건강의학과 전문의가 약사(藥事)에 관한 업무를 담당하는 것이 적합하다고 인정한 경우

　　나. 제5조제2호에 해당하여 취소 또는 폐쇄된 후 가정법원의 성년후견·한정후견 종료의 심판을 받은 경우

　3. 파산선고를 받고 복권되지 아니한 자

⑨ 제1항부터 제4항까지의 경우에 허가받은 사항 또는 신고한 사항 중 총리령으로 정하는 사항을 변경하려는 때에는 총리령으로 정하는 바에 따라 변경허가를 받거나 변경신고를 하여야 한다. 〈개정 2011. 3. 30., 2013. 3. 23.〉

⑩ 제2항 및 제3항에 따라 허가를 받거나 신고하려는 품목이 신약 또는 식품의약품안전처장이 지정하는 의약품인 경우에는 안전성·유효성 등에 관한 다음 각 호의 자료 중 의약품의 특성, 종류 등에 따라 총리령으로 정하는 자료를 제출하여야 한다.
〈개정 2011. 3. 30., 2013. 3. 23., 2021. 7. 20.〉

　1. 품질에 관한 자료

　2. 비임상시험자료

　3. 임상시험자료

　4. 특허관계 확인서와 그 사유를 적은 서류 및 근거자료

　5. 그 밖에 총리령으로 정하는 자료

⑪ 제10항에 따라 자료를 제출하는 의약품이 임상시험자료를 작성한 자의 의약품과 동일한 제조소에서 동일한 처방 및 제조방법으로 모든 제조공정을 동일하게 하여 제조되는 경우(완제품 포장 공정만 다르게 하여 제조되는 경우를 포함한다)에는 해당 임상시험자료를 사용할 수 있도록 하는 작성자의 동의서로 같은 항 제3호의 자료를 갈음할 수 있다. 이 경우 전문의약품(「첨단재생의료 및 첨단바이오의약품 안전 및 지원에 관한 법률」 제2조제5호에 따른 첨단바이오의약품, 생물학적 제제 및 그 밖에 식품의약품안전처장이 정하는 의약품은 제외한다)의 임상시험자료를 작성한 자는 3회에 한정하여 해당 자료의 사용에 동의할 수 있다.
〈신설 2021. 7. 20.〉

⑫ 제2항에 따라 허가를 받거나 신고하려는 품목이 신약 또는 식품의약품안전처장이 지정하는 의약품과 주성분의 종류, 함량 및 투여경로가 동일한 경우에는 다음 각 호의 자료를 총리령으로 정하는 바에 따라 제출하여야 한다. 다만, 생체를 이용하지 아니하는 시험을 하는 품목의 경우에는 식품의약품안전처장이 정하여 고시하는 자료로 제2호의 자료를 갈음할 수 있다.
〈신설 2021. 7. 20.〉

1. 품질에 관한 자료

2. 생물학적 동등성자료(생물학적 동등성에 관한 시험자료 또는 비교임상시험 성적서에 관한 자료를 말한다. 이하 이 조에서 같다)

3. 특허관계 확인서와 그 사유를 적은 서류 및 근거자료

4. 그 밖에 총리령으로 정하는 자료

⑬ 제12항에 따라 자료를 제출하는 의약품이 생물학적 동등성자료(같은 항 단서에 따라 식품의약품안전처장이 정하여 고시하는 자료를 포함한다. 이하 이 항에서 같다)를 작성한 자의 의약품과 동일한 제조소에서 동일한 처방 및 제조방법으로 모든 제조공정을 동일하게 하여 제조되는 경우(완제품 포장 공정만 다르게 하여 제조되는 경우를 포함한다)에는 해당 생물학적 동등성자료를 사용할 수 있도록 하는 작성자의 동의서로 같은 항 제2호의 자료를 갈음할 수 있다. 이 경우 생물학적 동등성자료를 작성한 자는 3회에 한정하여 해당 자료의 사용에 동의할 수 있다. 〈신설 2021. 7. 20.〉

⑭ 식품의약품안전처장은 제2항부터 제4항까지 및 제9항에 따른 신고(품목신고를 제외한다)를 받은 경우에는 그 내용을 검토하여 이 법에 적합하면 신고를 수리하여야 하고, 품목허가(변경허가를 포함한다) 신청을 받거나 품목신고(변경신고를 포함한다)를 받은 경우에는 다음 각 호의 요건을 모두 갖춘 경우에 한정하여 허가를 하거나 신고를 수리하여야 한다. 〈신설 2019. 1. 15., 2021. 7. 20.〉

1. 의약품등의 안전성·유효성이 인정될 것

2. 의약품등의 품질이 인정될 것

3. 제12항에 따라 자료를 제출하는 의약품의 경우 동등성이 인정될 것

4. 그 밖에 총리령으로 정하는 사항에 적합할 것

⑮ 제1항부터 제4항까지 및 제9항부터 제14항까지에 따른 의약품등의 제조업·위탁제조판매업 및 제조판매품목의 허가 또는 신고를 할 때 허가 또는 신고의 대상·기준·조건, 제출 자료의 종류·요건·면제·변경과 제출 방법·절차 및 관리 등에 관하여 필요한 사항은 총리령으로 정한다. 〈개정 2011. 3. 30., 2013. 3. 23., 2019. 1. 15., 2021. 7. 20.〉

(16) 의약품등의 제조업자 또는 위탁제조판매업 신고를 한 자는 다음 각 호의 어느 하나에 해당하는 의약품등의 품목허가를 받거나 품목신고를 할 수 없다. 〈신설 2021. 7. 20.〉

1. 거짓이나 그 밖의 부정한 방법으로 품목허가·변경허가를 받거나 품목신고·변경신고를 하여 품목허가 또는 품목신고가 취소된 날부터 5년이 지나지 아니한 의약품등

2. 거짓이나 그 밖의 부정한 방법으로 제53조에 따른 국가출하승인을 받아 품목허가가 취소된 날부터 3년이 지나지 아니한 의약품

[전문개정 2007. 10. 17.]

제31조의2(원료의약품의 등록 등)

① 신약의 원료의약품 또는 식품의약품안전처장이 정하여 고시하는 원료의약품을 제조하여 판매하려는 자는 총리령으로 정하는 바에 따라 그 성분·명칭과 제조방법 등 총리령으로 정하는 사항을 식품의약품안전처장에게 등록할 수 있다.　　　　　　　　　〈개정 2013. 3. 23.〉

② 식품의약품안전처장은 제1항에 따른 등록사항이 총리령으로 정하는 기준에 적합한지 여부를 검토하여 그 결과를 신청인에게 알리고, 그 내용을 원료의약품 등록대장에 기록하고 보관하여야 한다. 이 경우 해당 원료의약품의 성분 및 제조원 등 총리령으로 정하는 사항을 공고하여야 한다.　　　　　　　　　〈개정 2013. 3. 23.〉

③ 제1항 및 제2항에 따라 등록된 사항 중 총리령으로 정하는 중요한 사항을 변경하려는 자는 식품의약품안전처장에게 변경등록을 하여야 한다. 다만, 그 밖의 사항을 변경하려는 자는 보고하여야 한다.　　　　　　　　　〈개정 2013. 3. 23.〉

④ 제1항부터 제3항까지의 규정에 따라 등록된 원료의약품은 제31조제2항에 따른 품목허가를 받거나 품목신고를 한 것으로 본다.

⑤ 제1항부터 제3항까지에서 규정한 사항 외에 원료의약품의 등록·변경등록 또는 변경보고, 등록된 원료의약품의 공고 등에 필요한 사항은 총리령으로 정한다.　　　〈개정 2013. 3. 23.〉

[본조신설 2011. 3. 30.]

제31조의3삭제 〈2015. 3. 13.〉

제31조의4삭제 〈2015. 3. 13.〉

제31조의5(의약품 품목허가 등의 갱신)

① 제31조제2항 및 제3항에 따른 의약품의 품목허가 및 품목신고의 유효기간은 5년으로 한다. 다만, 다음 각 호의 어느 하나에 해당하는 의약품은 유효기간을 적용하지 아니한다.

　　　　　　　　　〈개정 2013. 3. 23.〉

　1. 원료의약품

　2. 수출만을 목적으로 생산하는 수출용 의약품

　3. 그 밖에 제1호 및 제2호에 준하는 의약품으로서 총리령으로 정하는 의약품

② 제1항에도 불구하고 제32조에 따른 재심사 대상 의약품에 대한 품목허가의 유효기간은 해당

의약품에 대한 재심사 기간이 끝난 후부터 적용한다.

③ 품목허가를 받은 자는 제1항 및 제2항에 따른 유효기간이 끝난 후에 계속하여 해당 의약품을 판매하려면 그 유효기간이 끝나기 전에 식품의약품안전처장에게 품목허가를 갱신받거나 품목신고를 갱신하여야 한다. 〈개정 2013. 3. 23.〉

④ 식품의약품안전처장은 의약품의 안전성 또는 유효성에 중대한 문제가 있다고 인정하는 경우, 제3항에 따른 갱신에 필요한 자료를 제출하지 아니한 경우 등에는 해당 의약품에 대한 품목허가 또는 품목신고를 갱신하지 아니할 수 있다. 〈개정 2013. 3. 23.〉

⑤ 품목허가를 받은 자는 제1항에 따른 유효기간 동안 제조되지 아니한 의약품에 대하여는 제3항에 따라 품목허가를 갱신받거나 품목신고를 갱신할 수 없다. 다만, 총리령으로 정하는 부득이한 사유로 제조되지 못한 의약품의 경우에는 그러하지 아니하다. 〈개정 2013. 3. 23.〉

⑥ 제1항 및 제2항에 따른 유효기간의 산정방법과 제3항 및 제4항에 따른 품목허가 및 품목신고 갱신의 기준, 방법 및 절차 등에 관하여 필요한 사항은 총리령으로 정한다. 〈개정 2013. 3. 23.〉

[본조신설 2012. 5. 14.]

제32조(신약 등의 재심사)

① 제31조제2항 및 제3항에 따라 품목허가를 받은 의약품 중 제31조제10항에 해당하는 의약품은 그 품목허가를 받은 날부터 품목에 따라 4년에서 6년이 지난 날부터 3개월 이내에 식품의약품안전처장의 재심사를 받아야 한다. 〈개정 2007. 10. 17., 2011. 3. 30., 2013. 3. 23.〉

② 제1항에 따른 재심사의 방법·절차·시기 등에 필요한 사항은 총리령으로 정한다. 〈개정 2008. 2. 29., 2010. 1. 18., 2013. 3. 23.〉

제33조(의약품등 재평가)

① 식품의약품안전처장은 제31조제2항부터 제4항까지의 규정에 따라 품목허가를 하거나 품목신고를 받은 의약품등 중 그 효능 또는 성분별로 안전성 및 유효성을 검토할 필요가 있거나, 의약품 동등성(同等性)을 입증할 필요가 있다고 인정되는 의약품에 대하여는 재평가를 할 수 있다. 〈개정 2007. 10. 17., 2013. 3. 23., 2015. 1. 28.〉

② 제1항에 따른 재평가 방법·절차 등에 필요한 사항은 식품의약품안전처장이 정한다. 〈개정 2013. 3. 23.〉

[제목개정 2015. 1. 28.]

제34조(임상시험의 계획 승인 등)

① 의약품등으로 임상시험을 하려는 자는 그에 관한 계획서를 작성하여 식품의약품안전처장의 승인을 받아야 하며, 승인받은 사항을 변경하려는 경우에도 총리령으로 정하는 바에 따라 변경승인을 받아야 한다. 다만, 임상시험 계획서 중 총리령으로 정하는 사항을 변경하려는 경우에는 식품의약품안전처장에게 보고하여야 한다. 〈개정 2013. 3. 23., 2015. 1. 28., 2017. 10. 24.〉

② 제1항에도 불구하고 판매 중인 의약품등에 대하여 그 품목허가를 받거나 품목신고를 한 범위에서 임상적인 효과 등을 관찰하고 이상 반응이 있는지를 조사하기 위한 시험 등 총리령으로 정하는 임상시험은 제1항에 따른 승인을 받지 아니할 수 있다.

〈개정 2013. 3. 23., 2017. 10. 24.〉

③ 제1항에 따라 임상시험을 하려는 자는 다음 각 호의 사항을 지켜야 한다.

〈개정 2013. 3. 23., 2017. 10. 24., 2018. 12. 11.〉

1. 제34조의2제1항에 따라 지정된 임상시험실시기관 또는 임상시험검체분석기관에서 임상시험을 실시할 것. 다만, 임상시험의 특성상 임상시험실시기관 또는 임상시험검체분석기관이 아닌 의료기관의 참여가 필요하다고 인정되는 총리령으로 정하는 임상시험은 그러하지 아니하다.

2. 총리령으로 정하는 적합한 제조시설에서 제조되거나 제조되어 수입된 의약품등을 사용하는 등 임상시험의 실시 기준을 준수할 것

3. 임상시험을 실시하기 위한 대상자의 모집 공고 시 임상시험의 명칭, 목적, 방법, 대상자 자격과 선정기준, 의뢰자와 책임자의 성명(법인명)·주소·연락처 및 예측 가능한 부작용에 관한 사항을 알릴 것

4. 삭제 〈2017. 10. 24.〉

5. 임상시험 대상자에게 발생할 수 있는 건강상의 피해를 배상 또는 보상하기 위하여 보험에 가입하고, 피해 발생으로 보상하는 경우에는 제34조의2제3항제2호에 따라 임상시험 대상자에게 사전에 설명한 보상 절차 등을 준수할 것

6. 임상시험용 의약품 등의 안전성 정보를 총리령으로 정하는 바에 따라 평가·기록·보존·보고할 것

④ 임상시험(생물학적 동등성시험은 제외한다. 이하 이 항에서 같다)을 위하여 제조되거나 제조되어 수입된 의약품등은 임상시험이 아닌 다른 용도에 사용하여서는 아니 된다. 다만, 다음 각 호의 어느 하나에 해당하여 총리령으로 정하는 바에 따라 식품의약품안전처장의 승인을 받은 경우에는 해당 의약품등을 임상시험이 아닌 다른 용도에 사용할 수 있으며, 이 경우 제34조의2제3항제2호를 준용하여야 한다. 〈개정 2013. 3. 23., 2017. 10. 24.〉

1. 말기암 또는 후천성면역결핍증 등 생명을 위협하는 중대한 질환을 가진 환자를 치료하려는 경우

2. 생명이 위급하거나 대체치료수단이 없는 등 총리령으로 정하는 응급환자를 치료하려는 경우

3. 해당 의약품등을 연구 또는 분석(사람을 대상으로 하지 아니하는 연구 또는 분석을 말한다)의 목적으로 사용하려는 경우

⑤ 식품의약품안전처장은 안전성·유효성에 문제가 있는 성분을 포함한 제제, 혈액 제제, 유전자 치료제, 세포 치료제 등에 대한 임상시험이 공익상 또는 보건위생상 위해를 끼치거나 끼칠 우려가 있으면 제1항에 따라 승인을 받으려는 임상시험을 제한할 수 있다.

〈개정 2013. 3. 23., 2017. 10. 24.〉

⑥ 식품의약품안전처장은 제1항 전단 및 후단에 따라 승인을 받은 임상시험이 그 승인을 받은 사항에 위반되거나 임상시험에 대하여 중대한 안전성·윤리성 문제가 제기되는 경우에는 임상시험을 중지하거나 임상시험의 용도로 의약품등을 사용하는 것을 금지하거나 해당 의약품등을 회수·폐기하는 등 필요한 조치를 명할 수 있다.   〈개정 2013. 3. 23., 2017. 10. 24.〉

⑦ 제1항에 따른 임상시험의 계획 승인 및 계획에 포함될 사항, 제3항제2호에 따른 임상시험의 실시 기준 등에 관하여 필요한 사항은 총리령으로 정한다.   〈개정 2013. 3. 23., 2017. 10. 24.〉

[전문개정 2011. 6. 7.]

[제목개정 2017. 10. 24.]

제34조의2(임상시험실시기관 등의 지정 등)

① 다음 각 호의 어느 하나에 해당하는 기관은 해당 호의 구분에 따라 총리령으로 정하는 시설, 전문인력 및 기구(機構)를 갖추어 총리령으로 정하는 바에 따라 식품의약품안전처장의 지정을 받아야 한다.   〈개정 2015. 1. 28., 2017. 10. 24.〉

1. 임상시험[인체로부터 수집·채취된 검체의 분석(이하 "검체분석"이라 한다)은 제외한다]을 실시하려는 기관(「의료법」 제3조에 따른 의료기관으로 한정한다)

2. 임상시험 중 검체분석을 실시하려는 기관

② 제1항제1호에 따라 지정을 받아 임상시험을 실시하는 기관(이하 "임상시험실시기관"이라 한다) 또는 같은 항 제2호에 따라 지정을 받아 검체분석을 실시하는 기관(이하 "임상시험검체분석기관"이라 한다)이 지정받은 사항을 변경하려는 경우에는 총리령으로 정하는 바에 따라 식품의약품안전처장의 변경지정을 받아야 한다. 다만, 총리령으로 정하는 사항을 변경하려는 경우에는 식품의약품안전처장에게 보고하여야 한다.   〈개정 2015. 1. 28., 2017. 10. 24.〉

③ 임상시험실시기관 또는 임상시험검체분석기관은 다음 각 호의 사항을 지켜야 한다. 다만, 제1호부터 제5호까지의 규정은 임상시험실시기관에만 해당한다.

〈개정 2017. 10. 24., 2018. 6. 12., 2018. 12. 11., 2021. 7. 20.〉

1. 사회복지시설 등 총리령으로 정하는 집단시설에 수용 중인 자(이하 이 호에서 "수용자"라 한다)를 임상시험의 대상자로 선정하지 아니할 것. 다만, 임상시험의 특성상 수용자를 그 대상으로 하는 것이 불가피한 경우로서 총리령으로 정하는 기준에 해당하는 경우에는 수용자를 임상시험의 대상자로 선정할 수 있다.

2. 임상시험의 내용, 임상시험으로 인하여 그 대상자에게 발생할 가능성이 예상되는 건강상의 피해 정도와 보상 내용 및 보상 신청 절차 등을 임상시험의 대상자에게 사전에 설명하고 서면 동의(「전자서명법」에 따른 전자서명이 기재된 전자문서를 포함한다. 이하 이 조에서 같다)를 받을 것

3. 제2호에도 불구하고 임상시험 대상자의 이해능력·의사표현능력의 결여 등의 사유로 동의를 받을 수 없는 경우에는 다음 각 목에서 정한 대리인의 서면 동의를 받을 것. 이 경우 대리인의 동의는 임상시험 대상자의 의사에 어긋나서는 아니 된다.

   가. 법정대리인

   나. 법정대리인이 없는 경우 배우자, 직계존속, 직계비속의 순으로 하되, 직계존속 또는 직계비속이 여러 사람일 경우 협의하여 정하고, 협의가 되지 아니하면 연장자가 대리인이 된다.

4. 건강한 사람을 대상으로 임상시험을 실시하는 경우에는 임상시험일 전 6개월 이내에 임상시험에 참여하지 아니한 사람을 총리령으로 정하는 바에 따라 임상시험 대상자로 선정할 것

5. 임상시험에 참여하는 대상자의 권리·안전·복지를 위하여 임상시험 실시에 관한 심사 등 업무를 수행하는 임상시험심사위원회(이하 "심사위원회"라 한다)를 설치·운영할 것. 다만, 총리령으로 정하는 바에 따라 임상시험 실시에 관한 심사 등 업무를 제34조의5제2항에 따른 중앙임상시험심사위원회 또는 다른 심사위원회에 위탁하는 경우에는 그러하지 아니하다.

6. 임상시험을 실시하였을 때에는 임상시험성적서 또는 임상시험검체분석성적서를 작성·발급하고 그 임상시험의 대상자 정보(「개인정보 보호법」 제24조에 따른 고유식별정보를 포함한다)에 관한 기록, 임상시험에서 발생한 이상반응에 관한 기록, 임상시험에 사용된 의약품의 관리에 관한 기록 및 임상시험에 관한 계약서(이하 "임상시험에 관한 기록"이라 한다)를 작성·보관·보고하는 등 총리령으로 정하는 사항을 지킬 것

④ 식품의약품안전처장 및 임상시험실시기관은 임상시험 대상자의 선정·관리 등에 관한 업무를 수행하기 위하여 당사자의 동의를 받아 「개인정보 보호법」 제23조에 따른 건강에 관한 정보와 같은 법 제24조에 따른 고유식별정보가 포함된 자료를 처리할 수 있다. 이 경우 식품의약품안전처장 및 임상시험실시기관은 「개인정보 보호법」에 따라 해당 정보를 보호하여야 한다. 〈신설 2018. 12. 11.〉

⑤ 제1항부터 제4항까지에서 규정한 사항 외에 임상시험실시기관 또는 임상시험검체분석기관의 지정요건과 절차·방법 및 운영과 관리 등에 관하여 필요한 사항은 총리령으로 정한다. 〈개정 2013. 3. 23., 2017. 10. 24., 2018. 12. 11.〉

[본조신설 2011. 6. 7.]

제34조의3(비임상시험실시기관의 지정 등)

① 의약품등의 안전성과 유효성에 관하여 사람 외의 것을 대상으로 식품의약품안전처장이 정하여 고시하는 비임상시험을 실시하려는 기관은 총리령으로 정하는 시설, 전문인력 및 기구를 갖추어 총리령으로 정하는 바에 따라 식품의약품안전처장의 지정을 받아야 한다. 〈개정 2015. 1. 28.〉

② 제1항에 따른 지정을 받아 비임상시험을 실시하는 기관(이하 "비임상시험실시기관"이라 한다)이 지정받은 사항을 변경하려는 경우에는 총리령으로 정하는 바에 따라 식품의약품안전처장의 변경지정을 받아야 한다. 다만, 총리령으로 정하는 사항을 변경하려는 경우에는 식품의약품안전처장에게 보고하여야 한다. 〈개정 2015. 1. 28.〉

③ 비임상시험실시기관은 제1항에 따른 비임상시험을 실시하였을 때에는 비임상시험성적서를 작성·발급하고 그 비임상시험에 관한 기록을 보관하는 등 총리령으로 정하는 사항을 지켜야 한다. 〈개정 2013. 3. 23.〉

④ 제1항부터 제3항까지에서 규정한 사항 외에 비임상시험실시기관의 지정요건과 절차·방법 및 운영과 관리 등에 관하여 필요한 사항은 총리령으로 정한다. 〈개정 2013. 3. 23.〉

[본조신설 2011. 6. 7.]

제34조의4(임상시험 종사자에 대한 교육)

① 임상시험실시기관의 장과 제34조제1항에 따라 임상시험을 하려는 자는 임상시험 계획서에 따라 임상시험에 참여하는 다음 각 호의 인력(이하 "임상시험 종사자"라 한다)에 대하여 전문성 향상 및 임상시험 대상자의 보호를 위하여 필요한 교육(이하 "임상시험 교육"이라 한다)을 받도록 하여야 한다. 〈개정 2017. 10. 24.〉

1. 임상시험실시기관의 임상시험 수행 책임자

2. 임상시험을 감독·확인·검토하는 모니터요원

3. 임상시험실시기관에서 제1호에 따른 책임자의 위임 및 감독에 따라 임상시험 업무를 담당하는 사람

4. 임상시험에 참여하는 임상시험 대상자의 권리 보호 및 안전에 관한 업무를 수행하는 사람으로서 총리령으로 정하는 사람

② 식품의약품안전처장은 임상시험실시기관의 장과 임상시험을 하려는 자에게 그가 고용하고 있는 임상시험 종사자가 임상시험 교육을 받을 것을 명할 수 있다. 〈개정 2017. 10. 24.〉

③ 식품의약품안전처장은 임상시험 관련 전문 단체 또는 기관 등을 임상시험 교육을 할 기관(이하 "임상시험 교육실시기관"이라 한다)으로 지정할 수 있다. 이 경우 식품의약품안전처장은 그 지정 내용을 고시하여야 한다. 〈개정 2017. 10. 24.〉

④ 임상시험 교육실시기관은 임상시험 교육에 관한 기록을 작성·보관하는 등 총리령으로 정하는 사항을 지켜야 한다. 〈개정 2017. 10. 24.〉

⑤ 제1항부터 제4항까지에서 규정한 사항 외에 교육의 내용·시간·방법 및 교육비 등 임상시험 교육에 필요한 사항과 임상시험 교육실시기관의 지정 요건 및 절차, 운영, 지정취소 등에 관하여 필요한 사항은 총리령으로 정한다. 〈개정 2017. 10. 24.〉

[본조신설 2015. 1. 28.]

[제목개정 2017. 10. 24.]

제34조의5(임상시험안전지원기관 및 중앙임상시험심사위원회)

① 식품의약품안전처장은 다음 각 호의 업무를 수행하게 하기 위하여 총리령으로 정하는 바에 따라 관계 전문기관 또는 단체를 임상시험안전지원기관으로 지정할 수 있다.

1. 심사위원회의 운영에 대한 자문 등 지원

2. 제2항에 따른 중앙임상시험심사위원회의 운영에 대한 지원

3. 임상시험 안전성 정보에 대한 분석 및 연구

4. 임상시험 대상자의 권리 보호를 위한 상담 및 정보 제공

5. 임상시험 관련 홍보 및 교육 지원

6. 그 밖에 총리령으로 정하는 업무

② 제1항에 따른 임상시험안전지원기관은 제34조의2제3항제5호 단서에 따라 위탁받은 임상시험 실시에 관한 심사 업무를 수행하게 하기 위하여 중앙임상시험심사위원회(이하 "중앙심사위원회"라 한다)를 구성·운영할 수 있다.

③ 식품의약품안전처장은 임상시험안전지원기관 및 중앙심사위원회의 운영과 업무 수행 등에 필요한 비용을 지원할 수 있다.

④ 임상시험안전지원기관의 지정·운영 및 중앙심사위원회의 구성·운영 등에 필요한 사항은 총리령으로 정한다.

[본조신설 2021. 7. 20.]

제35조(조건부 허가 등)

① 식품의약품안전처장은 제31조제1항 및 제2항에 따른 허가를 할 때 의약품 제조업 또는 총리령으로 정하는 품목에 대하여는 일정한 기간 내에 제31조제1항에 따른 시설을 갖출 것을 조건으로 허가(이하 "시설 조건부 허가"라 한다)할 수 있다.

〈개정 2007. 10. 17., 2008. 2. 29., 2010. 1. 18., 2013. 3. 23., 2021. 7. 20.〉

② 식품의약품안전처장은 심각한 중증질환 또는 「희귀질환관리법」 제2조제1호에 따른 희귀질환을 치료하기 위한 목적으로 사용되는 의약품 중 총리령으로 정하는 의약품에 대하여 다음 각 호의 어느 하나에 해당하는 자료를 근거로 하여 품목허가를 신청하는 경우에는 해당 의약품의 인체에 대한 안전성·유효성 등을 확증하기 위하여 투약자 대상 임상시험 자료 등을 별도로 정하는 기간 내에 제출할 것을 조건으로 중앙약사심의위원회의 의견을 들어 품목허가(이하 "품목 조건부 허가"라 한다)를 할 수 있다. 〈개정 2021. 7. 20.〉

1. 해당 품목이 총리령으로 정하는 임상적 평가변수에 대하여 효과가 있음을 입증하는 임상시험 자료

2. 해당 품목이 약물역학(藥物疫學), 약물치료학(藥物治療學), 병태생리학(病態生理學) 등의 관점에서 임상적 효과를 합리적으로 예측할 수 있는 대리평가변수를 통해 효과가 있음을 입증하는 임상시험 자료

③ 품목 조건부 허가에 관하여는 「공중보건 위기대응 의료제품의 개발 촉진 및 긴급 공급을 위한 특별법」 제13조부터 제16조까지, 제22조 및 제36조를 준용한다. 이 경우 "의료제품"은 "의약품"으로, "위원회"는 "중앙약사심의위원회"로 각각 본다. 〈신설 2021. 7. 20.〉

④ 제1항부터 제3항까지에서 규정한 사항 외에 시설 조건부 허가 또는 품목 조건부 허가 등에 필요한 사항은 총리령으로 정한다. 〈신설 2021. 7. 20.〉

[제목개정 2021. 7. 20.]

제35조의2(조건의 이행 점검)

① 품목 조건부 허가를 받은 자는 투약자 대상 임상시험의 실시 상황 등 제35조제2항에 따른 조

건의 이행 상황을 총리령으로 정하는 바에 따라 식품의약품안전처장에게 보고하여야 한다.

② 식품의약품안전처장은 제1항에 따른 보고 내용을 검토하여 조건의 이행 상황을 점검하고, 조건의 이행을 위하여 필요한 조치를 명할 수 있다.

[본조신설 2021. 7. 20.]

[종전 제35조의2는 제35조의6으로 이동 〈2021. 7. 20.〉]

제35조의3(조건부 허가의 취소)

식품의약품안전처장은 다음 각 호의 어느 하나에 해당하는 경우 제35조에 따른 시설 조건부 허가 또는 품목 조건부 허가를 취소할 수 있다. 다만, 제1호 또는 제2호에 해당하는 경우에는 그 허가를 취소하여야 한다.

1. 거짓이나 그 밖의 부정한 방법으로 시설 조건부 허가 또는 품목 조건부 허가를 받은 경우

2. 시설 조건부 허가 또는 품목 조건부 허가를 받은 자가 정당한 사유 없이 그 조건을 이행하지 아니하는 경우

3. 품목 조건부 허가를 받은 자가 제35조의2제1항에 따른 보고를 하지 아니하거나 같은 조 제2항에 따른 조치 명령을 이행하지 아니하는 경우

[본조신설 2021. 7. 20.]

제35조의4(우선심사 대상 지정)

① 의약품을 개발하는 자는 식품의약품안전처장에게 개발 중인 의약품을 우선심사 대상으로 지정하여 줄 것을 신청할 수 있다.

② 식품의약품안전처장은 제1항에 따라 신청된 의약품이 다음 각 호의 어느 하나에 해당하는 경우 우선심사 대상으로 지정할 수 있다.

1. 심각한 중증질환 또는 「희귀질환관리법」 제2조제1호에 따른 희귀질환을 치료하기 위한 목적으로 사용되는 의약품으로서 총리령으로 정하는 의약품

2. 「제약산업 육성 및 지원에 관한 특별법」 제2조제3호에 따른 혁신형 제약기업이 개발한 신약 중 보건복지부장관의 지정 요청이 있는 의약품

③ 식품의약품안전처장은 제1항에 따른 신청을 받은 날부터 30일 이내에 지정 여부를 결정하고 그 결과를 신청자에게 통보하여야 한다.

④ 식품의약품안전처장은 제2항에 따라 우선심사 대상으로 지정된 의약품의 품목허가 신청에 대하여는 우선심사 대상으로 지정되지 아니한 의약품의 품목허가 신청에 우선하여 심사하여야 한다.

⑤ 제1항부터 제4항까지의 규정에 따른 우선심사 대상 지정의 기준·절차·방법 및 우선심사의 절차 등에 필요한 사항은 총리령으로 정한다.

[본조신설 2021. 7. 20.]

제35조의5(우선심사 대상 지정의 취소)

식품의약품안전처장은 제35조의4제2항에 따라 우선심사 대상으로 지정된 의약품이 다음 각 호의 어느 하나에 해당하는 경우 그 우선심사 대상 지정을 취소하여야 한다.

1. 거짓이나 그 밖의 부정한 방법으로 지정을 받은 경우
2. 품목허가를 받기 전에 제35조의4제2항 각 호의 어느 하나에 해당하지 아니하게 된 경우

[본조신설 2021. 7. 20.]

제35조의6(의약품등의 품목허가 등의 사전 검토)

① 제31조에 따라 의약품등의 품목허가를 받거나 품목신고를 하려는 자와 제34조에 따라 임상시험을 하려는 자는 허가·신고·승인 등에 필요한 자료의 작성기준에 관하여 미리 식품의약품안전처장에게 검토를 요청할 수 있다. 〈개정 2013. 3. 23., 2017. 10. 24.〉

② 식품의약품안전처장은 제1항에 따라 검토 요청을 받으면 이를 확인한 후 그 결과를 신청인에게 서면(전자문서를 포함한다)으로 알려야 한다. 〈개정 2013. 3. 23., 2020. 4. 7.〉

③ 식품의약품안전처장은 제31조 및 제34조에 따른 허가·신고·승인 등을 할 때에 제2항에 따른 검토 결과를 고려하여야 한다. 〈개정 2013. 3. 23.〉

④ 제1항에 따른 사전 검토의 대상·범위와 그 절차·방법 등 사전 검토에 필요한 사항은 총리령으로 정한다. 〈개정 2013. 3. 23.〉

[본조신설 2011. 6. 7.]

[제35조의2에서 이동 〈2021. 7. 20.〉]

제36조(의약품등의 제조관리자)

① 의약품등 제조업자(제2조제7호가목에 해당하는 물품만을 제조하는 의약외품 제조업자는 제외한다)는 그 제조소마다 총리령으로 정하는 바에 따라 필요한 수(數)의 약사 또는 한약사를 두고 제조 업무를 관리하게 하여야 한다. 다만, 생물학적 제제를 제조하는 제조업의 경우에는 식품의약품안전처장의 승인을 받은 의사 또는 총리령으로 정하는 세균학적 지식을 가진 전문기술자에게 그 제조 업무를 관리하게 할 수 있다.

〈개정 2008. 2. 29., 2010. 1. 18., 2013. 3. 23., 2015. 1. 28., 2019. 8. 27.〉

② 제2조제7호가목에 해당하는 물품만을 제조하는 의약외품 제조업자는 제조소마다 식품의약품안전처장의 승인을 받은 기술자를 두고 그 제조 업무를 관리하게 하여야 한다. 다만, 제조업자 자신이 식품의약품안전처장의 승인을 받은 기술자로서 제조 업무를 관리하는 제조소는 따로 기술자를 두지 아니하여도 된다. 〈개정 2013. 3. 23.〉

③ 의약품등의 제조업자는 제1항 또는 제2항에 따라 의약품등의 제조 업무를 관리하는 자(이하 "제조관리자"라 한다)를 두려는 경우에는 총리령으로 정하는 바에 따라 식품의약품안전처장에게 신고하여야 한다. 〈신설 2011. 6. 7., 2013. 3. 23.〉

④ 식품의약품안전처장은 제3항에 따른 신고를 받은 경우에는 그 내용을 검토하여 이 법에 적합하면 신고를 수리하여야 한다. 〈신설 2019. 1. 15.〉

[제목개정 2015. 1. 28.]

제37조(의약품등의 제조 관리의무)

① 제조관리자는 의약품등의 제조 업무에 종사하는 종업원에 대한 지도·감독, 품질 관리 및 제조 시설 관리, 그 밖에 의약품등의 제조 관리에 관하여 총리령으로 정하는 사항을 지켜야 한다. 〈개정 2008. 2. 29., 2010. 1. 18., 2011. 6. 7., 2013. 3. 23.〉

② 제조관리자는 해당 제조소의 제조 관리 업무 외의 업무에 종사할 수 없다.

③ 의약품등의 제조업자 또는 품목허가를 받은 자는 제조관리자의 관리 업무를 방해하여서는 아니 되며, 제조관리자가 업무 수행을 위하여 필요한 사항을 요청하면 정당한 사유 없이 그 요청을 거부하여서는 아니 된다. 〈개정 2007. 10. 17.〉

제37조의2(제조관리자 등에 대한 교육)

① 제조관리자는 의약품등의 안전성·유효성 확보 및 제조·품질관리에 관한 교육을 정기적으로 받아야 한다.

② 식품의약품안전처장은 국민건강상 위해를 방지하기 위하여 필요한 경우 제조관리자에게 제1항에 따른 교육을 받을 것을 명할 수 있다. 〈개정 2013. 3. 23.〉

③ 제조관리자(제40조제1항제3호에 따라 제조관리자를 변경신고한 경우에는 그 변경된 제조관리자를 포함한다)는 제조 관리 업무를 시작하는 날부터 6개월 이내에 제1항에 따른 교육을 받아야 한다. 다만, 제조관리자가 되기 전 2년 이내에 해당 교육을 받은 자는 그러하지 아니하다. 〈개정 2015. 12. 29., 2016. 12. 2.〉

④ 식품의약품안전처장은 제1항부터 제3항까지의 규정에 따른 교육을 실시하기 위하여 관련 전문단체 또는 기관을 교육실시기관으로 지정·고시할 수 있다. 〈개정 2013. 3. 23.〉

⑤ 제4항에 따라 지정된 교육실시기관(이하 "제조관리자 교육실시기관"이라 한다)은 교육을 한 경우 교육 수료증을 발급하고 교육에 관한 기록을 작성 · 보관하는 등 총리령으로 정하는 사항을 지켜야 한다. 〈신설 2015. 1. 28.〉

⑥ 제1항부터 제5항까지에서 규정한 사항 외에 교육의 내용 · 시간 · 방법 및 교육비 등 제조관리자의 교육에 필요한 사항과 제조관리자 교육실시기관의 지정 요건 및 절차, 운영, 지정취소 등에 필요한 사항은 총리령으로 정한다. 〈개정 2013. 3. 23., 2015. 1. 28.〉

[본조신설 2011. 6. 7.]

[종전 제37조의2는 제37조의3으로 이동 〈2011. 6. 7.〉]

제37조의3(의약품의 시판 후 안전관리)

① 품목허가를 받은 자는 총리령으로 정하는 바에 따라 의사 · 약사 또는 한약사를 두고 신약 등의 재심사, 의약품의 재평가, 부작용 보고 등 시판 후 안전관리업무를 하여야 한다. 다만, 동물용으로만 사용할 것을 목적으로 하는 의약품의 품목허가를 받은 자는 수의사를 두고 시판 후 안전관리업무를 할 수 있다. 〈개정 2012. 2. 1., 2013. 3. 23., 2015. 1. 28.〉

② 제1항에 따른 안전관리업무를 실시하는 자(이하 "안전관리책임자"라 한다)는 유통 중인 의약품의 안전관리에 관하여 총리령 으로 정하는 사항을 준수하여야 한다. 〈개정 2013. 3. 23.〉

[본조신설 2007. 10. 17.]

[제37조의2에서 이동 〈2011. 6. 7.〉]

제37조의4(안전관리책임자에 대한 교육)

① 안전관리책임자는 제37조의3제1항에 따른 안전관리업무에 관한 교육을 정기적으로 받아야 한다.

② 식품의약품안전처장은 국민건강상 위해를 방지하기 위하여 필요한 경우에는 안전관리책임자에게 제1항에 따른 교육을 정기적으로 받는 것 외에 수시로 교육을 받을 것을 명할 수 있다.

③ 안전관리책임자(제40조제1항제3호에 따라 안전관리책임자를 변경신고한 경우에는 그 변경된 안전관리책임자를 포함한다)는 안전관리업무를 시작하는 날부터 6개월 이내에 제1항에 따른 교육을 받아야 한다. 다만, 안전관리책임자가 되기 전 2년 이내에 해당 교육을 받은 자는 그러하지 아니하다. 〈개정 2015. 12. 29., 2016. 12. 2.〉

④ 식품의약품안전처장은 제1항부터 제3항까지에 따른 교육을 실시하기 위하여 관련 전문단체 · 기관을 교육기관으로 지정할 수 있다.

⑤ 제4항에 따른 교육기관은 교육을 실시한 경우 총리령으로 정하는 바에 따라 수료자에 대한 교육 수료증을 발급하고 교육에 관한 기록을 작성·보관하여야 한다.

⑥ 제1항부터 제4항까지에서 규정한 사항 외에 교육의 내용·시간·방법 및 교육비 등 교육에 필요한 사항과 교육기관의 지정, 운영, 지정 취소 등에 필요한 사항은 총리령으로 정한다.

[본조신설 2014. 3. 18.]

제38조(의약품등의 생산 관리의무 및 보고)

① 의약품등의 제조업자 또는 의약품의 품목허가를 받은 자는 의약품등의 제조 및 품질관리[자가(自家)시험을 포함한다], 그 밖의 생산 관리에 관하여 총리령으로 정하는 사항을 지켜야 한다. 〈개정 2008. 2. 29., 2010. 1. 18., 2011. 6. 7., 2013. 3. 23.〉

② 의약품의 품목허가를 받은 자 또는 의약외품의 제조업자는 총리령으로 정하는 바에 따라 의약품등의 생산 실적 등을 식품의약품안전처장 또는 제47조의3제1항에 따른 의약품관리종합정보센터의 장에게 보고하여야 한다.

〈개정 2007. 10. 17., 2008. 2. 29., 2010. 1. 18., 2013. 3. 23., 2016. 12. 2.〉

제38조의2(의약품 식별표시)

① 식품의약품안전처장이 정하여 고시하는 제형에 해당하는 의약품의 품목허가를 받은 자는 해당 의약품이 다른 의약품과 구별될 수 있도록 표시(이하 "식별표시"라 한다)를 하여야 하며, 해당 식별표시를 총리령으로 정하는 바에 따라 식품의약품안전처장에게 등록한 후 시판하여야 한다.

② 제1항에 따라 식별표시를 등록한 자가 식별표시를 변경하는 경우에는 식품의약품안전처장에게 변경등록을 하여야 한다.

③ 식품의약품안전처장은 제1항 및 제2항에 따른 식별표시 등록 업무를 제67조에 따라 설립된 법인이나 대통령령으로 정하는 관련 전문기관에 위탁할 수 있다.

④ 제1항부터 제3항까지의 규정에 따른 식별표시 방법, 등록 절차 등 식별표시 제도 운영에 필요한 사항은 총리령으로 정한다.

[본조신설 2015. 1. 28.]

제39조(위해의약품등의 회수)

다음 각 호의 어느 하나에 해당하는 자는 의약품등이 제53조제1항·제61조(제66조에서 준용하는 경우를 포함한다) 또는 제62조(제66조에서 준용하는 경우를 포함한다)에 위반되어 안전성·유효성에 문제가 있는 사실을 알게 되면 지체 없이 유통 중인 의약품등을 회수하거나 회수에 필요한 조치를 하여야 한다. 이 경우 제1호부터 제3호까지의 어느 하나에 해당하는 자는 미리 식품의약품 안전처장에게 회수 계획을 보고하여야 한다.　　　　　　　　　　　　〈개정 2015. 1. 28.〉

　　1. 의약품의 품목허가를 받은 자

　　2. 의약외품의 제조업자

　　3. 제42조제2항에 따른 의약품등의 수입자

　　4. 의약품등의 판매업자

　　5. 약국개설자

　　6. 의료기관의 개설자

　　7. 그 밖에 이 법 또는 다른 법률에 따라 의약품을 판매하거나 취급할 수 있는 자 중 총리령으로 정하는 자

② 식품의약품안전처장, 시·도지사 또는 시장·군수·구청장은 제1항에 따른 회수 또는 회수에 필요한 조치를 성실히 이행한 의약품의 품목허가를 받은 자, 의약외품의 제조업자 또는 의약품등의 수입자, 약국개설자, 의약품의 판매업자에 대하여 총리령으로 정하는 바에 따라 제76조에 따른 행정처분을 감면할 수 있다.

〈개정 2007. 10. 17., 2008. 2. 29., 2010. 1. 18., 2013. 3. 23.〉

③ 제1항에 따른 의약품등의 회수에 필요한 위해성 등급 및 평가 기준, 회수 계획 또는 회수 절차, 회수의약품등의 폐기 및 사후조치 등에 필요한 사항은 총리령으로 정한다.

〈개정 2008. 2. 29., 2010. 1. 18., 2011. 6. 7., 2013. 3. 23.〉

제40조(폐업 등의 신고)

① 의약품등의 제조업자 또는 품목허가를 받은 자가 다음 각 호의 어느 하나에 해당하는 경우에는 7일 이내에 식품의약품안전처장에게 그 사실을 신고하여야 한다. 다만, 휴업기간이 1개월 미만인 경우에는 신고하지 아니할 수 있다.　　　　　　　〈개정 2013. 3. 23., 2016. 12. 2.〉

1. 제조소 또는 위탁제조판매업소를 폐업 또는 휴업하는 경우

2. 휴업한 제조소 또는 위탁제조판매업소를 다시 연 경우

3. 제조관리자·안전관리책임자와 그 밖에 총리령으로 정하는 사항이 변경된 경우

② 의약품등의 제조업자 또는 품목허가를 받은 자가 제1항에 따라 폐업 또는 휴업의 신고를 하려면 제39조에 따라 유통 중인 의약품등을 회수하거나 회수에 필요한 조치를 하는 등 총리령으로 정하는 바에 따라 필요한 조치를 하여야 한다.　　　　　　　　〈신설 2016. 12. 2.〉

③ 의약품등의 제조업자 또는 품목허가를 받은 자가 제1항제2호에 따른 재개업 신고를 할 때에

는 의약품등 제조소의 시설 점검결과, 의약품등 보유 현황 등 총리령으로 정하는 서류 또는 자료를 첨부하여 식품의약품안전처장에게 제출하여야 한다. 다만, 식품의약품안전처장은 휴업 기간이 1년 미만인 의약품등의 제조업자 또는 품목허가를 받은 자가 재개업 신고를 할 때에는 서류 또는 자료의 제출 의무를 면제할 수 있다. 〈신설 2016. 12. 2.〉

④ 식품의약품안전처장은 제1항에 따른 신고를 받은 경우에는 그 내용을 검토하여 이 법에 적합하면 신고를 수리하여야 한다. 〈신설 2019. 1. 15.〉

[전문개정 2007. 10. 17.]

제41조(약국제제의 제조)

① 약국개설자가 약국제제를 제조하거나 보건복지부장관이 지정하는 의료기관의 조제실에서 제제를 제조하려면 보건복지부장관과 협의하여 총리령으로 정하는 바에 따라 제조하려는 품목을 시장·군수·구청장에게 신고하여야 한다. 다만, 「의료법」에 따라 시·도지사의 허가를 받아 개설한 의료기관의 조제실에서 제제를 제조하려는 경우에는 시·도지사에게 신고하여야 한다. 〈개정 2008. 2. 29., 2010. 1. 18., 2013. 3. 23.〉

② 시장·군수·구청장 또는 시·도지사는 제1항에 따른 신고를 받은 경우에는 그 내용을 검토하여 이 법에 적합하면 신고를 수리하여야 한다. 〈신설 2019. 1. 15.〉

③ 약국제제 및 조제실제제의 범위·조제실 시설, 그 밖에 필요한 사항은 보건복지부장관과 협의하여 총리령으로 정한다. 〈개정 2008. 2. 29., 2010. 1. 18., 2013. 3. 23., 2019. 1. 15.〉

제2절 의약품등의 수입허가 등

제42조(의약품등의 수입허가 등)

① 의약품등의 수입을 업으로 하려는 자는 총리령으로 정하는 바에 따라 식품의약품안전처장에게 수입업 신고를 하여야 하며, 총리령으로 정하는 바에 따라 품목마다 식품의약품안전처장의 허가를 받거나 신고를 하여야 한다. 허가받은 사항 또는 신고한 사항을 변경하려는 경우에도 또한 같다. 〈개정 2008. 2. 29., 2010. 1. 18., 2013. 3. 23., 2015. 1. 28.〉

② 제1항에도 불구하고 국방부장관 또는 제1항 전단에 따라 수입업 신고를 한 자(이하 "수입자"라 한다)는 다음 각 호의 어느 하나에 해당하는 경우에는 해당 의약품등에 대하여 제1항에 따른 품목별 허가를 받거나 신고를 하지 아니하고 수입할 수 있다. 〈개정 2011. 3. 30., 2013. 3. 23., 2015. 1. 28.〉

1. 국방부장관이 긴급히 군사 목적에 사용하기 위하여 국내에서 생산되지 아니하는 의약품 등을 미리 식품의약품안전처장과 품목 및 수량에 대한 협의를 거쳐 수입하려는 경우

2. 수입자가 의약품등의 제조를 위하여 원료의약품을 수입하거나 임상시험용 의약품 등 총리령으로 정하는 의약품등을 수입하려는 경우

③ 수입자는 대통령령으로 정하는 시설 기준에 따라 영업소 등 필요한 시설을 갖추어야 한다.

〈개정 2015. 1. 28.〉

④ 다음 각 호의 어느 하나에 해당하는 자는 제1항에 따른 수입업 신고를 할 수 없다. 법인의 경우 그 대표자가 다음 각 호의 어느 하나에 해당하는 경우에도 또한 같다.

〈신설 2015. 1. 28., 2017. 10. 24.〉

1. 제5조 각 호의 어느 하나에 해당하는 자

2. 제76조에 따라 영업소가 폐쇄된 날부터 1년이 지나지 아니한 자. 다만, 다음 각 목의 어느 하나에 해당하는 경우는 제외한다.

   가. 제5조제1호 또는 제3호에 해당하여 폐쇄된 후 정신건강의학과 전문의가 약사(藥事)에 관한 업무를 담당하는 것이 적합하다고 인정한 경우

   나. 제5조제2호에 해당하여 폐쇄된 후 가정법원의 성년후견·한정후견 종료의 심판을 받은 경우

3. 파산선고를 받고 복권되지 아니한 자

⑤ 제1항에 따라 수입되는 의약품등 또는 그 수입자에 관하여는 제31조제7항, 같은 조 제10항부터 제16항까지, 제31조의2, 제31조의5, 제32조, 제33조, 제35조제2항부터 제4항까지, 제35조의2부터 제35조의6까지, 제36조, 제37조, 제37조의2부터 제37조의4까지, 제38조, 제38조의2, 제40조, 제50조의2부터 제50조의10까지, 제69조의3 및 제75조를 준용한다. 이 경우 "제조" 또는 "생산"은 각각 "수입"으로, "제조업자" 또는 "품목허가를 받은 자"는 각각 "수입자"로, "제조소 또는 위탁제조판매업소"는 각각 "영업소"로 본다. 〈개정 2007. 10. 17., 2011. 3. 30., 2011. 6. 7., 2011. 12. 2., 2012. 5. 14., 2014. 3. 18., 2015. 1. 28., 2015. 3. 13., 2019. 1. 15., 2021. 7. 20.〉

⑥ 식품의약품안전처장은 제1항에 따른 신고를 받은 경우에는 그 내용을 검토하여 이 법에 적합하면 신고를 수리하여야 한다. 〈신설 2019. 1. 15.〉

⑦ 수입자는 다음 각 호의 어느 하나에 해당하는 의약품등 중 총리령으로 정하는 의약품등을 수입하려면 그 해외제조소(의약품등의 제조 및 품질관리를 하는 해외에 소재하는 시설을 말한다. 이하 같다)의 명칭 및 소재지 등 총리령으로 정하는 사항을 식품의약품안전처장에게 등록하여야 한다. 〈신설 2018. 12. 11., 2019. 1. 15., 2021. 7. 20.〉

1. 제1항에 따라 품목별 허가를 받거나 신고를 한 의약품등

2. 제2항제2호에 따른 의약품등의 제조를 위하여 수입하는 원료의약품

3. 제31조의2제4항에 따라 등록된 원료의약품(이 조 제5항에서 준용하는 경우로 한정한다)

⑧ 수입자는 제7항에 따라 등록한 사항 중 총리령으로 정하는 사항을 변경하려는 경우에는 식품의약품안전처장에게 변경등록을 하여야 하며, 총리령으로 정하는 사항 외의 사항을 변경한 경우에는 식품의약품안전처장에게 신고하여야 한다. 〈신설 2018. 12. 11., 2019. 1. 15.〉

⑨ 제1항에 따른 수입업 신고나 품목 허가 또는 신고의 대상·기준·조건 및 관리와 제7항 및 제8항에 따른 등록·변경등록·변경신고의 절차·방법 등에 관하여 필요한 사항은 총리령으로 정한다.

〈개정 2008. 2. 29., 2010. 1. 18., 2011. 3. 30., 2013. 3. 23., 2015. 1. 28., 2018. 12. 11., 2019. 1. 15.〉

제43조(멸종 위기에 놓인 야생 동·식물의 국제교역 등)

① 「멸종 위기에 놓인 야생 동·식물의 국제거래에 관한 협약」에 따른 동·식물의 가공품 중 의약품을 수출·수입 또는 공해(公海)를 통하여 반입하려는 자는 총리령으로 정하는 바에 따라 식품의약품안전처장의 허가를 받아야 한다. 〈개정 2008. 2. 29., 2010. 1. 18., 2013. 3. 23.〉

② 누구든지 멸종 위기에 놓인 야생동물을 이용한 가공품인 코뿔소 뿔 또는 호랑이 뼈에 대하여 다음 각 호의 행위를 하여서는 아니 된다.

1. 코뿔소 뿔 또는 호랑이 뼈를 수입·판매하거나 판매할 목적으로 저장 또는 진열하는 행위

2. 코뿔소 뿔 또는 호랑이 뼈를 사용하여 의약품을 제조 또는 조제하는 행위

3. 코뿔소 뿔 또는 호랑이 뼈를 사용하여 제조 또는 조제된 의약품을 판매하거나 판매할 목적으로 저장 또는 진열하는 행위

제3절 의약품등의 판매업

제44조(의약품 판매)

① 약국 개설자(해당 약국에 근무하는 약사 또는 한약사를 포함한다. 제47조, 제48조 및 제50조에서도 같다)가 아니면 의약품을 판매하거나 판매할 목적으로 취득할 수 없다. 다만, 의약품의 품목허가를 받은 자 또는 수입자가 그 제조 또는 수입한 의약품을 이 법에 따라 의약품을 제조 또는 판매할 수 있는 자에게 판매하는 경우와 약학을 전공하는 대학의 학생이 보건복지부령으로 정하는 범위에서 의약품을 판매하는 경우에는 그러하지 아니하다.

〈개정 2007. 10. 17., 2015. 12. 29.〉

② 제1항에도 불구하고 다음 각 호의 어느 하나에 해당하는 자는 의약품을 판매하거나 판매할 목적으로 의약품을 취득할 수 있다. 〈개정 2012. 5. 14., 2016. 12. 2.〉

　　1. 제91조에 따라 설립된 한국희귀 · 필수의약품센터

　　1의2. 제44조의2에 따라 등록한 안전상비의약품 판매자(제44조의2제1항에 따른 안전상비의약품을 판매하는 경우만 해당한다)

　　2. 제45조에 따라 허가를 받은 한약업사 및 의약품 도매상

제44조의2(안전상비의약품 판매자의 등록)

① 안전상비의약품(일반의약품 중 주로 가벼운 증상에 시급하게 사용하며 환자 스스로 판단하여 사용할 수 있는 것으로서 해당 품목의 성분, 부작용, 함량, 제형, 인지도, 구매의 편의성 등을 고려하여 20개 품목 이내의 범위에서 보건복지부장관이 정하여 고시하는 의약품을 말한다. 이하 같다)을 약국이 아닌 장소에서 판매하려는 자는 시장 · 군수 · 구청장에게 안전상비의약품 판매자로 등록하여야 한다.

② 제1항에 따라 안전상비의약품 판매자로 등록하려는 자는 24시간 연중 무휴(無休) 점포를 갖춘 자로서 지역 주민의 이용 편리성, 위해의약품의 회수 용이성 등을 고려하여 보건복지부령으로 정하는 등록기준을 갖추어야 한다.

③ 안전상비의약품 판매자는 등록한 사항 중 보건복지부령으로 정하는 사항을 변경하려면 시장 · 군수 · 구청장에게 변경등록을 하여야 한다.

④ 안전상비의약품 판매자는 안전상비의약품의 판매 업무를 폐업 또는 휴업하거나 휴업 이후 그 업무를 재개한 경우에는 시장 · 군수 · 구청장에게 신고하여야 한다. 다만, 휴업기간이 1개월 미만인 경우에는 그러하지 아니하다.

⑤ 제1항부터 제3항까지에 따른 등록, 변경등록 등에 필요한 사항과 제4항에 따른 폐업 · 휴업 · 재개 신고의 방법, 절차 등에 관하여 필요한 사항은 보건복지부령으로 정한다.

[본조신설 2012. 5. 14.]

제44조의3(안전상비의약품 판매자의 교육)

① 제44조의2제1항에 따라 안전상비의약품 판매자로 등록하려는 자는 미리 안전상비의약품의 안전성 확보와 품질관리에 관한 교육을 받아야 한다.

② 보건복지부장관은 국민건강상 위해를 방지하기 위하여 필요하다고 인정하는 경우에는 안전상비의약품 판매자(종업원을 포함한다)에게 안전상비의약품의 안전성 확보와 품질관리에 관한 교육을 받을 것을 명할 수 있다.

③ 보건복지부장관은 제1항 및 제2항에 따른 교육을 실시하기 위하여 관련 단체 또는 기관을 교육기관으로 지정할 수 있다.

④ 제1항 및 제2항에 따른 교육의 내용, 시간, 방법, 절차, 교육비 등에 관하여 필요한 사항과 제3항에 따른 교육기관의 지정, 운영, 지정취소 등에 필요한 사항은 보건복지부령으로 정한다.

[본조신설 2012. 5. 14.]

제44조의4(안전상비의약품 판매자의 준수사항)

안전상비의약품 판매자는 다음 각 호의 사항을 지켜야 한다.

1. 안전상비의약품이 보건위생상 위해가 없고 그 효능이 떨어지지 아니하도록 시설과 안전상비의약품을 관리할 것

2. 보건위생과 관련된 사고가 일어나지 아니하도록 종업원을 철저히 감독할 것

3. 1회 판매 수량 제한, 연령에 따른 판매 제한 등 판매 시 안전관리에 관하여 보건복지부령으로 정하는 사항을 지킬 것

4. 그 밖에 제1호부터 제3호까지의 사항에 준하는 사항으로서 보건복지부령으로 정하는 사항을 지킬 것

[본조신설 2012. 5. 14.]

제44조의5(안전상비의약품 판매자의 지위 승계)

① 안전상비의약품 판매자가 영업을 양도한 경우에 그 양수인이 종전의 안전상비의약품 판매자의 지위를 승계하려는 경우에는 그 양도일부터 1개월 이내에 보건복지부령으로 정하는 바에 따라 그 사실을 시장·군수·구청장에게 신고하여야 한다.

② 시장·군수·구청장은 제1항에 따른 신고를 받은 경우에는 그 내용을 검토하여 이 법에 적합하면 신고를 수리하여야 한다. 다만, 시장·군수·구청장은 양수인이 제44조의2제2항에 따른 등록기준을 갖추지 아니하거나 제44조의3제1항에 따른 안전상비의약품의 안전성 확보와 품질관리에 관한 교육을 받지 아니한 경우에는 신고를 수리하여서는 아니 된다.

③ 제1항에 따른 신고가 수리된 경우에는 양수인은 그 양수일부터 종전의 안전상비의약품 판매자의 지위를 승계한다.

[본조신설 2020. 4. 7.]

[종전 제44조의5는 제44조의6으로 이동 〈2020. 4. 7.〉]

제44조의6(준용)

① 제39조제1항, 제47조제1항, 제50조제1항 및 제3항, 제56조제2항, 제68조의7, 제69조, 제71조, 제72조제2항은 제44조의2제1항에 따라 등록한 안전상비의약품 판매자에 준용한다. 이 경우 "약국개설자"는 "제44조의2제1항에 따라 등록한 안전상비의약품 판매자"로 보고, 제50조제3항 중 "일반의약품"은 "제44조의2제1항에 따른 안전상비의약품"으로 본다.

② 제47조의3제2항은 제44조의2제1항에 따라 등록한 안전상비의약품 판매자에게 준용한다. 이 경우 "약국"은 "안전상비의약품 판매자"로 본다. 〈개정 2016. 12. 2.〉

[본조신설 2012. 5. 14.]

[제44조의5에서 이동 〈2020. 4. 7.〉]

제45조(의약품 판매업의 허가)

① 제44조 제2항 제2호에 따른 한약업사 및 의약품도매상이 되려는 자는 보건복지부령이 정하는 바에 따라 시장·군수·구청장의 허가를 받아야 한다. 허가 받은 사항을 변경할 경우에도 또한 같다. 〈개정 2008. 2. 29., 2010. 1. 18., 2011. 6. 7.〉

② 제1항에 따라 허가를 받으려는 한약업사 또는 의약품 도매상은 다음 각 호의 구분과 같이 시설을 갖추어야 한다. 〈개정 2011. 3. 30., 2014. 3. 18., 2015. 1. 28.〉

1. 한약업사는 영업소와 그 밖에 대통령령으로 정하는 기준에 맞는 시설

2. 의약품 도매상은 영업소와 창고 및 그 밖에 대통령령으로 정하는 기준에 맞는 시설. 이 경우 창고의 면적은 165제곱미터 이상이어야 한다. 다만, 수입의약품·시약·원료의약품만을 취급하는 경우에는 창고의 면적이 66제곱미터 이상이어야 하고, 동물용의약품만을 취급하는 경우에는 창고의 면적이 33제곱미터 이상이어야 하며, 한약·의료용고압가스 및 방사성의약품만을 취급하는 경우에는 창고의 면적기준을 적용하지 아니한다.

③ 제1항에 따른 한약업사는 보건복지부령이 정하는 지역에 한정하여 대통령령으로 정하는 한약업사시험에 합격한 자에게 허가한다. 〈개정 2008. 2. 29., 2010. 1. 18.〉

④ 제1항에 따라 허가를 받은 한약업사는 환자가 요구하면 기존 한약서에 실린 처방 또는 한의사의 처방전에 따라 한약을 혼합 판매할 수 있다.

⑤ 제1항에 따라 허가를 받은 의약품 도매상은 약사를 두고 업무를 관리하게 하여야 하며, 한약 도매상은 다음 각 호의 어느 하나에 해당하는 자를 두고 업무를 관리하게 하여야 한다. 다만, 의약품 도매상 자신이 약사로서 업무를 직접 관리하거나, 한약 도매상이 다음 각 호의 어느 하나에 해당한 자로서 업무를 직접 관리하는 경우에는 그러하지 아니다.

〈개정 2008. 2. 29., 2010. 1. 18.〉

1. 약사

2. 한약사

3. 한약업사

4. 보건복지부장관이 인정하는 대학의 한약 관련 학과를 졸업한 자

⑥ 의약품 도매상 및 한약 도매상은 제5항에 따라 업무를 관리하는 자를 두려는 경우에는 보건복지부령으로 정하는 바에 따라 시장·군수·구청장에게 신고하여야 한다. 이 경우 시장·군수·구청장은 그 내용을 검토하여 이 법에 적합하면 신고를 수리하여야 한다.

〈신설 2011. 6. 7., 2019. 1. 15.〉

⑦ 제1항에 따른 허가의 기준, 조건 및 관리에 필요한 사항은 보건복지부령으로 정한다.

〈개정 2008. 2. 29., 2010. 1. 18., 2011. 6. 7.〉

⑧ 제5항에도 불구하고 보건복지부령으로 정하는 요건을 갖춘 다른 의약품 도매상에 의약품의 보관·배송 등 유통관리 업무를 위탁하는 경우에는 제5항에 따른 업무관리자를 두지 아니할 수 있다. 다만, 이 경우 해당 유통관리 업무를 위탁받는 자는 보건복지부령으로 정하는 바에 따라 제5항에 따른 업무관리자를 두어야 한다.　　〈신설 2015. 12. 29.〉

제46조(한약업사 또는 의약품 도매상 허가의 결격사유)

다음 각 호의 어느 하나에 해당하는 자에게는 한약업사 또는 의약품 도매상의 허가를 하지 아니한다.　　〈개정 2011. 6. 7.〉

1. 제5조 각 호의 어느 하나에 해당하는 자

2. 제76조에 따라 허가가 취소된 후 1년이 지나지 아니한 자

3. 의료기관의 개설자(의료기관이 법인인 경우에는 그 임원 및 직원) 또는 약국개설자

4. 파산선고를 받고 복권되지 아니한 자

제47조(의약품등의 판매 질서)

① 다음 각 호의 어느 하나에 해당하는 자는 의약품등의 유통 체계 확립과 판매 질서 유지를 위하여 다음 사항을 지켜야 한다.　　〈개정 2015. 12. 29.〉

1. 의약품의 품목허가를 받은 자, 수입자 또는 의약품 도매상(이하 "의약품공급자"라 한다)은 다음 각 목의 어느 하나에 해당하는 행위를 할 수 없다.

가. 의약품의 소매

나. 약국개설자, 안전상비의약품 판매자, 한약업사, 법률 제8365호 약사법 전부개정법률 부칙 제5조에 따른 약업사 또는 매약상(이하 "약국등의 개설자"라 한다), 다른 의약품

도매상, 그 밖에 이 법에 따라 의약품을 판매할 수 있는 자 외의 자에게의 의약품 판매

2. 제1호에도 불구하고 의약품공급자는 공익 목적을 위한 경우 등 대통령령으로 정하는 사유에 해당하는 때에는 의약품을 소매하거나 판매할 수 있다.

3. 의약품 도매상 또는 약국등의 개설자는 다음 각 목의 사항을 준수하여야 한다.

　가. 의약품공급자가 아닌 자로부터 의약품을 구입하지 아니할 것. 다만, 폐업하는 약국등의 개설자로부터 의약품을 구입하거나 의사 또는 치과의사가 처방한 의약품이 없어 약국개설자가 다른 약국개설자로부터 해당 의약품을 긴급하게 구입하는 경우에는 그러하지 아니하다.

　나. 의약품 도매상의 경우 제45조제2항에 따라 갖춘 창고 외의 장소에 의약품을 보관하지 아니할 것

4. 의약품공급자, 약국등의 개설자 및 그 밖에 이 법에 따라 의약품을 판매할 수 있는 자는 다음 각 목의 사항을 준수하여야 한다.

　가. 불량ㆍ위해 의약품 유통 금지, 의약품 도매상의 의약품 유통품질관리기준 준수 등 의약품등의 안전 및 품질 관련 유통관리에 관한 사항으로서 총리령으로 정하는 사항

　나. 매점매석(買占賣惜) 등 시장 질서를 어지럽히는 행위, 약국의 명칭 등으로 소비자를 유인하는 행위나 의약품의 조제ㆍ판매 제한을 넘어서는 행위를 금지하는 등 의약품 유통관리 및 판매질서 유지와 관련한 사항으로서 보건복지부령으로 정하는 사항

② 의약품공급자(법인의 대표자나 이사, 그 밖에 이에 종사하는 자를 포함하고, 법인이 아닌 경우 그 종사자를 포함한다. 이하 이 조에서 같다) 및 의약품공급자로부터 의약품의 판매촉진 업무를 위탁받은 자(법인의 대표자나 이사, 그 밖에 이에 종사하는 자를 포함하고, 법인이 아닌 경우 그 종사자를 포함한다. 이하 이 조에서 같다)는 의약품 채택ㆍ처방유도ㆍ거래유지 등 판매촉진을 목적으로 약사ㆍ한약사(해당 약국 종사자를 포함한다. 이하 이 조에서 같다)ㆍ의료인ㆍ의료기관 개설자(법인의 대표자나 이사, 그 밖에 이에 종사하는 자를 포함한다. 이하 이 조에서 같다) 또는 의료기관 종사자에게 금전, 물품, 편익, 노무, 향응, 그 밖의 경제적 이익(이하 "경제적 이익등"이라 한다)을 제공하거나 약사ㆍ한약사ㆍ의료인ㆍ의료기관 개설자 또는 의료기관 종사자로 하여금 약국 또는 의료기관이 경제적 이익등을 취득하게 하여서는 아니 된다. 다만, 견본품 제공, 학술대회 지원, 임상시험 지원, 제품설명회, 대금결제조건에 따른 비용할인, 시판 후 조사 등의 행위(이하 "견본품 제공등의 행위"라 한다)로서 식품의약품안전처장과 협의하여 보건복지부령으로 정하는 범위 안의 경제적 이익등인 경우에는 그러하지 아니하다. 〈신설 2010. 5. 27., 2013. 3. 23., 2015. 12. 22., 2015. 12. 29., 2021. 7. 20.〉

③ 약사 또는 한약사는 의약품공급자 및 의약품공급자로부터 의약품의 판매촉진 업무를 위탁

받은 자로부터 의약품 채택 · 처방유도 · 거래유지 등 판매촉진을 목적으로 제공되는 경제적 이익등을 제공받거나 약국이 경제적 이익등을 취득하게 하여서는 아니 된다. 다만, 견본품 제공등의 행위로서 식품의약품안전처장과 협의하여 보건복지부령으로 정하는 범위 안의 경제적 이익등인 경우에는 그러하지 아니하다.

〈신설 2010. 5. 27., 2013. 3. 23., 2015. 12. 22., 2015. 12. 29., 2021. 7. 20.〉

④ 의약품 도매상은 다음 각 호의 어느 하나에 해당하는 특수한 관계에 있는 의료기관이나 약국에 직접 또는 다른 의약품 도매상을 통하여 의약품을 판매하여서는 아니 된다. 다만, 한약의 경우에는 이를 적용하지 아니한다. 〈신설 2011. 6. 7.〉

1. 의약품 도매상과 다음 각 목의 어느 하나에 해당하는 특수한 관계에 있는 자(이하 "특수관계인"이라 한다)가 의료기관 개설자 또는 약국개설자인 경우 해당 의료기관 또는 약국

   가. 의약품 도매상이 개인인 경우 그의 2촌 이내의 친족(「민법」 제767조에 따른 친족을 말한다. 이하 같다)

   나. 의약품 도매상이 법인인 경우 해당 법인의 임원 및 그의 2촌 이내의 친족

   다. 의약품 도매상이 법인인 경우 해당 법인을 사실상 지배하고 있는 자(해당 법인의 총출연금액 · 총발행주식 · 총출자지분의 100분의 50을 초과하여 출연 또는 소유하는 자 및 해당 법인의 임원 구성이나 사업운영 등에 대하여 지배적인 영향력을 행사하는 자를 말한다. 이하 같다)

   라. 다목의 특수관계인이 법인인 경우 해당 법인의 임원 및 해당 법인을 사실상 지배하고 있는 자

   마. 다목 및 라목의 특수관계인이 개인인 경우 그의 2촌 이내의 친족

   바. 의약품 도매상을 사실상 지배하고 있는 법인

   사. 이 호의 특수관계인이 사실상 지배하고 있는 법인

   아. 의약품 도매상 및 이 호의 특수관계인의 사용인(법인의 경우에는 임원을, 개인의 경우에는 상업사용인 및 고용계약에 의한 피용인을 말한다. 이하 이 조에서 같다)

2. 의료기관 개설자 또는 약국개설자와 다음 각 목의 어느 하나에 해당하는 특수관계인이 의약품 도매상인 경우 해당 의료기관 또는 약국

   가. 의료기관 개설자 또는 약국개설자가 개인인 경우 그의 2촌 이내의 친족

   나. 의료기관 개설자가 법인인 경우 해당 법인의 임원 및 그의 2촌 이내의 친족

   다. 의료기관 개설자가 법인인 경우 해당 법인을 사실상 지배하고 있는 자

   라. 다목의 특수관계인이 법인인 경우 해당 법인의 임원 및 해당 법인을 사실상 지배하고 있는 자

마. 다목 및 라목의 특수관계인이 개인인 경우 그의 2촌 이내의 친족

바. 법인인 의료기관을 사실상 지배하고 있는 법인

사. 이 호의 특수관계인이 사실상 지배하고 있는 법인

아. 의료기관 개설자, 약국개설자 또는 이 호의 특수관계인의 사용인

⑤ 약국 개설자 또는 의료기관 개설자가 의약품공급자에게 의약품 거래 대금을 지급하는 경우에는 의약품을 수령한 날부터 6개월 이내에 대금을 지급하여야 한다. 다만, 약국 개설자 또는 의료기관 개설자가 의약품공급자에 대하여 거래상 우월적 지위에 있다고 인정되지 아니하는 경우로서 의약품 거래규모 등을 고려하여 보건복지부령으로 정하는 경우에는 그러하지 아니하다. 〈신설 2015. 12. 22.〉

⑥ 약국 개설자 또는 의료기관 개설자가 의약품공급자에게 제5항에서 정한 기간이 지난 후에 의약품 거래 대금을 지급하는 경우에는 그 초과기간에 대하여 연 100분의 20 이내에서 「은행법」에 따른 은행이 적용하는 연체금리 등 경제사정을 고려하여 보건복지부장관이 정하여 고시하는 이율에 따른 이자를 지급하여야 한다. 〈신설 2015. 12. 22.〉

⑦ 제5항에 따른 의약품 거래 대금을 어음 또는 「하도급거래 공정화에 관한 법률」에 따른 어음대체결제수단으로 지급하는 경우에 대해서는 같은 법 제13조를 준용한다. 이 경우 "원사업자"는 "약국 개설자 또는 의료기관 개설자"로, "수급사업자"는 "의약품공급자"로, "하도급대금"은 "의약품 거래 대금"으로, "60일"은 "6개월"로, "100분의 40"은 "100분의 20"으로, "공정거래위원회"는 "보건복지부"로 본다. 〈신설 2015. 12. 22.〉

제47조의2(경제적 이익등 제공 내역에 관한 지출보고서 제출 등)

① 의약품공급자 및 의약품공급자로부터 의약품의 판매촉진 업무를 위탁받은 자(이하 이 조에서 "의약품공급자등"이라 한다)는 보건복지부령으로 정하는 바에 따라 매 회계연도 종료 후 3개월 이내에 약사ㆍ한약사ㆍ의료인ㆍ의료기관 개설자 또는 의료기관 종사자에게 제공한 경제적 이익등 내역에 관한 지출보고서를 작성하고, 해당 지출보고서와 관련 장부 및 근거자료를 5년간 보관하여야 한다. 〈개정 2021. 7. 20.〉

② 보건복지부장관은 필요하다고 인정하는 경우 제1항에 따른 지출보고서와 관련 장부 및 근거자료의 제출을 요구할 수 있다. 이 경우 의약품공급자등은 정당한 사유가 없으면 이에 따라야 한다. 〈개정 2021. 7. 20.〉

③ 보건복지부장관은 의약품공급자등에 대하여 보건복지부령으로 정하는 바에 따라 지출보고서에 관한 실태조사를 실시하고 그 결과를 공표하여야 한다. 〈신설 2021. 7. 20.〉

④ 보건복지부장관은 제1항에 따른 공개와 관련된 업무와 제3항에 따른 실태조사업무를 관계

전문기관 또는 단체에 위탁할 수 있다. 〈신설 2021. 7. 20.〉

[본조신설 2016. 12. 2.]

[종전 제47조의2는 제47조의3으로 이동 〈2016. 12. 2.〉]

제47조의2(경제적 이익등 제공 내역에 관한 지출보고서 제출 등)

① 의약품공급자 및 의약품공급자로부터 의약품의 판매촉진 업무를 위탁받은 자(이하 이 조에서 "의약품공급자등"이라 한다)는 보건복지부령으로 정하는 바에 따라 매 회계연도 종료 후 3개월 이내에 약사·한약사·의료인·의료기관 개설자 또는 의료기관 종사자에게 제공한 경제적 이익등 내역에 관한 지출보고서를 작성하여 보건복지부령으로 정하는 바에 따라 공개하고, 해당 지출보고서와 관련 장부 및 근거 자료를 5년간 보관하여야 한다.

〈개정 2021. 7. 20.〉

② 보건복지부장관은 필요하다고 인정하는 경우 제1항에 따른 지출보고서와 관련 장부 및 근거 자료의 제출을 요구할 수 있다. 이 경우 의약품공급자등은 정당한 사유가 없으면 이에 따라야 한다. 〈개정 2021. 7. 20.〉

③ 보건복지부장관은 의약품공급자등에 대하여 보건복지부령으로 정하는 바에 따라 지출보고서에 관한 실태조사를 실시하고 그 결과를 공표하여야 한다. 〈신설 2021. 7. 20.〉

④ 보건복지부장관은 제1항에 따른 공개와 관련된 업무와 제3항에 따른 실태조사업무를 관계 전문기관 또는 단체에 위탁할 수 있다. 〈신설 2021. 7. 20.〉

[본조신설 2016. 12. 2.]

[종전 제47조의2는 제47조의3으로 이동 〈2016. 12. 2.〉]

[시행일: 2023. 7. 21.] 제47조의2제1항

제47조의3(의약품관리종합정보센터의 지정·운영 등)

① 보건복지부장관은 의약품의 생산·수입·공급 및 사용내역 등 의약품유통정보의 수집·조사·가공·이용 및 제공을 위하여 대통령령으로 정하는 바에 따라 관계 전문기관 또는 단체를 의약품 유통정보관리기관(이하 "의약품관리종합정보센터"라 한다)으로 지정하여 그 업무를 수행하게 할 수 있다. 〈개정 2008. 2. 29., 2010. 1. 18.〉

② 의약품 품목허가를 받은 자·수입자 및 의약품 도매상은 의료기관, 약국 및 의약품 도매상에 의약품을 공급한 경우에는 의약품관리 종합정보센터에 그 공급 내역을 보건복지부령으로 정하는 바에 따라 제출하여야 한다. 다만, 보건복지부령으로 정하는 바에 따라 공급 내역의 확인이 가능한 방법으로 의약품을 공급한 때에는 이를 생략할 수 있다.

③ 의약품관리종합정보센터는 국가·지방자치단체, 그 밖의 공공단체 등에 대하여 의약품유통 정보의 효율적관리를 위하여 필요한 자료의 제공을 요청할 수 있으며, 자료의 제공을 요청받은 국가·지방자치단체, 그 밖의 공공단체 등은 특별한 사유가 없는 한 이에 응하여야 한다. 이 경우 의약품관리종합정보센터에 제공되는 자료에 대하여는 사용료, 수수료 등을 면제한다.

④ 보건복지부장관 및 식품의약품안전처장은 의약품관리종합정보센터의 장에게 의약품 유통 관리현황에 대하여 보고를 명할 수 있다. 〈개정 2008. 2. 29., 2010. 1. 18., 2013. 3. 23.〉

⑤ 보건복지부장관은 의약품관리종합정보센터의 운영에 사용되는 비용의 전부 또는 일부를 지원할 수 있다. 〈개정 2008. 2. 29., 2010. 1. 18.〉

⑥ 의약품관리종합정보센터의 운영 등에 관하여 필요한 사항은 대통령령으로 정한다.

[본조신설 2007. 10. 17.]

[제47조의2에서 이동 〈2016. 12. 2.〉]

제47조의4(전문의약품 유통 질서 확립을 위한 특례)

의약품의 소비자는 제44조에 따라 의약품을 판매할 수 있는 자 이외의 자로부터 다음 각 호의 어느 하나에 해당하는 의약품을 취득하여서는 아니 된다.

1. 스테로이드 성분의 주사제

2. 에페드린 성분의 주사제

3. 그 밖에 제1호 및 제2호에 준하는 전문의약품으로서 총리령으로 정하는 의약품

[본조신설 2021. 7. 20.]

제48조(개봉 판매 금지)

누구든지 제63조에 따라 의약품등 제조업자·품목허가를 받은 자나 수입자가 봉함(封緘)한 의약품의 용기나 포장을 개봉하여 판매할 수 없다. 다만, 다음 각 호의 어느 하나에 해당하는 경우에는 개봉하여 판매할 수 있다. 〈개정 2007. 10. 17., 2008. 2. 29., 2010. 1. 18.〉

1. 약국개설자가 의사·치과의사 또는 한의사의 처방전에 따르거나 제23조제3항 단서 및 같은 조 제6항 단서 또는 법률 제4731호 「약사법중개정법률」 부칙 제4조에 따라 의약품을 조제·판매하는 경우

2. 약국개설자가 한약제제를 개봉하여 판매하는 경우

3. 보건복지부장관이 지정하는 자가 보건복지부령에서 정하는 범위의 의약품을 개봉하여 판매하는 경우

제49조(매약상의 판매 품목 제한)

매약상(賣藥商)은 보건복지부장관이 따로 지정하는 의약품 외의 의약품을 판매하거나 판매할 목적으로 저장하거나 진열하여서는 아니 된다. 〈개정 2008. 2. 29., 2010. 1. 18.〉

제50조(의약품 판매)

① 약국개설자 및 의약품판매업자는 그 약국 또는 점포 이외의 장소에서 의약품을 판매하여서는 아니 된다. 다만, 시장·군수·구청장의 승인을 받은 경우에는 예외로 한다.

② 약국개설자는 의사 또는 치과의사의 처방전에 따라 조제하는 경우 외에는 전문의약품을 판매하여서는 아니 된다. 다만, 「수의사법」에 따른 동물병원 개설자에게 보건복지부령으로 정하는 바에 따라 판매하는 경우에는 그러하지 아니하다. 〈개정 2008. 2. 29., 2010. 1. 18.〉

③ 약국개설자는 의사 또는 치과의사의 처방전이 없이 일반의약품을 판매할 수 있다.

④ 약국개설자는 일반의약품을 판매할 때에 필요하다고 판단되면 복약지도를 할 수 있다.

제6장 의약품에 관한 특허권의 등재 및 판매금지 등

제1절 의약품에 관한 특허권의 등재 〈신설 2015. 3. 13.〉

제50조의2(의약품에 관한 특허권의 등재)

① 제31조제2항 및 제3항에 따른 품목허가 또는 같은 조 제9항에 따른 품목에 관한 변경허가(이하 "품목허가 또는 변경허가"라 한다)를 받은 자는 식품의약품안전처장이 품목허가 또는 변경허가를 받은 의약품에 관한 특허권(이하 "의약품특허권"이라 한다)을 등재·관리하는 의약품 특허목록(이하 "특허목록"이라 한다)에 의약품특허권의 등재를 신청할 수 있다.

② 제1항에 따라 특허목록에 의약품특허권의 등재를 신청하려는 자는 해당 의약품의 품목허가 또는 변경허가를 받은 날 또는 「특허법」 제87조에 따라 특허권의 설정등록이 있은 날부터 30일 이내에 다음 각 호의 사항을 기재한 등재 신청서에 특허등록원부 사본, 「특허법」에 따른 특허권자 또는 전용실시권자(이하 "특허권자등"이라 한다)의 동의서 등 총리령으로 정하는 서류를 첨부하여 식품의약품안전처장에게 제출하여야 한다.

1. 의약품의 명칭

2. 등재신청자의 인적사항

3. 특허권자등의 인적사항(국내에 주소 또는 영업소가 없는 경우 국내에 주소 또는 영업소가 있는 대리인의 인적사항)

4. 특허번호

5. 특허권의 존속기간 만료일

6. 특허로 보호받으려는 사항(이하 "특허청구항"이라 한다)

7. 그 밖에 총리령으로 정하는 사항

③ 제1항에 따라 의약품특허권의 등재를 신청한 자는 신청에 대한 결정이 있기 전에 식품의약품안전처장에게 제2항에 따른 등재 신청서 내용의 변경을 신청할 수 있다. 다만, 특허청구항을 추가하는 경우에는 제2항에 따른 신청기간 내에 신청하여야 한다.

④ 식품의약품안전처장은 제1항에 따라 등재를 신청하거나 제3항에 따라 등재 신청서 내용의 변경을 신청한 의약품특허권이 다음 각 호의 대상 및 요건을 모두 충족하는 경우에는 의약품의 명칭, 특허권자등의 인적사항, 특허번호, 특허존속기간 등 총리령으로 정하는 사항을 특허목록에 등재하고, 이를 인터넷 홈페이지에 공개하여야 한다.

1. 다음 각 목의 어느 하나에 관한 것일 것

가. 물질

나. 제형

다. 조성물

라. 의약적 용도

2. 해당 의약품의 품목허가 또는 변경허가를 받은 사항과 직접 관련되었을 것

3. 해당 의약품의 품목허가일 또는 변경허가일 이전에 「특허법」 제42조에 따라 출원되었을 것

4. 의약품특허권이 존속기간 만료, 무효, 포기 등으로 소멸하지 아니하였을 것

5. 해당 의약품의 품목허가 또는 변경허가가 유효할 것

⑤ 식품의약품안전처장은 제4항 각 호의 대상 및 요건을 충족하는지를 검토하기 위하여 필요한 경우 의약품특허권의 등재를 신청한 자에게 추가 자료의 제출을 명할 수 있다.

⑥ 제1항에 따른 의약품특허권의 등재 신청 또는 제3항에 따른 등재 신청서 내용 변경의 신청 절차 · 방법 등에 관하여 필요한 사항은 총리령으로 정한다.

[본조신설 2015. 3. 13.]

제50조의3(등재사항의 변경 등)

① 제50조의2제1항에 따라 의약품특허권의 등재를 신청하여 특허목록에 의약품특허권을 등재받은 자(이하 "특허권등재자"라 한다)는 제50조의2제4항에 따라 특허목록에 등재된 사항(이하 이 조에서 "등재사항"이라 한다)의 변경 또는 삭제를 식품의약품안전처장에게 신청할 수 있다.

② 등재사항 중 특허목록에 등재된 특허권(이하 "등재특허권"이라 한다)의 존속기간 만료일 변경은 그 변경이 있은 날부터 30일 이내에 신청하여야 한다. 다만, 식품의약품안전처장은 특허권등재자의 신청에 따라 추가로 30일 이내의 변경 기간을 부여할 수 있다.

③ 식품의약품안전처장은 제1항에 따른 신청 내용을 확인한 후 신청 내용이 적합하다고 인정되면 등재사항을 변경 또는 삭제할 수 있다. 이 경우 식품의약품안전처장은 미리 특허목록에 의약품특허권이 등재된 의약품(이하 "등재의약품"이라 한다)의 특허권자등(이하 "등재특허권자등"이라 한다)과 등재의약품의 안전성·유효성에 관한 자료를 근거로 의약품의 품목허가 또는 변경허가를 신청한 자 등 이해관계인의 의견을 들어야 한다.

④ 식품의약품안전처장은 다음 각 호의 어느 하나에 해당하는 경우에는 직권으로 등재사항을 변경 또는 삭제할 수 있다. 이 경우 식품의약품안전처장은 미리 특허권등재자의 의견을 들어야 한다.

1. 특허권자등이 동의를 철회한 경우
2. 제50조의2제4항의 대상 및 요건을 충족하지 아니하게 된 경우
3. 거짓이나 그 밖의 부정한 방법으로 의약품특허권이 등재된 경우

⑤ 식품의약품안전처장은 제3항 및 제4항에 따라 등재사항을 변경하거나 삭제하는 경우 이를 인터넷 홈페이지에 공개하여야 한다.

⑥ 제1항에 따른 등재사항의 변경·삭제 신청의 절차, 방법 등에 관하여 필요한 사항은 총리령으로 정한다.

[본조신설 2015. 3. 13.]

제2절 품목허가 신청사실의 통지 및 판매금지 등 〈신설 2015. 3. 13.〉

제50조의4(품목허가 등 신청사실의 통지)

① 등재의약품의 안전성·유효성에 관한 자료를 근거로 제31조제2항 또는 제3항에 따라 의약품의 품목허가를 신청하거나 같은 조 제9항에 따라 효능·효과에 관한 변경허가를 신청한

자는 허가를 신청한 사실, 허가신청일 등 총리령으로 정하는 사항을 특허권등재자와 등재특허권자등에게 통지하여야 한다. 다만, 다음 각 호의 어느 하나에 해당하는 경우에는 그러하지 아니하다.

1. 등재특허권의 존속기간이 만료된 경우
2. 등재특허권의 존속기간이 만료된 후에 의약품을 판매하기 위하여 품목허가 또는 변경허가를 신청한 경우
3. 특허권등재자와 등재특허권자등이 통지하지 아니하는 것에 동의한 경우
4. 제1호부터 제3호까지의 규정에 준하는 것으로서 대통령령으로 정하는 경우

② 제1항 단서에도 불구하고 제1항제2호부터 제4호까지의 규정에 따른 사유가 소멸한 경우에는 제1항 본문에 따른 통지를 하여야 한다.

③ 제1항 또는 제2항에 따른 통지는 특허목록에 기재된 특허권자등 또는 그 대리인의 국내 주소에 도달하면 이루어진 것으로 본다.

④ 제1항 또는 제2항에 따른 통지는 품목허가 또는 변경허가 신청일부터 20일 이내에 하여야 한다. 그 기한 내에 통지를 하지 아니한 경우에는 품목허가 또는 변경허가를 신청한 자가 특허권등재자 또는 등재특허권자등에게 통지한 날 중 통지가 늦은 날을 품목허가 또는 변경허가 신청일로 본다.

⑤ 제1항 또는 제2항에 따라 통지를 한 자는 그 통지한 사실을 증명할 수 있는 서류를 지체 없이 식품의약품안전처장에게 제출하여야 한다. 이 경우 식품의약품안전처장은 통지된 의약품(이하 "통지의약품"이라 한다)의 허가신청일, 주성분, 제형 등 총리령으로 정하는 사항을 인터넷 홈페이지에 공개하여야 한다.

⑥ 식품의약품안전처장은 제1항 또는 제2항에 따른 통지가 되지 아니한 경우 해당 품목허가 또는 변경허가를 하여서는 아니 된다.

⑦ 제1항에 따른 통지의 방법, 절차 등에 관하여 필요한 사항은 총리령으로 정한다.

[본조신설 2015. 3. 13.]

제50조의5(판매금지 신청)

① 등재특허권자등은 제50조의4에 따른 통지를 받은 날부터 45일 이내에 식품의약품안전처장에게 다음 각 호의 사항이 기재된 진술서를 첨부하여 통지의약품의 판매금지를 신청할 수 있다.

1. 판매금지 신청은 정당하게 등록된 특허권에 기하여 이루어졌을 것
2. 제2항에 따른 심판 또는 소송을 선의로 청구 또는 제기하였으며, 승소의 전망이 있고, 심

판 또는 소송 절차를 불합리하게 지연하지 아니할 것

② 등재특허권자등은 판매금지를 신청하기 전에 통지의약품을 대상으로 등재특허권과 관련한 다음 각 호의 어느 하나에 해당하는 소를 제기하거나 심판을 청구하거나 받아야 한다.

　　1. 「특허법」 제126조에 따른 특허침해의 금지 또는 예방 청구의 소

　　2. 「특허법」 제135조에 따른 권리범위 확인심판

③ 제1항에도 불구하고 이미 제50조의6제1항에 따라 판매금지를 하였던 의약품에 대해서는 추가적으로 판매금지를 신청할 수 없다. 다만, 제31조제9항에 따른 효능·효과에 관한 변경허가 신청에 따른 통지의약품에 대해서는 그러하지 아니하다.

④ 식품의약품안전처장은 제1항에 따른 판매금지 신청기간이 경과할 때까지 통지의약품에 대한 품목허가 또는 변경허가를 하여서는 아니 된다. 다만, 다음 각 호의 어느 하나에 해당하는 경우에는 그러하지 아니하다.

　　1. 판매금지가 신청된 의약품이 등재특허권의 권리범위에 속하지 아니한다는 취지의 「특허법」 제162조에 따른 심결 또는 같은 법 제189조에 따른 판결이 있는 경우

　　2. 등재특허권이 무효라는 취지의 「특허법」 제162조에 따른 심결 또는 같은 법 제189조에 따른 판결이 있는 경우

　　3. 의약품특허권의 등재가 위법하다는 취지의 「행정심판법」 제43조에 따른 재결 또는 「행정소송법」 제3조에 따라 제기된 소에 대한 법원의 판결이 있는 경우

⑤ 식품의약품안전처장은 제4항 각 호의 심결, 재결 또는 판결 이후에 그에 반하는 취지의 심결 또는 판결이 있으면 제4항 단서에도 불구하고 통지의약품에 대한 품목허가 또는 변경허가를 하여서는 아니 된다.

⑥ 판매금지 신청의 방법 및 절차 등에 관하여 필요한 사항은 총리령으로 정한다.

[본조신설 2015. 3. 13.]

제50조의6(판매금지 등)

① 제50조의5제1항에 따라 판매금지 신청을 받은 식품의약품안전처장은 판매금지가 신청된 의약품에 대한 품목허가 또는 변경허가를 할 때 다음 각 호의 어느 하나에 해당하는 경우를 제외하고는 제50조의4에 따라 등재특허권자등이 통지받은 날(이하 "통지받은 날"이라고 한다)부터 9개월 동안 판매를 금지하여야 한다.

　　1. 제50조의5제1항에 따른 신청기간을 준수하지 아니한 경우

　　2. 존속기간 만료, 포기 등으로 소멸된 특허권을 기초로 한 경우

　　3. 제50조의5제2항 각 호의 소송을 제기하거나 심판을 청구하거나 받지 아니하고 신청한 경우

4. 거짓이나 그 밖의 부정한 방법으로 의약품특허권이 등재된 경우

5. 제50조의4에 따라 통지된 의약품이 2개 이상이고, 통지된 의약품과 다음 각 목의 사항이 동일한 경우(이하 "동일의약품"이라 한다)로서 그 동일의약품 중 일부에 대하여서만 판매금지 신청을 한 경우

   가. 주성분 및 그 함량

   나. 제형

   다. 용법·용량

   라. 효능·효과

6. 판매금지가 신청된 의약품과 동일의약품으로서 이미 등재의약품의 안전성·유효성에 관한 자료를 근거로 품목허가 또는 변경허가를 받고 판매가 가능한 의약품이 존재하는 경우

7. 제50조의5제4항 각 호의 어느 하나에 해당하는 심결, 재결 또는 판결이 있는 경우

8. 등재특허권이 「특허법」 제106조제1항, 제106조의2제1항에 해당하거나 같은 법 제107조에 따른 재정의 대상이 된 경우

② 식품의약품안전처장은 통지의약품에 대한 품목허가 또는 변경허가를 하기 전에 제1항제7호의 심결, 재결 또는 판결에 대하여 이를 취소하거나 파기하는 취지의 심결 또는 판결(「특허법」 제178조에 따른 재심의 심결을 포함한다)이 있으면 제1항에도 불구하고 통지받은 날부터 9개월 동안 판매를 금지하여야 한다.

③ 제1항에 따른 판매금지의 효력은 다음 각 호의 날 중 가장 이른 날에 소멸된다.

〈개정 2020. 12. 29.〉

1. 판매금지가 신청된 의약품이 등재특허권의 권리범위에 속하지 아니한다는 취지의 심결일 또는 판결일

2. 판매금지가 신청된 의약품이 등재특허권을 침해하지 아니한다는 취지의 판결일

3. 등재특허권이 무효라는 취지의 심결일 또는 판결일

4. 의약품특허권의 등재가 위법하다는 취지의 재결일 또는 판결일

5. 제50조의5제2항 각 호 중 어느 하나의 심판 또는 소송이 특허권자등의 취하, 취하의 동의, 화해 또는 각하 등으로 종료된 날

6. 제50조의5제2항 각 호 중 어느 하나의 심판 또는 소송과 관련하여 중재 또는 조정이 성립된 날

7. 등재의약품의 품목허가 또는 변경허가 소멸일

8. 등재특허권의 존속기간 만료일

9. 등재특허권자등이 판매금지 또는 제50조의7에 따른 우선판매품목허가와 관련하여 「독

점규제 및 공정거래에 관한 법률」 제5조제1항, 제40조제1항 또는 제45조제1항을 위반하였다는 공정거래위원회의 의결 또는 법원의 판결이 있은 날

10. 거짓이나 부정한 방법으로 판매금지를 신청한 것으로 판명된 날

④ 제1항부터 제3항까지의 규정에 따른 판매금지 또는 소멸의 절차 등에 관하여 필요한 사항은 총리령으로 정한다.

[본조신설 2015. 3. 13.]

제3절 우선판매품목허가 〈신설 2015. 3. 13.〉

제50조의7(우선판매품목허가의 신청)

① 제50조의4에 따라 통지를 하여야 하는 자는 의약품의 품목허가 또는 변경허가를 신청할 때 다음 각 호의 요건을 모두 갖춘 의약품보다 우선하여 의약품을 판매할 수 있는 허가(이하 "우선판매품목허가"라 한다)를 식품의약품안전처장에게 신청할 수 있다.

1. 우선판매품목허가를 신청하는 의약품과 동일의약품일 것

2. 등재의약품의 안전성·유효성에 관한 자료를 근거로 품목허가 또는 변경허가를 신청하는 의약품 중 등재의약품과 유효성분이 동일한 의약품일 것

② 우선판매품목허가를 받으려는 자는 제1항에 따른 신청을 하기 전에 다음 각 호의 어느 하나에 해당하는 심판을 청구하여야 한다.

1. 「특허법」 제133조에 따른 특허의 무효심판

2. 「특허법」 제134조에 따른 특허권 존속기간 연장등록의 무효심판

3. 「특허법」 제135조에 따른 권리범위 확인심판

③ 제2항 각 호의 심판을 청구하는 자는 지체 없이 특허심판번호 등 총리령으로 정하는 사항을 식품의약품안전처장에게 통지하여야 한다. 식품의약품안전처장은 통지받은 사항을 인터넷 홈페이지에 공개할 수 있다.

④ 우선판매품목허가를 받으려는 자는 다음 각 호의 사항을 기재한 우선판매품목허가 신청서에 제2항 각 호의 심판 청구서 등 총리령으로 정하는 서류를 첨부하여 식품의약품안전처장에게 제출하여야 한다.

1. 신청자의 인적사항

2. 특허번호

3. 특허심판번호

4. 심판 청구일

5. 그 밖에 총리령으로 정하는 사항

[본조신설 2015. 3. 13.]

제50조의8(우선판매품목허가)

① 제50조의7에 따라 우선판매품목허가 신청을 받은 식품의약품안전처장은 신청자가 다음 각 호의 요건을 모두 갖춘 경우 의약품의 품목허가 또는 변경허가와 함께 우선판매품목허가를 하여야 한다.

1. 제50조의4에 따라 통지하여야 하는 의약품의 품목허가 또는 변경허가를 신청한 자 중 가장 이른 날에 품목허가 또는 변경허가를 신청한 자일 것(같은 날에 신청한 자가 여럿인 경우 모두 같은 순위로 본다)

2. 제50조의7제2항에 따라 심판을 청구한 자 중 등재특허권에 관하여 특허의 무효, 존속기간 연장등록의 무효 또는 해당 의약품이 특허권리범위에 속하지 아니한다는 취지의 심결 또는 판결을 받은 자일 것. 다만, 통지받은 날부터 9개월이 경과하는 날 이후에 심결 또는 판결을 받은 자는 제외한다.

3. 제2호에 따른 심결 또는 판결을 받은 자 중 다음 각 목의 요건 중 어느 하나의 요건에 해당하는 자일 것

   가. 최초로 제50조의7제2항 각 호의 심판(이하 이 호에서 "최초 심판"이라 한다)을 청구한 자일 것

   나. 최초 심판이 청구된 날부터 14일 이내에 심판을 청구한 자일 것

   다. 가목 또는 나목의 요건에 해당하는 자보다 먼저 제2호에 따른 심결 또는 판결을 받은 자일 것

② 식품의약품안전처장은 제1항에 따라 우선판매품목허가를 하는 경우 우선판매품목허가 의약품의 주성분, 제형, 허가일 등 총리령으로 정하는 사항을 인터넷 홈페이지에 공개하여야 한다.

[본조신설 2015. 3. 13.]

제50조의9(동일의약품 등에 대한 판매금지 등)

① 식품의약품안전처장은 제50조의8제1항에 따라 우선판매품목허가를 한 경우 다음 각 호의 요건을 모두 갖춘 의약품에 대한 품목허가 또는 변경허가를 할 때 제2항에 따른 기간 동안 판매를 금지할 수 있다.

1. 우선판매품목허가를 받은 의약품과 동일의약품일 것

2. 등재의약품의 안전성·유효성에 관한 자료를 근거로 품목허가 또는 변경허가를 신청한 의약품 중 등재의약품과 유효성분이 동일한 의약품일 것

② 제1항에 따른 판매금지기간은 최초로 우선판매품목허가를 받은 자의 판매가능일부터 9개월이 경과하는 날까지로 한다. 다만, 해당 의약품이 「국민건강보험법」 제41조제1항제2호에 따라 요양급여를 신청한 약제인 경우 2개월의 범위에서 연장할 수 있다.

③ 제1항 및 제2항에 따른 판매금지의 방법 및 절차 등에 관하여 필요한 사항은 총리령으로 정한다.

[본조신설 2015. 3. 13.]

제50조의10(동일의약품 등에 대한 판매금지 효력의 소멸 등)

① 제50조의9제1항에 따른 판매금지의 효력은 다음 각 호의 날 중 가장 이른 날에 소멸된다.

1. 우선판매품목허가를 받은 의약품의 품목허가 또는 변경허가가 소멸한 날

2. 등재특허권이 존속기간 만료, 무효라는 취지의 심결 또는 판결의 확정(우선판매품목허가를 받은 자가 청구 또는 제기한 심판 또는 소송에 의한 것은 제외한다) 등으로 소멸한 날

② 식품의약품안전처장은 다음 각 호의 어느 하나에 해당하는 경우 제50조의9제1항에 따른 판매금지의 효력을 소멸시켜야 한다. 이 경우 식품의약품안전처장은 미리 우선판매품목허가를 받은 자의 의견을 들어야 한다. 〈개정 2020. 12. 29.〉

1. 제50조의8제1항제2호의 심결 또는 판결에 대하여 이를 취소 또는 파기하는 취지의 판결(「특허법」 제178조에 따른 재심의 심결을 포함한다)이 있은 경우

2. 우선판매품목허가 의약품을 판매가능일부터 2개월 이내에 정당한 사유 없이 판매하지 아니한 경우

3. 우선판매품목허가를 받은 자가 판매금지 또는 우선판매품목허가와 관련하여 「독점규제 및 공정거래에 관한 법률」 제5조제1항, 제40조제1항 또는 제45조제1항을 위반하였다는 공정거래위원회의 의결 또는 법원의 판결이 있은 경우

4. 거짓이나 그 밖의 부정한 방법으로 우선판매품목허가를 받은 경우

③ 우선판매품목허가를 받은 의약품과 동일의약품의 품목허가 또는 변경허가를 신청한 자 등 이해관계인은 우선판매품목허가가 제1항 또는 제2항 각 호의 어느 하나에 해당한다는 취지의 정보를 식품의약품안전처장에게 제공할 수 있다.

④ 제1항부터 제3항까지의 규정에 따른 판매금지 효력의 소멸 및 이해관계인의 정보 제공의 방법, 절차 등에 관하여 필요한 사항은 총리령으로 정한다.

[본조신설 2015. 3. 13.]

제4절 영향평가 등 〈신설 2015. 3. 13.〉

제50조의11(영향평가)

① 식품의약품안전처장은 제50조의6에 따른 판매금지 및 우선판매품목허가 등 이 장에 규정된 사항이 국내 제약산업, 보건정책, 고용 증감 등에 미치는 영향을 분석·평가하여야 한다.

② 식품의약품안전처장은 제1항의 영향평가를 위하여 필요하다고 인정할 때에는 관계 행정기관, 교육·연구기관 등에 필요한 자료를 요청할 수 있다. 이 경우 자료 요청을 받은 관계 행정기관의 장, 교육·연구기관의 장 등은 정당한 사유가 없으면 이에 따라야 한다.

③ 제1항에 따른 영향평가를 할 때에는 해외 사례를 분석하여야 한다.

④ 식품의약품안전처장은 제1항에 따른 영향평가 결과를 공개하고 국회에 보고하여야 한다.

⑤ 제1항부터 제4항까지에 따른 영향평가의 기준, 방법, 절차 등에 관하여 필요한 사항은 총리령으로 정한다.

[본조신설 2015. 3. 13.]

제50조의12(등재의약품의 관리 등)

① 식품의약품안전처장은 의약품특허권과 관련하여 다음 각 호의 사업을 수행한다.

  1. 등재의약품의 시장동향 및 가격정보 수집

  2. 중소기업의 특허목록 등재, 우선판매품목허가 등과 관련한 업무 지원

  3. 의약품특허권과 관련하여 제약업체 역량을 강화하기 위한 교육

  4. 등재의약품과 관련한 특허정보 분석 및 제공

  5. 이 장에 규정된 사항과 관련된 해외사례 및 정책 연구, 통계의 산출 및 분석

  6. 그 밖에 식품의약품안전처장이 필요하다고 인정하는 사업

② 식품의약품안전처장은 제1항의 사업 수행을 다른 기관에 위탁할 수 있다.

③ 식품의약품안전처장은 제1항의 사업을 수행하기 위하여 필요하다고 인정하는 경우에는 다음 각 호의 기관에 의약품특허권 등에 관한 자료의 제공을 요청할 수 있고, 요청을 받은 기관은 정당한 사유가 없으면 이에 따라야 한다.

  1. 국가 또는 지방자치단체

  2. 공공기관 또는 공공단체

[본조신설 2015. 3. 13.]

제7장 의약품등의 취급

제1절 기준과 검정

제51조(대한민국약전)

① 식품의약품안전처장은 의약품등의 성질과 상태, 품질 및 저장 방법 등을 적정하게 하기 위하여 중앙약사심의위원회의 심의를 거쳐 대한민국약전을 정하여 공고한다.

〈개정 2011. 6. 7., 2013. 3. 23.〉

② 대한민국약전은 제1부와 제2부로 하되, 제1부에는 주로 자주 사용되는 원료의약품과 기초적 제제를 싣고, 제2부에는 주로 혼합제제와 제1부에 실리지 아니한 의약품등을 싣는다.

〈개정 2011. 6. 7.〉

[제목개정 2011. 6. 7.]

제52조(의약품등의 기준)

① 식품의약품안전처장은 생물학적 제제 및 대한민국약전에 실리지 아니한 의약품에 대하여 중앙약사심의위원회의 의견을 들어 성질과 상태, 품질 및 저장 방법 등과 그 밖에 필요한 기준을 정할 수 있다.

〈개정 2011. 6. 7., 2013. 3. 23.〉

② 식품의약품안전처장은 보건위생상의 위해(危害)를 방지하기 위하여 필요하다고 인정하면 의약외품에 대하여 중앙약사심의위원회의 의견을 들어 제법·성상·성능·품질 및 저장 방법과 그 밖에 필요한 기준을 정할 수 있다.

〈개정 2013. 3. 23.〉

제52조의2(특정집단에 대한 의약품 안전사용 실태 조사·연구 등)

① 보건복지부장관 및 식품의약품안전처장은 노인, 소아, 임산부 등 특별한 주의가 필요한 집단으로서 총리령으로 정하는 집단(이하 "특정집단"이라 한다)에 대한 의약품 안전사용 실태에 관하여 보건복지부령으로 정하는 바에 따라 조사를 실시할 수 있다.

② 식품의약품안전처장은 제1항에 따른 조사를 위하여 해당 의약품의 제조업자 또는 품목허가를 받은 자에게 해당 특정집단에 미치는 영향을 조사·연구하도록 지시할 수 있으며, 이 경우 지시를 받은 제조업자 또는 품목허가를 받은 자는 이에 따라야 한다.

[본조신설 2015. 12. 29.]

제53조(국가출하승인의약품)

① 다음 각 호의 어느 하나에 해당하는 의약품 중에서 총리령으로 정하는 의약품을 판매하거나 판매할 목적으로 진열·보관 또는 저장하려는 자는 제조·품질관리에 관한 자료 검토 및 검정 등을 거쳐 식품의약품안전처장의 출하승인을 받아야 한다.　　　　　〈개정 2013. 3. 23.〉

　　1. 생물학적 제제

　　2. 변질되거나 변질되어 썩기 쉬운 의약품

　　3. 삭제〈2018. 12. 11.〉

② 제1항에 따른 출하승인의 절차와 방법 등에 필요한 사항은 총리령으로 정한다.

　　　　　　　　　　　　　　　　　　　　　　　　　　　　　　　〈개정 2013. 3. 23.〉

　　[전문개정 2011. 6. 7.]

제54조(방사성 의약품)

　식품의약품안전처장은 방사성 의약품의 제조 및 수입 등에 필요한 사항을 과학기술정보통신부장관과 협의하여 정할 수 있다.　　　　　〈개정 2011. 6. 7., 2013. 3. 23., 2017. 7. 26.〉

제55조(중독성·습관성 의약품)

　인체에 중독성이나 습관성으로 작용할 염려가 있는 의약품의 제조·관리 등에 필요한 사항은 따로 법률로 정한다.

제2절 의약품의 취급

제56조(의약품 용기 등의 기재 사항)

① 의약품 품목허가를 받은 자와 수입자는 의약품의 용기나 포장에 다음 각 호의 사항을 적어야 한다. 다만, 총리령으로 정하는 용기나 포장인 경우에는 총리령으로 정하는 바에 따라 다음 각 호의 사항 중 그 일부를 적지 아니하거나 그 일부만을 적을 수 있다.

1. 의약품 품목허가를 받은 자 또는 수입자의 상호와 주소(위탁제조한 경우에는 제조소의 명칭과 주소를 포함한다)

2. 제품명

3. 제조번호와 유효기한 또는 사용기한

4. 중량 또는 용량이나 개수

5. 대한민국약전에서 용기나 포장에 적도록 정한 사항

6. 제52조제1항에 따라 기준이 정하여진 의약품은 그 저장 방법과 그 밖에 그 기준에서 용기나 포장에 적도록 정한 사항

7. 품목허가증 및 품목신고증에 기재된 모든 성분의 명칭, 유효 성분의 분량(유효 성분이 분명하지 아니한 것은 그 본질 및 그 제조방법의 요지) 및 보존제의 분량. 다만, 보존제를 제외한 소량 함유 성분 등 총리령으로 정하는 성분은 제외할 수 있다.

8. "전문의약품" 또는 "일반의약품"[안전상비의약품은 "일반(안전상비)의약품"]이라는 문자

9. 제58조제1호부터 제3호까지에 규정된 사항

10. 그 밖에 총리령으로 정하는 사항

② 약국개설자 등 소비자에게 직접 의약품을 판매하는 자는 보건복지부장관이 정하는 바에 따라 의약품의 가격을 의약품의 용기나 포장에 적어야 한다.

[전문개정 2011. 6. 7.]

제57조(외부 포장 기재 사항)

의약품을 직접 담는 용기나 직접 포장하는 부분에 적힌 제56조제1항 각 호 및 같은 조 제2항의 사항이 외부의 용기나 포장에 가려 보이지 아니하면 그 외부의 용기나 포장에도 같은 사항을 적어야 한다. 〈개정 2011. 6. 7.〉

제58조(첨부 문서 기재 사항)

의약품에 첨부하는 문서에는 다음 각호의 사항을 적어야 한다.

〈개정 2008. 2. 29., 2010. 1. 18., 2011. 6. 7., 2013. 3. 23.〉

1. 용법·용량, 그 밖에 사용 또는 취급할 때에 필요한 주의 사항

2. 대한민국약전에 실린 의약품은 대한민국약전에서 의약품의 첨부 문서 또는 그 용기나 포장에 적도록 정한 사항

3. 제52조제1항에 따라 기준이 정하여진 의약품은 그 기준에서 의약품의 첨부 문서 또는 그

용기나 포장에 적도록 정한 사항

4. 그 밖에 총리령으로 정하는 사항

제59조(기재상의 주의)

제56조부터 제58조까지에 규정된 사항은 다른 문자 · 기사 · 그림 또는 도안보다 쉽게 볼 수 있는 부분에 적어야 하며, 그 사항은 총리령으로 정하는 바에 따라 읽기 쉽고 이해하기 쉬운 용어로 정확히 적어야 한다. 〈개정 2008. 2. 29., 2010. 1. 18., 2013. 3. 23.〉

제59조의2(시각 · 청각장애인을 위한 의약품의 표시)

의약품의 품목허가를 받은 자와 수입자는 안전상비의약품 및 식품의약품안전처장이 정하는 의약품의 경우 시각 · 청각장애인이 활용할 수 있도록 제56조부터 제58조까지에서 규정된 사항 중 제품명 등 식품의약품안전처장이 정하는 사항을 용기 또는 포장에는 점자 및 음성 · 수어영상변환용 코드 등 총리령으로 정하는 방법 및 기준에 따라, 첨부문서에는 음성 · 수어영상변환용 코드 등 총리령으로 정하는 방법 및 기준에 따라 표시하여야 한다.

[본조신설 2021. 7. 20.]

[시행일: 2024. 7. 21.] 제59조의2

제60조(기재 금지 사항)

의약품에 첨부하는 문서 또는 의약품의 용기나 포장에 다음 각 호에 해당하는 내용을 적어서는 아니 된다. 〈개정 2007. 10. 17., 2018. 12. 11.〉

1. 해당 의약품에 관하여 거짓이나 오해할 우려가 있는 사항

2. 제31조제2항 · 제3항 · 제9항 또는 제41조제1항에 따른 허가 · 변경허가를 받지 아니하였거나 신고 · 변경신고하지 아니한 효능 · 효과

3. 보건위생에 위험한 용법 · 용량이나 사용 기간

제61조(판매 등의 금지)

① 누구든지 다음 각 호의 의약품을 판매하거나 판매할 목적으로 저장 또는 진열하여서는 아니 된다. 〈개정 2007. 10. 17., 2011. 6. 7., 2018. 12. 11.〉

1. 제56조부터 제60조까지의 규정에 위반되는 의약품이나 위조(僞造) 의약품

2. 제31조제1항부터 제3항까지 및 제9항, 제41조제1항, 제42조제1항 · 제3항 및 제43조제1항을 위반하여 제조 또는 수입된 의약품

② 누구든지 의약품이 아닌 것을 용기·포장 또는 첨부 문서에 의학적 효능·효과 등이 있는 것으로 오인될 우려가 있는 표시를 하거나 이와 같은 내용의 광고를 하여서는 아니 되며, 이와 같은 의약품과 유사하게 표시되거나 광고된 것을 판매하거나 판매할 목적으로 저장 또는 진열하여서는 아니 된다.

제61조의2(의약품 불법판매의 알선·광고 금지 등)

① 누구든지 제44조, 제50조제1항·제2항에 위반되는 의약품의 판매를 알선하거나 광고해서는 아니 되고, 제61조제1항 각 호에 해당하는 것 또는 같은 조 제2항에 따른 의약품과 유사하게 표시되거나 광고된 것의 판매를 알선하거나 광고해서는 아니 된다.

② 식품의약품안전처장은 「정보통신망 이용촉진 및 정보보호 등에 관한 법률」 제2조제1항제1호에 따른 정보통신망(이하 이 조에서 "정보통신망"이라 한다)을 이용하여 의약품을 판매하는 행위 또는 제1항을 위반하는 행위에 관한 조사를 위하여 필요한 경우에는 「정보통신망 이용촉진 및 정보보호 등에 관한 법률」 제2조제1항제3호에 따른 정보통신서비스 제공자 또는 「전자상거래 등에서의 소비자보호에 관한 법률」 제20조에 따른 통신판매중개업자(이하 이 조에서 "정보통신서비스 제공자등"이라 한다)에 대하여 필요한 자료제출을 요청할 수 있다. 이 경우 자료제출을 요청받은 정보통신서비스 제공자등은 정당한 사유가 없으면 이에 따라야 한다.

③ 정보통신서비스 제공자등은 정보통신망을 이용하여 의약품이 판매되거나 제1항을 위반하는 행위를 발견한 때에는 즉시 그 사실을 식품의약품안전처장에게 통보하여야 한다.

④ 제2항에 따른 자료제출 요청의 범위 및 절차, 제3항에 따른 통보의 방법 등에 필요한 사항은 총리령으로 정한다.

[본조신설 2018. 12. 11.]

제62조(제조 등의 금지)

누구든지 다음 각 호의 어느 하나에 해당하는 의약품을 판매하거나 판매할 목적으로 제조·수입·저장 또는 진열하여서는 아니 된다.　　〈개정 2007. 10. 17., 2011. 6. 7., 2013. 3. 23., 2018. 12. 11.〉

1. 대한민국약전에 실린 의약품으로서 성상·성능 또는 품질이 대한민국약전에서 정한 기준에 맞지 아니하는 의약품

2. 제31조제2항·제3항·제9항 또는 제41조제1항에 따라 허가·변경허가 또는 신고·변경신고된 의약품으로서 그 성분 또는 분량(유효 성분이 분명하지 아니한 것은 본질 또는 제조 방법의 요지)이 허가·변경허가 또는 신고·변경신고된 내용과 다른 의약품

3. 제52조제1항에 따라 기준이 정하여진 의약품으로서 정한 기준에 맞지 아니한 의약품

4. 전부 또는 일부가 불결한 물질 또는 변질이나 변하여 썩은 물질로 된 의약품

5. 병원 미생물(病原 微生物)에 오염되었거나 오염되었다고 인정되는 의약품

6. 이물질이 섞였거나 부착된 의약품

7. 식품의약품안전처장이 정한 타르 색소와 다른 타르 색소가 사용된 의약품

8. 보건위생에 위해가 있을 수 있는 비위생적 조건에서 제조되었거나 그 시설이 대통령령으로 정하는 기준에 맞지 아니한 곳에서 제조된 의약품

9. 용기나 포장이 불량하여 보건위생상 위해가 있을 염려가 있는 의약품

10. 용기나 포장이 그 의약품의 사용 방법을 오인하게 할 염려가 있는 의약품

11. 제76조제1항제4호에 해당하는 의약품

제63조(봉함)

의약품의 제조업자·품목허가를 받은 자나 수입자는 자신이 제조 또는 수입한 의약품을 판매할 때에는 총리령으로 정하는 바에 따라 의약품의 용기나 포장을 봉함(封緘)하여야 한다. 다만, 의약품 제조업자 또는 품목허가를 받은 자에게 판매하는 경우에는 예외로 한다.

〈개정 2007. 10. 17., 2008. 2. 29., 2010. 1. 18., 2013. 3. 23.〉

제64조(안전용기·포장 등)

① 의약품 품목허가를 받은 자나 수입자는 자신이 제조 또는 수입한 의약품을 판매할 때에는 오용으로 발생하는 어린이의 약물 사고를 방지하기 위하여 안전용기·포장을 사용하여야 한다. 다만, 의약품 제조업자 또는 품목허가를 받은 자에게 판매하는 경우에는 그러하지 아니하다.

〈개정 2007. 10. 17.〉

② 안전용기·포장을 사용하여야 할 품목 및 안전용기·포장의 기준 등에 관하여는 총리령으로 정한다.

〈개정 2008. 2. 29., 2010. 1. 18., 2013. 3. 23.〉

제3절 의약외품

제65조(의약외품 용기 등의 기재사항)

① 의약외품의 제조업자와 수입자는 의약외품의 용기나 포장에 다음 각 호의 사항을 적어야 한다. 다만, 총리령으로 정하는 바에 따라 다음 각 호의 사항 중 그 일부를 적지 아니하거나 그

일부만을 적을 수 있다. 〈개정 2013. 3. 23., 2016. 12. 2., 2017. 10. 24.〉

1. 의약외품의 명칭
2. 제조업자 또는 수입자의 상호 및 주소
3. 용량 또는 중량(제2조제7호가목에 해당하는 물품은 용량 또는 중량이나 개수)
4. 제조 번호와 사용기한
5. 품목허가증 및 품목신고증에 기재된 모든 성분의 명칭. 다만, 보존제를 제외한 소량 함유 성분 등 총리령으로 정하는 성분은 제외할 수 있다.
6. 제52조제2항에 따라 기준이 정하여진 제품은 그 저장 방법, 그 밖에 그 기준에서 용기나 포장에 적도록 정한 사항
7. "의약외품"이라는 문자
8. 그 밖에 총리령으로 정하는 사항

② 약국개설자 등 소비자에게 직접 의약외품을 판매하는 자는 보건복지부장관이 정하는 바에 따라 의약외품의 가격을 의약외품의 용기나 포장에 적어야 한다.

[전문개정 2011. 6. 7.]

제65조의2(외부 포장 기재사항)

의약외품을 직접 담는 용기나 직접 포장하는 부분에 적힌 제65조제1항 각 호 및 같은 조 제2항의 사항이 외부의 용기나 포장에 가려 보이지 아니하면 그 외부의 용기나 포장에도 같은 사항을 적어야 한다.

[본조신설 2017. 10. 24.]
[종전 제65조의2는 제65조의4로 이동 〈2017. 10. 24.〉]

제65조의3(첨부 문서 기재사항)

의약외품에 첨부하는 문서가 있는 경우에는 그 문서에 다음 각 호의 사항을 적어야 한다.

1. 용법·용량, 그 밖에 사용 또는 취급할 때에 필요한 주의사항
2. 대한민국약전에 실린 의약외품은 대한민국약전에서 의약외품의 첨부 문서 또는 그 용기나 포장에 적도록 정한 사항
3. 제52조제2항에 따라 기준이 정하여진 의약외품은 그 기준에서 의약외품의 첨부 문서 또는 그 용기나 포장에 적도록 정한 사항
4. 그 밖에 의약외품의 안전한 사용을 위하여 필요한 사항으로서 총리령으로 정하는 사항

[본조신설 2017. 10. 24.]

제65조의4(기재상의 주의)

제65조, 제65조의2 및 제65조의3에 따른 기재사항은 다른 문자 · 기사 · 그림 또는 도안보다 쉽게 볼 수 있는 부분에 적어야 하며, 그 사항은 총리령으로 정하는 바에 따라 읽기 쉽고 이해하기 쉬운 용어로 정확히 적어야 한다. 〈개정 2013. 3. 23., 2017. 10. 24.〉

[본조신설 2012. 2. 1.]

[제65조의2에서 이동 〈2017. 10. 24.〉]

제65조의5(시각 · 청각장애인을 위한 의약외품의 표시)

의약외품의 제조업자와 수입자는 식품의약품안전처장이 정하는 의약외품의 경우 시각 · 청각장애인이 활용할 수 있도록 제65조, 제65조의2 및 제65조의3에서 규정된 사항 중 제품명 등 식품의약품안전처장이 정하는 사항을 용기 또는 포장에는 점자 및 음성 · 수어영상변환용 코드 등 총리령으로 정하는 방법 및 기준에 따라, 첨부문서에는 음성 · 수어영상변환용 코드 등 총리령으로 정하는 방법 및 기준에 따라 표시하여야 한다.

[본조신설 2021. 7. 20.]

[시행일: 2024. 7. 21.] 제65조의5

제65조의6(시각 · 청각장애인을 위한 표시에 관한 교육 · 홍보 등)

① 식품의약품안전처장은 시각 · 청각장애인이 의약품등을 안전하게 사용할 수 있도록 제59조의2 및 제65조의5에 따른 적합한 표시 방법과 기준을 개발하고 교육 및 홍보를 하여야 한다.

② 식품의약품안전처장은 제59조의2 및 제65조의5에 따른 표시에 필요한 경우 행정적 지원을 할 수 있다.

③ 식품의약품안전처장은 시각 · 청각장애인의 의약품등의 정보에 관한 접근성을 제고하기 위하여 제59조의2 및 제65조의5에 따른 표시가 총리령으로 정하는 기준에 적합한지 여부에 관한 실태조사 및 평가와 장애인의 의약품등 정보 접근성 향상을 위한 연구개발을 할 수 있다.

④ 식품의약품안전처장은 제3항에 따른 실태조사, 평가 및 연구개발 결과 개선이 필요하다고 인정하는 사항에 대해서는 해당 의약품등의 품목허가를 받은 자, 제조업자 또는 수입자에게 표시 실태의 개선을 권고할 수 있다.

⑤ 식품의약품안전처장은 제1항에 따른 표시 방법과 기준의 개발, 교육 · 홍보 및 제3항에 따른 실태조사 · 평가 · 연구개발 업무를 제68조의3에 따른 한국의약품안전관리원에 위탁할 수 있다.

⑥ 제3항에 따른 실태조사 및 평가의 내용 · 방법 등에 관하여 필요한 사항은 총리령으로 정한다.

[본조신설 2021. 7. 20.]

[시행일: 2024. 7. 21.] 제65조의6

제66조(준용)

의약외품에 관하여는 제60조, 제61조, 제62조 및 제63조(의약외품 중 제2조제7호가목에 해당하는 물품은 제60조, 제61조 및 제62조)를 준용한다. 이 경우 "의약품"은 "의약외품"으로, "제31조제1항부터 제3항까지 및 제9항"은 "제31조제4항 · 제9항"으로, "제31조제2항 · 제3항 · 제9항"은 각각 "제31조제4항 · 제9항"으로, "제52조제1항"은 "제52조제2항"으로, "제56조부터 제60조까지"는 "제65조, 제65조의2부터 제65조의4까지 및 제66조에 따라 준용되는 제60조"로 본다.

〈개정 2012. 2. 1., 2017. 10. 24., 2018. 12. 11.〉

제4절 약업단체

제67조(조직)

의약품등의 제조업자 · 품목허가를 받은 자 · 수입자 또는 의약품 판매업자는 자주적인 활동과 공동이익을 보장하고 국민보건 향상에 이바지하기 위하여 각각 사단법인을 조직할 수 있다.

〈개정 2007. 10. 17.〉

제5절 의약품등의 광고

제68조(과장광고 등의 금지)

① 의약품등의 명칭 · 제조방법 · 효능이나 성능에 관하여 거짓광고 또는 과장광고를 하지 못한다.

② 의약품등은 그 효능이나 성능에 관하여 의사 · 치과의사 · 한의사 · 수의사 또는 그 밖의 자가 보증한 것으로 오해할 염려가 있는 기사를 사용하지 못한다.

③ 의약품등은 그 효능이나 성능을 암시하는 기사 · 사진 · 도안, 그 밖의 암시적 방법을 사용하여 광고하지 못한다.

④ 의약품에 관하여 낙태를 암시하는 문서나 도안은 사용하지 못한다.

⑤ 제31조제2항부터 제4항까지 및 제9항 또는 제42조제1항에 따른 허가 · 변경허가를 받거나

신고 · 변경신고를 한 후가 아니면 의약품등의 명칭 · 제조 방법 · 효능이나 성능에 관하여 광고하지 못한다. 〈개정 2007. 10. 17., 2018. 12. 11.〉

⑥ 다음 각 호의 어느 하나에 해당하는 의약품을 광고하여서는 아니 된다. 다만, 「감염병의 예방 및 관리에 관한 법률」 제2조제2호부터 제12호까지의 감염병의 예방용 의약품을 광고하는 경우와 의학 · 약학에 관한 전문가 등을 대상으로 하는 의약전문매체에 광고하는 경우 등 총리령으로 정하는 경우에는 그러하지 아니하다. 〈신설 2017. 10. 24.〉

1. 전문의약품

2. 전문의약품과 제형, 투여 경로 및 단위제형당 주성분의 함량이 같은 일반의약품

3. 원료의약품

⑦ 의약품등의 광고 방법과 그 밖에 필요한 사항은 총리령으로 정한다.
〈개정 2008. 2. 29., 2010. 1. 18., 2013. 3. 23., 2017. 10. 24.〉

제68조의2(광고의 심의)

① 의약품 제조업자 · 품목허가를 받은 자 또는 수입자가 그 제조 또는 수입한 의약품을 광고하려는 경우에는 총리령으로 정하는 바에 따라 식품의약품안전처장의 심의를 받아야 한다.
〈개정 2013. 3. 23.〉

② 식품의약품안전처장은 제1항에 따른 의약품 광고심의에 관한 업무를 제67조에 따라 설립된 법인에 위탁할 수 있다. 〈개정 2013. 3. 23.〉

③ 제1항에 따른 광고심의의 절차와 방법, 심의 결과에 대한 이의신청, 심의 내용의 변경과 심의 결과의 표시 등에 관하여 필요한 사항은 총리령으로 정한다. 〈개정 2011. 6. 7., 2013. 3. 23.〉

[본조신설 2007. 10. 17.]

제6절 한국의약품안전관리원 〈신설 2011. 6. 7.〉

제68조의3(설립)

① 의약품등으로 인한 부작용 및 품목허가정보 · 품목신고정보 등 의약품등의 안전과 관련한 각종 정보(이하 "의약품안전정보"라 한다)의 수집 · 관리 · 분석 · 평가 및 제공 업무를 효율적이고 체계적으로 수행하기 위하여 한국의약품안전관리원(이하 "의약품안전관리원"이라 한다)을 설립한다.

② 의약품안전관리원은 법인으로 한다.

③ 의약품안전관리원의 정관에는 다음 각 호의 사항을 기재하여야 한다. 〈신설 2018. 12. 11.〉

    1. 목적

    2. 명칭

    3. 주된 사무소가 있는 곳

    4. 자산에 관한 사항

    5. 임원 및 직원에 관한 사항

    6. 이사회의 운영

    7. 사업범위 및 내용과 그 집행

    8. 회계

    9. 공고의 방법

    10. 정관의 변경

    11. 그 밖에 의약품안전관리원의 운영에 관한 중요 사항

④ 의약품안전관리원이 정관의 기재사항을 변경하려는 경우에는 식품의약품안전처장의 인가를 받아야 한다. 〈신설 2018. 12. 11.〉

⑤ 의약품안전관리원에 관하여는 이 법에서 규정한 것을 제외하고는 「민법」 중 재단법인에 관한 규정을 준용한다. 〈개정 2018. 12. 11.〉

⑥ 그 밖에 의약품안전관리원의 조직 및 운영 등에 관하여 필요한 사항은 대통령령으로 정한다. 〈개정 2018. 12. 11.〉

[본조신설 2011. 6. 7.]

제68조의4(사업)

의약품안전관리원은 제84조 또는 다른 법령에 따라 식품의약품안전처장으로부터 위탁받은 다음 각 호의 사업 및 제86조제5항에 따라 위탁받은 의약품 부작용 피해구제사업과 의약품안전정보와 관련하여 대통령령으로 정하는 수익사업을 수행한다. 〈개정 2013. 3. 23., 2014. 3. 18., 2015. 5. 18.〉

    1. 약화사고 등 의약품 부작용의 인과관계 조사 · 규명

    2. 의약품안전정보의 수집 및 관리를 위한 의약품안전정보관리시스템의 구축

    3. 의약품안전정보의 수집 · 분석 · 평가 · 관리 및 제공

    4. 의약품안전정보의 개발 · 활용을 위한 조사 · 연구 및 교육 · 홍보

    5. 그 밖에 이 법 또는 다른 법령에 따라 위탁받은 업무

[본조신설 2011. 6. 7.]

제68조의5(운영재원)

의약품안전관리원은 정부 또는 정부 외의 자의 출연금, 그 밖의 수익금으로 운영한다.

[본조신설 2011. 6. 7.]

제68조의6(사업계획서의 제출 등)

① 의약품안전관리원의 사업연도는 정부의 회계연도에 따른다.

② 의약품안전관리원은 대통령령으로 정하는 바에 따라 매 회계연도의 사업계획서 및 예산서를 작성하여 식품의약품안전처장의 승인을 받아야 한다. 이를 변경하고자 할 때에도 또한 같다.　　　　　　　　　　　　　　　　　　　　　　　　　　　　〈개정 2013. 3. 23.〉

[본조신설 2011. 6. 7.]

제68조의7(자료제공의 요청)

① 의약품안전관리원장은 의약품안전정보의 수집·평가 등 업무상 필요하다고 인정하는 경우에는 다음 각 호의 기관 또는 사람에 대하여 의약품안전정보에 관한 자료의 제공을 요청할 수 있다. 이 경우 요청을 받은 기관 또는 사람은 정당한 사유가 없으면 그 요청에 따라야 한다.　　　　　　　　　　　　　　　　　　　　　　　　　　　　　　　〈개정 2015. 1. 28.〉

　　1. 국가 또는 지방자치단체

　　2. 공공기관 또는 공공단체

　　3. 연구기관

　　4. 약국개설자 또는 의료기관 개설자

　　5. 의약품등의 제조업자, 품목허가를 받은 자, 수입자 또는 판매업자 등 이 법에 따라 의약품을 취급할 수 있는 자

② 의약품안전관리원장은 제1항에 따라 필요한 자료의 제공을 요청하는 경우 「개인정보 보호법」 제23조에 따른 민감정보와 같은 법 제24조에 따른 고유식별정보(주민등록번호를 포함한다) 등의 개인정보가 포함된 자료의 제공을 요청할 수 있다. 이 경우 요청을 받은 기관 또는 사람은 개인식별이 가능한 부분을 삭제한 후 제공하여야 한다.　　　　〈개정 2015. 1. 28.〉

③ 제2항에도 불구하고 의약품안전관리원장은 식품의약품안전처장이 복수의 기관 또는 사람이 보유한 자료를 통합하여 분석할 필요가 있다고 승인한 경우에는 개인식별이 가능한 부분을 포함한 자료를 제출받아 자료의 통합작업을 수행할 수 있다. 이 경우 자료를 통합한 후에는 지체 없이 개인식별이 가능한 부분을 삭제하고 복구 또는 재생되지 아니하도록 하여야 한다.　　　　　　　　　　　　　　　　　　　　　　　　　　　　　　〈신설 2015. 1. 28.〉

④ 제1항부터 제3항까지의 규정에 따라 제공된 자료는 그 제공을 요청한 목적 외의 용도로 이용하여서는 아니 된다. 〈신설 2015. 1. 28.〉

⑤ 식품의약품안전처장은 의약품안전관리원장이 제3항 및 제4항을 준수하는지를 정기적으로 점검하고 이를 위반한 경우에는 해임 등 필요한 조치를 할 수 있다. 〈신설 2015. 1. 28.〉

[본조신설 2011. 6. 7.]

제68조의8(부작용 등의 보고)

① 의약품등의 제조업자·품목허가를 받은 자·수입자 및 의약품 도매상은 의약품등으로 인하여 발생하였다고 의심되는 유해사례로서 질병·장애·사망, 그 밖에 총리령으로 정하는 의약품등의 안전성·유효성에 관한 사례를 알게 된 경우에는 식품의약품안전처장이 정하는 바에 따라 의약품안전관리원장에게 보고하여야 한다. 〈개정 2013. 3. 23.〉

② 약국개설자와 의료기관 개설자는 의약품등으로 인하여 발생하였다고 의심되는 유해사례로서 총리령으로 정하는 중대한 질병·장애·사망 사례를 알게 된 경우에는 식품의약품안전처장이 정하는 바에 따라 의약품안전관리원장에게 보고하여야 한다. 〈개정 2013. 3. 23.〉

③ 의약품안전관리원장은 제1항 및 제2항에 따라 보고받은 사항을 식품의약품안전처장이 정하는 바에 따라 식품의약품안전처장에게 보고하여야 한다. 〈개정 2013. 3. 23.〉

[본조신설 2011. 6. 7.]

제68조의9(비밀유지의무)

의약품안전관리원의 임원이나 직원 또는 그 직에 있었던 자는 직무상 알게 된 비밀을 누설하여서는 아니 된다.

[본조신설 2011. 6. 7.]

제68조의10(유사명칭의 사용금지)

의약품안전관리원이 아닌 자는 의약품안전관리원 또는 이와 유사한 명칭을 사용하지 못한다.

[본조신설 2011. 6. 7.]

제68조의11(의약품부작용 심의위원회의 설치)

① 다음 각 호의 사항을 심의하기 위하여 식품의약품안전처에 의약품부작용 심의위원회(이하 "심의위원회"라 한다)를 둔다. 〈개정 2013. 3. 23., 2014. 3. 18.〉

1. 의약품등의 부작용·위해가능성의 판단 등에 관한 사항

2. 의약품등 부작용의 인과관계 규명, 그 밖에 약화사고 등의 원인규명에 관한 사항

3. 제86조의3제1항에 따른 피해구제급여 등 의약품 피해구제에 관한 사항

② 심의위원회는 위원장 1명을 포함한 10명 이상 15명 이내의 위원으로 구성하며, 위원장은 위원 중에서 호선(互選)한다.

③ 위원은 대통령령으로 정하는 바에 따라 식품의약품안전처장이 임명하거나 위촉(委囑)하되, 다음 각 호의 어느 하나에 해당하는 자가 각각 1명 이상 포함되어야 한다. 〈개정 2013. 3. 23.〉

1. 보건의료 및 의약품 분야의 전문지식을 갖춘 자

2. 「비영리민간단체 지원법」 제2조에 따른 비영리민간단체가 추천하는 자

3. 「의료법」 및 법의학 전문가로서 판사, 검사 또는 변호사의 자격이 있는 자

4. 대통령령으로 정하는 관계 중앙행정기관 소속 공무원

④ 삭제 〈2014. 3. 18.〉

⑤ 심의위원회는 제1항 각 호의 사항을 전문적으로 심의하도록 하기 위하여 전문위원회를 둘 수 있다. 〈개정 2014. 3. 18.〉

⑥ 심의위원회 및 전문위원회의 구성과 운영, 그 밖에 필요한 사항은 대통령령으로 정한다.

[본조신설 2011. 6. 7.]

제68조의12(약물역학조사관)

① 의약품안전관리원의 장은 제68조의4제1호에 따른 사업을 수행하기 위하여 필요하다고 인정하는 경우에는 소속 직원 또는 관련 분야의 전문지식과 경험이 있는 사람 중에서 약물의 역학조사를 위하여 조사관(이하 "약물역학조사관"이라 한다)을 임명하거나 위촉할 수 있다.

② 의약품안전관리원의 장은 약물역학조사관을 임명하거나 위촉하였을 때에는 지체 없이 식품의약품안전처장에게 보고하여야 한다.

③ 의약품안전관리원의 장은 약물역학조사관으로 하여금 약국, 의료기관, 의약품등을 제조·저장 또는 취급하는 공장·창고·점포나 사무소, 그 밖에 조사의 필요성이 있다고 인정되는 장소에 출입하여 관련 장부나 서류, 그 밖의 물건을 조사하거나 관계인에게 질문을 하게 할 수 있다. 이 경우 약물역학조사관은 그 권한을 표시하는 증표 및 조사기간, 조사범위, 조사담당자, 관계 법령 등 대통령령으로 정하는 사항이 기재된 서류를 지니고 이를 관계인에게 내보여야 한다. 〈개정 2015. 12. 29.〉

④ 약물역학조사관의 자격 및 직무 범위, 그 밖에 필요한 사항은 총리령으로 정한다.

⑤ 제3항에 따른 조사 또는 질문의 절차·방법 등에 관하여는 이 법 또는 약물역학조사와 관련된 법령에서 정하는 사항을 제외하고는 「행정조사기본법」에서 정하는 바에 따른다.

[본조신설 2014. 3. 18.]

제8장 감독

제69조(보고와 검사 등)

① 보건복지부장관, 식품의약품안전처장(대통령령으로 정하는 그 소속 기관의 장을 포함한다), 시·도지사, 시장·군수·구청장은 다음 각 호의 사항을 지시할 수 있다.

〈개정 2007. 10. 17., 2008. 2. 29., 2010. 1. 18., 2011. 6. 7., 2013. 3. 23., 2013. 7. 30., 2015. 3. 13., 2017. 10. 24., 2020. 4. 7., 2021. 7. 20.〉

1. 약국개설자, 의료기관 개설자, 의약품등의 제조업자·품목허가를 받은 자·수입자 또는 판매업자, 특허권등재자, 등재특허권자등, 우선판매품목허가를 받은 자, 임상시험의 계획 승인을 받은 자, 임상시험실시기관, 임상시험검체분석기관, 비임상시험실시기관, 중앙심사위원회, 그 밖에 의약품등을 취급하는 업무에 종사하는 자에게 필요한 서류나 그 밖의 자료 제출의 요구

2. 관계 공무원으로 하여금 약국·의료기관, 의약품등을 제조·저장 또는 취급하는 공장·창고·점포나 사무소, 임상시험실시기관, 임상시험검체분석기관, 비임상시험실시기관, 중앙심사위원회, 특허권등재자, 등재특허권자등 또는 우선판매품목허가를 받은 자가 업무를 하는 장소, 임상시험 용도로 의약품등을 취급하는 업무를 하는 장소, 그 밖의 의약품등을 취급하는 업무를 하는 장소에 출입하여 그 시설 또는 관계 장부나 서류, 그 밖의 물건의 검사 또는 관계인에 대한 질문

3. 제71조제1항에 해당된다고 의심되는 물품·의약품등의 품질 검사를 위하여 필요한 최소분량의 물품 수거

② 제1항에 따라 출입·검사를 하는 공무원은 그 권한을 표시하는 증표 및 조사기간, 조사범위, 조사담당자, 관계 법령 등 대통령령으로 정하는 사항이 기재된 서류를 지니고 이를 관계인에게 내보여야 한다. 〈개정 2015. 12. 29.〉

③ 제2항에 따른 관계 공무원의 권한 및 직무 범위, 그 밖에 필요한 사항은 보건복지부장관과 협

의하여 총리령으로 정한다.　　　　　　　　　　〈개정 2008. 2. 29., 2010. 1. 18., 2013. 3. 23.〉

④ 제1항제2호에 따른 검사 또는 질문의 절차 · 방법 등에 관하여는 이 법에서 정하는 사항을 제외하고는 「행정조사기본법」에서 정하는 바에 따른다.　　　　〈신설 2015. 12. 29.〉

제69조의2(관계 기관에의 통보)

식품의약품안전처장은 대통령령으로 정하는 관계 중앙행정기관의 장에게 다음 각 호에 관한 사항을 통보하여야 한다.

1. 제50조의6제1항 및 제2항에 따른 의약품의 판매금지처분 및 같은 조 제3항에 따른 판매금지 효력의 소멸

2. 우선판매품목허가 및 제50조의10제1항 및 제2항에 따른 동일의약품에 대한 판매금지 효력의 소멸

3. 제1호 또는 제2호와 관련된 특허 심판 또는 소송의 개시 및 종결

[본조신설 2015. 3. 13.]

제69조의3(합의 사항의 보고)

다음 각 호의 어느 하나에 해당하는 합의가 있는 경우 합의의 당시지는 합의가 있은 날부터 15일 이내에 합의 당사자, 합의 내용, 합의 시기 등 총리령으로 정하는 사항을 식품의약품안전처장 및 공정거래위원회에 보고하여야 한다.

1. 등재의약품의 품목허가 또는 변경허가를 받은 자 또는 등재특허권자등과 통지의약품에 대한 품목허가 또는 변경허가 신청을 한 자 간의 해당 의약품의 제조 또는 판매에 관한 합의

2. 등재의약품의 품목허가 또는 변경허가를 받은 자 또는 등재특허권자등과 통지의약품에 대한 품목허가 또는 변경허가 신청을 한 자 간의 우선판매품목허가의 취득 또는 그 소멸에 관한 합의

3. 통지의약품에 대한 품목허가 또는 변경허가 신청을 한 자 간의 우선판매품목허가의 취득 또는 그 소멸에 관한 합의

[본조신설 2015. 3. 13.]

제69조의4(시정명령)

보건복지부장관, 식품의약품안전처장 또는 시장 · 군수 · 구청장은 약국개설자, 의약품의 품목허가를 받은 자, 수입자, 의약품 판매업자(의약품공급자로부터 의약품의 판매촉진 업무를 위탁받

은 자를 포함한다), 그 밖에 이 법에 따라 의약품을 판매할 수 있는 자가 다음 각 호의 어느 하나에 해당할 경우 일정한 기간을 정하여 그 위반사항을 시정하도록 명할 수 있다.

〈개정 2016. 12. 2., 2017. 10. 24., 2020. 4. 7., 2021. 7. 20.〉

1. 제21조제3항에 따른 약국 관리에 필요한 사항을 위반한 경우

2. 제47조제1항에 따른 의약품등의 유통 체계 확립과 판매 질서 유지에 필요한 사항을 위반한 경우

3. 제47조의2제1항에 따른 지출보고서를 작성 또는 공개하지 아니하거나 해당 지출보고서와 관련 장부 및 근거 자료를 보관하지 아니한 경우

4. 제56조제2항(제44조의6제1항에서 준용하는 경우를 포함한다) 또는 제65조제2항을 위반하여 가격을 용기나 포장에 적지 아니한 경우

[본조신설 2015. 12. 29.]

제69조의5(해외제조소에 대한 현지실사 등)

① 식품의약품안전처장은 다음 각 호의 어느 하나에 해당하는 경우에는 수입자, 해외제조소의 관리자 또는 수출국 정부와 사전에 협의를 거쳐 해외제조소에 대한 출입 및 검사(이하 이 조에서 "현지실사"라 한다)를 할 수 있다.

1. 수입되는 의약품등(이하 이 조에서 "수입의약품등"이라 한다)의 위해방지를 위하여 현지실사가 필요하다고 식품의약품안전처장이 인정하는 경우

2. 국내외에서 수집된 수입의약품등의 안전정보에 대한 사실 확인이 필요하다고 식품의약품안전처장이 인정하는 경우

② 식품의약품안전처장은 해외제조소가 현지실사를 정당한 사유 없이 거부하거나 현지실사 결과 수입의약품등에 위해발생 우려가 있는 경우에는 해당 해외제조소의 수입의약품등에 대하여 수입 중단, 검사명령 또는 시정을 요청하거나 해외제조소 등록을 취소(이하 이 조에서 "수입 중단등"이라 한다)할 수 있다.

③ 식품의약품안전처장은 제2항에 따라 수입 중단등의 조치가 되어 있는 수입의약품등에 대하여 수입자, 해외제조소의 관리자 또는 수출국 정부가 원인을 규명하여 개선사항을 제시하거나 현지실사 등을 통하여 그 수입의약품등에 위해가 없는 것으로 인정되는 경우에는 수입 중단등의 조치를 해제할 수 있다. 이 경우 개선사항에 대한 확인이 필요할 때에는 현지실사를 할 수 있다.

④ 제1항부터 제3항까지의 규정에 따른 현지실사, 수입 중단등의 조치와 그 해제의 절차 및 방법 등에 필요한 사항은 총리령으로 정한다.

[본조신설 2018. 12. 11.]

제70조(업무 개시 명령 등)

① 보건복지부장관, 식품의약품안전처장, 시·도지사, 시장·군수·구청장은 의약품 제조업자·품목허가를 받은 자, 약국개설자 또는 의약품 판매업자가 공동으로 의약품의 생산·판매를 중단하거나 집단 휴업 또는 폐업을 하여 의약품 구매에 현저한 지장을 주거나 줄 우려가 있다고 인정되면 의약품 제조업자·품목허가를 받은 자, 약국개설자 또는 의약품 판매업자에게 의약품을 생산하게 하거나 업무를 개시하도록 명할 수 있다.

〈개정 2007. 10. 17., 2008. 2. 29., 2010. 1. 18., 2013. 3. 23.〉

② 의약품 제조업자·품목허가를 받은 자, 약국개설자 또는 의약품 판매업자는 정당한 사유 없이 제1항의 명령을 거부할 수 없다. 〈개정 2007. 10. 17.〉

제71조(폐기 명령 등)

① 식품의약품안전처장, 시·도지사, 시장·군수·구청장은 의약품의 품목허가를 받은 자·의약외품 제조업자·의약품등의 수입자·판매업자, 약국개설자, 의료기관 개설자, 그 밖에 이 법 또는 다른 법률에 따라 의약품을 판매하거나 취급할 수 있는 자 중 총리령으로 정하는 자에게 제53조제1항·제61조(제66조에서 준용하는 경우를 포함한다) 및 제62조(제66조에서 준용하는 경우를 포함한다)를 위반하여 판매·저장·진열·제조 또는 수입한 의약품등이나 불량한 의약품등 또는 그 원료나 재료 등을 공중위생상의 위해를 방지할 수 있는 방법으로 폐기하거나 그 밖의 필요한 조치를 하도록 명할 수 있다.

〈개정 2007. 10. 17., 2008. 2. 29., 2010. 1. 18., 2013. 3. 23.〉

② 식품의약품안전처장, 시·도지사 또는 시장·군수·구청장은 의약품등으로 인하여 공중위생상 위해가 발생하였거나 발생할 우려가 있다고 인정하면 의약품의 품목허가를 받은 자·의약외품 제조업자·의약품등의 수입자·판매업자, 약국 개설자, 의료기관 개설자, 그 밖에 이 법 또는 다른 법률에 따라 의약품을 판매하거나 취급할 수 있는 자 중 총리령으로 정하는 자에 대하여 유통 중인 의약품등을 회수·폐기하게 하거나 그 밖의 필요한 조치를 하도록 명할 수 있다. 〈개정 2007. 10. 17., 2008. 2. 29., 2010. 1. 18., 2013. 3. 23.〉

③ 식품의약품안전처장, 시·도지사, 시장·군수·구청장은 제1항 또는 제2항에 따른 명령을 받은 자가 그 명령을 이행하지 아니한 때, 또는 공중위생을 위하여 긴급한 때에는 관계 공무원에게 해당 물품을 회수·폐기하게 하거나 그 밖에 필요한 처분을 하게 할 수 있다.

〈개정 2013. 3. 23.〉

④ 제2항에 관하여는 제69조제2항을 준용한다.

⑤ 제2항에 따른 의약품등의 위해성 등급 및 평가기준, 회수 · 폐기, 그 밖의 조치 등에 필요한 사항은 총리령으로 정한다. 〈개정 2008. 2. 29., 2010. 1. 18., 2013. 3. 23.〉

제72조(의약품등의 회수 등 사실 공표)

① 식품의약품안전처장은 제39조제1항 후단에 따른 의약품등의 회수계획을 보고받으면 의약품의 품목 허가를 받은 자, 의약외품 제조업자 또는 의약품등의 수입자에게 회수계획을 공표하도록 명할 수 있다. 다만, 해당 의약품등의 사용으로 인하여 완치 불가능한 중대한 부작용을 초래하거나 일시적 또는 의학적으로 완치 가능한 부작용을 초래하는 등 총리령으로 정하는 위해가 발생한 경우에는 공표를 명하여야 한다. 〈개정 2007. 10. 17., 2012. 2. 1., 2013. 3. 23.〉

② 식품의약품안전처장, 시 · 도지사 또는 시장 · 군수 · 구청장은 제71조제2항에 따라 유통 중인 의약품등을 회수 · 폐기하게 하거나 그 밖에 필요한 조치를 하게 한 경우에는 의약품의 품목허가를 받은 자 · 의약외품 제조업자 · 의약품등의 수입자 · 판매업자, 약국 개설자, 의료기관 개설자, 그 밖에 이 법 또는 다른 법률에 따라 의약품을 판매하거나 취급할 수 있는 자 중 총리령으로 정하는 자에게 그 사실을 공표하도록 명하여야 한다. 〈개정 2007. 10. 17., 2008. 2. 29., 2010. 1. 18., 2013. 3. 23.〉

③ 제1항 및 제2항에 따라 공표명령을 받은 자는 제71조제5항에 따른 위해성 등급에 따라 다음 각 호의 어느 하나에 해당하는 방법으로 공표하여야 한다. 〈신설 2012. 2. 1.〉

1. 방송, 일간신문 또는 이와 동등 이상의 대중매체

2. 의학 · 약학 전문지 또는 이와 동등 이상의 매체

3. 자사(自社)

홈페이지 또는 이와 동등 이상의 매체

④ 제1항부터 제3항까지의 규정에 따른 공표에 필요한 사항은 총리령으로 정한다.

〈개정 2012. 2. 1., 2013. 3. 23.〉

제73조(검사명령과 시험 · 검사기관)

① 식품의약품안전처장 또는 시 · 도지사는 의약품등의 품질검사를 위하여 의약품등의 제조업자, 의약품의 품목허가를 받은 자 또는 수입자에게 「식품 · 의약품분야 시험 · 검사 등에 관한 법률」 제6조제2항제3호에 따라 식품의약품안전처장이 지정하는 의약품 등 시험 · 검사기관(이하 "시험 · 검사기관"이라 한다)에서 제조 · 수입하거나 품목허가를 받거나 품목신고를 한 의약품등에 관한 검사를 받도록 명할 수 있다. 〈개정 2013. 3. 23., 2013. 7. 30.〉

② 삭제 〈2013. 7. 30.〉

③ 삭제 〈2013. 7. 30.〉

④ 삭제 〈2013. 7. 30.〉

　[전문개정 2011. 6. 7.]

　[제목개정 2013. 7. 30.]

제73조의2삭제 〈2013. 7. 30.〉

제73조의3삭제 〈2013. 7. 30.〉

제74조(개수명령)

　식품의약품안전처장, 시·도지사, 시장·군수·구청장은 약국 개설자, 의약품등의 제조업자·품목허가를 받은 자, 수입자, 판매업자, 임상시험실시기관, 임상시험검체분석기관, 비임상시험실시기관에게 그 시설이 제20조제3항, 제31조제1항·제4항, 제34조의2제1항, 제34조의3제1항, 제42조제3항, 제45조제2항에 따른 시설 기준에 맞지 아니하거나 그 시설이 낡거나 더럽거나 손상되어 그 시설로 의약품등을 제조하면 의약품등이 제62조(제66조에서 준용하는 경우를 포함한다)

　각 호의 어느 하나에 해당하게 될 염려가 있으면 시설을 개수(改修)하도록 명하거나 개수가 끝날 때까지 그 시설의 전부 또는 일부를 사용하지 못하게 명할 수 있다.

〈개정 2007. 10. 17., 2011. 6. 7., 2013. 3. 23., 2013. 7. 30., 2015. 1. 28., 2017. 10. 24.〉

제75조(관리자 등의 변경명령)

　의약품등의 제조업 관리자 또는 약국의 관리자가 이 법 또는 이 법에 따른 명령을 위반하거나 관리자로서 부적당하다고 인정하면 식품의약품안전처장은 해당 제조업자에게, 시장·군수·구청장은 해당 약국개설자에게 각각 그 관리자를 변경하도록 명할 수 있다.　　〈개정 2013. 3. 23.〉

제75조의2(시정명령)

　보건복지부장관, 시장·군수·구청장은 약국 개설자가 제47조제5항부터 제7항까지의 규정을 위반한 경우에는 보건복지부령으로 정하는 바에 따라 약국 개설자에게 3개월 이내의 기간을 정하여 그 위반사항을 시정하도록 명할 수 있다.

　[본조신설 2015. 12. 22.]

제76조(허가취소와 업무정지 등)

① 의약품등의 제조업자, 품목허가를 받은 자, 원료의약품의 등록을 한 자, 수입자, 임상시험의 계획 승인을 받은 자 또는 약국개설자나 의약품 판매업자가 다음 각 호의 어느 하나에 해당하면 의약품등의 제조업자, 품목허가를 받은 자, 원료의약품의 등록을 한 자, 수입자, 임상시험의 계획 승인을 받은 자에게는 식품의약품안전처장이, 약국개설자나 의약품 판매업자에게는 시장·군수·구청장이 그 허가·승인·등록의 취소 또는 위탁제조판매업소·제조소 폐쇄(제31조제4항에 따라 신고한 경우만 해당한다. 이하 제77조제1호에서 같다), 영업소 폐쇄(제42조제1항에 따라 신고한 경우만 해당한다. 이하 제77조제1호에서 같다), 품목제조 금지나 품목수입 금지를 명하거나, 1년의 범위에서 업무의 전부 또는 일부의 정지를 명할 수 있다. 다만, 제4호의 경우에 그 업자에게 책임이 없고 그 의약품등의 성분·처방 등을 변경하여 허가 또는 신고 목적을 달성할 수 있다고 인정되면 그 성분·처방 등의 변경만을 명할 수 있다. 〈개정 2007. 10. 17., 2010. 5. 27., 2011. 3. 30., 2011. 6. 7., 2012. 2. 1., 2013. 3. 23., 2013. 8. 13., 2015. 1. 28., 2015. 3. 13., 2015. 12. 22., 2017. 10. 24., 2018. 12. 11., 2019. 1. 15., 2020. 4. 7., 2021. 7. 20.〉

1. 제5조 각 호의 어느 하나에 해당하는 경우(제5호는 수입자의 경우로 한정한다). 다만, 법인의 대표자가 같은 규정의 어느 하나에 해당하게 된 경우로서 6개월 이내에 그 대표자를 개임(改任)한 경우는 제외한다.

2. 제20조제5항 각 호의 어느 하나 또는 제31조제8항제2호, 제42조제4항제2호·제3호에 해당하는 사실이 있음이 밝혀진 경우. 다만, 법인의 대표자가 같은 규정의 어느 하나에 해당하게 된 경우로서 6개월 이내에 그 대표자를 개임한 경우는 제외한다.

2의2. 거짓이나 그 밖의 부정한 방법으로 제20조제2항에 따른 개설등록·변경등록을 한 경우

2의3. 거짓이나 그 밖의 부정한 방법으로 제31조제1항부터 제4항까지 또는 제9항에 따른 허가·변경허가를 받거나 신고·변경신고를 한 경우

2의4. 제31조제2항 또는 제3항을 위반하여 품목허가를 받지 아니하거나 품목신고를 하지 아니한 경우

2의5. 제31조제9항을 위반하여 변경허가를 받지 아니하거나 변경신고를 하지 아니한 경우

2의6. 거짓이나 그 밖의 부정한 방법으로 제31조의2제1항·제3항(제42조제5항에 따라 준용되는 경우를 포함한다)에 따른 원료의약품의 등록, 변경등록 또는 변경보고를 한 경우

2의7. 제31조의2제3항(제42조제5항에 따라 준용되는 경우를 포함한다)에 따라 원료의약품의 변경등록 또는 변경보고를 하지 아니한 경우

2의8. 거짓이나 그 밖의 부정한 방법으로 제34조제1항에 따른 임상시험의 계획 승인·변경

승인을 받은 경우

3. 이 법 또는 이 법에 따른 명령을 위반한 경우

4. 국민보건에 위해를 주었거나 줄 염려가 있는 의약품등과 그 효능이 없다고 인정되는 의약품등을 제조·수입 또는 판매한 경우

5. 제39조제1항에 따른 회수 또는 회수에 필요한 조치를 하지 아니하거나 회수계획을 보고하지 아니하거나 거짓으로 보고를 한 경우

5의2. 제42조제1항을 위반하여 품목마다 허가·변경허가를 받지 아니하거나 신고·변경신고를 하지 아니한 경우

5의3. 거짓이나 그 밖의 부정한 방법으로 제42조제1항에 따른 허가·변경허가를 받거나 신고·변경신고를 하거나 같은 조 제7항 또는 제8항에 따른 해외제조소의 등록·변경등록 또는 변경신고를 한 경우

5의4. 제42조제7항 또는 제8항을 위반하여 등록·변경등록 또는 변경신고를 하지 아니한 경우

5의5. 거짓이나 그 밖의 부정한 방법으로 제43조제1항에 따른 허가를 받은 경우

5의6. 거짓이나 그 밖의 부정한 방법으로 제45조제1항에 따른 한약업사 또는 의약품도매상 허가·변경허가를 받은 경우

5의7. 제47조제2항을 위반하여 경제적 이익등을 제공한 경우

5의8. 제50조의4제1항제2호를 위반하여 등재특허권의 존속기간이 만료된 후에 판매하기 위하여 품목허가 또는 변경허가를 신청한 자가 해당 기간이 만료되기 전에 의약품을 판매한 경우

5의9. 제50조의6제1항·제2항 또는 제50조의9제1항에 따라 판매가 금지된 의약품을 판매한 경우

5의10. 제53조제1항을 위반하여 출하승인을 받지 아니하거나 거짓 또는 그 밖의 부정한 방법으로 출하승인을 받은 경우

5의11. 제60조를 위반하여 의약품에 첨부하는 문서 또는 의약품의 용기나 포장에 같은 조 각 호에 해당하는 내용을 적은 경우

5의12. 제62조를 위반하여 같은 조 각 호의 어느 하나에 해당하는 의약품을 판매하거나 판매할 목적으로 제조·수입·저장 또는 진열한 경우

5의13. 제71조제1항·제2항 및 제72조제1항·제2항에 따른 명령을 위반한 경우

6. 약국 개설자가 제79조제2항에 따라 약사 또는 한약사의 자격정지처분을 받은 경우

7. 제75조의2에 따른 시정명령을 이행하지 아니한 때

② 제1항에 규정된 자의 시설이 제20조제3항, 제31조제1항·제4항, 제42조제3항 및 제45조제2 항에 따른 시설 기준에 맞지 아니한 경우에도 제1항과 같다. 〈개정 2007. 10. 17.〉

③ 제1항과 제2항에 따른 행정처분 기준 중 의약품등의 제조업자, 품목허가를 받은 자, 원료의 약품 등록을 한 자, 수입자, 임상시험의 계획 승인을 받은 자에 대한 허가·신고·등록·승 인의 취소, 업무의 정지 등에 대한 행정처분 기준은 총리령으로, 약사, 한약사, 약국개설자 또 는 의약품판매업자의 면허·등록·허가의 취소, 자격 또는 업무의 정지 등에 대한 행정처분 기준은 보건복지부령으로 정한다. 〈개정 2013. 3. 23., 2017. 10. 24.〉

제76조의2(임상시험실시기관 등의 지정취소 등)

① 식품의약품안전처장은 제34조의2, 제34조의3에 따른 임상시험실시기관, 임상시험검체분석 기관, 비임상시험실시기관(이하 "검사기관등"이라 한다)이 다음 각 호의 어느 하나에 해당하 면 그 지정을 취소하거나 9개월의 범위에서 업무의 전부 또는 일부 정지를 명할 수 있다. 다 만, 제1호·제2호·제2호의2·제5호(제2호 및 제2호의2의 경우에는 고의 또는 중대한 과실 인 경우에 한정한다)에 해당하는 경우에는 지정을 취소하여야 한다. 〈개정 2013. 3. 23., 2013. 7. 30., 2015. 1. 28., 2017. 10. 24., 2018. 6. 12., 2018. 12. 11., 2021. 7. 20.〉

1. 거짓이나 그 밖의 부정한 방법으로 지정을 받은 경우

2. 제34조의2제3항제6호에 따른 임상시험성적서, 임상시험검체분석성적서를 거짓으로 작 성·발급하거나 임상시험에 관한 기록을 거짓으로 작성한 경우

2의2. 제34조의3제3항에 따른 비임상시험성적서를 거짓으로 작성·발급한 경우

3. 제34조의2제1항·제5항 또는 제34조의3제1항·제4항에 따른 지정요건에 미달된 경우

4. 제34조의2제3항 또는 제34조의3제3항에 따른 준수사항을 지키지 아니한 경우

5. 업무정지기간 중에 업무를 한 경우

② 제1항에 따라 지정취소처분을 받은 자는 지정이 취소된 날부터 2년 이내에는 다시 지정을 받 을 수 없다.

③ 식품의약품안전처장은 제34조의2에 따른 임상시험실시기관이 같은 조 제3항에 따른 준수사 항을 지키지 아니한 경우로서 그 책임이 임상시험 수행 책임자에게 있다고 인정되는 경우 해 당 임상시험실시기관의 장에게 임상시험 수행 책임자를 변경하거나 9개월의 범위에서 임상 시험에서 배제할 것을 명할 수 있다. 〈신설 2020. 4. 7.〉

④ 제1항 및 제3항에 따른 행정처분의 기준은 총리령으로 정한다. 〈개정 2013. 3. 23., 2020. 4. 7.〉

[본조신설 2011. 6. 7.]

[제목개정 2018. 12. 11.]

제76조의3(안전상비의약품 판매자의 등록취소)

① 시장·군수·구청장은 안전상비의약품 판매자가 다음 각 호의 어느 하나에 해당하는 경우에는 등록을 취소할 수 있다. 다만, 제1호 및 제3호부터 제6호까지의 어느 하나에 해당하는 경우에는 등록을 취소하여야 한다. 〈개정 2015. 12. 29.〉

1. 거짓이나 그 밖의 부정한 방법으로 등록한 경우

2. 제39조제1항 전단을 위반하여 의약품을 회수하지 아니하거나 회수에 필요한 조치를 하지 아니한 경우

3. 제44조의2제2항에 따른 등록기준에 미달한 경우

4. 제44조의2제3항을 위반하여 변경등록을 하지 아니하거나 거짓 또는 그 밖의 부정한 방법으로 변경등록을 한 경우

5. 제44조의3제1항을 위반하여 교육을 받지 아니한 경우

6. 제44조의4를 위반하여 안전상비의약품 판매자의 준수사항을 지키지 아니한 경우(1년 이내에 3회 이상 위반한 경우만 해당한다)

7. 제47조제1항을 위반하여 제69조의4에 따른 시정명령을 받고도 유통 체계 확립과 판매 질서 유지에 필요한 사항을 지키지 아니한 경우

8. 제50조제1항을 위반하여 등록된 장소 외의 장소에서 의약품을 판매한 경우

9. 제69조제1항제1호에 따른 서류·자료의 제출 요구에 따르지 아니하거나 같은 항 제2호 및 제3호에 따른 출입·검사·질문·수거를 거부·방해·기피한 경우

10. 제71조제1항에 따른 폐기 등의 명령 또는 같은 조 제2항에 따른 회수·폐기 등의 명령에 따르지 아니하거나 같은 조 제3항에 따른 회수·폐기 등의 처분을 거부·방해·기피한 경우

11. 제72조제2항에 따른 공표 명령에 따르지 아니한 경우

②제1항에 따라 등록이 취소된 자는 등록이 취소된 날부터 1년 이내에 다시 안전상비의약품 판매자로 등록할 수 없다.

[본조신설 2012. 5. 14.]

제77조(청문)

보건복지부장관, 식품의약품안전처장, 시·도지사, 시장·군수 또는 구청장은 다음 각 호의 어느 하나에 해당하는 처분을 하려면 청문을 하여야 한다.

〈개정 2007. 10. 17., 2008. 2. 29., 2010. 1. 18., 2011. 6. 7., 2012. 5. 14., 2013. 3. 23., 2015. 1. 28.〉

1. 제76조에 따른 허가·승인·등록의 취소 또는 위탁제조판매업소·제조소·영업소 폐쇄,

품목제조금지명령, 품목수입금지명령

1의2. 제76조의3에 따른 등록의 취소

2. 제76조의2제1항에 따른 지정의 취소

3. 제79조 제1항 또는 제2항에 따른 면허취소

제78조(약사감시원)

① 제69조제1항과 제71조제2항에 따른 관계 공무원의 직무를 집행하게 하기 위하여 보건복지부, 식품의약품안전처, 시·도, 시·군·구(특별시 및 광역시의 자치구를 말한다)에 약사감시원(藥事監視員)을 둔다. 〈개정 2013. 3. 23.〉

② 약사감시원은 해당 보건복지부, 식품의약품안전처, 시·도, 시·군·구 소속 공무원 중에서 보건복지부장관, 식품의약품안전처장, 시·도지사, 시장·군수 또는 구청장이 임명한다. 〈개정 2013. 3. 23.〉

③ 약사감시원의 자격·임명, 그 밖에 필요한 사항은 보건복지부장관과 협의하여 총리령으로 정한다. 〈개정 2008. 2. 29., 2010. 1. 18., 2013. 3. 23.〉

제79조(약사·한약사 면허의 취소 등)

① 보건복지부장관은 약사 또는 한약사가 제5조제1호부터 제4호까지의 규정 중 어느 하나에 해당하면 그 면허를 취소하여야 한다. 〈개정 2008. 2. 29., 2010. 1. 18.〉

② 보건복지부장관은 약사 또는 한약사가 다음 각 호의 어느 하나에 해당하면 그 면허를 취소하거나 1년 이내의 기간을 정하여 약사 자격 또는 한약사의 자격정지를 명할 수 있다. 〈개정 2008. 2. 29., 2010. 1. 18., 2017. 10. 24.〉

1. 약사에 관한 법령을 위반하거나 보건복지부령으로 정하는 윤리 기준을 위반한 경우

2. 관련 서류를 위조·변조하거나 거짓이나 그 밖의 부정한 방법으로 약제비를 거짓으로 청구한 경우

3. 제79조의2제2항에 따른 명령을 정당한 사유 없이 따르지 아니한 경우

③ 보건복지부장관은 약사 또는 한약사가 다음 각 호의 어느 하나에 해당하면 1년 이내의 기간을 정하여 약사 또는 한약사의 자격정지를 명할 수 있다. 〈개정 2010. 5. 27.〉

1. 약국의 개설자가 될 수 없는 자에게 고용되어 약사 또는 한약사의 업무를 한 경우

2. 제47조제3항을 위반하여 경제적 이익등을 제공받은 경우

④ 보건복지부장관은 약사 또는 한약사가 제7조제1항에 따른 신고를 하지 아니한 때에는 신고할 때까지 면허의 효력을 정지할 수 있다. 〈신설 2020. 4. 7.〉

⑤ 보건복지부장관은 제1항과 제2항에 따라 면허가 취소된 자라도 그 취소 원인이 된 사유가 없어진 때에는 보건복지부령으로 정하는 바에 따라 그 면허를 다시 줄 수 있다0

. ⟨개정 2008. 2. 29., 2008. 6. 13., 2010. 1. 18., 2020. 4. 7.⟩

⑥ 제2항 또는 제3항에 따른 자격정지처분은 그 사유가 발생한 날부터 5년(제2항제2호에 따른 자격정지처분은 7년)이 지나면 하지 못한다. 다만, 그 사유에 대하여 「형사소송법」 제246조에 따른 공소가 제기된 경우에는 공소가 제기된 날부터 해당 사건의 재판이 확정된 날까지의 기간은 시효기간에 산입하지 아니한다. ⟨신설 2016. 12. 2., 2020. 4. 7.⟩

제79조의2(약사회 및 한약사회의 면허취소 또는 자격정지 처분 요구 등)

① 약사회 또는 한약사회의 장은 약사 또는 한약사가 다음 각 호의 어느 하나에 해당하는 것으로 판단되는 경우에는 약사회 또는 한약사회의 윤리위원회의 심의 · 의결을 거쳐 보건복지부장관에게 다음 각 호에 따른 처분을 요구할 수 있다.

1. 제5조제1호 · 제3호의 결격사유에 해당하는 경우: 면허 취소

2. 제79조제2항제1호 중 윤리 기준 위반에 해당하는 경우: 자격 정지

② 보건복지부장관은 제1항제1호에 따라 약사회 또는 한약사회의 장이 약사 또는 한약사에 대한 면허 취소 처분을 요구할 경우에는 해낭 약사 또는 한약사에게 제5조제1호 · 제3호의 결격사유 해당 여부에 관하여 전문의의 검사를 받도록 명할 수 있다.

[전문개정 2017. 10. 24.]

제80조(면허 · 허가 · 등록증 등의 갱신)

약사면허 또는 한약사면허를 받은 자, 약국개설등록을 한 자, 안전상비의약품 판매자 또는 의약품 판매업 허가를 받은 자는 보건복지부령으로, 의약품등의 제조업 허가를 받거나 위탁제조판매업 신고를 한 자는 총리령으로 정하는 바에 따라 면허증 · 허가증 · 등록증 등을 갱신하여야 한다.

[전문개정 2013. 3. 23.]

제81조(업무정지 처분을 갈음하여 부과하는 과징금 처분)

① 식품의약품안전처장, 시 · 도지사, 시장 · 군수 또는 구청장은 의약품등의 제조업자 · 품목허가를 받은 자 · 수입자 · 약국개설자 또는 의약품 판매업자가 제76조에 따라 업무의 정지처분을 받게 될 때에는 대통령령으로 정하는 바에 따라 업무정지처분을 갈음하여 10억원(약국개설자 또는 한약업사는 1억원) 이하의 과징금을 부과할 수 있다. 이 경우 제79조제2항제2호에 따라 약사 또는 한약사 자격정지처분을 받은 약국개설자가 제76조제1항제5호에 따라 업

무정지처분을 받게 되는 경우 이에 갈음하는 과징금은 3회를 초과하여 부과할 수 없다.

〈개정 2007. 10. 17., 2011. 6. 7., 2013. 3. 23., 2019. 1. 15.〉

② 제1항에 따른 과징금을 부과하는 위반행위의 종류·정도 등에 따른 과징금의 금액과 그 밖에 필요한 사항은 대통령령으로 정한다.

③ 식품의약품안전처장, 시·도지사, 시장·군수 또는 구청장은 과징금을 부과하기 위하여 필요하면 다음 각 호의 사항을 적은 문서로 관할 세무관서의 장에게 과세정보 제공을 요청할 수 있다. 〈개정 2013. 3. 23., 2018. 12. 11.〉

1. 납세자의 인적사항

2. 사용 목적

3. 과징금 부과기준이 되는 매출금액에 관한 자료

④ 식품의약품안전처장, 시·도지사, 시장·군수 또는 구청장은 제1항에 따른 과징금을 내야 할 자가 납부기한까지 내지 아니하면 대통령령으로 정하는 바에 따라 제1항에 따른 과징금 부과처분을 취소하고 제76조 제1항 또는 제2항에 따른 업무정지처분을 하거나 국세 체납처분의 예 또는 「지방행정제재·부과금의 징수 등에 관한 법률」에 따라 징수한다. 다만, 제40조에 따른 폐업 등으로 제76조 제1항 또는 제2항에 따른 업무정지처분을 할 수 없으면 국세 체납처분의 예 또는 「지방행정제재·부과금의 징수 등에 관한 법률」에 따라 징수한다.

〈개정 2013. 3. 23., 2013. 8. 6., 2020. 3. 24.〉

⑤ 식품의약품안전처장, 시·도지사 또는 시장·군수·구청장은 제4항에 따라 체납된 과징금의 징수를 위하여 다음 각 호의 어느 하나에 해당하는 자료를 해당 각 호의 자에게 각각 요청할 수 있다. 이 경우 요청을 받은 자는 특별한 사유가 없으면 이에 따라야 한다.

〈신설 2018. 12. 11.〉

1. 「건축법」 제38조에 따른 건축물대장 등본: 국토교통부장관

2. 「공간정보의 구축 및 관리 등에 관한 법률」 제71조에 따른 토지대장 등본: 국토교통부장관

3. 「자동차관리법」 제7조에 따른 자동차등록원부 등본: 시·도지사

⑥ 제1항과 제4항에 따라 과징금으로 징수한 금액은 그 징수기관이 속하는 국가나 지방자치단체에 귀속된다. 〈개정 2018. 12. 11.〉

[제목개정 2018. 12. 11.]

제81조의2(위해 의약품 제조 등에 대한 과징금 부과 등)

① 식품의약품안전처장은 다음 각 호의 어느 하나에 해당하여 제76조제1항에 따라 허가의 취소

처분, 위탁제조판매업소·영업소의 폐쇄명령, 3개월 이상의 업무 전부정지명령 또는 6개월 이상의 업무 일부정지명령을 받은 의약품 제조업자, 품목허가를 받은 자 또는 수입자에 대하여 그가 해당 품목을 판매한 금액의 2배 이하의 범위에서 과징금을 부과할 수 있다.

〈개정 2021. 7. 20.〉

1. 제31조제2항·제3항·제9항, 제42조제1항, 제53조제1항, 제60조제3호 또는 제62조를 위반한 경우

2. 거짓이나 그 밖의 부정한 방법으로 제31조제1항부터 제3항까지 및 같은 조 제9항, 제42조제1항, 제53조제1항에 따른 허가·변경허가, 출하승인을 받거나 신고·변경신고를 한 경우

② 식품의약품안전처장은 제1항에 따른 과징금을 부과하는 경우 다음 각 호의 사항을 고려하여야 한다.

1. 위반행위의 내용 및 정도

2. 위반행위의 기간 및 횟수

3. 위반행위로 인하여 취득한 이익의 규모

③ 제1항 및 제2항에 따른 과징금의 부과기준 및 부과절차 등에 필요한 사항은 대통령령으로 정한다.

④ 식품의약품안전처장은 제1항에 따른 과징금을 내야 할 자가 납부기한까지 내지 아니하면 납부기한의 다음 날부터 체납된 과징금에 대하여 연 100분의 3에 해당하는 가산금을 징수한다.

⑤ 식품의약품안전처장은 제1항에 따른 과징금을 내야 할 자가 납부기한까지 내지 아니하면 기간을 정하여 독촉하고, 그 지정된 기간에 과징금과 제4항에 따른 가산금을 내지 아니하면 국세 체납처분의 예에 따라 징수한다.

⑥ 제1항에 따른 과징금의 부과·징수를 위하여 필요한 정보·자료의 제공 요청에 관하여는 제81조제3항 및 제5항을 준용한다.

[본조신설 2018. 12. 11.]

제82조(수수료)

① 다음 각 호에 해당하는 자는 보건복지부령으로 정하는 바에 따라 수수료를 내야 한다. 면허·등록·허가 등 보건복지부령으로 정하는 사항을 변경하려는 경우에도 또한 같다.

〈개정 2017. 2. 8.〉

1. 제3조 및 제4조에 따른 약사·한약사 면허를 받으려는 자

2. 제20조에 따른 약국 개설등록을 하려는 자

3. 제44조의2에 따른 안전상비의약품 판매자의 등록을 하려는 자

4. 제45조에 따른 의약품 판매업의 허가를 받으려는 자

5. 의약품유통정보의 제공 신청을 하려는 자

6. 약사 · 한약사국가시험 및 약사예비시험 등 시험에 응시하려는 자

7. 그 밖에 보건복지부령으로 정하는 사항을 요청하는 자

② 식품의약품안전처 소관 업무와 관련하여 다음 각 호에 해당하는 자는 총리령으로 정하는 바에 따라 수수료를 내야 한다. 허가 · 갱신 · 등록 · 신고 · 승인 또는 그 밖에 총리령으로 정하는 사항을 변경하려는 경우에도 또한 같다.　　　　　　　　　〈개정 2015. 3. 13.〉

1. 허가 · 갱신 · 등록 · 신고 · 승인 · 지정, 사전 검토 신청을 하려는 자

2. 신제품의 기준을 정하려는 자

2의2. 제50조의2, 제50조의3, 제50조의5 또는 제50조의7에 따른 의약품특허권의 등재, 등재사항 변경, 판매금지 또는 우선판매품목허가를 신청하려는 자

2의3. 제50조의3제2항 단서에 따른 추가 기간에 등재사항 변경신청을 하려는 자

3. 그 밖에 총리령으로 정하는 사항을 요청하는 자

[전문개정 2013. 3. 23.]

제82조의2(등재료)

① 특허권등재자는 총리령으로 정하는 바에 따라 의약품특허권이 등재된 날을 기준으로 매 1년분의 등재료를 납부하여야 한다.

② 식품의약품안전처장은 제1항에 따른 등재료가 납부되지 아니하는 경우 해당 의약품특허권을 특허목록에서 삭제하여야 한다.

③ 제1항에 따른 등재료의 금액, 납부 방법 및 납부 기간 등에 필요한 사항은 총리령으로 정한다.

[본조신설 2015. 3. 13.]

제9장 보칙

제83조(국고 보조)

　보건복지부장관과 식품의약품안전처장은 수출에 기여한 의약품등의 제조업자나 국민보건에 공헌할 의약품등의 안전성에 관한 연구사업을 하는 연구기관 등에게 대통령령으로 정하는 바에 따라 연구비를 보조할 수 있다. 〈개정 2008. 2. 29., 2010. 1. 18., 2013. 3. 23.〉

제83조의2(전문인력 양성)

① 보건복지부장관 및 식품의약품안전처장은 국민보건 향상 및 제약산업 육성을 위하여 필요한 전문인력을 양성하는 데 노력하여야 한다.

② 보건복지부장관 및 식품의약품안전처장은 제1항에 따른 전문인력을 양성하기 위하여 대통령령으로 정하는 바에 따라 대학·연구소 등 적절한 인력과 시설 등을 갖춘 기관 또는 단체를 전문인력 양성기관으로 지정하여 필요한 교육 및 훈련을 실시하게 할 수 있다.

③ 보건복지부장관 및 식품의약품안전처장은 제2항에 따라 지정된 전문인력 양성기관에 대하여 대통령령으로 정하는 바에 따라 예산의 범위에서 그 양성에 필요한 비용의 전부 또는 일부를 지원할 수 있다.

④ 제2항에 따른 전문인력 양성기관의 지정 기준 및 절차 등은 대통령령으로 정한다.

　[본조신설 2015. 1. 28.]

제83조의3(국가필수의약품의 안정공급기반 구축)

① 보건복지부장관과 식품의약품안전처장은 국가필수의약품과 관련하여 다음 각 호의 업무를 수행한다.

　1. 국가필수의약품 안정공급 종합대책의 수립·추진

　2. 국가필수의약품의 안정공급기반 구축과 연구개발 및 안전한 사용을 위한 지원

　3. 그 밖에 국가필수의약품 안정공급과 관련하여 필요한 업무

② 보건복지부장관과 식품의약품안전처장은 국가필수의약품에 관하여 필요한 경우 행정적·재정적·기술적 지원을 할 수 있다.

③ 국가필수의약품에 관하여 필요한 사항을 관계 중앙행정기관의 장 등과 협의하기 위하여 식품의약품안전처에 국가필수의약품 안정공급 협의회를 둔다.

④ 제3항에 따른 국가필수의약품 안정공급 협의회의 구성 및 운영 등에 필요한 사항은 대통령 령으로 정한다.

[본조신설 2016. 12. 2.]

제83조의3(전문약사)

① 약사로서 전문약사가 되려는 사람은 대통령령으로 정하는 교육과정을 이수한 후 보건복지 부장관에게 자격 인정을 받아야 한다.

② 제1항에 따라 전문약사 자격을 인정받은 사람이 아니면 전문과목을 표시하지 못한다.

③ 전문약사 자격 인정과 전문과목에 관한 사항은 대통령령으로 정한다.

[본조신설 2020. 4. 7.]

[종전 제83조의3은 제83조의4로 이동 〈2020. 4. 7.〉]

[시행일: 2023. 4. 8.] 제83조의3

제83조의4(의약품 안전관리 종합계획 등)

① 식품의약품안전처장은 의약품의 안전관리를 위하여 관계 중앙행정기관의 장과 협의하여 5 년마다 의약품 안전관리 종합계획(이하 "종합계획"이라 한다)을 수립하여야 한다.

② 종합계획에는 다음 각 호의 사항이 포함되어야 한다.

1. 의약품 안전관리 정책의 기본목표 및 추진방향에 관한 사항

2. 의약품 안전관리를 위한 사업계획 및 재원의 조달방법에 관한 사항

3. 의약품 안전관리에 필요한 교육 및 홍보에 관한 사항

4. 의약품 안전관리에 대한 조사 · 연구 · 개발에 관한 사항

5. 그 밖에 의약품 안전관리를 위하여 필요하다고 식품의약품안전처장이 인정하는 사항

③ 식품의약품안전처장은 종합계획을 시행하기 위하여 매년 의약품 안전관리에 관한 시행계획 (이하 "시행계획"이라 한다)을 관계 중앙행정기관의 장과 협의를 거쳐 수립하여야 한다.

④ 식품의약품안전처장은 종합계획 또는 시행계획을 수립한 경우에는 관계 중앙행정기관의 장 및 지방자치단체의 장에게 통보하여야 한다.

⑤ 식품의약품안전처장은 종합계획 또는 시행계획을 수립하기 위하여 필요한 경우에는 관계 중앙행정기관의 장, 지방자치단체의 장 또는 관련 기관 · 단체의 장에게 필요한 자료의 제공 을 요청할 수 있다.

⑥ 종합계획 및 시행계획의 수립 · 시행에 필요한 사항은 총리령으로 정한다.

[본조신설 2018. 12. 11.]

제83조의4(국가필수의약품의 안정공급기반 구축)

① 보건복지부장관과 식품의약품안전처장은 국가필수의약품과 관련하여 다음 각 호의 업무를 수행한다.

　　1. 국가필수의약품 안정공급 종합대책의 수립 · 추진

　　2. 국가필수의약품의 안정공급기반 구축과 연구개발 및 안전한 사용을 위한 지원

　　3. 그 밖에 국가필수의약품 안정공급과 관련하여 필요한 업무

② 보건복지부장관과 식품의약품안전처장은 국가필수의약품에 관하여 필요한 경우 행정적 · 재정적 · 기술적 지원을 할 수 있다.

③ 국가필수의약품에 관하여 필요한 사항을 관계 중앙행정기관의 장 등과 협의하기 위하여 식품의약품안전처에 국가필수의약품 안정공급 협의회를 둔다.

④ 제3항에 따른 국가필수의약품 안정공급 협의회의 구성 및 운영 등에 필요한 사항은 대통령령으로 정한다.

[본조신설 2016. 12. 2.]

[제83조의3에서 이동, 종전 제83조의4는 제83조의5로 이동 〈2020. 4. 7.〉]

[시행일: 2023. 4. 8.] 제83조의4

제83조의5(의약품통합정보시스템의 구축 · 운영 등)

① 식품의약품안전처장은 의약품등의 임상시험, 품목허가, 제조, 수입, 판매, 사용 등에 있어서의 안전관리에 필요한 업무를 종합적으로 관리하기 위하여 의약품통합정보시스템(이하 "통합정보시스템"이라 한다)을 구축 · 운영하여야 한다.

② 식품의약품안전처장은 다음 각 호의 기관 · 단체 또는 사람 등에 대하여 통합정보시스템의 구축 · 운영에 필요한 정보(「개인정보 보호법」 제23조에 따른 민감정보 및 같은 법 제24조에 따른 고유식별정보를 포함한다. 이 경우 해당 정보는 「개인정보 보호법」에 따라 보호하여야 한다)의 제공을 요청할 수 있다. 이 경우 요청을 받은 기관, 단체, 사람 등은 정당한 사유가 없으면 이에 따라야 한다.

　　1. 국가 또는 지방자치단체

　　2. 공공기관 또는 공공단체

　　3. 약국개설자, 의료기관 개설자, 의약품등의 제조업자 · 품목허가를 받은 자 · 수입자 또는 판매업자, 특허권등재자, 등재특허권자등, 우선판매품목허가를 받은 자, 임상시험의 계획 승인을 받은 자, 임상시험실시기관, 임상시험검체분석기관, 비임상시험실시기관 및 그 밖에 의약품등을 취급하는 업무에 종사하는 자로서 총리령으로 정하는 자

③ 식품의약품안전처장은 통합정보시스템의 유지·관리에 필요한 업무를 의약품안전관리원에 위탁할 수 있다. 이 경우 식품의약품안전처장은 통합정보시스템의 유지·관리에 소요되는 비용의 전부 또는 일부를 지원할 수 있다.

④ 제1항부터 제3항까지에 따른 통합정보시스템의 구축·운영, 정보의 제공 요청, 위탁 등에 필요한 사항은 총리령으로 정한다.

[본조신설 2018. 12. 11.]

제83조의5(의약품 안전관리 종합계획 등)

① 식품의약품안전처장은 의약품의 안전관리를 위하여 관계 중앙행정기관의 장과 협의하여 5년마다 의약품 안전관리 종합계획(이하 "종합계획"이라 한다)을 수립하여야 한다.

② 종합계획에는 다음 각 호의 사항이 포함되어야 한다.

1. 의약품 안전관리 정책의 기본목표 및 추진방향에 관한 사항

2. 의약품 안전관리를 위한 사업계획 및 재원의 조달방법에 관한 사항

3. 의약품 안전관리에 필요한 교육 및 홍보에 관한 사항

4. 의약품 안전관리에 대한 조사·연구·개발에 관한 사항

5. 그 밖에 의약품 안전관리를 위하여 필요하다고 식품의약품안전처장이 인정하는 사항

③ 식품의약품안전처장은 종합계획을 시행하기 위하여 매년 의약품 안전관리에 관한 시행계획(이하 "시행계획"이라 한다)을 관계 중앙행정기관의 장과 협의를 거쳐 수립하여야 한다.

④ 식품의약품안전처장은 종합계획 또는 시행계획을 수립한 경우에는 관계 중앙행정기관의 장 및 지방자치단체의 장에게 통보하여야 한다.

⑤ 식품의약품안전처장은 종합계획 또는 시행계획을 수립하기 위하여 필요한 경우에는 관계 중앙행정기관의 장, 지방자치단체의 장 또는 관련 기관·단체의 장에게 필요한 자료의 제공을 요청할 수 있다.

⑥ 종합계획 및 시행계획의 수립·시행에 필요한 사항은 총리령으로 정한다.

[본조신설 2018. 12. 11.]

[제83조의4에서 이동, 종전 제83조의5는 제83조의6으로 이동 〈2020. 4. 7.〉]

[시행일: 2023. 4. 8.] 제83조의5

제83조의6(의약품통합정보시스템의 구축·운영 등)

① 식품의약품안전처장은 의약품등의 임상시험, 품목허가, 제조, 수입, 판매, 사용 등에 있어서의 안전관리에 필요한 업무를 종합적으로 관리하기 위하여 의약품통합정보시스템(이하 "통

합정보시스템"이라 한다)을 구축·운영하여야 한다.

② 식품의약품안전처장은 다음 각 호의 기관·단체 또는 사람 등에 대하여 통합정보시스템의 구축·운영에 필요한 정보(「개인정보 보호법」 제23조에 따른 민감정보 및 같은 법 제24조에 따른 고유식별정보를 포함한다. 이 경우 해당 정보는 「개인정보 보호법」에 따라 보호하여야 한다)의 제공을 요청할 수 있다. 이 경우 요청을 받은 기관, 단체, 사람 등은 정당한 사유가 없으면 이에 따라야 한다.

1. 국가 또는 지방자치단체

2. 공공기관 또는 공공단체

3. 약국개설자, 의료기관 개설자, 의약품등의 제조업자·품목허가를 받은 자·수입자 또는 판매업자, 특허권등재자, 등재특허권자등, 우선판매품목허가를 받은 자, 임상시험의 계획 승인을 받은 자, 임상시험실시기관, 임상시험검체분석기관, 비임상시험실시기관 및 그 밖에 의약품등을 취급하는 업무에 종사하는 자로서 총리령으로 정하는 자

③ 식품의약품안전처장은 통합정보시스템의 유지·관리에 필요한 업무를 의약품안전관리원에 위탁할 수 있다. 이 경우 식품의약품안전처장은 통합정보시스템의 유지·관리에 소요되는 비용의 전부 또는 일부를 지원할 수 있다.

④ 제1항부터 제3항까지에 따른 통합정보시스템의 구축·운영, 정보의 제공 요청, 위탁 등에 필요한 사항은 총리령으로 정한다.

[본조신설 2018. 12. 11.]

[제83조의5에서 이동 〈2020. 4. 7.〉]

[시행일: 2023. 4. 8.] 제83조의6

제83조의7(국제협력)

식품의약품안전처장은 의약품의 안전 및 품질관리와 해외진출 촉진 등을 위하여 외국정부, 국제기구 등과 협약을 체결하는 등 국제협력을 증진하도록 노력하여야 한다.

[본조신설 2020. 4. 7.]

제84조(권한의 위임 및 위탁)

① 보건복지부장관은 이 법에 따른 권한의 일부를 대통령령으로 정하는 바에 따라 질병관리청장 또는 시·도지사에게 위임할 수 있다. 〈개정 2020. 8. 11.〉

② 식품의약품안전처장은 이 법에 따른 권한의 일부를 대통령령으로 정하는 바에 따라 지방식품의약품안전청장, 식품의약품안전평가원장 또는 시·도지사에게 위임할 수 있다.

③ 식품의약품안전처장 및 시·도지사는 이 법에 따른 권한의 일부를 대통령령으로 정하는 바에 따라 시장·군수·구청장 또는 보건소장에게 위임할 수 있다.

④ 시장·군수·구청장은 이 법에 따른 권한의 일부를 대통령령으로 정하는 바에 따라 보건소장에게 위임할 수 있다.

⑤ 보건복지부장관과 식품의약품안전처장은 이 법에 따른 약사(藥事)에 관한 업무의 일부를 대통령령으로 정하는 바에 따라 제67조에 따른 단체 또는 의약품안전관리원에 위탁할 수 있다.

[전문개정 2013. 3. 23.]

제85조(동물용 의약품 등에 대한 특례)

① 이 법에 따른 보건복지부장관 또는 식품의약품안전처장의 소관 사항 중 동물용으로만 사용할 것을 목적으로 하는 의약품등에 관하여는 농림축산식품부장관 또는 해양수산부장관의 소관으로 하며, 이 법의 해당 규정 중 "보건복지부장관" 또는 "식품의약품안전처장"은 "농림축산식품부장관" 또는 "해양수산부장관"으로, "보건복지부령" 또는 "총리령"은 "농림축산식품부령" 또는 "해양수산부령"으로 본다. 이 경우 농림축산식품부장관이 농림축산식품부령을 발하거나 해양수산부장관이 해양수산부령을 발할 때에는 보건복지부장관 또는 식품의약품안전처장과 협의하여야 한다. 〈개정 2013. 3. 23., 2018. 12. 11.〉

② 농림축산식품부장관 또는 해양수산부장관은 동물의 질병을 진료 또는 예방하기 위하여 사용되는 동물용 의약품등으로서 다음 각 호의 어느 하나에 해당하는 제제에 대하여는 사용 대상, 용법·용량 및 사용금지기간 등 사용 기준을 정할 수 있다. 〈개정 2018. 12. 11.〉

1. 동물의 체내에 남아 사람의 건강에 위해를 끼칠 우려가 있다고 지정하는 제제
2. 가축전염병 또는 수산동물전염병의 방역 목적으로 투약 또는 사용하여야 한다고 지정하는 제제

③ 제2항에 따라 사용 기준이 정해진 동물용 의약품등을 사용하려는 자는 그 기준을 지켜야 한다. 다만, 수의사 및 수산질병관리사의 진료 또는 처방에 따라 사용하는 경우에는 그 기준을 지키지 아니하여도 된다. 〈개정 2018. 12. 11.〉

④ 「수의사법」에 따른 동물병원 개설자는 제44조에도 불구하고 동물 사육자에게 동물용 의약품을 판매하거나, 동물을 진료할 목적으로 제50조제2항 단서에 따라 약국개설자로부터 의약품을 구입할 수 있다. 이 경우 동물병원 개설자는 농림축산식품부령 또는 해양수산부령으로 정하는 바에 따라 거래 현황을 작성·보존하여야 한다. 〈개정 2008. 2. 29., 2013. 3. 23.〉

⑤ 「수산생물질병 관리법」에 따른 수산질병관리원 개설자는 제44조에도 불구하고 수산생물 양식자에게 수산생물용 의약품을 판매할 수 있다. 〈개정 2011. 7. 21.〉

⑥ 이 법에 따라 동물용 의약품 도매상의 허가를 받은 자는 농림축산식품부장관 또는 해양수산부장관이 정하여 고시하는 다음 각 호의 어느 하나에 해당하는 동물용 의약품을 수의사 또는 수산질병관리사의 처방전 없이 판매하여서는 아니 된다. 다만, 동물병원 개설자, 수산질병관리원 개설자, 약국개설자 또는 동물용 의약품 도매상 간에 판매하는 경우에는 그러하지 아니하다. 〈신설 2012. 2. 1., 2013. 3. 23.〉

1. 오용 · 남용으로 사람 및 동물의 건강에 위해를 끼칠 우려가 있는 동물용 의약품

2. 수의사 또는 수산질병관리사의 전문지식을 필요로 하는 동물용 의약품

3. 제형과 약리작용상 장애를 일으킬 우려가 있다고 인정되는 동물용 의약품

⑦ 약국개설자는 제6항 각 호에 따른 동물용 의약품을 수의사 또는 수산질병관리사의 처방전 없이 판매할 수 있다. 다만, 농림축산식품부장관 또는 해양수산부장관이 정하는 다음 각 호의 어느 하나에 해당하는 동물용 의약품은 그러하지 아니하다. 〈신설 2012. 2. 1., 2013. 3. 23.〉

1. 주사용 항생물질 제제

2. 주사용 생물학적 제제

⑧ 제6항 및 제7항에도 불구하고 이 법에 따라 동물용 의약품을 판매하는 자는 다음 각 호의 어느 하나에 해당하면 제6항 각 호에 따른 동물용 의약품을 수의사 또는 수산질병관리사의 처방전 없이 판매할 수 있다. 이 경우 판매방법 · 기록관리 및 구입자의 범위 · 준수사항, 그 밖에 필요한 사항은 농림축산식품부령 또는 해양수산부령으로 정한다.

〈신설 2012. 2. 1., 2013. 3. 23.〉

1. 농림축산식품부장관 또는 해양수산부장관이 정하는 도서 · 벽지의 축산농가 또는 수산생물양식어가에 판매하는 경우

2. 농림축산식품부장관 또는 해양수산부장관, 시 · 도지사 또는 시장 · 군수 · 구청장이 긴급방역의 목적으로 「가축전염병예방법」 제15조 또는 「수산생물질병 관리법」 제13조에 따라 동물용 의약품의 사용을 명령한 경우

⑨ 이 법에 따라 동물용 의약품등을 판매하는 자는 다음 각 호의 사항을 준수하여야 한다.

〈개정 2018. 12. 11.〉

1. 담합행위의 금지, 판매장소의 지정, 기록관리 등 동물용 의약품등의 유통체계 확립과 판매질서 유지를 위하여 농림축산식품부령 또는 해양수산부령으로 정하는 사항

2. 오남용 방지 등 동물용 의약품등의 안전한 사용을 위하여 농림축산식품부령 또는 해양수산부령으로 정하는 사항

⑩ 이 법에 따라 동물용 의약품등을 판매하는 자는 사람이나 동물에게 위해를 줄 우려가 있어 사용을 제한할 필요가 있다고 농림축산부령 또는 해양수산부령으로 정하는 동물용 의약품

등을 판매하는 경우에는 그 거래현황을 작성·보존하여야 한다. 〈신설 2018. 12. 11.〉

⑪ 이 법에 따라 동물용 의약품 도매상의 업무를 관리하는 자는 농림축산식품부령 또는 해양수산부령으로 정하는 바에 따라 동물용 의약품의 안전성 확보와 품질관리를 관한 교육을 받아야 한다. 〈신설 2015. 12. 29., 2018. 12. 11.〉

⑫ 동물용 의약품 도매상의 허가를 받은 자는 제47조제1항에도 불구하고 동물 사육자나 수산생물양식자에게 농림축산식품부령 또는 해양수산부령으로 정하는 바에 따라 동물용 의약품을 판매할 수 있다. 〈신설 2015. 12. 29., 2018. 12. 11.〉

[제목개정 2012. 2. 1.]

제85조의2(국가비상 상황 등의 경우 예방·치료 의약품에 관한 특례)

① 삭제 〈2021. 3. 9.〉

② 질병관리청장은 「감염병의 예방 및 관리에 관한 법률」 제40조제1항에 따라 비축한 의약품의 유효기간을 연장하려는 경우에는 식품의약품안전처장에게 유효기간의 연장을 요청할 수 있다. 〈개정 2020. 8. 11.〉

③ 식품의약품안전처장은 제2항에 따라 유효기간의 연장을 요청할 수 있는 의약품의 종류·대상, 유효기간 연장 요청 절차, 저장 조건·방법, 기준 등에 관하여 필요한 사항을 총리령으로 정할 수 있다.

[본조신설 2015. 1. 28.]

제85조의3(「인삼산업법」에 따른 인삼류에 관한 특례)

① 「인삼산업법」 제17조제1항에 따른 인삼류검사기관(이하 이 조에서 "인삼류검사기관"이라 한다)은 제31조제1항에 따른 의약품 제조업 허가를 신청할 수 있고, 해당 인삼류검사기관에서 검사하는 홍삼 및 백삼(「인삼산업법」 제2조제3호 및 제5호에 따른 홍삼 및 백삼으로 수입된 것은 제외한다. 이하 같다)에 대하여 제31조제2항에 따른 품목허가를 신청하거나 품목신고를 할 수 있다.

② 「인삼산업법」 제12조제1항에 따라 신고를 한 자(이하 이 조에서 "인삼류제조업자"라 한다)는 제1항에 따라 품목허가를 받거나 품목신고한 홍삼 및 백삼을 제44조에도 불구하고 다음 각 호의 어느 하나에 해당하는 자에게 판매할 수 있다.

1. 한약업사
2. 의약품 도매상
3. 약국개설자

4. 한약을 취급하는 의료기관 개설자

③ 제2항에 따라 홍삼 및 백삼을 판매하는 인삼류제조업자에게는 제47조, 제69조, 제71조, 제94조, 제94조의2, 제95조, 제96조 및 제97조를 적용한다. 이 경우 인삼류제조업자는 "의약품등의 제조업자" 및 "의약품의 품목허가를 받은 자"로, 인삼류제조업자의 공장·창고·점포나 사무소는 "의약품등을 제조·저장 또는 취급하는 공장·창고·점포나 사무소"로 본다.

[본조신설 2015. 5. 18.]

제85조의4(기록의 보존·보관 의무에 대한 면책)

이 법에 따라 보존·보관하여야 하는 기록이 천재지변이나 그 밖의 불가항력으로 멸실된 경우에는 해당 기록의 보존·보관의무자는 이 법에 따른 책임을 면한다.

[본조신설 2018. 6. 12.]

제86조(의약품 부작용 피해구제사업)

① 식품의약품안전처장은 의약품 부작용으로 발생하는 피해를 구제하고, 의약품의 제조업자·품목허가를 받은 자 또는 수입자로 조직된 단체는 의약품 안전성 향상과 신약 개발을 지원하기 위한 연구사업을 하여야 한다. 〈개정 2007. 10. 17., 2014. 3. 18.〉

② 제1항의 사업을 위하여 의약품의 제조업자·품목허가를 받은 자 또는 수입자는 필요한 비용을 부담하여야 한다. 〈개정 2007. 10. 17.〉

③ 정부는 예산의 범위에서 제1항의 사업을 위한 보조금을 지급할 수 있다.

④ 제1항의 사업에 필요한 사항은 총리령으로 정한다. 〈개정 2008. 2. 29., 2010. 1. 18., 2013. 3. 23.〉

⑤ 식품의약품안전처장은 의약품 부작용 피해구제사업을 의약품안전관리원에 위탁할 수 있다. 〈신설 2014. 3. 18.〉

[제목개정 2014. 3. 18.]

제86조의2(의약품 부작용 피해구제 부담금)

① 식품의약품안전처장은 제86조제1항에 따른 피해구제를 위하여 의약품의 제조업자·품목허가를 받은 자 및 수입자로부터 의약품 부작용 피해구제 부담금(이하 "부담금"이라 한다)을 부과·징수한다. 이 경우 식품의약품안전처장은 그 부과·징수를 의약품안전관리원에 위탁할 수 있다.

② 부담금은 이 법에 따라 전문의약품 또는 일반의약품으로 분류되는 의약품의 생산액 또는 수입액에 비례하여 부과하는 기본부담금과 심의위원회의 심의를 거쳐 식품의약품안전처장이

부작용 피해구제의 필요성을 인정한 의약품으로 판정된 의약품에 부과하는 추가부담금으로 하되, 다음 각 호의 금액을 초과하지 아니하는 범위에서 대통령령으로 정하는 금액으로 한다.

1. 기본부담금: 전년도 의약품 생산액 및 수입액의 1000분의 1

2. 추가부담금: 전년도 해당 의약품으로 인한 피해구제 지급액의 100분의 25. 다만, 그 의약품의 전년도 생산액·수입액의 100분의 1을 초과하지 아니한다.

③ 제1항 후단에 따라 부과·징수 업무를 위탁받은 의약품안전관리원의 장은 제2항제1호의 기본부담금의 징수금액을 피해구제 예상비용, 부담금 운용 수익금, 정부보조금 등을 고려하여 대통령령으로 정하는 바에 따라 5년의 범위에서 식품의약품안전처장의 승인을 받아 정하여야 한다.

④ 제1항 후단에 따라 부과·징수 업무를 위탁받은 의약품안전관리원의 장은 부담금을 다른 회계와 구분하여 회계처리하여야 하며, 부담금의 부과·징수 및 운용을 위하여 대통령령으로 정하는 바에 따라 재정운용위원회를 구성·운영하여야 한다. 〈개정 2018. 12. 11.〉

⑤ 식품의약품안전처장 또는 제1항 후단에 따라 부과·징수 업무를 위탁받은 의약품안전관리원의 장은 부담금을 납부하여야 하는 자가 납부기한까지 부담금을 내지 아니하면 30일 이상의 기간을 정하여 납부를 독촉하여야 한다. 이 경우 그 납부기한의 다음 날부터 납부일 전일까지의 기간에 대하여 체납된 부담금의 100분의 3을 초과하지 아니하는 범위에서 그 기간에 상응하는 가산금을 부과하되 가산금의 비율은 대통령령으로 정한다.

⑥ 제5항에 따라 독촉을 받은 자가 그 기간까지 부담금과 가산금을 내지 아니하면 국세 체납처분의 예에 따라 이를 징수한다.

⑦ 제1항에 따른 부담금의 징수방법, 납부기한, 납부절차, 이의신청, 그 밖에 부담금의 부과·징수 등에 필요한 사항은 대통령령으로 정한다.

[본조신설 2014. 3. 18.]

제86조의3(의약품 부작용 피해구제급여)

① 의약품안전관리원의 장은 의약품을 사용한 사람이 그 의약품의 부작용으로 인하여 질병에 걸리거나 장애가 발생하거나 사망한 때에는 다음 각 호의 어느 하나에 해당하는 피해구제급여(이하 "피해구제급여"라 한다)를 지급하여야 한다.

1. 진료비

2. 장애일시보상금

3. 사망일시보상금

4. 장례비

② 제1항에도 불구하고 다음 각 호의 어느 하나에 해당하는 경우에는 피해구제급여를 지급하지 아니한다.

1. 암이나 그 밖의 특수질병에 사용되는 의약품으로 식품의약품안전처장이 정하는 의약품인 경우

2. 의약품 부작용으로 인한 질병, 장애 또는 사망이 「감염병의 예방 및 관리에 관한 법률」에 따른 예방접종으로 인한 것인 경우

3. 질병, 장애 또는 사망이 피해자의 고의 또는 중대한 과실로 인하여 발생한 경우

4. 질병, 장애 또는 사망이 「의료사고 피해구제 및 의료분쟁 조정 등에 관한 법률」에 따른 의료사고로 인한 것인 경우

5. 동일한 질병, 장애 또는 사망을 이유로 「민법」이나 그 밖의 법령에 따라 이 법의 구제급여에 상당한 금품을 이미 받은 경우

6. 그 밖에 총리령으로 정하는 경우

③ 피해구제급여의 지급 기준·범위, 그 밖에 지급 등에 필요한 사항은 총리령으로 정한다.

[본조신설 2014. 3. 18.]

제86조의4(의약품 부작용 피해구제 절차 등)

① 피해구제급여를 받으려는 사람은 총리령으로 정하는 바에 따라 서류를 첨부하여 의약품안전관리원의 장에게 피해구제급여의 지급을 신청하여야 한다.

② 의약품안전관리원의 장은 피해구제급여의 신청을 받은 경우에는 지체 없이 그 부작용이나 피해의 사실조사, 의료사고 해당 여부, 의약품과의 인과관계 규명, 후유장애 발생 여부, 피해 보상의 범위 및 피해구제급여의 지급제한 등에 관한 조사·감정 등을 하여야 한다.

③ 의약품안전관리원의 장은 피해구제급여의 신청을 받은 날부터 90일 이내에 제2항에 따른 조사 결과와 감정 의견을 첨부하여 심의위원회에 심의를 요청하여야 한다. 다만, 새로운 부작용 등의 이유로 조사·감정이 어려운 때에는 그 기간을 1회에 한하여 30일까지 연장할 수 있다.

④ 의약품안전관리원의 장은 심의위원회의 심의 결과 피해구제급여를 지급하기로 의결한 경우에는 그 결정일부터 30일 이내에 피해구제급여를 지급하여야 한다.

⑤ 의약품안전관리원의 장은 제4항에 따른 심의 결과가 제86조의3제2항에 따라 피해구제급여의 지급제한 사유에 해당하여 지급하지 아니하는 때에는 신청인에게 그 사실 및 지급제한 사유를 통지하여야 한다. 이 경우 신청인이 「민법」이나 그 밖의 법령에 따라 배상을 받을 수

있다고 판단하는 때에는 의약품안전관리원의 장은 총리령으로 정하는 바에 따라 그 방법을 안내할 수 있다.

⑥ 피해구제급여의 신청은 다음 각 호의 기간 내에 하여야 한다.

　1. 제86조의3제1항제1호: 해당 진료행위가 있은 날부터 5년

　2. 제86조의3제1항제2호부터 제4호까지: 장애가 발생하거나 사망한 날부터 5년

⑦ 심의위원회의 심의 결과와 「의료사고 피해구제 및 의료분쟁 조정 등에 관한 법률」에 따른 의료분쟁조정위원회의 심의 결과가 상충되는 때에는 대통령령으로 정하는 바에 따라 보건복지부장관과 식품의약품안전처장이 협의하여 이를 중재하여야 한다.

⑧ 의약품안전관리원의 장은 심의위원회의 심의 결과에 이의가 있는 경우에는 식품의약품안전처장에게 재결정을 요청할 수 있다. 이 경우 식품의약품안전처장은 중앙약사심의위원회에 자문하고 그 결과를 의약품안전관리원의 장에게 통보하여야 하며, 의약품안전관리원의 장은 식품의약품안전처장의 재결정이 있은 날부터 30일 이내에 피해구제급여를 지급하여야 한다.

⑨ 제2항부터 제8항까지에 따른 중재, 절차·방법 등에 필요한 사항은 총리령으로 정한다.

[본조신설 2014. 3. 18.]

제86조의5(피해구제급여의 지급중단 결정 및 부당이득의 징수 등)

① 의약품안전관리원의 장은 신청인이 고의 또는 중대한 과실로 해당 질병의 상태를 악화시키거나 치유를 거부·방해한 것으로 인정되는 때에는 피해구제급여의 전부 또는 일부의 지급을 중단할 수 있다.

② 의약품안전관리원의 장은 피해구제급여를 받은 사람이 다음 각 호의 어느 하나에 해당하는 경우에는 그 피해구제급여액(제1호의 경우에는 그 급여액의 2배를 말한다)을 징수하여 부담금 회계의 수익금으로 하여야 한다.

　1. 거짓 또는 그 밖의 부정한 방법으로 피해구제급여를 받은 경우

　2. 피해구제급여를 받은 이후 의료사고로 판명되어 조정·중재를 받은 경우

　3. 그 밖에 잘못 지급된 피해구제급여가 있는 경우

③ 제1항 및 제2항에 따른 피해구제급여의 중단 및 징수 등에 필요한 사항은 총리령으로 정한다.

[본조신설 2014. 3. 18.]

제86조의6(부작용 피해의 조사 등)

① 의약품안전관리원의 장은 제86조의4제2항에 따른 조사ㆍ감정을 할 때에는 신청인, 의약품의 제조업자ㆍ품목허가를 받은 자ㆍ수입자ㆍ판매업자, 약국 개설자, 의료기관 개설자, 이 법 또는 다른 법률에 따라 의약품을 판매하거나 취급하는 자, 관련 이해관계인 또는 참고인으로 하여금 출석하여 진술하게 하거나 조사에 필요한 자료 및 물건 등의 제출을 요구할 수 있다.

② 의약품안전관리원의 장은 제86조의4제2항에 따른 조사ㆍ감정을 실시하는 경우에는 부작용이 발생한 의약품을 처방한 의료인(해당 의료기관 개설자를 포함한다)이나 그 의약품을 조제한 약사(해당 약국 개설자를 포함한다)에게 부작용의 원인이 된 의약품의 처방ㆍ조제 당시 환자의 상태 및 처방ㆍ조제 행위 등에 대하여 구두 또는 서면으로 소명하도록 요구할 수 있다.

③ 의약품안전관리원의 장은 제86조의4제2항에 따른 조사ㆍ감정을 실시하는 경우 부작용이 발생한 의약품의 제조업자ㆍ품목허가를 받은 자ㆍ수입자ㆍ판매업자 또는 그 의약품을 처방ㆍ조제한 의료기관ㆍ약국 등에 출입하여 관련 문서 또는 물건을 조사ㆍ열람 또는 복사할 수 있다. 이 경우 조사자는 그 권한을 표시하는 증표 및 조사기간, 조사범위, 조사담당자, 관계 법령 등 대통령령으로 정하는 사항이 기재된 서류를 지니고 이를 관계인에게 내보여야 한다. 〈개정 2015. 12. 29.〉

④ 의약품안전관리원의 장은 피해구제급여를 신청한 사람에 대하여 부작용의 인과관계를 규명하는 데 필요한 조사를 위하여 정부기관과 「공공기관의 운영에 관한 법률」에 따른 공공기관에 개인식별이 가능하여 자료 간 연계분석이 가능한 형태의 정보를 요구할 수 있다. 이 경우 요구를 받은 자는 정당한 사유가 없으면 이에 따라야 한다.

⑤ 제1항부터 제4항까지 규정한 사항 외에 부작용 피해의 조사ㆍ감정에 필요한 사항은 총리령으로 정한다.

⑥ 제3항에 따라 문서 또는 물건을 조사ㆍ열람, 복사하려는 경우 그 절차ㆍ방법 등에 관하여는 이 법에서 정하는 사항을 제외하고는 「행정조사기본법」에서 정하는 바에 따른다. 〈신설 2015. 12. 29.〉

[본조신설 2014. 3. 18.]

제86조의7(피해구제급여권의 보호)

이 법에 따른 피해구제급여를 받을 권리는 양도 또는 압류하거나 담보로 제공할 수 없다.

[본조신설 2014. 3. 18.]

제86조의8(공과금 면제 등)

국가나 지방자치단체는 피해구제급여로 지급된 금액에 대하여는 공과금을 부과하지 아니한다.

[본조신설 2014. 3. 18.]

제87조(비밀 누설 금지)

① 약사·한약사는 이 법 또는 다른 법령에 규정된 경우 외에는 의약품을 조제·판매하면서 알게 된 타인의 비밀을 누설하여서는 아니 된다. 〈개정 2007. 10. 17.〉

② 제47조의3제2항에 따라 의약품 품목허가를 받은 자·수입자 및 의약품 도매상 등의 영업에 관한 비밀을 업무상 알게 된 자는 그 비밀을 타인에게 누설하거나 업무목적 외의 용도로 사용하여서는 아니 된다. 〈신설 2007. 10. 17., 2016. 12. 2.〉

제87조의2(유사명칭의 사용 금지)

이 법에 따른 의약품등의 제조업자, 위탁제조판매업 신고를 한 자, 품목허가를 받은 자, 수입자 또는 판매업자가 아닌 자는 그 상호 중에 제약, 약품 등 총리령으로 정하는 유사한 명칭을 사용하지 못한다.

[본조신설 2016. 12. 2.]

제88조(제출된 자료의 보호)

① 식품의약품안전처장은 제31조, 제31조의2, 제32조부터 제34조까지, 제35조, 제35조의6 또는 제42조에 따라 제출된 자료에 대하여 그것을 제출한 자가 이를 보호하여 줄 것을 문서로 요청하면 그 자료를 공개하여서는 아니 된다. 다만, 공익을 위하여 자료를 공개할 필요가 있다고 인정되는 경우에는 공개할 수 있다. 〈개정 2011. 6. 7., 2013. 3. 23., 2021. 7. 20.〉

② 제1항에 따라 보호를 요청한 제출 자료를 열람·검토한 자는 그 자료를 통하여 알게 된 내용을 외부에 공개하여서는 아니 된다.

제88조의2(심사 결과의 공개)

① 식품의약품안전처장은 총리령으로 정하는 의약품에 대하여 제31조에 따라 품목허가를 하거나 품목신고를 수리한 경우, 제35조에 따라 시설 조건부 허가나 품목 조건부 허가를 한 경우 또는 제42조에 따라 품목허가를 하거나 품목신고를 수리한 경우 그 심사 또는 검토 결과를 공개하여야 한다. 다만, 그 의약품의 품목허가를 받거나 품목신고를 한 자 또는 시설 조건부 허가나 품목 조건부 허가를 받은 자가 경영상·영업상 비밀에 관한 사항에 해당되는 부분을

공개하지 아니할 것을 요청하는 경우에는 해당 부분을 제외하고 공개할 수 있다.

② 제1항에 따른 심사 결과 공개의 방법 및 절차 등에 필요한 사항은 총리령으로 정한다.

[본조신설 2021. 7. 20.]

제89조(제조업자 등의 지위 승계 등)

① 의약품등의 제조업자, 품목허가를 받은 자, 위탁제조판매업 신고를 한 자, 의약품 판매업자(한약업사는 제외한다), 임상시험계획의 승인을 받은 자 또는 검사기관등으로 지정받은 자(이하 이 조 및 제89조의2에서 "제조업자등"이라 한다)가 사망하거나 그 영업을 양도한 경우 또는 법인인 제조업자등이 합병한 경우에는 그 상속인, 영업을 양수한 자 또는 합병 후 존속하는 법인이나 합병에 따라 설립되는 법인이 그 제조업자등의 지위를 승계한다. 다만, 영업을 양수한 자 또는 합병 후 존속하는 법인이나 합병으로 설립되는 법인이 다음 각 호의 어느 하나에 해당하면 그러하지 아니하다. 〈개정 2007. 10. 17., 2011. 3. 30., 2011. 6. 7., 2017. 10. 24.〉

1. 의약품등의 제조업자, 품목허가를 받은 자, 위탁제조판매업 신고를 한 자 및 임상시험계획의 승인을 받은 자: 제31조제8항 각 호의 어느 하나에 해당하는 경우

2. 의약품 판매업자: 제46조 각 호의 어느 하나에 해당하는 경우

② 의약품등의 제조업자, 품목허가를 받은 자, 위탁제조판매업 신고를 한 자 또는 수입자가 제31조제2항부터 제4항까지 또는 제42조제1항에 따라 제조품목 또는 수입품목 허가를 받거나 신고한 의약품등에 대한 영업을 양도한 경우에는 그 영업을 양수한 의약품등의 제조업자, 품목허가를 받은 자, 위탁제조판매업 신고를 한 자 또는 수입자가 해당 품목의 허가 또는 신고에 관한 의약품등의 제조업자, 품목허가를 받은 자, 위탁제조판매업 신고를 한 자 또는 수입자의 지위를 승계한다. 〈개정 2011. 6. 7.〉

③ 제1항과 제2항에 따라 제조업자등의 지위를 승계한 자는 다음 각 호의 구분에 따라 1개월 이내에 식품의약품안전처장(의약품판매업자의 경우에는 시장·군수·구청장을 말한다)에게 신고하여야 한다. 다만, 제1항에 따라 제조업자등의 지위를 승계한 상속인이 제1항 각 호의 어느 하나에 해당하면 상속이 시작된 날부터 6개월 이내에 그 지위를 다른 사람에게 양도하여야 한다. 〈개정 2013. 3. 23.〉

1. 의약품등의 제조업자, 품목허가를 받은 자 및 위탁제조판매업 신고를 한 자의 지위를 승계한 자: 총리령으로 정하는 바에 따를 것

2. 의약품 판매업자의 지위를 승계한 자: 보건복지부령으로 정하는 바에 따를 것

제89조의2(행정제재처분 효과의 승계)

제89조에 따라 지위를 승계한 경우에 종전의 제조업자등과 수입자에 대한 행정처분의 효과는 그 처분이 있은 날부터 1년간 양수인 또는 합병 후 존속하는 법인이나 합병으로 설립되는 법인에 승계되며, 행정처분의 절차가 진행 중일 때에는 양수인 또는 합병 후 존속하는 법인이나 합병으로 설립되는 법인에 대하여 행정제재처분의 절차를 속행(續行)할 수 있다. 다만, 새로운 제조업자등(상속에 의한 지위 승계는 제외한다)과 수입자가 영업을 승계할 때에 그 처분 또는 위반사실을 알지 못한 경우에는 그러하지 아니하다.

[본조신설 2011. 6. 7.]

제90조(포상금)

제23조, 제24조제1항·제2항, 제26조제1항, 제27조제1항·제3항, 제44조제1항, 제47조의4 및 제50조제1항(제44조의6제1항에서 준용하는 경우를 포함한다)·제2항을 위반한 사실을 감독기관이나 수사기관에 신고·고발한 자에게는 대통령령으로 정하는 바에 따라 포상금을 지급할 수 있다. 〈개정 2012. 5. 14., 2020. 4. 7., 2021. 7. 20.〉

제90조의2(백신안전기술지원센터의 설립)

① 백신의 품질확보 및 제품화 기술지원 등에 관한 업무를 수행하기 위하여 백신안전기술지원센터(이하 "백신센터"라 한다)를 둔다.

② 백신센터는 법인으로 한다.

③ 백신센터의 정관에는 다음 각 호의 사항을 기재하여야 한다.

　1. 명칭

　2. 목적

　3. 주된 사무소가 있는 곳

　4. 자산에 관한 사항

　5. 임원 및 직원에 관한 사항

　6. 이사회에 관한 사항

　7. 업무와 그 집행에 관한 사항

　8. 회계에 관한 사항

　9. 공고에 관한 사항

　10. 정관의 변경에 관한 사항

　11. 그 밖에 백신센터의 운영에 관한 중요 사항

④ 백신센터가 정관의 기재사항을 변경하려는 경우에는 식품의약품안전처장의 인가를 받아야 한다.

⑤ 백신센터에 관하여 이 법에서 규정한 사항 외에는 「민법」 중 재단법인에 관한 규정을 준용한다.

⑥ 제1항에 따른 백신센터의 운영 등에 필요한 사항은 대통령령으로 정한다.

[본조신설 2021. 7. 20.]

제90조의3(백신센터의 사업)

① 백신센터는 다음 각 호의 사업을 수행한다.

　1. 백신 개발지원 및 제품화 기술지원

　2. 백신 관련 인허가, 국제기준·제도, 국내외 개발 동향 정보 등의 수집 및 분석

　3. 백신 임상검체 분석 및 시험법 구축

　4. 백신 품질검사 지원 및 시험법 구축

　5. 백신 개발 및 제품화를 위한 컨설팅 및 전문인력 양성

　6. 기타 대통령령으로 정하는 업무

② 백신센터는 제1항의 사업에 관하여 수수료와 그 밖의 실비를 징수할 수 있다.

③ 식품의약품안전처장은 백신센터가 제1항에 따른 사업을 하는 경우 재정 지원 등을 할 수 있다.

[본조신설 2021. 7. 20.]

제91조(한국희귀·필수의약품센터의 설립)

① 다음 각 호의 의약품에 대한 각종 정보 제공 및 공급(조제 및 투약 업무를 포함한다. 이하 같다) 등에 관한 업무를 하기 위하여 한국희귀·필수의약품센터(이하 "센터"라 한다)를 둔다.

〈개정 2016. 12. 2., 2018. 12. 11.〉

　1. 희귀의약품

　2. 국가필수의약품

　3. 그 밖에 국민 보건상 긴급하게 도입할 필요가 있거나 안정적 공급 지원이 필요한 의약품으로서 식품의약품안전처장이 필요하다고 인정하는 의약품

② 센터는 법인으로 한다.

③ 센터의 정관에는 다음 각 호의 사항을 기재하여야 한다. 　　　　〈신설 2018. 12. 11.〉

　1. 목적

2. 명칭

3. 주된 사무소가 있는 곳

4. 자산에 관한 사항

5. 임원 및 직원에 관한 사항

6. 이사회의 운영

7. 사업범위 및 내용과 그 집행

8. 회계

9. 공고의 방법

10. 정관의 변경

11. 그 밖에 센터의 운영에 관한 중요 사항

④ 센터가 정관의 기재사항을 변경하려는 경우에는 식품의약품안전처장의 인가를 받아야 한다. 〈신설 2018. 12. 11.〉

⑤ 센터에 관하여 이 법에서 규정한 외에는 「민법」 중 재단법인에 관한 규정을 준용한다.

〈개정 2018. 12. 11.〉

⑥ 제1항에 따른 센터의 운영 등에 필요한 사항은 대통령령으로 정한다. 〈개정 2018. 12. 11.〉

[제목개정 2016. 12. 2.]

제92조(센터의 사업)

① 센터는 다음 각 호의 사업을 한다. 〈개정 2013. 3. 23., 2016. 12. 2., 2018. 12. 11.〉

1. 제91조제1항 각 호에 따른 의약품과 관련한 각종 정보 수집 및 전산망 구축과 관련된 사업

2. 제91조제1항 각 호에 따른 의약품의 공급 및 비축 사업. 이 경우 센터의 장은 센터에 조제실을 설치하고, 센터 직원 중 약사를 지정하여 사업을 담당하게 하여야 한다.

2의2. 제31조제3항제4호에 따라 제91조제1항 각 호에 따른 의약품을 위탁제조하여 판매하는 사업

3. 국가필수의약품의 안정공급기반 구축과 연구 · 개발 지원 및 안전사용 지원 등과 관련된 사업

4. 그 밖에 식품의약품안전처장이 인정하는 제91조제1항 각 호에 따른 의약품과 관련된 사업

② 식품의약품안전처장은 센터가 제1항의 사업을 하는 경우 재정 지원 등을 할 수 있다.

〈개정 2013. 3. 23.〉

제92조의2(벌칙 적용 시의 공무원 의제)

다음 각 호의 어느 하나에 해당하는 자는 「형법」 제127조 및 제129조부터 제132조까지의 규정에 따른 벌칙을 적용할 때에는 공무원으로 본다. 〈개정 2018. 6. 12., 2018. 12. 11., 2021. 7. 20.〉

    1. 약물역학조사관(의약품안전관리원 직원인 경우에는 「형법」 제127조에 따른 벌칙 적용은 제외한다)

    2. 센터 및 백신센터에 근무하는 임직원

    3. 제68조의2제2항에 따라 위탁받은 업무에 종사하는 법인의 임직원

    [본조신설 2014. 3. 18.]

제92조의3(규제의 재검토)

식품의약품안전처장은 우선판매품목허가 및 제97조의2에 따른 과태료 금액에 대하여 2015년 1월 1일을 기준으로 3년마다(매 3년이 되는 해의 1월 1일 전까지를 말한다)

그 타당성을 검토하여 개선 등의 조치를 하여야 한다.

[본조신설 2015. 3. 13.]

제10장 벌칙

제93조(벌칙)

① 다음 각 호의 어느 하나에 해당하는 자는 5년 이하의 징역 또는 5천만원 이하의 벌금에 처한다. 〈개정 2007. 10. 17., 2015. 1. 28., 2015. 12. 29., 2017. 10. 24., 2018. 12. 11., 2020. 4. 7., 2021. 7. 20.〉

    1. 제6조제3항을 위반하여 다른 사람에게 면허를 대여한 사람

    1의2. 제6조제4항을 위반하여 면허를 대여받거나 면허 대여를 알선한 사람

    2. 제20조제1항을 위반하여 약국을 개설한 자

    3. 제23조제1항을 위반한 자

    4. 제31조제1항부터 제4항까지 또는 제9항을 위반하여 허가를 받거나 신고를 하지 아니한 자 또는 변경허가를 받거나 변경신고를 하지 아니한 자

    4의2. 거짓이나 그 밖의 부정한 방법으로 제31조제1항부터 제4항까지 또는 제9항에 따른 허

가 · 변경허가를 받거나 신고 · 변경신고를 한 자

4의3. 거짓이나 그 밖의 부정한 방법으로 제31조의2제1항 · 제3항(제42조제5항에서 준용하는 경우를 포함한다)에 따른 원료의약품의 등록 · 변경등록을 한 자

4의4. 거짓이나 그 밖의 부정한 방법으로 제35조제1항 및 제2항(제42조제5항에서 준용하는 경우를 포함한다)에 따른 시설 조건부 허가 또는 품목 조건부 허가를 받은 자

5. 제42조제1항을 위반하여 허가를 받거나 신고를 하지 아니한 자 또는 변경허가를 받거나 변경신고를 하지 아니한 자

5의2. 거짓이나 그 밖의 부정한 방법으로 제42조제1항에 따른 허가 · 변경허가를 받거나 신고 · 변경신고를 한 자

6. 제43조를 위반한 자

6의2. 거짓이나 그 밖의 부정한 방법으로 제43조제1항에 따른 허가를 받은 자

7. 제44조제1항을 위반한 자

8. 제44조제2항제2호에 따른 허가를 받지 아니하고 의약품을 판매한 자

8의2. 거짓이나 그 밖의 부정한 방법으로 제44조의2제1항에 따른 등록 또는 같은 조 제3항에 따른 변경등록을 한 자

8의3. 거짓이나 그 밖의 부정한 방법으로 제45조제1항에 따른 허가 · 변경허가를 받은 자

9. 제53조제1항을 위반하여 출하승인을 받지 아니하거나 거짓 또는 그 밖의 부정한 방법으로 출하승인을 받은 자

10. 제61조(제66조에서 준용하는 경우를 포함한다)를 위반한 자. 다만, 제56조제2항(제44조의6제1항에서 준용하는 경우를 포함한다) 또는 제65조제2항을 위반한 자는 제외한다.

11. 제34조의2제3항제6호 또는 제34조의3제3항에 따른 임상시험성적서, 임상시험검체분석 성적서 또는 비임상시험성적서를 거짓으로 작성 · 발급한 자

②제1항의 경우 징역과 벌금은 병과(併科)할 수 있다.

제94조(벌칙)

①다음 각 호의 어느 하나에 해당하는 자는 3년 이하의 징역 또는 3천만원 이하의 벌금에 처한다. 다만, 제87조제1항을 위반한 자에 대하여는 고소가 있어야 공소를 제기할 수 있다.

〈개정 2007. 10. 17., 2011. 6. 7., 2012. 2. 1., 2012. 5. 14., 2015. 1. 28., 2016. 12. 2., 2017. 10. 24., 2018. 12. 11., 2020. 4. 7.〉

1. 제3조제3항 또는 제4조제3항을 위반한 자

2. 제24조제2항을 위반하여 담합행위를 한 자

3. 제34조제1항 본문·제3항제1호·제2호 및 같은 조 제4항을 위반한 자 또는 같은 조 제6항에 따른 명령을 위반한 자

3의2. 거짓이나 그 밖의 부정한 방법으로 제34조제1항에 따른 임상시험의 계획 승인·변경 승인을 받은 자

3의3. 제34조의2제1항을 위반하여 지정을 받지 아니하고 임상시험을 실시한 자

3의4. 제34조의2제2항 본문을 위반하여 변경지정을 받지 아니하고 임상시험을 실시한 자

3의5. 제34조의2제3항제1호 또는 제2호를 위반한 자

4. 제37조제3항(제42조제5항에서 준용하는 경우를 포함한다)을 위반한 자

4의2. 제39조제1항 전단(제44조의6제1항에서 준용하는 경우를 포함한다)을 위반하여 회수 또는 회수에 필요한 조치를 하지 아니한 자

5. 제45조제5항을 위반한 자

5의2. 제47조제2항을 위반하여 경제적 이익등을 제공하거나 같은 조 제3항을 위반하여 경제적 이익등을 제공받은 자. 이 경우 취득한 경제적 이익등은 몰수하고, 몰수할 수 없을 때에는 그 가액을 추징한다.

6. 삭제 〈2015. 12. 29.〉

7. 제49조를 위반하여 의약품을 판매·저장 또는 진열한 자

8. 제50조제1항(제44조의6제1항에서 준용하는 경우를 포함한다)을 위반한 자

9. 제62조(제66조에서 준용하는 경우를 포함한다)를 위반하여 의약품을 판매·제조·수입·저장 또는 진열한 자

9의2. 제68조의9를 위반하여 비밀을 누설한 자

10. 제70조제2항을 위반하여 정당한 사유 없이 의약품 생산 또는 업무개시명령을 거부한 자

11. 제71조제1항·제2항(제44조의6제1항에서 준용하는 경우를 포함한다) 및 제72조제1항·제2항(제44조의6제1항에서 준용하는 경우를 포함한다)에 따른 명령을 위반한 자 또는 제71조제3항(제44조의6제1항에서 준용하는 경우를 포함한다)에 따른 관계 공무원이 행하는 물품의 회수·폐기와 그 밖에 필요한 처분을 거부·방해하거나 기피한 자

12. 제87조 또는 제88조제2항을 위반한 자

②제1항의 징역과 벌금은 병과(倂科)할 수 있다.

제94조의2삭제 〈2016. 12. 2.〉

제95조(벌칙)

① 다음 각 호의 어느 하나에 해당하는 자는 1년 이하의 징역 또는 1천만원 이하의 벌금에 처한다. 〈개정 2007. 7. 27., 2007. 10. 17., 2010. 5. 27., 2011. 6. 7., 2012. 2. 1., 2012. 5. 14., 2013. 7. 30., 2014. 3. 18., 2015. 1. 28., 2015. 3. 13., 2015. 12. 29., 2017. 10. 24., 2018. 6. 12., 2018. 12. 11., 2019. 1. 15., 2020. 4. 7., 2021. 7. 20.〉

1. 제20조제2항 전단을 위반하여 개설등록을 하지 아니한 자

1의2. 거짓이나 그 밖의 부정한 방법으로 제20조제2항에 따른 개설 등록ㆍ변경등록을 한 자

2. 제21조제1항ㆍ제2항을 위반한 자

3. 제23조제2항ㆍ제3항ㆍ제4항ㆍ제6항ㆍ제7항을 위반한 자

4. 제24조제1항을 위반하여 정당한 사유 없이 조제를 거부한 자

5. 제26조제1항을 위반하여 조제한 자

6. 제27조제1항ㆍ제3항ㆍ제4항을 위반한 자

6의2. 제34조제3항제5호를 위반하여 보험에 가입하지 아니하거나 대상자에게 사전에 설명한 보상 절차 등을 준수하여 보상하지 아니한 자

6의3. 제34조제3항제6호를 위반하여 임상시험용 의약품 등의 안전성 정보를 평가ㆍ기록ㆍ보존ㆍ보고하지 아니하거나 거짓으로 평가ㆍ기록ㆍ보존ㆍ보고한 자

6의4. 제34조의2제3항제6호(제93조제1항제11호에 따른 위반사항은 제외한다)를 위반하여 임상시험에 관한 기록을 작성ㆍ보관ㆍ보고하지 아니하거나 거짓으로 작성ㆍ보관ㆍ보고한 자

7. 제36조(제42조제5항에서 준용하는 경우를 포함한다)ㆍ제37조제2항(제42조제5항에서 준용하는 경우를 포함한다) 또는 제37조의3제1항(제42조제5항에서 준용하는 경우를 포함한다)을 위반하여 안전관리업무를 실시하지 아니한 자

7의2. 제37조제1항 또는 제38조제1항을 위반하여 의약품등의 제조 관리의무 또는 생산 관리 의무를 지키지 아니한 자

7의3. 제39조제1항 후단을 위반하여 회수 계획을 보고하지 아니하거나 거짓으로 보고한 자

8. 제47조제1항(제47조제1항제3호나목은 제외하며, 제44조의6제1항에서 준용하는 경우를 포함한다)ㆍ제4항 또는 제85조제9항을 위반한 자

8의2. 제47조의2제1항을 위반하여 지출보고서를 작성 또는 공개하지 아니하거나 해당 지출보고서와 관련 장부 및 근거 자료를 보관하지 아니한 자

8의3. 제47조의2제1항에 따른 지출보고서를 거짓으로 작성 또는 공개한 자

8의4. 제47조의2제2항에 따른 지출보고서와 관련 장부 및 근거 자료의 제출 요구를 따르지

아니한 자

8의5. 제48조 본문을 위반하여 봉함한 의약품의 용기나 포장을 개봉하여 판매한 자

9. 제50조제2항을 위반하여 전문의약품을 판매한 자

9의2. 거짓이나 그 밖의 부정한 방법으로 제50조의2제4항에 따른 등재를 받은 자

9의3. 거짓이나 그 밖의 부정한 방법으로 제50조의5에 따른 판매금지를 신청하거나 우선판매품목허가를 신청한 자

10. 제60조(제66조에 따라 준용되는 경우를 포함한다), 제64조제1항 또는 제68조를 위반한 자

10의2. 제61조의2제1항을 위반하여 판매를 알선하거나 광고한 자

10의3. 거짓이나 그 밖의 부정한 방법으로 제69조의3에 따른 합의 사항을 보고한 자

11. 제85조제6항·제7항을 위반하여 처방전 없이 동물용 의약품을 판매한 자

12. 제86조의5제2항제1호에 따른 거짓 또는 그 밖의 부정한 방법으로 피해구제급여를 받은 사람

② 제1항의 징역과 벌금은 병과(併科)할 수 있다.

③ 제1항제7호의2의 죄로 형을 선고받고 그 형이 확정된 후 3년 이내에 다시 같은 호의 죄를 범한 자는 해당 형의 2분의 1까지 가중한다. 〈신설 2018. 12. 11.〉

제95조의2(벌칙)

제26조제2항을 위반한 자는 300만원 이하의 벌금에 처한다.

[본조신설 2007. 7. 27.]

제96조(벌칙)

다음 각 호의 어느 하나에 해당하는 자는 200만원 이하의 벌금에 처한다. 다만, 제30조제2항을 위반한 자에 대해서는 고소가 있어야 공소를 제기할 수 있다. 〈개정 2007. 10. 17., 2011. 6. 7., 2012. 2. 1., 2012. 5. 14., 2014. 3. 18., 2015. 1. 28., 2015. 12. 29., 2016. 12. 2., 2017. 10. 24., 2018. 12. 11., 2020. 4. 7.〉

1. 제24조제3항을 위반한 자

2. 제28조, 제29조 또는 제30조제1항·제2항·제3항을 위반한 자

3. 제37조의3제2항 또는 제47조제1항제3호나목을 위반한 자

3의2. 제38조의2제1항(제42조제5항에서 준용하는 경우를 포함한다)을 위반하여 식별표시를 하지 아니하고 시판하거나 식별표시를 등록하지 아니하고 시판한 자

3의3. 제38조의2제2항(제42조제5항에서 준용하는 경우를 포함한다)을 위반하여 변경등록을

하지 아니하고 시판한 자

3의4. 삭제 〈2021. 7. 20.〉

3의5. 삭제 〈2021. 7. 20.〉

3의6. 삭제 〈2021. 7. 20.〉

4. 제56조제1항, 제57조, 제58조, 제63조(제66조에서 준용하는 경우를 포함한다), 제65조제1항, 제65조의2 또는 제65조의3제1호부터 제3호까지를 위반한 자

5. 제68조의12제3항 또는 제69조제1항(제44조의6제1항에서 준용하는 경우를 포함한다)에 따른 약물역학조사관 또는 관계 공무원의 조사·검사·질문·수거 등을 거부·방해하거나 기피한 자

6. 제69조제1항(제44조의6제1항에서 준용하는 경우를 포함한다), 제72조제3항·제4항, 제73조, 제74조 및 제75조에 따른 보고·공표·검사·개수·변경 등의 명령을 위반한 자

7. 제86조의6제3항에 따른 조사·열람 또는 복사를 정당한 이유 없이 거부·방해 또는 기피한 자

제97조(양벌규정)

법인의 대표자나 법인 또는 개인의 대리인, 사용인, 그 밖의 종업원이 그 법인 또는 개인의 업무에 관하여 제93조, 제94조, 제94조의2, 제95조, 제95조의2 또는 제96조의 위반행위를 하면 그 행위자를 벌하는 외에 그 법인 또는 개인에게도 해당 조문의 벌금형을 과(科)한다. 다만, 법인 또는 개인이 그 위반행위를 방지하기 위하여 해당 업무에 관하여 상당한 주의와 감독을 게을리하지 아니한 경우에는 그러하지 아니하다.

[전문개정 2011. 6. 7.]

제97조의2(과태료)

① 정당한 사유 없이 제69조의3에 따른 합의 사항을 보고하지 아니한 자에게는 5천만원 이하의 과태료를 부과한다.

② 제1항에 따른 과태료는 대통령령으로 정하는 바에 따라 식품의약품안전처장이 부과·징수한다.

[본조신설 2015. 3. 13.]

제98조(과태료)

① 다음 각 호의 어느 하나에 해당하는 자에게는 100만원 이하의 과태료를 부과한다.

〈개정 2007. 10. 17., 2011. 6. 7., 2012. 5. 14., 2013. 7. 30., 2014. 3. 18., 2015. 1. 28., 2016. 12. 2., 2017. 10. 24.,

2018. 12. 11., 2019. 1. 15., 2020. 4. 7., 2021. 7. 20.〉

1. 삭제 〈2020. 4. 7.〉

2. 삭제 〈2020. 4. 7.〉

2의2. 제20조제2항 후단을 위반하여 변경등록을 하지 아니한 자

2의3. 제20조제6항을 위반하여 약국의 명칭 또는 이와 비슷한 명칭을 사용한 자

3. 제21조제3항을 위반하여 제69조의4에 따른 시정명령을 받고도 약국 관리에 필요한 사항을 지키지 아니한 자

3의2. 제24조제4항을 위반하여 복약지도를 하지 아니한 사람

4. 제22조 또는 제40조제1항(제42조제5항에서 준용하는 경우를 포함한다)을 위반하여 폐업 등의 신고를 하지 아니한 자

4의2. 제37조의2(제42조제5항에서 준용하는 경우를 포함한다)를 위반하여 교육을 받지 아니한 자

4의3. 제37조의4(제42조제5항에서 준용하는 경우를 포함한다)를 위반하여 교육을 받지 아니한 사람

4의4. 제34조제1항 단서 또는 제34조의2제2항 단서를 위반하여 변경보고를 하지 아니하거나 제34조제3항제3호를 위반하여 임상시험 대상자 모집 공고를 한 자

4의5. 제34조의4제1항 · 제2항을 위반하여 임상시험 종사자에게 교육을 받도록 하지 아니한 자

5. 제38조제2항(제42조제5항에서 준용하는 경우를 포함한다)을 위반하여 의약품등의 생산 실적 또는 수입 실적 등을 보고하지 아니한 자

5의2. 제40조제2항(제42조제5항에서 준용하는 경우를 포함한다)을 위반하여 의약품등에 대한 필요한 조치를 이행하지 아니한 자

6. 삭제 〈2012. 2. 1.〉

6의2. 제41조제1항을 위반하여 약국제제 또는 조제실제제 제조 등의 신고를 하지 아니한 자

6의3. 제44조의2제4항 본문을 위반하여 폐업 · 휴업 · 재개 신고를 하지 아니한 자

6의4. 제44조의3제2항에 따른 명령을 위반하여 교육을 받지 아니한 자

7. 제44조의4를 위반하여 안전상비의약품 판매자의 준수사항을 지키지 아니한 자

7의2. 제47조의3제2항(제44조의6제2항에서 준용하는 경우를 포함한다)을 위반하여 의약품 공급 내역을 제출하지 아니한 자

7의3. 제47조의4를 위반하여 의약품을 취득한 자

7의4. 제56조제2항(제44조의6제1항에서 준용하는 경우를 포함한다) 또는 제65조제2항을 위

반하여 제69조의4에 따른 시정명령을 받고도 가격을 용기나 포장에 적지 아니한 자

7의5. 제59조의2 또는 제65조의5를 위반하여 시각·청각장애인을 위한 표시를 하지 아니한 자

7의6. 제61조의2제2항을 위반하여 정당한 사유 없이 자료제출 요청에 따르지 아니한 자

7의7. 제68조의8을 위반하여 유해사례를 보고하지 아니한 자

7의8. 제68조의10을 위반하여 의약품안전관리원 또는 이와 유사한 명칭을 사용한 자

7의9. 제86조의6제1항에 따른 출석요구를 받고 정당한 사유 없이 출석하지 아니한 자(참고인은 제외한다)

7의10. 제86조의6제1항에 따른 자료 및 물건 등의 제출요구를 받고 정당한 사유 없이 제출하지 아니한 자(참고인은 제외한다)

7의11. 제86조의6제2항에 따른 소명요구를 받고 정당한 사유 없이 따르지 아니한 자

8. 삭제 〈2012. 2. 1.〉

9. 제80조를 위반하여 면허증·허가증 또는 등록증을 갱신하지 아니한 자

10. 제85조제3항을 위반하여 동물용 의약품등의 사용 기준을 지키지 아니한 자

10의2. 제85조제10항을 위반하여 동물용 의약품등의 거래현황을 작성·보존하지 아니하거나 거짓으로 작성·보존한 자

11. 제87조의2를 위반하여 제약, 약품 등 총리령으로 정하는 유사한 명칭을 사용한 자

② 제1항에 따른 과태료는 대통령령으로 정하는 바에 따라 보건복지부장관, 식품의약품안전처장, 시·도지사, 시장·군수·구청장이 부과·징수한다.

〈개정 2008. 2. 29., 2010. 1. 18., 2011. 6. 7., 2013. 3. 23.〉

③ 삭제 〈2011. 6. 7.〉

④ 삭제 〈2011. 6. 7.〉

⑤ 삭제 〈2011. 6. 7.〉

[시행일 : 2024. 7. 21.] 제98조제1항제7호의5

부칙 〈제18307호, 2021. 7. 20.〉

제1조(시행일)

이 법은 공포 후 6개월이 경과한 날부터 시행한다. 다만, 제2조의2, 제31조제10항부터 제15항까지(제42조제5항의 개정규정에서 준용하는 경우를 포함한다), 제34조의2제3항, 제76조의2제1항제

2호, 제93조제1항제11호 및 제95조제1항제6호의4의 개정규정은 공포한 날부터 시행하고, 제90조의2, 제90조의3 및 제92조의2의 개정규정은 공포 후 3개월이 경과한 날부터 시행하며, 제34조의5, 제42조제7항, 제47조의4, 제69조제1항 및 제98조제1항제7호의3의 개정규정은 공포 후 1년이 경과한 날부터 시행하고, 제47조의2제1항의 개정규정 중 지출보고서 공개에 관한 부분은 공포 후 2년이 경과한 날부터 시행하며, 제59조의2, 제65조의5, 제65조의6 및 제98조제1항제7호의5의 개정규정은 공포 후 3년이 경과한 날부터 시행한다.

제2조(점자 및 음성 · 수어영상변환용 코드의 표시를 위한 준비행위)

식품의약품안전처장은 제59조의2, 제65조의5 및 제65조의6의 개정규정 시행 전에 같은 개정규정에 따른 점자 및 음성 · 수어영상변환용 코드의 표시 등에 필요한 준비행위를 할 수 있다.

제3조(제조판매품목허가 등에 관한 적용례)

제31조제10항부터 제15항까지(제42조제5항의 개정규정에서 준용하는 경우를 포함한다)의 개정규정은 같은 개정규정 시행 이후 의약품의 제조판매, 위탁제조판매 또는 수입의 품목허가를 신청하거나 품목신고를 한 경우부터 적용한다.

제4조(품목 조건부 허가에 관한 적용례)

제35조제2항부터 제4항까지의 개정규정은 이 법 시행 이후 품목 조건부 허가를 신청하는 경우부터 적용한다.

제5조(우선심사 대상에 관한 적용례)

제35조의4의 개정규정은 이 법 시행 이후 우선심사를 신청하는 경우부터 적용한다.

제6조(지출보고서 작성 등에 관한 적용례)

제47조의2의 개정규정은 같은 개정규정 시행일이 속하는 회계연도의 다음 회계연도부터 적용한다.

제7조(시각 · 청각장애인을 위한 점자 및 음성 · 수어영상변환용 코드의 표시에 관한 적용례)

제59조의2 및 제65조의5의 개정규정은 같은 개정규정 시행 이후 해당 의약품 또는 의약외품을

제조장으로부터 반출하거나 「관세법」에 따른 수입신고를 하는 분부터 적용한다.

제8조(심사 결과 공개에 관한 적용례)

제88조의2의 개정규정은 이 법 시행 이후 제31조에 따라 품목허가를 하거나 품목신고를 수리하는 의약품, 제35조에 따라 시설 조건부 허가나 품목 조건부 허가를 하는 의약품 및 제42조에 따라 품목허가를 하거나 품목신고를 수리하는 의약품부터 적용한다.

제9조(행정처분에 관한 경과조치)

이 법 시행 전의 위반행위에 대한 행정처분에 관하여는 종전의 규정에 따른다.

제10조(임상시험 실시 중인 의약품에 관한 경과조치)

이 법 시행 당시 다수의 의약품 제조업자가 공동개발하기로 하고 제34조제1항에 따라 식품의약품안전처장으로부터 임상시험계획 승인을 받은 의약품에 대해서는 공동개발하기로 한 의약품 제조업자에 한정하여 제31조제10항부터 제15항까지의 개정규정에도 불구하고 종전의 규정에 따른다. 이 경우 제34조제1항에 따라 임상시험계획 승인을 받은 자는 해당 의약품을 공동개발하기로 한 사실을 입증자료를 첨부하여 제31조제10항부터 제15항까지의 개정규정의 시행일부터 1개월 이내에 식품의약품안전처장에게 신고하여야 한다.

제11조(임상시험자료 또는 생물학적 동등성자료의 사용 동의에 관한 경과조치)

제31조제11항 및 제13항의 개정규정 시행 전에 임상시험자료 또는 생물학적 동등성자료의 사용에 대하여 한 동의는 같은 개정규정에 따른 동의의 횟수 산정에 포함하지 아니한다.

제12조(임상시험심사위원회에 관한 경과조치)

제34조의2제3항제5호의 개정규정 시행 당시 「의약품 등의 안전에 관한 규칙」에 따라 설치한 임상시험심사위원회는 같은 개정규정에 따라 설치한 임상시험심사위원회로 본다.

제13조(조건부 허가 등에 관한 경과조치)

이 법 시행 당시 종전의 제35조에 따라 허가를 받은 자는 제35조제1항의 개정규정에 따라 시설 조건부 허가를 받은 것으로 본다.

제14조(원료의약품의 해외제조소 등록에 관한 경과조치)

제42조제7항제2호 및 제3호의 개정규정 시행 당시 원료의약품을 수입하고 있는 수입자는 같은 개정규정에도 불구하고 같은 개정규정 시행일부터 6개월까지는 같은 개정규정에 따른 등록을 하

지 아니하고 원료의약품을 수입할 수 있다.

제15조(백신안전기술지원센터 설립에 따른 경과조치)

① 제90조의2의 개정규정 시행 당시 「민법」 제32조에 따라 설립된 재단법인 백신안전기술지원센터(이하 "구법인"이라 한다)는 같은 개정규정에 따른 백신안전기술지원센터(이하 "신법인"이라 한다)로 본다. 이 경우 구법인은 제90조의2의 개정규정 시행일부터 3개월 이내에 이 법의 요건에 부합하도록 정관을 변경하여 같은 조 제4항의 개정규정에 따른 인가를 받아야 한다.

② 제1항에 따라 식품의약품안전처장의 인가를 받은 구법인은 신법인의 설립과 동시에 「민법」 중 법인의 해산 및 청산에 관한 규정에도 불구하고 해산된 것으로 보며, 구법인에 속하였던 모든 소관업무, 권리·의무 및 재산은 신법인이 승계한다.

③ 제2항에 따라 신법인에 승계될 재산의 가액은 신법인 설립등기일 전일의 장부가액으로 한다.

④ 신법인 설립 당시 등기부나 그 밖의 공부(公簿)에 표시된 구법인의 명의는 신법인의 명의로 본다.

⑤ 신법인 설립 당시 구법인의 임직원은 신법인의 임직원으로 보며, 임직원의 임기는 종전의 임명일부터 기산한다.

⑥ 신법인의 설립 이전에 구법인이 행한 행위 또는 구법인에 대하여 행하여진 행위는 신법인이 행한 행위 또는 신법인에 대하여 행하여진 행위로 본다.

약사법
시행령

[시행 2022. 12. 11.]
[대통령령 제33052호, 2022. 12. 9., 일부개정]

제1조(목적)

이 영은 「약사법」에서 위임된 사항과 그 시행에 필요한 사항을 규정함을 목적으로 한다.

제1조의2(약의 날 행사 등)

① 국가와 지방자치단체는 「약사법」(이하 "법"이라 한다) 제2조의2제2항에 따른 약의 날 기념 행사를 주간이나 월간으로 정하여 실시할 수 있다.

② 국가와 지방자치단체는 법 제2조의2제2항에 따른 약의 날 기념행사를 실시할 경우 의약품 안전 및 제약산업 발전 등에 이바지한 공이 매우 큰 개인이나 단체를 약의 날 유공자로 선정 하여 포상할 수 있다.

[본조신설 2021. 10. 19.]

제2조(약사 · 한약사국가시험 및 약사예비시험의 실시)

① 법 제8조제2항에 따라 보건복지부장관은 약사 · 한약사국가시험 및 약사예비시험(이하 "국 가시험등"이라 한다)을 「한국보건의료인국가시험원법」에 따른 한국보건의료인국가시험 원(이하 "국가시험등 관리기관"이라 한다)으로 하여금 관리하게 한다.

〈개정 2015. 12. 22., 2020. 1. 29., 2021. 10. 19.〉

② 국가시험등 관리기관의 장은 국가시험등을 실시하려면 미리 보건복지부장관의 승인을 받아 시험일시 · 시험장소 · 시험과목 및 응시원서 제출기간, 그 밖에 시험에 필요한 사항을 시험 90일 전까지 공고해야 한다. 다만, 시험장소는 지역별 응시인원이 확정된 후 시험 30일 전까 지 공고할 수 있다. 〈개정 2008. 2. 29., 2010. 3. 15., 2012. 5. 1., 2020. 1. 29.〉

[제목개정 2020. 1. 29.]

제3조(국가시험등의 응시 등)

① 국가시험등에 응시하려는 사람은 국가시험등 관리기관의 장이 정하는 응시원서를 국가시험 등 관리기관의 장에게 제출해야 한다. 〈개정 2020. 1. 29.〉

② 삭제 〈2020. 1. 29.〉

③ 제1항에 따라 응시원서를 제출하는 사람은 국가시험 관리기관의 장이 보건복지부장관의 승 인을 받아 결정한 수수료를 현금으로 내야 한다. 이 경우 수수료의 금액 및 납부방법 등은 제 2조에 따라 국가시험등 관리기관의 장이 공고한다

〈개정 2008. 2. 29., 2010. 3. 15., 2011. 12. 30., 2020. 1. 29.〉

④ 국가시험등 관리기관의 장은 정보통신망을 이용하여 전자화폐 · 전자결제 등의 방법으로 제

3항에 따른 수수료를 내게 할 수 있다.　　　　　　〈개정 2011. 12. 30., 2020. 1. 29.〉

[제목개정 2020. 1. 29.]

제4조(시험과목)

① 약사국가시험은 다음 각 호의 과목에 대하여 필기시험으로 실시하며, 과목별 세부내용은 보건복지부령으로 정한다.

1. 생명약학

2. 산업약학

3. 임상ㆍ실무약학

4. 보건ㆍ의약 관계 법규

② 한약사국가시험은 다음 각 호의 과목에 대하여 필기시험으로 실시하며, 과목별 세부내용은 보건복지부령으로 정한다.

1. 한약학 기초

2. 한약학 응용

3. 보건ㆍ의약 관계 법규

③ 약사예비시험은 다음 각 호의 과목에 대하여 필기시험으로 실시하고, 과목별 세부내용은 보건복지부령으로 정한다.　　　　　　〈신설 2020. 1. 29.〉

1. 약학 기초

2. 한국어

[전문개정 2013. 9. 26.]

제5조(시험의 합격 결정)

① 약사ㆍ한약사국가시험 합격자는 각 과목 만점의 40퍼센트 이상, 전 과목 총점의 60퍼센트 이상 득점한 사람으로 한다.

② 약사예비시험 합격자는 약학 기초 과목 만점의 60퍼센트 이상 득점하고 보건복지부령으로 정하는 한국어 과목에 관한 요건을 갖춘 사람으로 한다.

③ 약사예비시험 합격자는 다음 회의 약사국가시험부터 약사예비시험을 면제한다.

[전문개정 2020. 1. 29.]

제6조(합격자의 발표)

국가시험등 관리기관의 장은 제2조와 제5조에 따라 국가시험등을 시행하고 그 합격자를 결정

하면 지체 없이 발표해야 한다. 〈개정 2020. 1. 29.〉

제7조(시험위원)

국가시험등 관리기관의 장은 국가시험등의 출제 및 채점을 위하여 약학 또는 관련 법령에 관한 학식과 경험이 풍부한 사람 중에서 시험위원을 위촉한다. 〈개정 2020. 1. 29.〉

제8조(관계기관 등에 대한 협조 요청)

국가시험등 관리기관의 장은 국가시험등 관리업무를 원활하게 수행하기 위하여 필요하면 국가·지방자치단체 또는 관계 기관·단체에 시험장소 및 시험감독 지원 등 협조를 요청할 수 있다. 〈개정 2020. 1. 29.〉

제8조의2(윤리위원회의 구성)

① 법 제11조제5항 및 제12조제5항에 따라 대한약사회(이하 "약사회"라 한다)와 대한한약사회 (이하 "한약사회"라 한다)에 두는 윤리위원회(이하 "윤리위원회"라 한다)는 위원장 1명을 포함한 11명의 위원으로 구성한다.

② 위원장은 위원 중에서 약사회 또는 한약사회(이하 이 조부터 제8조의4까지의 규정에서 "각 협회"라 한다)의 장이 위촉한다.

③ 위원은 다음 각 호의 사람 중에서 각 협회의 장이 위촉하되, 제2호에 해당하는 사람이 4명 이상 포함되어야 한다.

　1. 각 협회 소속 회원으로서 약사 경력이 10년 이상 또는 한약사 경력이 5년 이상인 사람

　2. 약사 또는 한약사가 아닌 사람으로서 법률, 보건, 언론, 소비자 권익 등에 관하여 경험과 학식이 풍부한 사람

④ 위원의 임기는 3년으로 하며, 한 번만 연임할 수 있다.

[본조신설 2012. 6. 7.]

제8조의3(윤리위원회의 운영)

① 윤리위원회는 다음 각 호의 사항을 심의·의결한다. 〈개정 2018. 4. 24.〉

　1. 법 제79조의2제1항 각 호에 따른 면허 취소 및 자격 정지의 처분 요구에 관한 사항

　2. 각 협회 소속 회원에 대한 자격심사 및 징계에 관한 사항

　3. 그 밖에 회원의 윤리 확립을 위하여 필요한 사항으로서 각 협회의 정관으로 정하는 사항

② 윤리위원회의 회의는 위원장이 필요하다고 인정하는 경우나 각 협회의 장 또는 재적위원 3

분의 1 이상이 요청하는 경우에 위원장이 소집한다.

③ 위원장은 회의를 소집하려면 회의 개최 7일 전까지 회의의 일시, 장소 및 안건을 각 위원에게 통보하여야 한다. 다만, 긴급히 개최하여야 하거나 부득이한 사유가 있는 경우에는 회의 개최 전날까지 통보할 수 있다.

④ 윤리위원회의 회의는 재적위원 3분의 2 이상의 출석으로 개의(開議)하고, 출석위원 3분의 2 이상의 찬성으로 의결한다. 다만, 제1항제2호 및 제3호의 사항에 관한 정족수는 각 협회의 정관으로 달리 정할 수 있다.

⑤ 윤리위원회의 위원장은 제1항제1호 및 제2호의 사항에 관하여 심의·의결하려는 경우에는 해당 안건의 당사자에게 구술 또는 서면(전자문서를 포함한다)으로 의견을 진술할 기회를 주어야 한다.

⑥ 제1항부터 제5항까지에서 규정한 사항 외에 윤리위원회의 운영에 필요한 사항은 각 협회의 정관으로 정한다.

[본조신설 2012. 6. 7.]

제8조의4(윤리위원회 위원의 제척 등)

① 윤리위원회의 위원은 다음 각 호의 어느 하나에 해당하는 경우 윤리위원회 심의·의결에서 제척된다.

　1. 위원이 윤리위원회의 심의·의결 안건(이하 이 조에서 "해당 안건"이라 한다)의 당사자인 경우

　2. 위원이 해당 안건의 당사자와 친족이거나 친족이었던 경우

　3. 위원이 해당 안건의 당사자가 최근 3년 이내에 소속되어 있었던 기관에 종사하거나 종사하였던 경우

② 해당 안건의 당사자는 위원에게 제1항의 제척사유가 있거나 그 밖에 심의·의결의 공정을 기대하기 어려운 사정이 있는 경우에는 그 사유를 밝혀 서면으로 윤리위원회에 기피신청을 할 수 있다.

③ 윤리위원회는 제2항에 따른 기피신청을 받은 경우 재적위원 과반수의 출석과 출석위원 과반수의 찬성으로 기피 여부를 의결한다. 이 경우 기피신청을 당한 위원은 그 의결에 참여하지 못한다.

④ 윤리위원회의 위원은 제1항 또는 제2항의 사유에 해당하는 경우 스스로 심의·의결에서 회피할 수 있다.

[본조신설 2012. 6. 7.]

제9조(약사회 및 한약사회의 설립인가)

약사회 또는 한약사회가 법 제13조제1항에 따라 설립인가를 받으려면 다음 각 호의 서류를 갖추어 보건복지부장관에게 제출하여야 한다. 〈개정 2008. 2. 29., 2010. 3. 15., 2012. 6. 7.〉

1. 정관
2. 자산명세서
3. 사업계획서 및 수지예산서
4. 설립결의서
5. 설립대표자의 선출경위에 관한 서류
6. 임원의 취임승낙서와 이력서

제10조(정관 기재사항)

약사회나 한약사회 정관에 포함되어야 할 사항은 다음 각 호와 같다. 〈개정 2012. 6. 7.〉

1. 목적
2. 명칭
3. 주된 사무소
4. 자산과 회계에 관한 사항
5. 임원의 선임에 관한 사항
6. 회원의 자격과 징계에 관한 사항
7. 정관 변경에 관한 사항
8. 공고방법에 관한 사항
9. 윤리위원회의 운영 등에 관한 사항

제11조(정관 변경의 인가신청)

법 제13조제3항에 따라 약사회나 한약사회가 정관 변경의 인가를 받으려면 다음 각 호의 서류를 제출하여야 한다.

1. 정관 변경의 내용 및 그 사유
2. 정관 변경에 관한 회의록
3. 신 · 구정관대비표, 그 밖의 참고서류

제12조(지부의 설치)

약사회나 한약사회는 그 설립등기를 마친 날부터 3주일 안에 법 제14조에 따라 특별시 · 광역시·도·특별자치도에 지부를 설치하여야 한다.

제13조(중앙약사심의위원회의 기능)

법 제18조제1항에 따른 중앙약사심의위원회(이하 제14조의2, 제14조의3, 제15조부터 제20조까지, 제20조의2, 제21조 및 제22조에서 "심의위원회"라 한다)는 다음 각 호의 사항을 심의한다.

〈개정 2008. 2. 29., 2010. 3. 15., 2011. 12. 30., 2013. 3. 23., 2014. 9. 11., 2019. 6. 4., 2019. 7. 16.〉

1. 법 제51조에 따른 대한민국약전의 제정과 개정에 관한 사항

2. 법 제52조에 따른 의약품 및 의약외품(이하 "의약품등"이라 한다)의 기준에 관한 사항

3. 의약품등의 안전성·유효성에 대한 조사·연구 및 평가에 관한 사항

4. 의약품 부작용 피해 구제에 관한 사항

5. 일반의약품과 전문의약품의 분류에 관한 사항

6. 그 밖에 보건복지부장관·식품의약품안전처장이 심의에 부치는 사항

제14조삭제 〈2019. 6. 4.〉

제14조의2(심의위원회 위원의 해촉)

식품의약품안전처장은 법 제18조제4항에 따라 위촉된 심의위원회의 위원이 다음 각 호의 어느 하나에 해당하는 경우에는 해당 위원을 해촉(解囑)할 수 있다. 〈개정 2017. 5. 29., 2019. 6. 4.〉

1. 심신장애로 인하여 직무를 수행할 수 없게 된 경우

2. 직무와 관련된 비위사실이 있는 경우

3. 직무태만, 품위손상이나 그 밖의 사유로 인하여 위원으로 적합하지 아니하다고 인정되는 경우

4. 위원 스스로 직무를 수행하는 것이 곤란하다고 의사를 밝히는 경우

5. 제14조의3제1항 각 호의 어느 하나에 해당하는 데에도 불구하고 회피하지 아니한 경우

[본조신설 2015. 12. 31.]

제14조의3(심의위원회 위원의 제척·기피·회피)

① 심의위원회의 위원이 다음 각 호의 어느 하나에 해당하는 경우에는 심의위원회의 심의·의결에서 제척(除斥)된다. 〈개정 2020. 3. 3., 2021. 10. 19.〉

1. 위원 또는 그 배우자나 배우자이었던 사람이 해당 안건의 당사자(당사자가 법인·단체 등인 경우에는 그 임원 또는 직원을 포함한다. 이하 이 호 및 제2호에서 같다)이거나 그 안건

의 당사자와 공동권리자 또는 공동의무자인 경우

2. 위원이 해당 안건의 당사자와 친족이거나 친족이었던 경우

3. 위원이 해당 안건에 대하여 증언, 진술, 자문, 연구, 용역 또는 감정을 한 경우

4. 위원이나 위원이 속한 법인·단체 등이 해당 안건의 당사자의 대리인이거나 대리인이었던 경우

5. 위원이 해당 안건의 당사자인 법인·단체 등에 최근 3년 이내에 임원 또는 직원으로 재직한 경우

6. 그 밖에 위원이 해당 안건과 직접적인 이해 관계가 있는 등 심의위원회의 공정한 심의·의결을 저해할 중대한 사유가 있다고 심의위원회 위원장(이하 "위원장"이라 한다)이 인정하는 경우

② 당사자는 위원에게 공정한 심의·의결을 기대하기 어려운 사정이 있는 경우에는 심의위원회에 그 사실을 서면으로 소명하여 기피(忌避) 신청을 할 수 있다.

③ 심의위원회는 제2항에 따른 기피 신청이 있는 경우에는 의결로 이를 결정한다. 이 경우 기피 신청의 대상인 위원은 그 의결에 참여하지 못한다.

④ 위원이 제1항 각 호의 어느 하나에 해당하거나 본인에게 공정한 심의·의결을 기대하기 어려운 사정이 있다고 판단되는 경우에는 스스로 해당 안건의 심의·의결에서 회피(回避)하여야 한다.

[본조신설 2017. 5. 29.]

제15조(위원장 등의 직무)

① 위원장은 공동으로 심의위원회를 대표하고, 심의위원회 업무를 총괄한다. 〈개정 2021. 10. 19.〉

② 부위원장은 위원장을 보좌하며, 위원장이 모두 부득이한 사유로 직무를 수행할 수 없을 때에는 심의위원회가 미리 정한 부위원장이 직무를 대신 수행한다. 〈개정 2021. 10. 19.〉

제16조(회의의 소집)

① 위원장은 공동으로 심의위원회 회의를 소집하고, 교대로 그 회의의 의장이 된다.

〈개정 2021. 10. 19.〉

② 위원장은 보건복지부장관·식품의약품안전처장 또는 그 재적위원 과반수가 회의 소집을 요구하면 지체 없이 회의를 소집하여야 한다. 〈개정 2008. 2. 29., 2010. 3. 15., 2013. 3. 23.〉

제17조(분과위원회 등)

① 심의위원회에 분야별 심의를 위하여 다음 각 호의 구분에 따른 분과위원회(이하 "분과위원회"라 한다)를 둔다. 〈개정 2021. 10. 19.〉

　1. 약사제도 분과위원회: 의약품 정책 및 분류 등에 관한 심의

　2. 의약품등 기준·규격 분과위원회: 의약품등의 기준·규격 등에 관한 심의

　3. 의약품등 안전성·유효성 분과위원회: 의약품등의 안전성·유효성 등에 관한 심의

　4. 신약 분과위원회: 신약 및 임상시험 등에 관한 심의

　5. 생물의약품 분과위원회: 생물의약품(사람이나 다른 생물체에서 유래된 것을 원료 또는 재료로 하여 제조한 의약품을 말한다)에 관한 심의

② 분과위원회 위원장은 분과위원회 위원 중에서 호선(互選)한다. 〈신설 2021. 10. 19.〉

③ 분과위원회 업무를 효율적으로 수행하기 위하여 전문 분야별로 소분과위원회(이하 "소분과위원회"라 한다)를 둘 수 있다. 〈신설 2021. 10. 19.〉

④ 제1항부터 제3항까지에서 규정한 사항 외에 분과위원회와 소분과위원회의 구성과 운영에 관한 사항은 보건복지부장관과 협의하여 식품의약품안전처장이 정한다.

〈개정 2008. 2. 29., 2010. 3. 15., 2013. 3. 23., 2021. 10. 19.〉

제18조(의사)

① 심의위원회의 회의는 재적위원 과반수의 출석으로 열리고, 출석위원 3분의 2 이상의 찬성으로 의결한다.

② 분과위원회나 소분과위원회가 심의한 사항은 다른 위원회에서 재심의하여야 할 필요가 있다고 위원장이 판단한 경우를 제외하고는 심의위원회가 의결한 것으로 본다.

제19조(보고)

위원장은 심의위원회에서 심의된 사항을 지체 없이 식품의약품안전처장에게 보고하여야 하며, 제13조제6호에 따라 보건복지부장관이 심의에 부치는 사항에 대해서는 보건복지부장관에게 지체 없이 알려야 한다. 〈개정 2008. 2. 29., 2010. 3. 15., 2013. 3. 23.〉

제20조(연구위원 등)

① 심의위원회에 10명 이내의 연구위원을 둔다.

② 연구위원은 위원장의 명을 받아 심의위원회의 심의사항을 미리 조사·연구한다.

③ 연구위원은 심의위원회의 회의에 출석하여 발언할 수 있다.

④ 연구위원을 보조하게 하기 위하여 심의위원회에 10명 이내의 연구원을 둔다.

⑤ 제1항과 제4항에 따른 연구위원과 연구원은 약사에 관한 학식과 경험이 풍부한 자 중에서 식품의약품안전처장이 임명한다. 〈개정 2008. 2. 29., 2010. 3. 15., 2013. 3. 23.〉

제20조의2삭제 〈2021. 10. 19.〉

제21조(간사와 서기)

① 심의위원회에 간사 1명과 서기 몇 명을 둔다.

② 간사와 서기는 식품의약품안전처 소속 공무원 중에서 식품의약품안전처장이 임명한다.

〈개정 2008. 2. 29., 2010. 3. 15., 2013. 3. 23.〉

③ 간사는 위원장의 명을 받아 심의위원회의 사무를 처리하고, 서기는 간사를 보조한다.

제22조(수당과 여비 등)

식품의약품안전처장은 예산의 범위에서 심의위원회 · 분과위원회 및 소분과위원회의 위원에게는 수당과 여비를, 연구위원과 연구원에게는 연구비와 여비를 각각 지급할 수 있다.

〈개정 2008. 2. 29., 2010. 3. 15., 2013. 3. 23.〉

제22조의2(약국의 시설 기준)

① 법 제20조제3항에 따라 약국에는 다음 각 호의 시설을 갖추어야 한다.

　1. 조제실

　2. 저온 보관 및 빛가림을 위한 시설

　3. 수돗물이나 「먹는물관리법」 제5조에 따른 먹는물의 수질 기준에 맞는 지하수 등을 공급할 수 있는 시설

　4. 조제에 필요한 기구

② 제1항에 따른 시설의 세부기준은 보건복지부장관이 식품의약품안전처장과 협의하여 보건복지부령으로 정한다.

[본조신설 2013. 3. 23.]

제23조(의사나 치과의사의 직접 조제 범위)

법 제23조제4항제14호에서 "대통령령으로 정하는 경우"란 다음 각 호의 경우를 말한다.

〈개정 2008. 6. 25., 2008. 10. 14., 2011. 12. 30., 2012. 4. 17., 2012. 6. 27., 2012. 12. 21., 2016. 12. 13., 2019.

12. 24., 2021. 4. 6.〉

1. 「국군조직법」 제15조에 따른 국군의료시설의 의사나 치과의사가 그 업무 수행으로서 같은 법 제4조에 따른 군인인 환자에 대하여 조제하는 경우

2. 「경찰청과 그 소속기관 직제」 제31조에 따른 경찰병원 또는 「소방공무원 보건안전 및 복지 기본법 시행령」 제7조에 따른 중앙소방전문치료센터의 의사나 치과의사가 그 업무 수행으로서 경찰·소방공무원인 환자에 대하여 조제하는 경우

3. 「산업재해보상보험법」 제11조제2항에 따라 근로복지공단이 설치·운영하는 의료기관 의 의사나 치과의사가 그 업무 수행으로서 같은 법 제5조제1호에 따른 업무상의 재해를 입 은 자 중 진폐증 환자에 대하여 조제하는 경우

4. 「한국보훈복지의료공단법」 제7조에 따라 설치된 보훈병원의 의사나 치과의사가 그 업 무 수행으로서 「국가유공자 등 예우 및 지원에 관한 법률」, 「보훈보상대상자 지원에 관한 법률」, 「고엽제후유의증 등 환자지원 및 단체설립에 관한 법률」 및 「5·18민 주유공자예우 및 단체설립에 관한 법률」에 따라 진료비 전액을 국가가 부담하는 환자 에 대하여 조제하는 경우

5. 「학교보건법」 제3조에 따른 보건실의 의사나 치과의사(「의료법」에 따라 해당 학교에 개실된 의료기관에 종사하는 경우는 제외한다)가 업무 수행으로서 해당 학교의 학생 및 교직원인 환자에 대하여 조제하는 경우

6. 「산업안전보건법」 제18조에 따른 보건관리자인 의사나 치과의사(「의료법」에 따라 해 당 사업장에 개설된 의료기관에 종사하는 경우는 제외한다)가 사업장에서 업무 수행으로 서 해당 사업장의 근로자인 환자에 대하여 조제하는 경우

7. 「의료법」 제27조제3항제2호에 따른 외국인환자에 대하여 조제하는 경우

제24조(유사담합행위)

① 법 제24조제2항제5호에서 "제1호부터 제4호까지의 규정에 해당하는 행위와 유사하여 담합 의 소지가 있는 행위로서 대통령령으로 정하는 행위"란 다음 각 호의 행위를 말한다.

〈개정 2019. 7. 2.〉

1. 약국개설자와 의료기관 개설자 사이의 사전 약속에 따라 처방전에 의약품의 명칭 등을 기 호나 암호로 적어 특정 약국에서만 조제할 수 있도록 하는 행위

2. 의료기관 개설자가 법 제25조에 따른 처방의약품 목록 외의 의약품을 처방하여 특정 약국 에서만 조제할 수 있도록 하는 행위

3. 약국개설자와 의료기관 개설자 사이에 의약품 구매사무, 의약품 조제업무 또는 「국민건

강보험법」에 따른 요양급여비용 심사청구업무 등을 지원하거나 관리하는 행위

4. 의료기관 개설자가 처방전 소지자의 요구가 없음에도 불구하고 특정 약국에서 조제하도록 처방전을 팩스·컴퓨터통신 등을 이용하여 전송하는 행위

5. 의료기관 개설자가 사실상 그의 지휘·감독을 받는 약사로 하여금 약국을 개설하도록 하거나 약국을 개설한 약사를 지휘·감독하여 의료기관개설자가 그 약국을 사실상 운영하는 행위

② 보건복지부장관, 특별시장·광역시장·도지사·특별자치도지사(이하 "시·도지사"라 한다), 시장·군수·구청장(자치구의 구청장을 말한다. 이하 같다)은 법 제24조제2항에 따른 담합행위를 방지하기 위하여 다음 각 호의 어느 하나에 해당하는 경우에는 의료기관 개설자 또는 약국개설자에 대하여 보건복지부장관이 정하는 기준에 따라 관계공무원으로 하여금 법 제69조에 따른 검사를 하게 하여야 한다. 〈개정 2008. 2. 29., 2010. 3. 15., 2013. 3. 23.〉

1. 의료기관 개설자(의료기관개설자가 법인인 경우에는 그 법인의 임원을 포함한다)와 약국 개설자가 배우자·부모·형제·자매·자녀 또는 그 배우자의 관계에 있는 경우로서 해당 약국이 해당 의료기관에서 발행한 처방전을 독점적으로 유치하고 있다고 판단되는 경우

2. 동일한 건물 안에 의료기관과 약국이 출입구를 함께 사용하도록 개설된 경우로서 해당 약국이 해당 의료기관에서 발행한 처방전을 독점적으로 유치하고 있다고 판단되는 경우

제24조의2(의약품 식별표시 등록 업무의 위탁)

① 법 제38조의2제3항에서 "대통령령으로 정하는 관련 전문기관"이란 「민법」 제32조에 따라 식품의약품안전처장의 허가를 받아 설립된 의약품 관련 법인 중 식품의약품안전처장이 지정하여 고시하는 법인을 말한다.

② 식품의약품안전처장은 법 제38조의2제3항에 따라 업무를 위탁하는 경우에는 수탁자 및 위탁하는 업무의 내용을 고시하여야 한다.

[본조신설 2015. 9. 22.]

제25조(한약업사 시험)

법 제45조제3항에 따른 한약업사의 시험은 한약 취급에 관한 필요한 지식과 그 실무상의 기능에 관하여 시·도지사가 수행한다.

제26조(응시 자격)

한약업사시험에 응시할 수 있는 사람은 고등학교 이상의 학교를 졸업한 사람 또는 교육부장관

이 이와 같은 수준 이상의 학력이 있다고 인정한 사람으로서 5년 이상 한의원이나 한약업소에서 한약취급업무에 종사한 경력이 있는 사람으로 한다.

[전문개정 2019. 7. 16.]

제27조(시험과목 및 배점비율 등)

한약업사의 시험은 필기시험과 실기시험으로 구분하되, 그 시험과목과 배점비율은 다음과 같다.

[전문개정 2019. 7. 2.]

제28조(시험공고)

시·도지사는 한약업사의 시험을 시행하려면 시험일시·시험장소·시험과목·응시원서 제출기간 및 영업허가 예정지역과 그 허가예정인원, 그 밖에 시험에 필요한 사항을 시험 30일 전에 공고하여야 한다.

제29조(응시원서)

① 한약업사의 시험에 응시하려는 자는 응시원서에 다음 각 호의 서류를 첨부하여 시·도지사에게 제출하여야 한다. 〈개정 2008. 10. 14.〉

1. 이력서

2. 제26조에 해당하는 학력과 실무에 종사한 경력을 증명하는 서류

3. 법 제5조제1호 본문에 해당하는 자가 아님을 증명하는 의사의 진단서 또는 법 제5조제1호 단서에 해당하는 자임을 증명하는 전문의의 진단서

4. 법 제5조제3호에 해당하는 자가 아님을 증명하는 의사의 진단서

5. 영업예정지 및 그 약도

② 제1항에 따라 응시원서를 제출하는 자는 보건복지부령으로 정하는 바에 따라 수수료를 내야 한다. 〈개정 2008. 2. 29., 2010. 3. 15.〉

제30조(합격자의 결정 등)

① 시·도지사는 한약업사의 시험을 시행한 후에는 제28조에 따라 공고한 영업허가 예정지역별로 허가예정인원 수의 범위에서 전과목 총점의 6할 이상 득점한 자를 합격자로 결정한다. 다만, 한약업사 허가예정지역별 허가예정인원을 초과하여 동점자가 2명 이상인 경우에는 필기 시험의 성적 순으로 합격자를 결정하고, 필기 시험의 성적도 동점인 경우에는 모두를 합

격자로 한다.

② 시 · 도지사는 제1항에 따라 합격한 자에게 합격하였음을 통지하여야 한다.

제31조(시험위원)

① 시 · 도지사는 한약에 관한 학식과 경험이 풍부한 자와 약사 및 마약에 관한 법규에 관하여 지식이 풍부한 자 중에서 시험위원을 위촉한다.

② 제1항의 시험위원은 한 과목에 대하여 2명부터 5명까지의 인원으로 구성한다.

제31조의2(한약업사 및 의약품 도매상 등의 시설기준)

① 법 제45조제2항제1호에 따라 한약업사가 갖추어야 할 영업소의 세부기준은 보건복지부장관이 식품의약품안전처장과 협의하여 보건복지부령으로 정한다.

② 법 제45조제2항제2호에 따라 의약품 도매상은 보건복지부장관이 식품의약품안전처장과 협의하여 보건복지부령으로 정하는 영업소와 창고를 갖추어야 하며, 해당 시설의 운영 등을 위하여 보건복지부령으로 정하는 자산을 보유하여야 한다. 다만, 의료용 고압가스 도매상의 경우에는 「고압가스 안전관리법」 제4조제4항에 따른 고압가스 판매 시설기준에 따르고, 방사성의약품 도매상의 경우에는 「원자력안전법」 제55조제1항에 따른 방사성동위원소 판매업의 시설 기준에 따른다.

③ 제2항 본문에도 불구하고 의약품 도매상이 보건복지부령으로 정하는 요건을 갖춘 다른 의약품 도매상에 의약품의 보관 · 배송 등 유통관리 업무를 위탁하는 경우에는 창고를 갖추지 아니할 수 있다.

④ 법률 제8365호 약사법 전부개정법률 부칙 제5조에 따른 약업사(藥業士) 및 매약상(賣藥商)이 영업을 하려는 경우에는 보건복지부장관이 식품의약품안전처장과 협의하여 보건복지부령으로 정하는 영업소를 갖추어야 한다.

[본조신설 2013. 3. 23.]

제32조(의약품 품목허가를 받은 자 등의 의약품 소매 · 판매 사유)

법 제47조제1항제2호에서 "공익 목적을 위한 경우 등 대통령령으로 정하는 사유"란 별표 1의2에 해당하는 사유를 말한다.

[전문개정 2016. 3. 22.]

제32조의2(의약품관리종합정보센터의 지정)

보건복지부장관은 법 제47조의3제1항에 따라 「국민건강보험법」 제62조에 따른 건강보험심사평가원을 의약품 유통정보관리기관(이하 "의약품관리종합정보센터"라 한다)으로 지정한다.

〈개정 2010. 3. 15., 2012. 8. 31., 2017. 5. 29.〉

[본조신설 2008. 10. 14.]

[종전 제32조의2는 제32조의5로 이동 〈2008. 10. 14.〉]

제32조의3(의약품관리종합정보센터의 운영 등)

① 의약품관리종합정보센터는 다음 각 호의 업무를 수행한다.

〈개정 2010. 3. 15., 2016. 3. 22., 2017. 5. 29.〉

1. 의약품유통정보의 수집 · 조사 · 가공 · 이용 및 제공
2. 의약품 유통정보화를 위한 기본계획의 수립 및 시행
3. 의약품유통정보 데이터베이스의 구축 및 운영
4. 의약품 표준코드[의약품을 식별하기 위하여 각 의약품에 부여된 고유번호로서 국가 식별코드, 의약품 품목허가를 받은 자(법 제31조제2항 또는 제3항에 따라 제조판매품목허가를 받거나 제조판매품목신고를 한 자를 말한다. 이하 같다) 또는 법 제42조제1항 전단에 따라 수입업 신고를 한 자(이하 "수입자"라 한다)의 식별코드, 품목코드 및 검증번호를 포함하는 13자리 숫자를 말한다]의 공고 등 보건복지부장관이 정하는 의약품 바코드 또는 전자태그(RFID tag)의 관리
5. 의약품유통정보의 표준화에 관한 연구 · 교육 및 홍보
6. 법 제47조의3제2항에 따른 의약품 공급 내역 등의 제출에 필요한 프로그램의 개발 · 보급 등 의약품 유통정보화의 지원
7. 그 밖에 의약품유통정보와 관련하여 보건복지부장관이 필요하다고 인정하는 사항

② 의약품관리종합정보센터의 장은 제1항의 업무에 관한 해당 회계연도의 사업계획 · 사업실적과 예산 · 결산을 다음 각 호의 구분에 따른 기한까지 보건복지부장관에게 보고하여야 한다.

〈개정 2010. 3. 15.〉

1. 해당 회계연도의 사업계획 및 예산: 해당 회계연도 개시 전까지
2. 해당 회계연도의 사업실적 및 결산: 다음 회계연도 2월 말일까지

③ 의약품관리종합정보센터의 장은 제1항제4호에 따른 의약품 바코드 또는 전자태그의 관리를 위하여 필요한 경우 의약품 품목허가를 받은 자 또는 수입자에게 보건복지부장관이 정하여 고시하는 바에 따라 제조판매 또는 수입하려는 의약품의 제품정보에 관한 보고서를 제출하

게 할 수 있다. 〈개정 2010. 3. 15.〉

[본조신설 2008. 10. 14.]

제32조의4(의약품유통정보 제공에 대한 수수료)

① 의약품관리종합정보센터는 의약품 품목허가를 받은 자, 수입자, 의약품 도매상 등의 신청에 따라 의약품유통정보를 가공하여 제공하는 경우(「공공기관의 정보공개에 관한 법률」 제2조제2호에 따른 공개에 해당하는 경우는 제외한다)에는 해당 신청인에게 수수료를 받을 수 있다. 다만, 다음 각 호의 어느 하나에 해당하는 경우에는 수수료를 감면할 수 있다.

〈개정 2010. 3. 15.〉

1. 국가기관 또는 지방자치단체가 법령에 따른 업무 수행과 관련하여 의약품유통정보의 제공을 신청하는 경우
2. 학술·연구의 목적 또는 행정감시를 위하여 비영리법인 또는 비영리의 학술·공익단체가 의약품유통정보의 제공을 신청하는 경우
3. 신청인이 같은 연도에 같은 기준에 따라 가공된 같은 의약품유통정보의 제공을 신청하는 경우
4. 그 밖에 보건복지부장관이 공공복리 등을 위하여 수수료 감면이 필요하다고 인정하는 경우

② 제1항에 따른 수수료는 의약품유통정보의 가공 및 제공에 드는 비용, 의약품 유통정보관리에 필요한 프로그램의 개발 비용 등을 고려하여 실비의 범위에서 정하여야 한다.

③ 제1항에 따른 수수료는 의약품관리종합정보센터가 지정하는 금융기관 또는 체신관서에 현금(정보통신망을 이용한 전자화폐 및 전자결제 등의 방법에 따른 지급을 포함한다)으로 납부하여야 한다.

④ 제1항에 따른 의약품유통정보의 신청 방법 및 수수료의 감면 대상과 감면 비율, 제2항에 따른 수수료의 구체적인 산정 방법 등에 관하여 필요한 사항은 보건복지부장관이 정하여 고시한다. 〈개정 2010. 3. 15.〉

[본조신설 2008. 10. 14.]

제32조의5(품목허가 등 신청사실 통지의 예외사유)

법 제50조의4제1항제4호(법 제42조제5항에서 준용하는 경우를 포함한다)에서 "대통령령으로 정하는 경우"란 법 제50조의2제4항제1호라목에 따른 의약적 용도에 관한 등재특허권이 법 제31조제2항·제3항·제9항 또는 법 제42조제1항에 따라 제조판매 또는 수입의 품목허가나 변경허가를

신청한 의약품의 효능 · 효과와 관련된 것이 아닌 경우를 말한다. 〈개정 2015. 9. 22.〉

[본조신설 2015. 3. 13.]

[종전 제32조의5는 제32조의6으로 이동 〈2015. 3. 13.〉]

제32조의6(광고심의 업무의 위탁)

식품의약품안전처장은 법 제68조의2제2항에 따라 의약품 광고심의에 관한 업무를 법 제67조에 따라 설립된 사단법인 중 식품의약품안전처장이 지정 · 고시하는 사단법인에 위탁한다.

〈개정 2013. 3. 23.〉

[본조신설 2008. 4. 10.]

[제32조의5에서 이동, 종전 제32조의6은 제32조의7로 이동 〈2015. 3. 13.〉]

제32조의7(한국의약품안전관리원의 조직 및 운영)

① 법 제68조의3에 따른 한국의약품안전관리원(이하 "의약품안전관리원"이라 한다)에 임원으로 원장을 포함한 이사와 감사를 둔다.

② 의약품안전관리원의 원장은 정관에서 정하는 바에 따라 식품의약품안전처장이 임명한다

. 〈개정 2013. 3. 23.〉

③ 의약품안전관리원의 업무에 관한 중요한 사항을 심의 · 의결하기 위하여 의약품안전관리원에 이사회를 둔다.

④ 제1항부터 제3항까지에서 규정한 사항 외에 의약품안전관리원의 조직 및 운영에 관하여 필요한 사항은 정관으로 정한다.

[본조신설 2011. 12. 30.]

[제32조의6에서 이동, 종전 제32조의7은 제32조의8로 이동 〈2015. 3. 13.〉]

제32조의8(수익사업)

법 제68조의4 각 호 외의 부분에서 "대통령령으로 정하는 수익사업"이란 다음 각 호의 사업을 말한다. 〈개정 2013. 3. 23.〉

1. 의약품안전정보 관련 업무 담당자의 교육 · 훈련

2. 의약품안전정보 관련 간행물 등의 제작 · 판매

3. 그 밖에 의약품안전관리원의 설립목적을 달성하기 위한 사업으로서 식품의약품안전처장의 승인을 받은 사업

[본조신설 2011. 12. 30.]

[제32조의7에서 이동, 종전 제32조의8은 제32조의9로 이동 〈2015. 3. 13.〉]

제32조의9(사업계획서 및 예산서의 승인)

① 의약품안전관리원은 법 제68조의6제2항 전단에 따라 사업계획서와 예산서를 승인받으려면 매 회계연도 시작 전까지 다음 연도의 사업계획서와 다음 각 호의 서류를 첨부한 예산서를 이사회의 의결을 거쳐 식품의약품안전처장에게 제출해야 한다. 〈개정 2013. 3. 23., 2021. 1. 5.〉

1. 추정재무상태표

2. 추정손익계산서

3. 자금의 수입 · 지출 계획서

② 의약품안전관리원은 법 제68조의6제2항 후단에 따라 사업계획서와 예산서의 변경 승인을 받으려면 변경 내용과 사유를 적은 서류를 이사회의 의결을 거쳐 식품의약품안전처장에게 제출하여야 한다. 〈개정 2013. 3. 23.〉

[본조신설 2011. 12. 30.]

[제32조의8에서 이동 〈2015. 3. 13.〉]

제32조의10(약물역학조사관의 출입 · 조사를 위한 서류)

법 제68조의12제3항 후단에서 "조사기간, 조사범위, 조사담당자, 관계 법령 등 대통령령으로 정하는 사항"이란 다음 각 호의 사항을 말한다.

1. 조사목적, 조사기간, 조사범위 및 조사내용

2. 조사담당자의 성명 및 직위

3. 제출자료의 목록

4. 조사에 대한 근거법령

5. 조사의 거부 · 방해 · 기피 등에 대한 행정처분 또는 벌칙 등의 내용 및 근거법령

6. 제1호부터 제5호까지에 준하는 사항으로서 식품의약품안전처장이 해당 조사를 위하여 필요하다고 인정하는 사항

[본조신설 2016. 12. 13.]

[종전 제32조의10은 제32조의12로 이동 〈2016. 12. 13.〉]

제32조의11(출입 · 검사 · 수거 등의 지시)

① 법 제69조제1항 각 호 외의 부분에서 "대통령령으로 정하는 그 소속 기관의 장"이란 지방식품의약품안전청장을 말한다. 〈신설 2020. 9. 22.〉

② 법 제69조제2항에서 "조사기간, 조사범위, 조사담당자, 관계 법령 등 대통령령으로 정하는 사항"이란 다음 각 호의 사항을 말한다. 〈개정 2020. 9. 22.〉

　　1. 제32조의10제1호부터 제5호까지의 규정에 따른 사항

　　2. 제1호에 준하는 사항으로서 보건복지부장관 또는 식품의약품안전처장이 해당 조사를 위하여 필요하다고 인정하는 사항

　　[본조신설 2016. 12. 13.]

　　[제목개정 2020. 9. 22.]

제32조의12(관계기관에의 통보)

법 제69조의2 각 호 외의 부분에서 "대통령령으로 정하는 관계 중앙행정기관의 장"이란 다음 각 호의 중앙행정기관의 장을 말한다.

　　1. 보건복지부장관

　　2. 공정거래위원회 위원장

　　3. 특허청장

　　[본조신설 2015. 3. 13.]

　　[제32조의10에서 이동 〈2016. 12. 13.〉]

제33조(업무정지 처분을 갈음하여 부과하는 과징금의 산정기준)

법 제81조제2항에 따른 과징금의 금액은 위반행위의 종류와 위반 정도 등을 고려하여 다음 각 호의 구분에 따라 정하는 업무정지처분 기준에 따라 별표 2 기준을 적용하여 산정한다.

〈개정 2008. 2. 29., 2010. 3. 15., 2013. 3. 23.〉

　　1. 의약품등의 제조업자, 품목허가를 받은 자 및 수입자에 대한 과징금 부과의 경우: 총리령으로 정하는 기준

　　2. 약국개설자 및 의약품 판매업자에 대한 과징금 부과의 경우: 보건복지부령으로 정하는 기준

　　[제목개정 2019. 6. 4.]

제34조(업무정지 처분을 갈음하여 부과하는 과징금의 부과 · 징수절차)

① 법 제81조에 따라 식품의약품안전처장, 시 · 도지사, 시장 · 군수 · 구청장은 과징금을 부과하려면 위반행위의 종류와 해당 과징금의 금액을 서면에 적어 과징금을 낼 것을 통지하여야 한다. 〈개정 2013. 3. 23.〉

② 과징금의 징수절차는 다음 각 호의 구분에 따른다. 〈개정 2013. 3. 23.〉

　　1. 의약품등의 제조업자, 품목허가를 받은 자 및 수입자에 대한 과징금 부과의 경우: 총리령으로 정하는 징수절차

　　2. 약국개설자 및 의약품 판매업자에 대한 과징금 부과의 경우: 보건복지부령으로 정하는 징수절차

[제목개정 2019. 6. 4.]

제34조의2(업무정지 처분을 갈음하여 부과하는 과징금 미납자에 대한 처분)

① 법 제81조제4항 본문에 따라 식품의약품안전처장, 시·도지사, 시장·군수 또는 구청장은 과징금을 내야 할 자가 납부기한까지 내지 아니하면 납부기한이 지난 후 15일 이내에 독촉장을 발부하여야 한다. 이 경우 납부기한은 독촉장을 발부하는 날부터 10일 이내로 하여야 한다. 〈개정 2013. 3. 23.〉

② 제1항에 따라 과징금을 내지 아니한 자가 독촉장을 받고도 납부기한까지 과징금을 내지 아니하면 과징금 부과처분을 취소하고 업무정지처분을 하여야 한다. 다만, 법 제81조제4항 단서에 해당하는 경우에는 국세 체납처분의 예 또는 「지방행정제재·부과금의 징수 등에 관한 법률」에 따라 징수한다. 〈개정 2014. 9. 11., 2020. 3. 24.〉

③ 제2항 본문에 따라 과징금 부과처분을 취소하고 업무정지처분을 하려면 처분대상자에게 서면으로 그 내용을 통지하되, 서면에는 처분이 변경된 사유와 업무정지처분의 기간 등 업무정지처분에 필요한 사항을 기재하여야 한다. 〈개정 2014. 9. 11.〉

[본조신설 2007. 7. 3.]

[제목개정 2019. 6. 4.]

제34조의3(위해 의약품 제조 등에 대한 과징금의 부과기준)

① 법 제81조의2제1항에 따라 부과하는 과징금의 금액은 위반 품목의 판매량에 판매가격을 곱한 금액의 2배로 한다. 이 경우 판매기간 중 판매가격이 변동된 경우에는 판매가격이 변동된 판매기간별로 각각 산정하여 합산한 금액을 과징금 금액으로 한다.

② 제1항에 따른 판매량은 판매기간 중 출하량에서 회수·반품·검사 등의 사유로 실제로 판매되지 않은 양을 제외한 수량으로 한다.

③ 식품의약품안전처장은 법 제81조의2제2항 각 호의 사항을 고려하여 제1항에 따라 산정된 과징금 금액의 2분의 1의 범위에서 그 금액을 줄일 수 있다.

[전문개정 2021. 10. 19.]

제34조의4(위해 의약품 제조 등에 대한 과징금의 부과 및 납부)

① 식품의약품안전처장은 법 제81조의2제1항에 따라 과징금을 부과하려면 그 위반행위의 종류와 해당 과징금의 금액을 명시하여 이를 납부할 것을 서면으로 통지해야 한다.

② 제1항에 따라 통지를 받은 자(이하 "과징금납부의무자"라 한다)는 통지를 받은 날부터 60일 이내에 식품의약품안전처장이 정하는 수납기관에 과징금을 납부해야 한다.

③ 제2항에 따라 과징금의 납부를 받은 수납기관은 그 납부자에게 영수증을 발급하고, 과징금을 납부받은 사실을 지체 없이 식품의약품안전처장에게 통보해야 한다.

④ 제1항부터 제3항까지에서 규정한 사항 외에 과징금의 부과 및 납부에 필요한 사항은 총리령으로 정한다.

[본조신설 2019. 6. 4.]

[종전 제34조의4는 제34조의8로 이동 〈2019. 6. 4.〉]

제34조의5(위해 의약품 제조 등에 대한 과징금의 납부기한 연기 및 분할납부)

① 식품의약품안전처장은 과징금납부의무자가 다음 각 호의 어느 하나에 해당하는 사유로 과징금 전액을 한꺼번에 납부하기 어렵다고 인정되는 경우에는 과징금납부의무자의 신청을 받아 그 납부기한을 연기하거나 분할납부하게 할 수 있다. 이 경우 필요하다고 인정하면 과징금납부의무자에게 담보를 제공하게 할 수 있다.

1. 천재지변이나 재해 등으로 과징금납부의무자의 재산에 현저한 손실을 입은 경우

2. 사업 여건의 악화로 사업이 중대한 위기에 처한 경우

3. 과징금을 한꺼번에 납부하면 자금사정에 현저한 어려움이 예상되는 경우

4. 납부기한의 연기 또는 분할납부 신청 당시 과징금납부의무자에게 직전 3개 사업 연도 동안 연속하여 당기순손실이 발생한 경우

5. 납부기한의 연기 또는 분할납부 신청 당시 과징금납부의무자가 자본 총액의 2배를 초과하는 부채를 보유한 경우

6. 제1호부터 제5호까지의 규정에 준하는 사유가 있다고 식품의약품안전처장이 인정하는 경우

② 과징금납부의무자가 제1항에 따라 과징금의 납부기한을 연기 또는 분할납부하려는 경우에는 과징금의 납부 통지를 받은 날부터 30일 이내에 납부기한의 연기 또는 분할납부의 사유를 증명하는 서류를 첨부하여 식품의약품안전처장에게 신청해야 한다.

③ 제1항에 따라 과징금의 납부기한을 연기하거나 분할납부하게 하는 경우 납부기한의 연기는

그 납부기한의 다음 날부터 1년을 초과할 수 없고, 각 분할된 납부기한 간의 간격은 3개월을 초과할 수 없으며, 분할 횟수는 3회를 초과할 수 없다.

④ 식품의약품안전처장은 제1항에 따라 납부기한이 연기되거나 분할납부하기로 결정된 과징금 납부의무자가 다음 각 호의 어느 하나에 해당하게 된 경우에는 그 납부기한의 연기 또는 분할납부 결정을 취소하고 과징금을 한꺼번에 징수할 수 있다.

1. 분할납부가 결정된 과징금을 그 납부기한까지 내지 않은 경우

2. 담보의 변경, 그 밖에 담보 보전에 필요한 식품의약품안전처장의 명령을 이행하지 않은 경우

3. 강제집행, 경매의 개시, 파산선고, 법인의 해산, 국세 또는 지방세의 체납처분 등의 사유로 과징금의 전부 또는 잔여분을 징수할 수 없다고 인정되는 경우

4. 제1항 각 호에 따른 사유가 해소되어 과징금을 한꺼번에 납부할 수 있다고 인정되는 경우

⑤ 제1항부터 제4항까지에서 규정한 사항 외에 과징금 납부기한의 연기 또는 분할납부 등에 필요한 사항은 총리령으로 정한다.

[본조신설 2019. 6. 4.]

[종전 제34조의5는 제34조의9로 이동 〈2019. 6. 4.〉]

제34조의6(위해 의약품 제조 등에 대한 과징금의 독촉)

① 식품의약품안전처장은 과징금납부의무자가 납부기한까지 과징금을 내지 않으면 법 제81조의2제5항에 따라 납부기한(제34조의5제1항에 따라 과징금을 분할납부하게 한 경우로서 같은 조 제4항에 따라 분할납부 결정을 취소한 경우에는 한꺼번에 납부하도록 한 기한을 말한다)이 지난 날부터 10일 이내에 독촉장을 발부해야 한다.

② 제1항에 따라 독촉장을 발부하는 경우 체납된 과징금의 납부기한은 독촉장을 발부한 날부터 10일 이내로 한다.

[본조신설 2019. 6. 4.]

[종전 제34조의6은 제34조의10으로 이동 〈2019. 6. 4.〉]

제34조의7(전문인력 양성기관의 지정 등)

① 보건복지부장관 및 식품의약품안전처장은 법 제83조의2제2항에 따라 다음 각 호의 어느 하나에 해당하는 기관 또는 단체를 전문인력 양성기관(이하 "전문인력 양성기관"이라 한다)으로 지정할 수 있다.

1. 의약품안전관리원

2. 법 제67조에 따라 설립된 법인

3. 「고등교육법」 제2조제1호에 따른 대학 중 의약품 관련 학과 또는 전공이 설치된 대학

　4. 그 밖에 의약품이나 보건 관련 업무를 수행하기 위하여 설립된 기관 또는 단체

② 제1항에 따라 전문인력 양성기관으로 지정받으려는 자는 보건복지부령 또는 총리령으로 정하는 지정신청서에 보건복지부령 또는 총리령으로 정하는 서류를 첨부하여 보건복지부장관 또는 식품의약품안전처장에게 제출하여야 한다.

③ 전문인력 양성기관의 지정기준은 다음 각 호와 같다.

　1. 교육 및 훈련의 과정과 내용이 적정할 것

　2. 교육 및 훈련을 실시하는 데에 필요한 적절한 인력과 시설 · 설비를 갖추고 있을 것

　3. 운영경비의 조달계획이 타당할 것

④ 보건복지부장관 및 식품의약품안전처장은 전문인력 양성기관을 지정하였을 때에는 보건복지부령 또는 총리령으로 정하는 지정서를 발급하고 그 사실을 보건복지부 또는 식품의약품안전처의 인터넷 홈페이지에 공고하여야 한다.

⑤ 법 제83조의2제3항에 따라 전문인력 양성기관에 지원할 수 있는 비용은 다음 각 호와 같다.

〈개정 2017. 5. 29.〉

　1. 강의료와 수당

　2. 교육교재 제작비와 실습기자재 구입비

　3. 현장실습 비용

　4. 그 밖에 전문인력 양성에 필요하다고 인정되는 비용

[본조신설 2015. 9. 22.]

[제34조의3에서 이동, 종전 제34조의7은 제34조의11로 이동 〈2019. 6. 4.〉]

제34조의8(국가필수의약품 안정공급 협의회의 기능)

　법 제83조의3제3항에 따른 국가필수의약품 안정공급 협의회(이하 "협의회"라 한다)는 다음 각 호의 사항을 협의한다.

　1. 국가필수의약품의 지정에 관한 사항

　2. 법 제83조의3제1항 각 호에 따른 업무에 관한 사항

[본조신설 2017. 5. 29.]

[제34조의4에서 이동, 종전 제34조의8은 제34조의12로 이동 〈2019. 6. 4.〉]

제34조의9(협의회의 구성)

① 협의회는 의장 1명을 포함한 20명 이내의 위원으로 구성한다.

② 의장은 식품의약품안전처 차장이 된다.

③ 위원은 교육부, 국방부, 행정안전부, 보건복지부, 고용노동부, 국무조정실, 국가보훈처, 식품의약품안전처, 질병관리청 및 원자력안전위원회의 고위공무원단에 속하는 일반직공무원 중에서 해당 기관의 장이 임명하는 사람으로 한다. 〈개정 2017. 7. 26., 2017. 11. 28., 2021. 10. 19.〉

[본조신설 2017. 5. 29.]

[제34조의5에서 이동, 종전 제34조의9는 제34조의13으로 이동 〈2019. 6. 4.〉]

제34조의10(협의회의 운영)

① 의장은 협의회를 대표하고, 협의회의 업무를 총괄한다.

② 의장이 부득이한 사유로 직무를 수행할 수 없을 때에는 의장이 미리 지명한 위원이 그 직무를 대행한다.

③ 협의회의 정기회의는 연 1회 개최하며, 임시회의는 의장이 필요하다고 인정하거나 위원의 3분의 1 이상이 소집을 요구할 때 개최한다.

④ 의장은 회의를 개최하려는 경우에는 회의 소집일 7일 전까지 회의의 일시, 장소 및 안건을 각 위원에게 통보하여야 한다. 다만, 긴급히 개최하여야 하거나 부득이한 사유가 있는 경우에는 회의 개최 전날까지 통보할 수 있다.

⑤ 협의회의 회의는 재적위원 과반수의 출석으로 개의(開議)하고, 출석위원 과반수의 찬성으로 의결한다.

⑥ 의장은 효율적인 협의를 위하여 필요한 경우에는 해당 안건과 관련이 있는 사람 또는 전문가를 회의에 출석시켜 발언하게 할 수 있다.

[본조신설 2017. 5. 29.]

[제34조의6에서 이동 〈2019. 6. 4.〉]

제34조의11(실무협의회 및 분과위원회)

① 협의회의 업무를 효율적으로 수행하기 위하여 필요하면 협의회에 실무협의회와 분과위원회를 둘 수 있다.

② 실무협의회와 분과위원회의 구성과 운영에 필요한 사항은 식품의약품안전처장이 정한다.

[본조신설 2017. 5. 29.]

[제34조의7에서 이동 〈2019. 6. 4.〉]

제34조의12(간사)

① 협의회 및 실무협의회에 협의회 및 실무협의회의 사무를 처리할 간사를 각 1명씩 둔다.

② 간사는 식품의약품안전처 소속 공무원 중에서 식품의약품안전처장이 지명한다.

[본조신설 2017. 5. 29.]

[제34조의8에서 이동 〈2019. 6. 4.〉]

제34조의13(수당 등)

협의회, 실무협의회 및 분과위원회에 출석한 관계 전문가에 대하여 예산의 범위에서 수당, 여비, 그 밖에 필요한 경비를 지급할 수 있다.

[본조신설 2017. 5. 29.]

[제34조의9에서 이동 〈2019. 6. 4.〉]

제35조(권한ㆍ업무의 위임ㆍ위탁)

① 법 제84조제2항에 따라 식품의약품안전처장은 다음 각 호의 권한을 지방식품의약품안전청장에게 위임한다.　　　　　　　〈개정 2013. 3. 23., 2015. 9. 22., 2018. 4. 24., 2019. 6. 4.〉

1. 법 제31조제2항ㆍ제9항, 제31조의5제3항(법 제42조제5항에서 준용하는 경우를 포함한다) 및 제42조제1항에 따른 의약품(의약품 동등성의 입증이 필요한 품목만 해당한다) 제조판매품목 허가ㆍ변경허가ㆍ갱신허가, 수입 품목별 허가ㆍ변경허가ㆍ갱신허가 및 수입업 신고ㆍ변경신고의 수리

2. 법 제31조제2항ㆍ제9항, 제31조의5제3항(법 제42조제5항에서 준용하는 경우를 포함한다) 및 제42조제1항에 따른 의약품(식품의약품안전처장이 정하여 고시하는 원료의약품은 제외한다) 제조판매품목 신고ㆍ변경신고ㆍ갱신신고의 수리 및 수입 품목별 신고ㆍ변경신고ㆍ갱신신고의 수리

3. 법 제42조제5항에 따라 준용되는 법 제36조제3항 및 제40조에 따른 수입자의 수입관리자 신고 및 폐업 등 신고의 수리

3의2. 법 제81조의2에 따른 의약품 제조업자, 품목허가를 받은 자 또는 수입자에 대한 과징금의 부과ㆍ징수 및 체납처분

4. 법 제98조제1항제4호의3에 따른 과태료의 부과ㆍ징수

② 삭제 〈2013. 3. 23.〉

③ 법 제16조제2항에 따라 보건복지부장관은 약사회나 한약사회에 다음 각 호의 업무를 위탁한다.　　　　　　　　〈개정 2008. 2. 29., 2010. 3. 15., 2011. 12. 30., 2021. 4. 6.〉

1. 법 제7조제1항에 따른 약사 또는 한약사 취업실태 신고의 수리에 관한 업무

2. 법 제15조에 따른 약사나 한약사의 연수교육에 관한 업무

3. 법 제16조제2항에 따른 약사나 한약사 윤리의 심사에 관한 업무

4. 법 제56조제2항에 따른 약국의 판매가격 표시를 조사ㆍ확인하기 위한 업무

[제목개정 2021. 4. 6.]

제36조(동물용 의약품등에 대한 특례)

법 제85조에 따른 동물용 의약품 등에 대하여 제33조, 제34조, 제38조의2 및 제39조를 적용할 때에는 같은 조 중 "보건복지부장관" 또는 "식품의약품안전처장"은 "농림축산식품부장관 또는 해양수산부장관"으로, "총리령" 또는 "보건복지부령"은 "농림축산식품부령 또는 해양수산부령"으로 본다. 〈개정 2008. 2. 29., 2010. 3. 15., 2013. 3. 23., 2017. 11. 28.〉

제36조의2(의약품 부작용 피해의 조사ㆍ감정을 위한 현장조사서류)

법 제86조의6제3항 후단에서 "조사기간, 조사범위, 조사담당자, 관계 법령 등 대통령령으로 정하는 사항"이란 제32조의10 각 호에 따른 사항을 말한다.

[본조신설 2016. 12. 13.]

제37조(포상금의 지급절차)

① 법 제90조에 따라 관련 법령 위반사실의 신고 또는 고발을 받은 감독기관 또는 수사기관은 그 사건의 개요를 관할 시장ㆍ군수ㆍ구청장에게 알려주어야 한다.

② 제1항에 따른 통지를 받은 시장ㆍ군수ㆍ구청장은 그 사건에 관한 법원의 확정판결이 있거나 과태료 부과 처분이 확정되면 예산의 범위에서 포상금을 지급할 수 있다. 〈개정 2021. 10. 19.〉

③ 제2항에 따른 포상금은 그 사건으로 선고된 벌금액(징역형의 선고를 받은 경우에는 해당 적용벌칙의 벌금상한액) 또는 부과된 과태료 금액의 100분의 10 이내로 한다.

〈개정 2021. 10. 19.〉

제37조의2(백신안전기술지원센터 운영 등)

① 법 제90조의2에 따른 백신안전기술지원센터(이하 "백신센터"라 한다)의 장(이하 "센터장"이라 한다)은 정관에서 정하는 바에 따라 식품의약품안전처장이 임명한다.

② 센터장은 매 회계연도 시작 전까지 다음 연도의 사업계획서와 수입ㆍ지출예산서를 이사회의 의결을 거쳐 식품의약품안전처장에게 제출해야 한다. 이를 변경하려는 경우에도 같다.

③ 센터장은 법 제90조의3제1항에 따른 사업 수행을 위하여 필요한 경우에는 관계 중앙행정기관, 관련 민간기관·단체 또는 연구소 등에 소속 공무원 또는 임직원·연구원의 파견을 요청할 수 있다.

④ 제1항부터 제3항까지에서 규정한 사항 외에 백신센터의 운영 등에 관하여 필요한 세부 사항은 정관으로 정한다.

[본조신설 2021. 10. 19.]

제37조의3(백신센터의 업무)

법 제90조의3제1항제6호에서 "대통령령으로 정하는 업무"란 다음 각 호의 업무를 말한다.

1. 백신 세포주의 구축·유지 및 분양 관리 업무

2. 법 제34조의2제2항에 따른 임상시험검체분석기관의 분석능력 개선을 위한 지원 업무

3. 그 밖에 백신센터의 설립목적을 달성하기 위하여 식품의약품안전처장이 필요하다고 인정하는 업무

[본조신설 2021. 10. 19.]

제38조(한국희귀·필수의약품센터의 운영 등)

① 법 제91조에 따른 한국희귀·필수의약품센터(이하 "센터"라 한다)의 장은 매 사업연도 4월 30일까지 다음 연도의 사업계획서와 수지예산서를 식품의약품안전처장에게 제출하여야 한다. 〈개정 2013. 3. 23., 2017. 5. 29.〉

② 제1항에 따른 사업계획서 및 수지예산서의 중요한 내용을 변경하려면 변경할 내용 및 사유를 적은 서류를 식품의약품안전처장에게 제출하여야 한다. 〈개정 2013. 3. 23.〉

③ 식품의약품안전처장은 제1항에 따라 다음 연도의 사업계획서와 수지예산서를 제출받은 경우에 필요하면 센터의 장에게 다음 각 호의 사항에 관한 자료를 요청할 수 있다. 〈개정 2013. 3. 23.〉

1. 법 제92조제1항 각 호의 사업에 관한 사항

2. 법 제92조제2항에 따라 지원된 재정의 사용 내용에 관한 사항

[제목개정 2017. 5. 29.]

제38조의2(민감정보 및 고유식별정보의 처리)

보건복지부장관(제35조에 따라 보건복지부장관의 업무를 위탁받은 자를 포함한다), 식품의약품안전처장(같은 조에 따라 식품의약품안전처장의 권한을 위임받은 자를 포함한다), 지방식품의

약품안전청장, 시·도지사 또는 시장·군수·구청장(해당 권한이 위임·위탁된 경우에는 그 권한을 위임·위탁받은 자를 포함한다)

또는 국가시험등 관리기관은 다음 각 호의 사무를 수행하기 위하여 불가피한 경우 「개인정보 보호법」 제23조에 따른 건강에 관한 정보, 같은 법 시행령 제18조제2호에 따른 범죄경력자료에 해당하는 정보, 같은 영 제19조제1호 또는 제4호에 따른 주민등록번호 또는 외국인등록번호가 포함된 자료를 처리할 수 있다. 〈개정 2012. 10. 22., 2013. 3. 23., 2015. 9. 22., 2017. 5. 29., 2017. 11. 28., 2020. 1. 29., 2020. 3. 3., 2020. 9. 22., 2021. 4. 6.〉

1. 법 제6조에 따른 약사면허 및 한약사면허의 등록과 면허증 교부 및 재교부에 관한 사무

2. 법 제7조제1항에 따른 약사 또는 한약사의 취업실태 신고에 관한 사무

3. 법 제8조에 따른 약사·한약사국가시험 및 약사예비시험의 관리에 관한 사무

4. 법 제9조에 따른 약사·한약사국가시험 및 약사예비시험 응시자격의 확인에 관한 사무

5. 법 제20조에 따른 약국의 개설등록 및 변경등록에 관한 사무

6. 법 제22조에 따른 약국의 폐업·휴업·재개업 신고에 관한 사무

7. 법 제31조에 따른 의약품 제조업허가, 의약품 위탁제조판매업 신고 및 의약외품 제조업신고와 그 변경허가 및 변경신고에 관한 사무

8. 법 제35조에 따른 의약품의 조건부 제조업허가에 관한 사무

8의2. 법 제36조에 따른 의약품등의 제조관리자(법 제42조제5항에 따라 준용되는 수입관리자를 포함한다) 신고에 관한 사무

9. 법 제39조에 따른 의약품등의 회수에 관한 사무

10. 법 제40조에 따른 폐업·휴업·재개업 또는 제조관리자 변경 신고에 관한 사무(법 제42조제5항에 따라 수입자에 대해 준용되는 사무를 포함한다)

11. 법 제41조에 따른 약국제제 및 조제실제제의 제조 신고에 관한 사무

11의2. 법 제42조제1항에 따른 의약품등의 수입업 신고 및 그 변경신고에 관한 사무

11의3. 법 제44조의2에 따른 안전상비의약품 판매자 등록 및 변경등록에 관한 사무

12. 법 제45조에 따른 한약업사 및 의약품도매상의 허가 등에 관한 사무

13. 법 제69조에 따른 지시에 관한 사무

14. 법 제70조부터 제76조까지 및 제76조의3에 따른 행정처분에 관한 사무(법 제42조제5항에 따라 수입자에 대해 준용되는 법 제75조의 사무를 포함한다)

15. 법 제77조에 따른 청문에 관한 사무

16. 법 제78조에 따른 약사감시원의 임명에 관한 사무

17. 법 제79조에 따른 약사 및 한약사 면허 취소 및 자격정지에 관한 사무

18. 법 제80조에 따른 면허증 · 허가증 · 등록증 등의 갱신에 관한 사무

19. 법 제81조에 따른 과징금의 부과 · 징수에 관한 사무

20. 법 제89조에 따른 제조업자등의 지위 승계에 관한 사무

21. 법 제90조에 따른 포상금 지급에 관한 사무

22. 법률 제8365호 약사법 전부개정법률 부칙 제5조에 따른 약업사의 자격증 발급에 관한 사무

[본조신설 2012. 1. 6.]

제38조의3(규제의 재검토)

보건복지부장관은 제31조의2에 따른 한약업사 및 의약품 도매상 등의 시설기준에 대하여 2014년 1월 1일을 기준으로 3년마다(매 3년이 되는 해의 1월 1일 전까지를 말한다)

그 타당성을 검토하여 개선 등의 조치를 해야 한다.

[전문개정 2020. 3. 3.]

제39조(과태료의 부과 · 징수)

① 법 제97조의2제1항에 따른 과태료의 부과기준은 별표 2의3과 같다.

〈신설 2015. 3. 13., 2019. 6. 4.〉

② 법 제98조제1항에 따른 과태료의 부과기준은 별표 3과 같다. 〈개정 2015. 3. 13.〉

③ 삭제 〈2016. 12. 13.〉

[전문개정 2008. 10. 14.]

부칙 〈제32088호, 2021. 10. 19.〉

이 영은 2022년 1월 21일부터 시행한다. 다만, 다음 각 호의 개정규정은 각 호의 구분에 따른 날부터 시행한다.

1. 제1조의2, 제2조, 제34조의9의 개정규정: 공포일

2. 제37조의2 및 제37조의3의 개정규정: 2021년 10월 21일

3. 별표 3 제2호머목의 개정규정: 2022년 7월 21일

4. 별표 3 제2호서목의 개정규정: 2024년 7월 21일

약사법
시행규칙

[시행 2022. 8. 30.]
[보건복지부령 제904호, 2022. 8. 30., 일부개정]

제1조(목적)

이 영은 「약사법」에서 위임된 사항과 그 시행에 필요한 사항을 규정함을 목적으로 한다.

제1조의2(약의 날 행사 등)

① 국가와 지방자치단체는 「약사법」(이하 "법"이라 한다) 제2조의2제2항에 따른 약의 날 기념행사를 주간이나 월간으로 정하여 실시할 수 있다.

② 국가와 지방자치단체는 법 제2조의2제2항에 따른 약의 날 기념행사를 실시할 경우 의약품 안전 및 제약산업 발전 등에 이바지한 공이 매우 큰 개인이나 단체를 약의 날 유공자로 선정하여 포상할 수 있다.

[본조신설 2021. 10. 19.]

제2조(약사·한약사국가시험 및 약사예비시험의 실시)

① 법 제8조제2항에 따라 보건복지부장관은 약사·한약사국가시험 및 약사예비시험(이하 "국가시험등"이라 한다)을 「한국보건의료인국가시험원법」에 따른 한국보건의료인국가시험원(이하 "국가시험등 관리기관"이라 한다)으로 하여금 관리하게 한다.

〈개정 2015. 12. 22., 2020. 1. 29., 2021. 10. 19.〉

② 국가시험등 관리기관의 장은 국가시험등을 실시하려면 미리 보건복지부장관의 승인을 받아 시험일시·시험장소·시험과목 및 응시원서 제출기간, 그 밖에 시험에 필요한 사항을 시험 90일 전까지 공고해야 한다. 다만, 시험장소는 지역별 응시인원이 확정된 후 시험 30일 전까지 공고할 수 있다.

〈개정 2008. 2. 29., 2010. 3. 15., 2012. 5. 1., 2020. 1. 29.〉

[제목개정 2020. 1. 29.]

제3조(국가시험등의 응시 등)

① 국가시험등에 응시하려는 사람은 국가시험등 관리기관의 장이 정하는 응시원서를 국가시험등 관리기관의 장에게 제출해야 한다.

〈개정 2020. 1. 29.〉

② 삭제 〈2020. 1. 29.〉

③ 제1항에 따라 응시원서를 제출하는 사람은 국가시험 관리기관의 장이 보건복지부장관의 승인을 받아 결정한 수수료를 현금으로 내야 한다. 이 경우 수수료의 금액 및 납부방법 등은 제2조에 따라 국가시험등 관리기관의 장이 공고한다.

〈개정 2008. 2. 29., 2010. 3. 15., 2011. 12. 30., 2020. 1. 29.〉

④ 국가시험등 관리기관의 장은 정보통신망을 이용하여 전자화폐·전자결제 등의 방법으로 제

3항에 따른 수수료를 내게 할 수 있다.　　　　　　　〈개정 2011. 12. 30., 2020. 1. 29.〉

[제목개정 2020. 1. 29.]

제4조(시험과목)

① 약사국가시험은 다음 각 호의 과목에 대하여 필기시험으로 실시하며, 과목별 세부내용은 보건복지부령으로 정한다.

1. 생명약학

2. 산업약학

3. 임상ㆍ실무약학

4. 보건ㆍ의약 관계 법규

② 한약사국가시험은 다음 각 호의 과목에 대하여 필기시험으로 실시하며, 과목별 세부내용은 보건복지부령으로 정한다.

1. 한약학 기초

2. 한약학 응용

3. 보건ㆍ의약 관계 법규

③ 약사예비시험은 다음 각 호의 과목에 대하여 필기시험으로 실시하고, 과목별 세부내용은 보건복지부령으로 정한다.　　　　　　　　　　　　　　　〈신설 2020. 1. 29.〉

1. 약학 기초

2. 한국어

[전문개정 2013. 9. 26.]

제5조(시험의 합격 결정)

① 약사ㆍ한약사국가시험 합격자는 각 과목 만점의 40퍼센트 이상, 전 과목 총점의 60퍼센트 이상 득점한 사람으로 한다.

② 약사예비시험 합격자는 약학 기초 과목 만점의 60퍼센트 이상 득점하고 보건복지부령으로 정하는 한국어 과목에 관한 요건을 갖춘 사람으로 한다.

③ 약사예비시험 합격자는 다음 회의 약사국가시험부터 약사예비시험을 면제한다.

[전문개정 2020. 1. 29.]

제6조(합격자의 발표)

국가시험등 관리기관의 장은 제2조와 제5조에 따라 국가시험등을 시행하고 그 합격자를 결정

하면 지체 없이 발표해야 한다. 〈개정 2020. 1. 29.〉

제7조(시험위원)

국가시험등 관리기관의 장은 국가시험등의 출제 및 채점을 위하여 약학 또는 관련 법령에 관한 학식과 경험이 풍부한 사람 중에서 시험위원을 위촉한다. 〈개정 2020. 1. 29.〉

제8조(관계기관 등에 대한 협조 요청)

국가시험등 관리기관의 장은 국가시험등 관리업무를 원활하게 수행하기 위하여 필요하면 국가·지방자치단체 또는 관계 기관·단체에 시험장소 및 시험감독 지원 등 협조를 요청할 수 있다.

〈개정 2020. 1. 29.〉

제8조의2(윤리위원회의 구성)

① 법 제11조제5항 및 제12조제5항에 따라 대한약사회(이하 "약사회"라 한다)와 대한한약사회(이하 "한약사회"라 한다)에 두는 윤리위원회(이하 "윤리위원회"라 한다)는 위원장 1명을 포함한 11명의 위원으로 구성한다.

② 위원장은 위원 중에서 약사회 또는 한약사회(이하 이 조부터 제8조의4까지의 규정에서 "각 협회"라 한다)의 장이 위촉한다.

③ 위원은 다음 각 호의 사람 중에서 각 협회의 장이 위촉하되, 제2호에 해당하는 사람이 4명 이상 포함되어야 한다.

1. 각 협회 소속 회원으로서 약사 경력이 10년 이상 또는 한약사 경력이 5년 이상인 사람

2. 약사 또는 한약사가 아닌 사람으로서 법률, 보건, 언론, 소비자 권익 등에 관하여 경험과 학식이 풍부한 사람

④ 위원의 임기는 3년으로 하며, 한 번만 연임할 수 있다.

[본조신설 2012. 6. 7.]

제8조의3(윤리위원회의 운영)

① 윤리위원회는 다음 각 호의 사항을 심의·의결한다. 〈개정 2018. 4. 24.〉

1. 법 제79조의2제1항 각 호에 따른 면허 취소 및 자격 정지의 처분 요구에 관한 사항

2. 각 협회 소속 회원에 대한 자격심사 및 징계에 관한 사항

3. 그 밖에 회원의 윤리 확립을 위하여 필요한 사항으로서 각 협회의 정관으로 정하는 사항

② 윤리위원회의 회의는 위원장이 필요하다고 인정하는 경우나 각 협회의 장 또는 재적위원 3

분의 1 이상이 요청하는 경우에 위원장이 소집한다.

③ 위원장은 회의를 소집하려면 회의 개최 7일 전까지 회의의 일시, 장소 및 안건을 각 위원에게 통보하여야 한다. 다만, 긴급히 개최하여야 하거나 부득이한 사유가 있는 경우에는 회의 개최 전날까지 통보할 수 있다.

④ 윤리위원회의 회의는 재적위원 3분의 2 이상의 출석으로 개의(開議)하고, 출석위원 3분의 2 이상의 찬성으로 의결한다. 다만, 제1항제2호 및 제3호의 사항에 관한 정족수는 각 협회의 정관으로 달리 정할 수 있다.

⑤ 윤리위원회의 위원장은 제1항제1호 및 제2호의 사항에 관하여 심의·의결하려는 경우에는 해당 안건의 당사자에게 구술 또는 서면(전자문서를 포함한다)으로 의견을 진술할 기회를 주어야 한다.

⑥ 제1항부터 제5항까지에서 규정한 사항 외에 윤리위원회의 운영에 필요한 사항은 각 협회의 정관으로 정한다.

[본조신설 2012. 6. 7.]

제8조의4(윤리위원회 위원의 제척 등)

① 윤리위원회의 위원은 다음 각 호의 어느 하나에 해당하는 경우 윤리위원회 심의·의결에서 제척된다.

　　1. 위원이 윤리위원회의 심의·의결 안건(이하 이 조에서 "해당 안건"이라 한다)의 당사자인 경우

　　2. 위원이 해당 안건의 당사자와 친족이거나 친족이었던 경우

　　3. 위원이 해당 안건의 당사자가 최근 3년 이내에 소속되어 있었던 기관에 종사하거나 종사하였던 경우

② 해당 안건의 당사자는 위원에게 제1항의 제척사유가 있거나 그 밖에 심의·의결의 공정을 기대하기 어려운 사정이 있는 경우에는 그 사유를 밝혀 서면으로 윤리위원회에 기피신청을 할 수 있다.

③ 윤리위원회는 제2항에 따른 기피신청을 받은 경우 재적위원 과반수의 출석과 출석위원 과반수의 찬성으로 기피 여부를 의결한다. 이 경우 기피신청을 당한 위원은 그 의결에 참여하지 못한다.

④ 윤리위원회의 위원은 제1항 또는 제2항의 사유에 해당하는 경우 스스로 심의·의결에서 회피할 수 있다.

[본조신설 2012. 6. 7.]

제9조(약사회 및 한약사회의 설립인가)

약사회 또는 한약사회가 법 제13조제1항에 따라 설립인가를 받으려면 다음 각 호의 서류를 갖추어 보건복지부장관에게 제출하여야 한다. 〈개정 2008. 2. 29., 2010. 3. 15., 2012. 6. 7.〉

1. 정관
2. 자산명세서
3. 사업계획서 및 수지예산서
4. 설립결의서
5. 설립대표자의 선출경위에 관한 서류
6. 임원의 취임승낙서와 이력서

제10조(정관 기재사항)

약사회나 한약사회 정관에 포함되어야 할 사항은 다음 각 호와 같다. 〈개정 2012. 6. 7.〉

1. 목적
2. 명칭
3. 주된 사무소
4. 자산과 회계에 관한 사항
5. 임원의 선임에 관한 사항
6. 회원의 자격과 징계에 관한 사항
7. 정관 변경에 관한 사항
8. 공고방법에 관한 사항
9. 윤리위원회의 운영 등에 관한 사항

제11조(정관 변경의 인가신청)

법 제13조제3항에 따라 약사회나 한약사회가 정관 변경의 인가를 받으려면 다음 각 호의 서류를 제출하여야 한다.

1. 정관 변경의 내용 및 그 사유
2. 정관 변경에 관한 회의록
3. 신·구정관대비표, 그 밖의 참고서류

제12조(지부의 설치)

약사회나 한약사회는 그 설립등기를 마친 날부터 3주일 안에 법 제14조에 따라 특별시·광역시·도·특별자치도에 지부를 설치하여야 한다.

제13조(중앙약사심의위원회의 기능)

법 제18조제1항에 따른 중앙약사심의위원회(이하 제14조의2, 제14조의3, 제15조부터 제20조까지, 제20조의2, 제21조 및 제22조에서 "심의위원회"라 한다)는 다음 각 호의 사항을 심의한다.

〈개정 2008. 2. 29., 2010. 3. 15., 2011. 12. 30., 2013. 3. 23., 2014. 9. 11., 2019. 6. 4., 2019. 7. 16.〉

1. 법 제51조에 따른 대한민국약전의 제정과 개정에 관한 사항

2. 법 제52조에 따른 의약품 및 의약외품(이하 "의약품등"이라 한다)의 기준에 관한 사항

3. 의약품등의 안전성·유효성에 대한 조사·연구 및 평가에 관한 사항

4. 의약품 부작용 피해 구제에 관한 사항

5. 일반의약품과 전문의약품의 분류에 관한 사항

6. 그 밖에 보건복지부장관·식품의약품안전처장이 심의에 부치는 사항

제14조삭제 〈2019. 6. 4.〉

제14조의2(심의위원회 위원의 해촉)

식품의약품안전처장은 법 제18조제4항에 따라 위촉된 심의위원회의 위원이 다음 각 호의 어느 하나에 해당하는 경우에는 해당 위원을 해촉(解囑)할 수 있다.　　　〈개정 2017. 5. 29., 2019. 6. 4.〉

1. 심신장애로 인하여 직무를 수행할 수 없게 된 경우

2. 직무와 관련된 비위사실이 있는 경우

3. 직무태만, 품위손상이나 그 밖의 사유로 인하여 위원으로 적합하지 아니하다고 인정되는 경우

4. 위원 스스로 직무를 수행하는 것이 곤란하다고 의사를 밝히는 경우

5. 제14조의3제1항 각 호의 어느 하나에 해당하는 데에도 불구하고 회피하지 아니한 경우

[본조신설 2015. 12. 31.]

제14조의3(심의위원회 위원의 제척·기피·회피)

① 심의위원회의 위원이 다음 각 호의 어느 하나에 해당하는 경우에는 심의위원회의 심의·의결에서 제척(除斥)된다.　　　〈개정 2020. 3. 3., 2021. 10. 19.〉

1. 위원 또는 그 배우자나 배우자이었던 사람이 해당 안건의 당사자(당사자가 법인·단체 등인 경우에는 그 임원 또는 직원을 포함한다. 이하 이 호 및 제2호에서 같다)이거나 그 안건

의 당사자와 공동권리자 또는 공동의무자인 경우

2. 위원이 해당 안건의 당사자와 친족이거나 친족이었던 경우

3. 위원이 해당 안건에 대하여 증언, 진술, 자문, 연구, 용역 또는 감정을 한 경우

4. 위원이나 위원이 속한 법인·단체 등이 해당 안건의 당사자의 대리인이거나 대리인이었던 경우

5. 위원이 해당 안건의 당사자인 법인·단체 등에 최근 3년 이내에 임원 또는 직원으로 재직한 경우

6. 그 밖에 위원이 해당 안건과 직접적인 이해 관계가 있는 등 심의위원회의 공정한 심의·의결을 저해할 중대한 사유가 있다고 심의위원회 위원장(이하 "위원장"이라 한다)이 인정하는 경우

② 당사자는 위원에게 공정한 심의·의결을 기대하기 어려운 사정이 있는 경우에는 심의위원회에 그 사실을 서면으로 소명하여 기피(忌避) 신청을 할 수 있다.

③ 심의위원회는 제2항에 따른 기피 신청이 있는 경우에는 의결로 이를 결정한다. 이 경우 기피 신청의 대상인 위원은 그 의결에 참여하지 못한다.

④ 위원이 제1항 각 호의 어느 하나에 해당하거나 본인에게 공정한 심의·의결을 기대하기 어려운 사정이 있다고 판단되는 경우에는 스스로 해당 안건의 심의·의결에서 회피(回避)하여야 한다.

[본조신설 2017. 5. 29.]

제15조(위원장 등의 직무)

① 위원장은 공동으로 심의위원회를 대표하고, 심의위원회 업무를 총괄한다. 〈개정 2021. 10. 19.〉

② 부위원장은 위원장을 보좌하며, 위원장이 모두 부득이한 사유로 직무를 수행할 수 없을 때에는 심의위원회가 미리 정한 부위원장이 직무를 대신 수행한다. 〈개정 2021. 10. 19.〉

제16조(회의의 소집)

① 위원장은 공동으로 심의위원회 회의를 소집하고, 교대로 그 회의의 의장이 된다.

〈개정 2021. 10. 19.〉

② 위원장은 보건복지부장관·식품의약품안전처장 또는 그 재적위원 과반수가 회의 소집을 요구하면 지체 없이 회의를 소집하여야 한다. 〈개정 2008. 2. 29., 2010. 3. 15., 2013. 3. 23.〉

제17조(분과위원회 등)

① 심의위원회에 분야별 심의를 위하여 다음 각 호의 구분에 따른 분과위원회(이하 "분과위원회"라 한다)를 둔다. 〈개정 2021. 10. 19.〉

1. 약사제도 분과위원회: 의약품 정책 및 분류 등에 관한 심의

2. 의약품등 기준·규격 분과위원회: 의약품등의 기준·규격 등에 관한 심의

3. 의약품등 안전성·유효성 분과위원회: 의약품등의 안전성·유효성 등에 관한 심의

4. 신약 분과위원회: 신약 및 임상시험 등에 관한 심의

5. 생물의약품 분과위원회: 생물의약품(사람이나 다른 생물체에서 유래된 것을 원료 또는 재료로 하여 제조한 의약품을 말한다)에 관한 심의

② 분과위원회 위원장은 분과위원회 위원 중에서 호선(互選)한다. 〈신설 2021. 10. 19.〉

③ 분과위원회 업무를 효율적으로 수행하기 위하여 전문 분야별로 소분과위원회(이하 "소분과위원회"라 한다)를 둘 수 있다. 〈신설 2021. 10. 19.〉

④ 제1항부터 제3항까지에서 규정한 사항 외에 분과위원회와 소분과위원회의 구성과 운영에 관한 사항은 보건복지부장관과 협의하여 식품의약품안전처장이 정한다. 〈개정 2008. 2. 29., 2010. 3. 15., 2013. 3. 23., 2021. 10. 19.〉

제18조(의사)

① 심의위원회의 회의는 재적위원 과반수의 출석으로 열리고, 출석위원 3분의 2 이상의 찬성으로 의결한다.

② 분과위원회나 소분과위원회가 심의한 사항은 다른 위원회에서 재심의하여야 할 필요가 있다고 위원장이 판단한 경우를 제외하고는 심의위원회가 의결한 것으로 본다.

제19조(보고)

위원장은 심의위원회에서 심의된 사항을 지체 없이 식품의약품안전처장에게 보고하여야 하며, 제13조제6호에 따라 보건복지부장관이 심의에 부치는 사항에 대해서는 보건복지부장관에게 지체 없이 알려야 한다. 〈개정 2008. 2. 29., 2010. 3. 15., 2013. 3. 23.〉

제20조(연구위원 등)

① 심의위원회에 10명 이내의 연구위원을 둔다.

② 연구위원은 위원장의 명을 받아 심의위원회의 심의사항을 미리 조사·연구한다.

③ 연구위원은 심의위원회의 회의에 출석하여 발언할 수 있다.

④ 연구위원을 보조하게 하기 위하여 심의위원회에 10명 이내의 연구원을 둔다.

⑤ 제1항과 제4항에 따른 연구위원과 연구원은 약사에 관한 학식과 경험이 풍부한 자 중에서 식품의약품안전처장이 임명한다. 〈개정 2008. 2. 29., 2010. 3. 15., 2013. 3. 23.〉

제20조의2삭제 〈2021. 10. 19.〉

제21조(간사와 서기)

① 심의위원회에 간사 1명과 서기 몇 명을 둔다.

② 간사와 서기는 식품의약품안전처 소속 공무원 중에서 식품의약품안전처장이 임명한다.

〈개정 2008. 2. 29., 2010. 3. 15., 2013. 3. 23.〉

③ 간사는 위원장의 명을 받아 심의위원회의 사무를 처리하고, 서기는 간사를 보조한다.

제22조(수당과 여비 등)

식품의약품안전처장은 예산의 범위에서 심의위원회·분과위원회 및 소분과위원회의 위원에게는 수당과 여비를, 연구위원과 연구원에게는 연구비와 여비를 각각 지급할 수 있다.

〈개정 2008. 2. 29., 2010. 3. 15., 2013. 3. 23.〉

제22조의2(약국의 시설 기준)

① 법 제20조제3항에 따라 약국에는 다음 각 호의 시설을 갖추어야 한다.

1. 조제실

2. 저온 보관 및 빛가림을 위한 시설

3. 수돗물이나 「먹는물관리법」 제5조에 따른 먹는물의 수질 기준에 맞는 지하수 등을 공급할 수 있는 시설

4. 조제에 필요한 기구

② 제1항에 따른 시설의 세부기준은 보건복지부장관이 식품의약품안전처장과 협의하여 보건복지부령으로 정한다.

[본조신설 2013. 3. 23.]

제23조(의사나 치과의사의 직접 조제 범위)

법 제23조제4항제14호에서 "대통령령으로 정하는 경우"란 다음 각 호의 경우를 말한다.

〈개정 2008. 6. 25., 2008. 10. 14., 2011. 12. 30., 2012. 4. 17., 2012. 6. 27., 2012. 12. 21., 2016. 12. 13., 2019.

12. 24., 2021. 4. 6.)

1. 「국군조직법」 제15조에 따른 국군의료시설의 의사나 치과의사가 그 업무 수행으로서 같은 법 제4조에 따른 군인인 환자에 대하여 조제하는 경우

2. 「경찰청과 그 소속기관 직제」 제31조에 따른 경찰병원 또는 「소방공무원 보건안전 및 복지 기본법 시행령」 제7조에 따른 중앙소방전문치료센터의 의사나 치과의사가 그 업무 수행으로서 경찰·소방공무원인 환자에 대하여 조제하는 경우

3. 「산업재해보상보험법」 제11조제2항에 따라 근로복지공단이 설치·운영하는 의료기관의 의사나 치과의사가 그 업무 수행으로서 같은 법 제5조제1호에 따른 업무상의 재해를 입은 자 중 진폐증 환자에 대하여 조제하는 경우

4. 「한국보훈복지의료공단법」 제7조에 따라 설치된 보훈병원의 의사나 치과의사가 그 업무 수행으로서 「국가유공자 등 예우 및 지원에 관한 법률」, 「보훈보상대상자 지원에 관한 법률」, 「고엽제후유의증 등 환자지원 및 단체설립에 관한 법률」 및 「5·18민주유공자예우 및 단체설립에 관한 법률」에 따라 진료비 전액을 국가가 부담하는 환자에 대하여 조제하는 경우

5. 「학교보건법」 제3조에 따른 보건실의 의사나 치과의사(「의료법」에 따라 해당 학교에 개설된 의료기관에 종사하는 경우는 제외한다)가 업무 수행으로서 해당 학교의 학생 및 교직원인 환자에 대하여 조제하는 경우

6. 「산업안전보건법」 제18조에 따른 보건관리자인 의사나 치과의사(「의료법」에 따라 해당 사업장에 개설된 의료기관에 종사하는 경우는 제외한다)가 사업장에서 업무 수행으로서 해당 사업장의 근로자인 환자에 대하여 조제하는 경우

7. 「의료법」 제27조제3항제2호에 따른 외국인환자에 대하여 조제하는 경우

제24조(유사담합행위)

① 법 제24조제2항제5호에서 "제1호부터 제4호까지의 규정에 해당하는 행위와 유사하여 담합의 소지가 있는 행위로서 대통령령으로 정하는 행위"란 다음 각 호의 행위를 말한다.

〈개정 2019. 7. 2.〉

1. 약국개설자와 의료기관 개설자 사이의 사전 약속에 따라 처방전에 의약품의 명칭 등을 기호나 암호로 적어 특정 약국에서만 조제할 수 있도록 하는 행위

2. 의료기관 개설자가 법 제25조에 따른 처방의약품 목록 외의 의약품을 처방하여 특정 약국에서만 조제할 수 있도록 하는 행위

3. 약국개설자와 의료기관 개설자 사이에 의약품 구매사무, 의약품 조제업무 또는 「국민건

강보험법」에 따른 요양급여비용 심사청구업무 등을 지원하거나 관리하는 행위

4. 의료기관 개설자가 처방전 소지자의 요구가 없음에도 불구하고 특정 약국에서 조제하도록 처방전을 팩스·컴퓨터통신 등을 이용하여 전송하는 행위

5. 의료기관 개설자가 사실상 그의 지휘·감독을 받는 약사로 하여금 약국을 개설하도록 하거나 약국을 개설한 약사를 지휘·감독하여 의료기관개설자가 그 약국을 사실상 운영하는 행위

② 보건복지부장관, 특별시장·광역시장·도지사·특별자치도지사(이하 "시·도지사"라 한다), 시장·군수·구청장(자치구의 구청장을 말한다. 이하 같다)은 법 제24조제2항에 따른 담합행위를 방지하기 위하여 다음 각 호의 어느 하나에 해당하는 경우에는 의료기관 개설자 또는 약국개설자에 대하여 보건복지부장관이 정하는 기준에 따라 관계공무원으로 하여금 법 제69조에 따른 검사를 하게 하여야 한다.　　　〈개정 2008. 2. 29., 2010. 3. 15., 2013. 3. 23.〉

1. 의료기관 개설자(의료기관개설자가 법인인 경우에는 그 법인의 임원을 포함한다)와 약국개설자가 배우자·부모·형제·자매·자녀 또는 그 배우자의 관계에 있는 경우로서 해당 약국이 해당 의료기관에서 발행한 처방전을 독점적으로 유치하고 있다고 판단되는 경우

2. 동일한 건물 안에 의료기관과 약국이 출입구를 함께 사용하도록 개설된 경우로서 해당 약국이 해당 의료기관에서 발행한 처방전을 독점적으로 유치하고 있다고 판단되는 경우

제24조의2(의약품 식별표시 등록 업무의 위탁)

① 법 제38조의2제3항에서 "대통령령으로 정하는 관련 전문기관"이란 「민법」 제32조에 따라 식품의약품안전처장의 허가를 받아 설립된 의약품 관련 법인 중 식품의약품안전처장이 지정하여 고시하는 법인을 말한다.

② 식품의약품안전처장은 법 제38조의2제3항에 따라 업무를 위탁하는 경우에는 수탁자 및 위탁하는 업무의 내용을 고시하여야 한다.

[본조신설 2015. 9. 22.]

제25조(한약업사 시험)

법 제45조제3항에 따른 한약업사의 시험은 한약 취급에 관한 필요한 지식과 그 실무상의 기능에 관하여 시·도지사가 수행한다.

제26조(응시 자격)

한약업사시험에 응시할 수 있는 사람은 고등학교 이상의 학교를 졸업한 사람 또는 교육부장관

이 이와 같은 수준 이상의 학력이 있다고 인정한 사람으로서 5년 이상 한의원이나 한약업소에서 한약취급업무에 종사한 경력이 있는 사람으로 한다.

[전문개정 2019. 7. 16.]

제27조(시험과목 및 배점비율 등)

한약업사의 시험은 필기시험과 실기시험으로 구분하되, 그 시험과목과 배점비율은 다음과 같다.

[전문개정 2019. 7. 2.]

제28조(시험공고)

시 · 도지사는 한약업사의 시험을 시행하려면 시험일시 · 시험장소 · 시험과목 · 응시원서 제출기간 및 영업허가 예정지역과 그 허가예정인원, 그 밖에 시험에 필요한 사항을 시험 30일 전에 공고하여야 한다.

제29조(응시원서)

① 한약업사의 시험에 응시하려는 자는 응시원서에 다음 각 호의 서류를 첨부하여 시 · 도지사에게 제출하여야 한다. 〈개정 2008. 10. 14.〉

1. 이력서
2. 제26조에 해당하는 학력과 실무에 종사한 경력을 증명하는 서류
3. 법 제5조제1호 본문에 해당하는 자가 아님을 증명하는 의사의 진단서 또는 법 제5조제1호 단서에 해당하는 자임을 증명하는 전문의의 진단서
4. 법 제5조제3호에 해당하는 자가 아님을 증명하는 의사의 진단서
5. 영업예정지 및 그 약도

② 제1항에 따라 응시원서를 제출하는 자는 보건복지부령으로 정하는 바에 따라 수수료를 내야 한다. 〈개정 2008. 2. 29., 2010. 3. 15.〉

제30조(합격자의 결정 등)

① 시 · 도지사는 한약업사의 시험을 시행한 후에는 제28조에 따라 공고한 영업허가 예정지역별로 허가예정인원 수의 범위에서 전과목 총점의 6할 이상 득점한 자를 합격자로 결정한다. 다만, 한약업사 허가예정지역별 허가예정인원을 초과하여 동점자가 2명 이상인 경우에는 필기 시험의 성적 순으로 합격자를 결정하고, 필기 시험의 성적도 동점인 경우에는 모두를 합

격자로 한다.

②시·도지사는 제1항에 따라 합격한 자에게 합격하였음을 통지하여야 한다.

제31조(시험위원)

① 시·도지사는 한약에 관한 학식과 경험이 풍부한 자와 약사 및 마약에 관한 법규에 관하여 지식이 풍부한 자 중에서 시험위원을 위촉한다.

② 제1항의 시험위원은 한 과목에 대하여 2명부터 5명까지의 인원으로 구성한다.

제31조의2(한약업사 및 의약품 도매상 등의 시설기준)

① 법 제45조제2항제1호에 따라 한약업사가 갖추어야 할 영업소의 세부기준은 보건복지부장관이 식품의약품안전처장과 협의하여 보건복지부령으로 정한다.

② 법 제45조제2항제2호에 따라 의약품 도매상은 보건복지부장관이 식품의약품안전처장과 협의하여 보건복지부령으로 정하는 영업소와 창고를 갖추어야 하며, 해당 시설의 운영 등을 위하여 보건복지부령으로 정하는 자산을 보유하여야 한다. 다만, 의료용 고압가스 도매상의 경우에는 「고압가스 안전관리법」 제4조제4항에 따른 고압가스 판매 시설기준에 따르고, 방사성의약품 도매상의 경우에는 「원자력안전법」 제55조제1항에 따른 방사성동위원소 판매업의 시설 기준에 따른다.

③ 제2항 본문에도 불구하고 의약품 도매상이 보건복지부령으로 정하는 요건을 갖춘 다른 의약품 도매상에 의약품의 보관·배송 등 유통관리 업무를 위탁하는 경우에는 창고를 갖추지 아니할 수 있다.

④ 법률 제8365호 약사법 전부개정법률 부칙 제5조에 따른 약업사(藥業士) 및 매약상(賣藥商)이 영업을 하려는 경우에는 보건복지부장관이 식품의약품안전처장과 협의하여 보건복지부령으로 정하는 영업소를 갖추어야 한다.

[본조신설 2013. 3. 23.]

제32조(의약품 품목허가를 받은 자 등의 의약품 소매·판매 사유)

법 제47조제1항제2호에서 "공익 목적을 위한 경우 등 대통령령으로 정하는 사유"란 별표 1의2에 해당하는 사유를 말한다.

[전문개정 2016. 3. 22.]

제32조의2(의약품관리종합정보센터의 지정)

보건복지부장관은 법 제47조의3제1항에 따라 「국민건강보험법」 제62조에 따른 건강보험심사평가원을 의약품 유통정보관리기관(이하 "의약품관리종합정보센터"라 한다)으로 지정한다.

〈개정 2010. 3. 15., 2012. 8. 31., 2017. 5. 29.〉

[본조신설 2008. 10. 14.]

[종전 제32조의2는 제32조의5로 이동 〈2008. 10. 14.〉]

제32조의3(의약품관리종합정보센터의 운영 등)

① 의약품관리종합정보센터는 다음 각 호의 업무를 수행한다.

〈개정 2010. 3. 15., 2016. 3. 22., 2017. 5. 29.〉

1. 의약품유통정보의 수집 · 조사 · 가공 · 이용 및 제공
2. 의약품 유통정보화를 위한 기본계획의 수립 및 시행
3. 의약품유통정보 데이터베이스의 구축 및 운영
4. 의약품 표준코드[의약품을 식별하기 위하여 각 의약품에 부여된 고유번호로서 국가 식별코드, 의약품 품목허가를 받은 자(법 제31조제2항 또는 제3항에 따라 제조판매품목허가를 받거나 제조판매품목신고를 한 자를 말한다. 이하 같다) 또는 법 제42조제1항 전단에 따라 수입업 신고를 한 지(이하 "수입자"라 한다)의 식별코드, 품복코드 및 검증번호를 포함하는 13자리 숫자를 말한다]의 공고 등 보건복지부장관이 정하는 의약품 바코드 또는 전자태그(RFID tag)의 관리
5. 의약품유통정보의 표준화에 관한 연구 · 교육 및 홍보
6. 법 제47조의3제2항에 따른 의약품 공급 내역 등의 제출에 필요한 프로그램의 개발 · 보급 등 의약품 유통정보화의 지원
7. 그 밖에 의약품유통정보와 관련하여 보건복지부장관이 필요하다고 인정하는 사항

② 의약품관리종합정보센터의 장은 제1항의 업무에 관한 해당 회계연도의 사업계획 · 사업실적과 예산 · 결산을 다음 각 호의 구분에 따른 기한까지 보건복지부장관에게 보고하여야 한다.

〈개정 2010. 3. 15.〉

1. 해당 회계연도의 사업계획 및 예산: 해당 회계연도 개시 전까지
2. 해당 회계연도의 사업실적 및 결산: 다음 회계연도 2월 말일까지

③ 의약품관리종합정보센터의 장은 제1항제4호에 따른 의약품 바코드 또는 전자태그의 관리를 위하여 필요한 경우 의약품 품목허가를 받은 자 또는 수입자에게 보건복지부장관이 정하여 고시하는 바에 따라 제조판매 또는 수입하려는 의약품의 제품정보에 관한 보고서를 제출하

게 할 수 있다. 〈개정 2010. 3. 15.〉

[본조신설 2008. 10. 14.]

제32조의4(의약품유통정보 제공에 대한 수수료)

① 의약품관리종합정보센터는 의약품 품목허가를 받은 자, 수입자, 의약품 도매상 등의 신청에 따라 의약품유통정보를 가공하여 제공하는 경우(「공공기관의 정보공개에 관한 법률」 제2조제2호에 따른 공개에 해당하는 경우는 제외한다)에는 해당 신청인에게 수수료를 받을 수 있다. 다만, 다음 각 호의 어느 하나에 해당하는 경우에는 수수료를 감면할 수 있다.

〈개정 2010. 3. 15.〉

1. 국가기관 또는 지방자치단체가 법령에 따른 업무 수행과 관련하여 의약품유통정보의 제공을 신청하는 경우
2. 학술·연구의 목적 또는 행정감시를 위하여 비영리법인 또는 비영리의 학술·공익단체가 의약품유통정보의 제공을 신청하는 경우
3. 신청인이 같은 연도에 같은 기준에 따라 가공된 같은 의약품유통정보의 제공을 신청하는 경우
4. 그 밖에 보건복지부장관이 공공복리 등을 위하여 수수료 감면이 필요하다고 인정하는 경우

② 제1항에 따른 수수료는 의약품유통정보의 가공 및 제공에 드는 비용, 의약품 유통정보관리에 필요한 프로그램의 개발 비용 등을 고려하여 실비의 범위에서 정하여야 한다.

③ 제1항에 따른 수수료는 의약품관리종합정보센터가 지정하는 금융기관 또는 체신관서에 현금(정보통신망을 이용한 전자화폐 및 전자결제 등의 방법에 따른 지급을 포함한다)으로 납부하여야 한다.

④ 제1항에 따른 의약품유통정보의 신청 방법 및 수수료의 감면 대상과 감면 비율, 제2항에 따른 수수료의 구체적인 산정 방법 등에 관하여 필요한 사항은 보건복지부장관이 정하여 고시한다. 〈개정 2010. 3. 15.〉

[본조신설 2008. 10. 14.]

제32조의5(품목허가 등 신청사실 통지의 예외사유)

법 제50조의4제1항제4호(법 제42조제5항에서 준용하는 경우를 포함한다)에서 "대통령령으로 정하는 경우"란 법 제50조의2제4항제1호라목에 따른 의약적 용도에 관한 등재특허권이 법 제31조제2항·제3항·제9항 또는 법 제42조제1항에 따라 제조판매 또는 수입의 품목허가나 변경허가를

신청한 의약품의 효능·효과와 관련된 것이 아닌 경우를 말한다. 〈개정 2015. 9. 22.〉

[본조신설 2015. 3. 13.]

[종전 제32조의5는 제32조의6으로 이동 〈2015. 3. 13.〉]

제32조의6(광고심의 업무의 위탁)

식품의약품안전처장은 법 제68조의2제2항에 따라 의약품 광고심의에 관한 업무를 법 제67조에 따라 설립된 사단법인 중 식품의약품안전처장이 지정·고시하는 사단법인에 위탁한다.

〈개정 2013. 3. 23.〉

[본조신설 2008. 4. 10.]

[제32조의5에서 이동, 종전 제32조의6은 제32조의7로 이동 〈2015. 3. 13.〉]

제32조의7(한국의약품안전관리원의 조직 및 운영)

① 법 제68조의3에 따른 한국의약품안전관리원(이하 "의약품안전관리원"이라 한다)에 임원으로 원장을 포함한 이사와 감사를 둔다.

② 의약품안전관리원의 원장은 정관에서 정하는 바에 따라 식품의약품안전처장이 임명한다.

〈개정 2013. 3. 23.〉

③ 의약품안전관리원의 업무에 관한 중요한 사항을 심의·의결하기 위하여 의약품안전관리원에 이사회를 둔다.

④ 제1항부터 제3항까지에서 규정한 사항 외에 의약품안전관리원의 조직 및 운영에 관하여 필요한 사항은 정관으로 정한다.

[본조신설 2011. 12. 30.]

[제32조의6에서 이동, 종전 제32조의7은 제32조의8로 이동 〈2015. 3. 13.〉]

제32조의8(수익사업)

법 제68조의4 각 호 외의 부분에서 "대통령령으로 정하는 수익사업"이란 다음 각 호의 사업을 말한다. 〈개정 2013. 3. 23.〉

1. 의약품안전정보 관련 업무 담당자의 교육·훈련

2. 의약품안전정보 관련 간행물 등의 제작·판매

3. 그 밖에 의약품안전관리원의 설립목적을 달성하기 위한 사업으로서 식품의약품안전처장의 승인을 받은 사업

[본조신설 2011. 12. 30.]

[제32조의7에서 이동, 종전 제32조의8은 제32조의9로 이동 〈2015. 3. 13.〉]

제32조의9(사업계획서 및 예산서의 승인)

① 의약품안전관리원은 법 제68조의6제2항 전단에 따라 사업계획서와 예산서를 승인받으려면 매 회계연도 시작 전까지 다음 연도의 사업계획서와 다음 각 호의 서류를 첨부한 예산서를 이사회의 의결을 거쳐 식품의약품안전처장에게 제출해야 한다. 〈개정 2013. 3. 23., 2021. 1. 5.〉

1. 추정재무상태표

2. 추정손익계산서

3. 자금의 수입·지출 계획서

② 의약품안전관리원은 법 제68조의6제2항 후단에 따라 사업계획서와 예산서의 변경 승인을 받으려면 변경 내용과 사유를 적은 서류를 이사회의 의결을 거쳐 식품의약품안전처장에게 제출하여야 한다. 〈개정 2013. 3. 23.〉

[본조신설 2011. 12. 30.]

[제32조의8에서 이동 〈2015. 3. 13.〉]

제32조의10(약물역학조사관의 출입·조사를 위한 서류)

법 제68조의12제3항 후단에서 "조사기간, 조사범위, 조사담당자, 관계 법령 등 대통령령으로 정하는 사항"이란 다음 각 호의 사항을 말한다.

1. 조사목적, 조사기간, 조사범위 및 조사내용

2. 조사담당자의 성명 및 직위

3. 제출자료의 목록

4. 조사에 대한 근거법령

5. 조사의 거부·방해·기피 등에 대한 행정처분 또는 벌칙 등의 내용 및 근거법령

6. 제1호부터 제5호까지에 준하는 사항으로서 식품의약품안전처장이 해당 조사를 위하여 필요하다고 인정하는 사항

[본조신설 2016. 12. 13.]

[종전 제32조의10은 제32조의12로 이동 〈2016. 12. 13.〉]

제32조의11(출입·검사·수거 등의 지시)

① 법 제69조제1항 각 호 외의 부분에서 "대통령령으로 정하는 그 소속 기관의 장"이란 지방식품의약품안전청장을 말한다. 〈신설 2020. 9. 22.〉

② 법 제69조제2항에서 "조사기간, 조사범위, 조사담당자, 관계 법령 등 대통령령으로 정하는 사항"이란 다음 각 호의 사항을 말한다. 〈개정 2020. 9. 22.〉

1. 제32조의10제1호부터 제5호까지의 규정에 따른 사항

2. 제1호에 준하는 사항으로서 보건복지부장관 또는 식품의약품안전처장이 해당 조사를 위하여 필요하다고 인정하는 사항

[본조신설 2016. 12. 13.]

[제목개정 2020. 9. 22.]

제32조의12(관계기관에의 통보)

법 제69조의2 각 호 외의 부분에서 "대통령령으로 정하는 관계 중앙행정기관의 장"이란 다음 각 호의 중앙행정기관의 장을 말한다.

1. 보건복지부장관

2. 공정거래위원회 위원장

3. 특허청장

[본조신설 2015. 3. 13.]

[제32조의10에서 이동 〈2016. 12. 13.〉]

제33조(업무정지 처분을 갈음하여 부과하는 과징금의 산정기준)

법 제81조제2항에 따른 과징금의 금액은 위반행위의 종류와 위반 정도 등을 고려하여 다음 각 호의 구분에 따라 정하는 업무정지처분 기준에 따라 별표 2 기준을 적용하여 산정한다.

〈개정 2008. 2. 29., 2010. 3. 15., 2013. 3. 23.〉

1. 의약품등의 제조업자, 품목허가를 받은 자 및 수입자에 대한 과징금 부과의 경우: 총리령으로 정하는 기준

2. 약국개설자 및 의약품 판매업자에 대한 과징금 부과의 경우: 보건복지부령으로 정하는 기준

[제목개정 2019. 6. 4.]

제34조(업무정지 처분을 갈음하여 부과하는 과징금의 부과·징수절차)

① 법 제81조에 따라 식품의약품안전처장, 시·도지사, 시장·군수·구청장은 과징금을 부과하려면 위반행위의 종류와 해당 과징금의 금액을 서면에 적어 과징금을 낼 것을 통지하여야 한다. 〈개정 2013. 3. 23.〉

② 과징금의 징수절차는 다음 각 호의 구분에 따른다. 〈개정 2013. 3. 23.〉

　1. 의약품등의 제조업자, 품목허가를 받은 자 및 수입자에 대한 과징금 부과의 경우: 총리령으로 정하는 징수절차

　2. 약국개설자 및 의약품 판매업자에 대한 과징금 부과의 경우: 보건복지부령으로 정하는 징수절차

[제목개정 2019. 6. 4.]

제34조의2(업무정지 처분을 갈음하여 부과하는 과징금 미납자에 대한 처분)

① 법 제81조제4항 본문에 따라 식품의약품안전처장, 시·도지사, 시장·군수 또는 구청장은 과징금을 내야 할 자가 납부기한까지 내지 아니하면 납부기한이 지난 후 15일 이내에 독촉장을 발부하여야 한다. 이 경우 납부기한은 독촉장을 발부하는 날부터 10일 이내로 하여야 한다. 〈개정 2013. 3. 23.〉

② 제1항에 따라 과징금을 내지 아니한 자가 독촉장을 받고도 납부기한까지 과징금을 내지 아니하면 과징금 부과처분을 취소하고 업무정지처분을 하여야 한다. 다만, 법 제81조제4항 단서에 해당하는 경우에는 국세 체납처분의 예 또는 「지방행정제재·부과금의 징수 등에 관한 법률」에 따라 징수한다. 〈개정 2014. 9. 11., 2020. 3. 24.〉

③ 제2항 본문에 따라 과징금 부과처분을 취소하고 업무정지처분을 하려면 처분대상자에게 서면으로 그 내용을 통지하되, 서면에는 처분이 변경된 사유와 업무정지처분의 기간 등 업무정지처분에 필요한 사항을 기재하여야 한다. 〈개정 2014. 9. 11.〉

[본조신설 2007. 7. 3.]

[제목개정 2019. 6. 4.]

제34조의3(위해 의약품 제조 등에 대한 과징금의 부과기준)

① 법 제81조의2제1항에 따라 부과하는 과징금의 금액은 위반 품목의 판매량에 판매가격을 곱한 금액의 2배로 한다. 이 경우 판매기간 중 판매가격이 변동된 경우에는 판매가격이 변동된 판매기간별로 각각 산정하여 합산한 금액을 과징금 금액으로 한다.

② 제1항에 따른 판매량은 판매기간 중 출하량에서 회수·반품·검사 등의 사유로 실제로 판매되지 않은 양을 제외한 수량으로 한다.

③ 식품의약품안전처장은 법 제81조의2제2항 각 호의 사항을 고려하여 제1항에 따라 산정된 과징금 금액의 2분의 1의 범위에서 그 금액을 줄일 수 있다.

[전문개정 2021. 10. 19.]

제34조의4(위해 의약품 제조 등에 대한 과징금의 부과 및 납부)

① 식품의약품안전처장은 법 제81조의2제1항에 따라 과징금을 부과하려면 그 위반행위의 종류와 해당 과징금의 금액을 명시하여 이를 납부할 것을 서면으로 통지해야 한다.

② 제1항에 따라 통지를 받은 자(이하 "과징금납부의무자"라 한다)는 통지를 받은 날부터 60일 이내에 식품의약품안전처장이 정하는 수납기관에 과징금을 납부해야 한다.

③ 제2항에 따라 과징금의 납부를 받은 수납기관은 그 납부자에게 영수증을 발급하고, 과징금을 납부받은 사실을 지체 없이 식품의약품안전처장에게 통보해야 한다.

④ 제1항부터 제3항까지에서 규정한 사항 외에 과징금의 부과 및 납부에 필요한 사항은 총리령으로 정한다.

[본조신설 2019. 6. 4.]

[종전 제34조의4는 제34조의8로 이동 〈2019. 6. 4.〉]

제34조의5(위해 의약품 제조 등에 대한 과징금의 납부기한 연기 및 분할납부)

① 식품의약품안전처장은 과징금납부의무자가 다음 각 호의 어느 하나에 해당하는 사유로 과징금 전액을 한꺼번에 납부하기 어렵다고 인정되는 경우에는 과징금납부의무자의 신청을 받아 그 납부기한을 연기하거나 분할납부하게 할 수 있다. 이 경우 필요하다고 인정하면 과징금납부의무자에게 담보를 제공하게 할 수 있다.

1. 천재지변이나 재해 등으로 과징금납부의무자의 재산에 현저한 손실을 입은 경우

2. 사업 여건의 악화로 사업이 중대한 위기에 처한 경우

3. 과징금을 한꺼번에 납부하면 자금사정에 현저한 어려움이 예상되는 경우

4. 납부기한의 연기 또는 분할납부 신청 당시 과징금납부의무자에게 직전 3개 사업 연도 동안 연속하여 당기순손실이 발생한 경우

5. 납부기한의 연기 또는 분할납부 신청 당시 과징금납부의무자가 자본 총액의 2배를 초과하는 부채를 보유한 경우

6. 제1호부터 제5호까지의 규정에 준하는 사유가 있다고 식품의약품안전처장이 인정하는 경우

② 과징금납부의무자가 제1항에 따라 과징금의 납부기한을 연기 또는 분할납부하려는 경우에는 과징금의 납부 통지를 받은 날부터 30일 이내에 납부기한의 연기 또는 분할납부의 사유를 증명하는 서류를 첨부하여 식품의약품안전처장에게 신청해야 한다.

③ 제1항에 따라 과징금의 납부기한을 연기하거나 분할납부하게 하는 경우 납부기한의 연기는 그 납부기한의 다음 날부터 1년을 초과할 수 없고, 각 분할된 납부기한 간의 간격은 3개월을

초과할 수 없으며, 분할 횟수는 3회를 초과할 수 없다.

④ 식품의약품안전처장은 제1항에 따라 납부기한이 연기되거나 분할납부하기로 결정된 과징금 납부의무자가 다음 각 호의 어느 하나에 해당하게 된 경우에는 그 납부기한의 연기 또는 분할납부 결정을 취소하고 과징금을 한꺼번에 징수할 수 있다.

1. 분할납부가 결정된 과징금을 그 납부기한까지 내지 않은 경우

2. 담보의 변경, 그 밖에 담보 보전에 필요한 식품의약품안전처장의 명령을 이행하지 않은 경우

3. 강제집행, 경매의 개시, 파산선고, 법인의 해산, 국세 또는 지방세의 체납처분 등의 사유로 과징금의 전부 또는 잔여분을 징수할 수 없다고 인정되는 경우

4. 제1항 각 호에 따른 사유가 해소되어 과징금을 한꺼번에 납부할 수 있다고 인정되는 경우

⑤ 제1항부터 제4항까지에서 규정한 사항 외에 과징금 납부기한의 연기 또는 분할납부 등에 필요한 사항은 총리령으로 정한다.

[본조신설 2019. 6. 4.]

[종전 제34조의5는 제34조의9로 이동 〈2019. 6. 4.〉]

제34조의6(위해 의약품 제조 등에 대한 과징금의 독촉)

① 식품의약품안전처장은 과징금납부의무자가 납부기한까지 과징금을 내지 않으면 법 제81조의2제5항에 따라 납부기한(제34조의5제1항에 따라 과징금을 분할납부하게 한 경우로서 같은 조 제4항에 따라 분할납부 결정을 취소한 경우에는 한꺼번에 납부하도록 한 기한을 말한다)이 지난 날부터 10일 이내에 독촉장을 발부해야 한다.

② 제1항에 따라 독촉장을 발부하는 경우 체납된 과징금의 납부기한은 독촉장을 발부한 날부터 10일 이내로 한다.

[본조신설 2019. 6. 4.]

[종전 제34조의6은 제34조의10으로 이동 〈2019. 6. 4.〉]

제34조의7(전문인력 양성기관의 지정 등)

① 보건복지부장관 및 식품의약품안전처장은 법 제83조의2제2항에 따라 다음 각 호의 어느 하나에 해당하는 기관 또는 단체를 전문인력 양성기관(이하 "전문인력 양성기관"이라 한다)으로 지정할 수 있다.

1. 의약품안전관리원

2. 법 제67조에 따라 설립된 법인

　　3. 「고등교육법」 제2조제1호에 따른 대학 중 의약품 관련 학과 또는 전공이 설치된 대학

　　4. 그 밖에 의약품이나 보건 관련 업무를 수행하기 위하여 설립된 기관 또는 단체

② 제1항에 따라 전문인력 양성기관으로 지정받으려는 자는 보건복지부령 또는 총리령으로 정하는 지정신청서에 보건복지부령 또는 총리령으로 정하는 서류를 첨부하여 보건복지부장관 또는 식품의약품안전처장에게 제출하여야 한다.

③ 전문인력 양성기관의 지정기준은 다음 각 호와 같다.

　　1. 교육 및 훈련의 과정과 내용이 적정할 것

　　2. 교육 및 훈련을 실시하는 데에 필요한 적절한 인력과 시설 · 설비를 갖추고 있을 것

　　3. 운영경비의 조달계획이 타당할 것

④ 보건복지부장관 및 식품의약품안전처장은 전문인력 양성기관을 지정하였을 때에는 보건복지부령 또는 총리령으로 정하는 지정서를 발급하고 그 사실을 보건복지부 또는 식품의약품안전처의 인터넷 홈페이지에 공고하여야 한다.

⑤ 법 제83조의2제3항에 따라 전문인력 양성기관에 지원할 수 있는 비용은 다음 각 호와 같다.

〈개정 2017. 5. 29.〉

　　1. 강의료와 수당

　　2. 교육교재 제작비와 실습기자재 구입비

　　3. 현장실습 비용

　　4. 그 밖에 전문인력 양성에 필요하다고 인정되는 비용

[본조신설 2015. 9. 22.]

[제34조의3에서 이동, 종전 제34조의7은 제34조의11로 이동 〈2019. 6. 4.〉]

제34조의8(국가필수의약품 안정공급 협의회의 기능)

　법 제83조의3제3항에 따른 국가필수의약품 안정공급 협의회(이하 "협의회"라 한다)는 다음 각 호의 사항을 협의한다.

　　1. 국가필수의약품의 지정에 관한 사항

　　2. 법 제83조의3제1항 각 호에 따른 업무에 관한 사항

[본조신설 2017. 5. 29.]

[제34조의4에서 이동, 종전 제34조의8은 제34조의12로 이동 〈2019. 6. 4.〉]

제34조의9(협의회의 구성)

① 협의회는 의장 1명을 포함한 20명 이내의 위원으로 구성한다.

② 의장은 식품의약품안전처 차장이 된다.

③ 위원은 교육부, 국방부, 행정안전부, 보건복지부, 고용노동부, 국무조정실, 국가보훈처, 식품
의약품안전처, 질병관리청 및 원자력안전위원회의 고위공무원단에 속하는 일반직공무원 중
에서 해당 기관의 장이 임명하는 사람으로 한다. 〈개정 2017. 7. 26., 2017. 11. 28., 2021. 10. 19.〉

[본조신설 2017. 5. 29.]

[제34조의5에서 이동, 종전 제34조의9는 제34조의13으로 이동 〈2019. 6. 4.〉]

제34조의10(협의회의 운영)

① 의장은 협의회를 대표하고, 협의회의 업무를 총괄한다.

② 의장이 부득이한 사유로 직무를 수행할 수 없을 때에는 의장이 미리 지명한 위원이 그 직무
를 대행한다.

③ 협의회의 정기회의는 연 1회 개최하며, 임시회의는 의장이 필요하다고 인정하거나 위원의 3
분의 1 이상이 소집을 요구할 때 개최한다.

④ 의장은 회의를 개최하려는 경우에는 회의 소집일 7일 전까지 회의의 일시, 장소 및 안건을 각
위원에게 통보하여야 한다. 다만, 긴급히 개최하여야 하거나 부득이한 사유가 있는 경우에는
회의 개최 전날까지 통보할 수 있다.

⑤ 협의회의 회의는 재적의원 과반수의 출석으로 개의(開議)하고, 출석의원 과반수의 찬성으로
의결한다.

⑥ 의장은 효율적인 협의를 위하여 필요한 경우에는 해당 안건과 관련이 있는 사람 또는 전문가
를 회의에 출석시켜 발언하게 할 수 있다.

[본조신설 2017. 5. 29.]

[제34조의6에서 이동 〈2019. 6. 4.〉]

제34조의11(실무협의회 및 분과위원회)

① 협의회의 업무를 효율적으로 수행하기 위하여 필요하면 협의회에 실무협의회와 분과위원회
를 둘 수 있다.

② 실무협의회와 분과위원회의 구성과 운영에 필요한 사항은 식품의약품안전처장이 정한다.

[본조신설 2017. 5. 29.]

[제34조의7에서 이동 〈2019. 6. 4.〉]

제34조의12(간사)

① 협의회 및 실무협의회에 협의회 및 실무협의회의 사무를 처리할 간사를 각 1명씩 둔다.

② 간사는 식품의약품안전처 소속 공무원 중에서 식품의약품안전처장이 지명한다.

[본조신설 2017. 5. 29.]

[제34조의8에서 이동 〈2019. 6. 4.〉]

제34조의13(수당 등)

협의회, 실무협의회 및 분과위원회에 출석한 관계 전문가에 대하여 예산의 범위에서 수당, 여비, 그 밖에 필요한 경비를 지급할 수 있다.

[본조신설 2017. 5. 29.]

[제34조의9에서 이동 〈2019. 6. 4.〉]

제35조(권한 · 업무의 위임 · 위탁)

① 법 제84조제2항에 따라 식품의약품안전처장은 다음 각 호의 권한을 지방식품의약품안전청장에게 위임한다. 〈개정 2013. 3. 23., 2015. 9. 22., 2018. 4. 24., 2019. 6. 4.〉

1. 법 제31조제2항 · 제9항, 제31조의5제3항(법 제42조제5항에서 준용하는 경우를 포함한다) 및 제42조제1항에 따른 의약품(의약품 동등성의 입증이 필요한 품목만 해당한다) 제조판매품목 허가 · 변경허가 · 갱신허가, 수입 품목별 허가 · 변경허가 · 갱신허가 및 수입업 신고 · 변경신고의 수리

2. 법 제31조제2항 · 제9항, 제31조의5제3항(법 제42조제5항에서 준용하는 경우를 포함한다) 및 제42조제1항에 따른 의약품(식품의약품안전처장이 정하여 고시하는 원료의약품은 제외한다) 제조판매품목 신고 · 변경신고 · 갱신신고의 수리 및 수입 품목별 신고 · 변경신고 · 갱신신고의 수리

3. 법 제42조제5항에 따라 준용되는 법 제36조제3항 및 제40조에 따른 수입자의 수입관리자 신고 및 폐업 등 신고의 수리

3의2. 법 제81조의2에 따른 의약품 제조업자, 품목허가를 받은 자 또는 수입자에 대한 과징금의 부과 · 징수 및 체납처분

4. 법 제98조제1항제4호의3에 따른 과태료의 부과 · 징수

② 삭제 〈2013. 3. 23.〉

③ 법 제16조제2항에 따라 보건복지부장관은 약사회나 한약사회에 다음 각 호의 업무를 위탁한다. 〈개정 2008. 2. 29., 2010. 3. 15., 2011. 12. 30., 2021. 4. 6.〉

1. 법 제7조제1항에 따른 약사 또는 한약사 취업실태 신고의 수리에 관한 업무

2. 법 제15조에 따른 약사나 한약사의 연수교육에 관한 업무

3. 법 제16조제2항에 따른 약사나 한약사 윤리의 심사에 관한 업무

4. 법 제56조제2항에 따른 약국의 판매가격 표시를 조사 · 확인하기 위한 업무

[제목개정 2021. 4. 6.]

제36조(동물용 의약품등에 대한 특례)

법 제85조에 따른 동물용 의약품 등에 대하여 제33조, 제34조, 제38조의2 및 제39조를 적용할 때에는 같은 조 중 "보건복지부장관" 또는 "식품의약품안전처장"은 "농림축산식품부장관 또는 해양수산부장관"으로, "총리령" 또는 "보건복지부령"은 "농림축산식품부령 또는 해양수산부령"으로 본다. 〈개정 2008. 2. 29., 2010. 3. 15., 2013. 3. 23., 2017. 11. 28.〉

제36조의2(의약품 부작용 피해의 조사 · 감정을 위한 현장조사서류)

법 제86조의6제3항 후단에서 "조사기간, 조사범위, 조사담당자, 관계 법령 등 대통령령으로 정하는 사항"이란 제32조의10 각 호에 따른 사항을 말한다.

[본조신설 2016. 12. 13.]

제37조(포상금의 지급절차)

① 법 제90조에 따라 관련 법령 위반사실의 신고 또는 고발을 받은 감독기관 또는 수사기관은 그 사건의 개요를 관할 시장 · 군수 · 구청장에게 알려주어야 한다.

② 제1항에 따른 통지를 받은 시장 · 군수 · 구청장은 그 사건에 관한 법원의 확정판결이 있거나 과태료 부과 처분이 확정되면 예산의 범위에서 포상금을 지급할 수 있다. 〈개정 2021. 10. 19.〉

③ 제2항에 따른 포상금은 그 사건으로 선고된 벌금액(징역형의 선고를 받은 경우에는 해당 적용벌칙의 벌금상한액) 또는 부과된 과태료 금액의 100분의 10 이내로 한다.

〈개정 2021. 10. 19.〉

제37조의2(백신안전기술지원센터 운영 등)

① 법 제90조의2에 따른 백신안전기술지원센터(이하 "백신센터"라 한다)의 장(이하 "센터장"이라 한다)은 정관에서 정하는 바에 따라 식품의약품안전처장이 임명한다.

② 센터장은 매 회계연도 시작 전까지 다음 연도의 사업계획서와 수입 · 지출예산서를 이사회의 의결을 거쳐 식품의약품안전처장에게 제출해야 한다. 이를 변경하려는 경우에도 같다.

③ 센터장은 법 제90조의3제1항에 따른 사업 수행을 위하여 필요한 경우에는 관계 중앙행정기관, 관련 민간기관·단체 또는 연구소 등에 소속 공무원 또는 임직원·연구원의 파견을 요청할 수 있다.

④ 제1항부터 제3항까지에서 규정한 사항 외에 백신센터의 운영 등에 관하여 필요한 세부 사항은 정관으로 정한다.

[본조신설 2021. 10. 19.]

제37조의3(백신센터의 업무)

법 제90조의3제1항제6호에서 "대통령령으로 정하는 업무"란 다음 각 호의 업무를 말한다.

1. 백신 세포주의 구축·유지 및 분양 관리 업무

2. 법 제34조의2제2항에 따른 임상시험검체분석기관의 분석능력 개선을 위한 지원 업무

3. 그 밖에 백신센터의 설립목적을 달성하기 위하여 식품의약품안전처장이 필요하다고 인정하는 업무

[본조신설 2021. 10. 19.]

제38조(한국희귀·필수의약품센터의 운영 등)

① 법 제91조에 따른 한국희귀·필수의약품센터(이하 "센터"라 한다)의 장은 매 사업연도 4월 30일까지 다음 연도의 사업계획서와 수지예산서를 식품의약품안전처장에게 제출하여야 한다. 〈개정 2013. 3. 23., 2017. 5. 29.〉

② 제1항에 따른 사업계획서 및 수지예산서의 중요한 내용을 변경하려면 변경할 내용 및 사유를 적은 서류를 식품의약품안전처장에게 제출하여야 한다. 〈개정 2013. 3. 23.〉

③ 식품의약품안전처장은 제1항에 따라 다음 연도의 사업계획서와 수지예산서를 제출받은 경우에 필요하면 센터의 장에게 다음 각 호의 사항에 관한 자료를 요청할 수 있다. 〈개정 2013. 3. 23.〉

1. 법 제92조제1항 각 호의 사업에 관한 사항

2. 법 제92조제2항에 따라 지원된 재정의 사용 내용에 관한 사항

[제목개정 2017. 5. 29.]

제38조의2(민감정보 및 고유식별정보의 처리)

보건복지부장관(제35조에 따라 보건복지부장관의 업무를 위탁받은 자를 포함한다), 식품의약품안전처장(같은 조에 따라 식품의약품안전처장의 권한을 위임받은 자를 포함한다), 지방식품의

약품안전청장, 시·도지사 또는 시장·군수·구청장(해당 권한이 위임·위탁된 경우에는 그 권한을 위임·위탁받은 자를 포함한다)

또는 국가시험등 관리기관은 다음 각 호의 사무를 수행하기 위하여 불가피한 경우 「개인정보보호법」 제23조에 따른 건강에 관한 정보, 같은 법 시행령 제18조제2호에 따른 범죄경력자료에 해당하는 정보, 같은 영 제19조제1호 또는 제4호에 따른 주민등록번호 또는 외국인등록번호가 포함된 자료를 처리할 수 있다. 〈개정 2012. 10. 22., 2013. 3. 23., 2015. 9. 22., 2017. 5. 29., 2017. 11. 28., 2020. 1. 29., 2020. 3. 3., 2020. 9. 22., 2021. 4. 6.〉

1. 법 제6조에 따른 약사면허 및 한약사면허의 등록과 면허증 교부 및 재교부에 관한 사무

2. 법 제7조제1항에 따른 약사 또는 한약사의 취업실태 신고에 관한 사무

3. 법 제8조에 따른 약사·한약사국가시험 및 약사예비시험의 관리에 관한 사무

4. 법 제9조에 따른 약사·한약사국가시험 및 약사예비시험 응시자격의 확인에 관한 사무

5. 법 제20조에 따른 약국의 개설등록 및 변경등록에 관한 사무

6. 법 제22조에 따른 약국의 폐업·휴업·재개업 신고에 관한 사무

7. 법 제31조에 따른 의약품 제조업허가, 의약품 위탁제조판매업 신고 및 의약외품 제조업신고와 그 변경허가 및 변경신고에 관한 사무

8. 법 제35조에 따른 의약품의 조건부 제조업허가에 관한 사무

8의2. 법 제36조에 따른 의약품등의 제조관리자(법 제42조제5항에 따라 준용되는 수입관리자를 포함한다)

신고에 관한 사무

9. 법 제39조에 따른 의약품등의 회수에 관한 사무

10. 법 제40조에 따른 폐업·휴업·재개업 또는 제조관리자 변경 신고에 관한 사무(법 제42조제5항에 따라 수입자에 대해 준용되는 사무를 포함한다)

11. 법 제41조에 따른 약국제제 및 조제실제제의 제조 신고에 관한 사무

11의2. 법 제42조제1항에 따른 의약품등의 수입업 신고 및 그 변경신고에 관한 사무

11의3. 법 제44조의2에 따른 안전상비의약품 판매자 등록 및 변경등록에 관한 사무

12. 법 제45조에 따른 한약업사 및 의약품도매상의 허가 등에 관한 사무

13. 법 제69조에 따른 지시에 관한 사무

14. 법 제70조부터 제76조까지 및 제76조의3에 따른 행정처분에 관한 사무(법 제42조제5항에 따라 수입자에 대해 준용되는 법 제75조의 사무를 포함한다)

15. 법 제77조에 따른 청문에 관한 사무

16. 법 제78조에 따른 약사감시원의 임명에 관한 사무

17. 법 제79조에 따른 약사 및 한약사 면허 취소 및 자격정지에 관한 사무

18. 법 제80조에 따른 면허증 · 허가증 · 등록증 등의 갱신에 관한 사무

19. 법 제81조에 따른 과징금의 부과 · 징수에 관한 사무

20. 법 제89조에 따른 제조업자등의 지위 승계에 관한 사무

21. 법 제90조에 따른 포상금 지급에 관한 사무

22. 법률 제8365호 약사법 전부개정법률 부칙 제5조에 따른 약업사의 자격증 발급에 관한 사무

[본조신설 2012. 1. 6.]

제38조의3(규제의 재검토)

보건복지부장관은 제31조의2에 따른 한약업사 및 의약품 도매상 등의 시설기준에 대하여 2014년 1월 1일을 기준으로 3년마다(매 3년이 되는 해의 1월 1일 전까지를 말한다)

그 타당성을 검토하여 개선 등의 조치를 해야 한다.

[전문개정 2020. 3. 3.]

제39조(과태료의 부과 · 징수)

① 법 제97조의2제1항에 따른 과태료의 부과기준은 별표 2의3과 같다.

〈신설 2015. 3. 13., 2019. 6. 4.〉

② 법 제98조제1항에 따른 과태료의 부과기준은 별표 3과 같다.　　　〈개정 2015. 3. 13.〉

③ 삭제 〈2016. 12. 13.〉

[전문개정 2008. 10. 14.]

부칙 〈제32088호, 2021. 10. 19.〉

이 영은 2022년 1월 21일부터 시행한다. 다만, 다음 각 호의 개정규정은 각 호의 구분에 따른 날부터 시행한다.

1. 제1조의2, 제2조, 제34조의9의 개정규정: 공포일

2. 제37조의2 및 제37조의3의 개정규정: 2021년 10월 21일

3. 별표 3 제2호머목의 개정규정: 2022년 7월 21일

4. 별표 3 제2호서목의 개정규정: 2024년 7월 21일

미용관계법규

초판 인쇄 2023년 2월 10일
초판 발행 2023년 2월 15일

지은이　　편집부
펴낸이　　김태헌
펴낸곳　　토담출판사
주소　　　경기도 고양시 일산서구 대산로 53
출판등록　2021년 9월 23일 제2021-000179호
전화　　　031-911-3416
팩스　　　031-911-3417